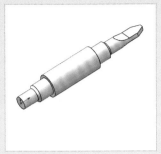
传动轴

传动轴的划分网格

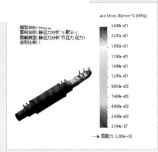
传动轴的应力分布

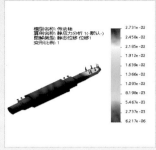
传动轴的位移分布

转轮

转轮的划分网格

转轮的应力分布

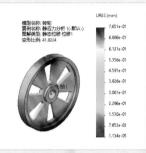
转轮的位移分布

联轴器模型

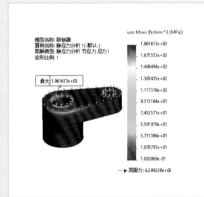
联轴器的应力分布

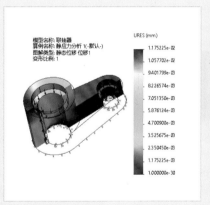
联轴器的位移分布

桌子模型

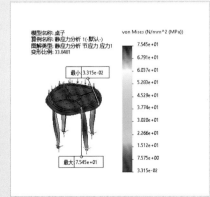
桌子的应力分布

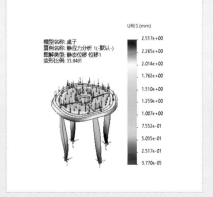
桌子的位移分布

低速轴装配模型

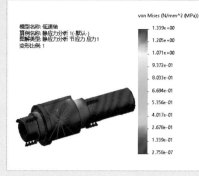

低速轴的应力分布

低速轴的位移分布

鞋架模型

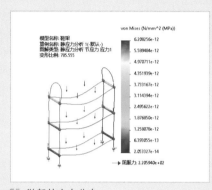

鞋架的应力分布

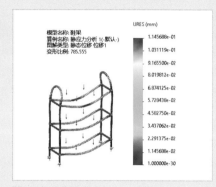

鞋架的位移分布

脚轮模型

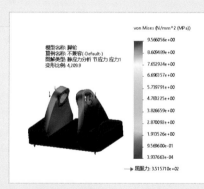

脚轮的应力分布

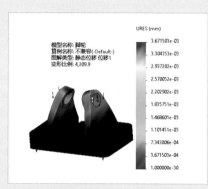

脚轮的位移分布

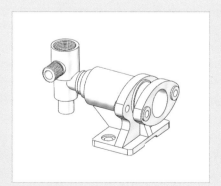

柱塞泵模型

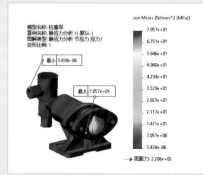

柱塞泵的应力分布

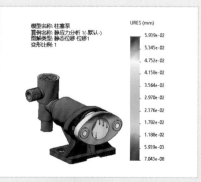

柱塞泵的位移分布

🔖 转轮装配模型

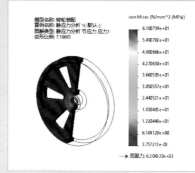

🔖 转轮装配的应力分布

🔖 转轮装配的位移分布

🔖 减振模型

🔖 减振的应力分布

🔖 减振的位移分布

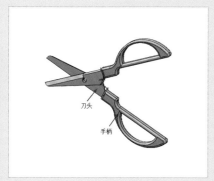

🔖 剪刀模型

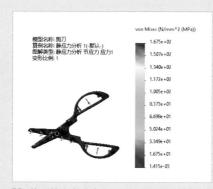

🔖 剪刀的应力分布

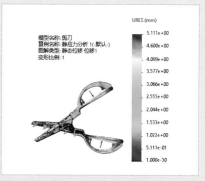

🔖 剪刀的位移分布

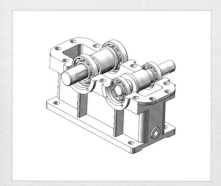

🔖 变速箱模型

🔖 变速箱的应力分布

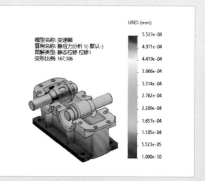

🔖 变速箱的位移分布

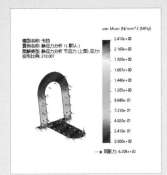

书档的应力分布

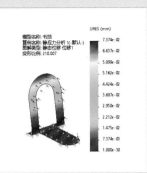

书档的位移分布

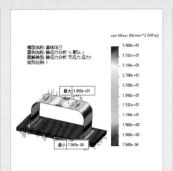

基体法兰的应力分布

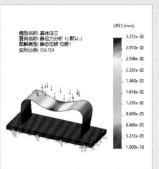

基体法兰的位移分布

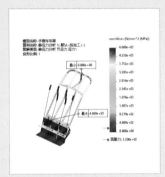

手推车车架的应力分布

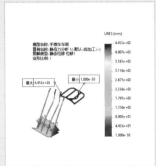

手推车车架的位移分布

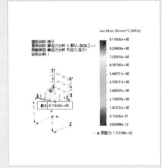

椅子的应力分布

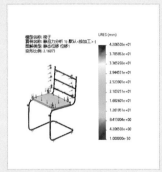

椅子的位移分布

轴承座装配体模型

轴承座装配体模型的划分网格

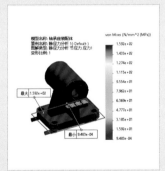

轴承座装配体的应力分布

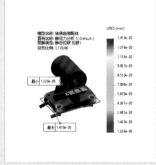

轴承座装配体的位移分布

铆钉

铆钉的划分网格

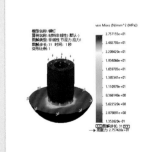

铆钉的应力分布

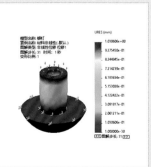

铆钉的位移分布

CAD/CAM/CAE/EDA 微视频讲解大系

中文版 SOLIDWORKS Simulation 有限元分析从入门到精通

（实战案例版）

570 分钟同步微视频讲解　103 个实例案例分析

☑频率分析　☑热力分析　☑疲劳分析　☑非线性分析　☑屈曲分析　☑跌落测试分析
☑压力容器和子模型　☑设计算例优化和评估分析　☑工况和拓扑优化

天工在线　编著

中国水利水电出版社
www.waterpub.com.cn
·北京·

内 容 提 要

  SOLIDWORKS 是世界上第一个基于 Windows 环境开发的三维 CAD 系统，是一款以设计功能为主的 CAD/CAM/CAE 软件。它采用直观、一体化的 3D 开发环境，涵盖了产品开发流程的各个环节，如零件设计、钣金设计、装配体设计、工程图设计、仿真分析等，提供了将创意转化为上市产品所需的多种资源。

  本书详细介绍了 SOLIDWORKS Simulation 有限元分析的应用技术，既是一本图文教程，又是一本视频教程。全书共 14 章，系统讲述了有限元分析的一般流程设置、接头处理、各种类型的有限元分析技术与应用（包括频率分析、热力分析、疲劳分析、非线性分析、屈曲分析、跌落测试分析等）、压力容器和子模型、设计算例优化和评估分析以及工况和拓扑优化等。在讲解过程中，每个重要知识点均配有实例讲解和练习实例，可以提高读者的动手能力，并加深读者对知识点的理解。

  全书配备了 103 个实例案例分析、同步的讲解视频和实例素材源文件，读者边看视频讲解边动手操作，可以大大提高学习效率。此外，本书还附赠了 11 套 SOLIDWORKS 行业案例设计方案的讲解视频和源文件，帮助读者拓宽视野和提高应用技能。

  本书适合企业相关工程设计人员以及大专院校、职业技术院校相关专业师生学习使用。本书在 SOLIDWORKS 2024 版本基础上编写，应用 SOLIDWORKS 2022、SOLIDWORKS 2020、SOLIDWORKS 2018 等较低版本软件的读者也可以参考学习本书。

图书在版编目（CIP）数据

中文版SOLIDWORKS Simulation有限元分析从入门到

精通：实战案例版 / 天工在线编著. -- 北京：中国水

利水电出版社，2024.9

（CAD/CAM/CAE/EDA微视频讲解大系）

ISBN 978-7-5226-1769-5

Ⅰ. ①中… Ⅱ. ①天… Ⅲ. ①有限元分析－应用软件

Ⅳ. ①O241.82-39

中国国家版本馆 CIP 数据核字（2023）第 164560 号

丛 书 名	CAD/CAM/CAE/EDA 微视频讲解大系
书 名	中文版 SOLIDWORKS Simulation 有限元分析从入门到精通（实战案例版） ZHONGWENBAN SOLIDWORKS Simulation YOUXIANYUAN FENXI CONG RUMEN DAO JINGTONG
作 者	天工在线　编著
出版发行	中国水利水电出版社 （北京市海淀区玉渊潭南路 1 号 D 座　100038） 网址：www.waterpub.com.cn E-mail：zhiboshangshu@163.com 电话：（010）62572966-2205/2266/2201（营销中心）
经 售	北京科水图书销售有限公司 电话：（010）68545874、63202643 全国各地新华书店和相关出版物销售网点
排 版	北京智博尚书文化传媒有限公司
印 刷	河北文福旺印刷有限公司
规 格	203mm×260mm　16 开本　26.5 印张　724 千字　2 插页
版 次	2024 年 9 月第 1 版　2024 年 9 月第 1 次印刷
印 数	0001—3000 册
定 价	99.80 元

凡购买我社图书，如有缺页、倒页、脱页的，本社营销中心负责调换

前　言
Preface

SOLIDWORKS 是世界上第一个基于 Windows 环境开发的三维 CAD 系统，是一款以设计功能为主的 CAD/CAM/CAE 软件。它采用直观、一体化的 3D 开发环境，涉及产品开发流程的各个环节，如零件设计、钣金设计、装配体设计、工程图设计、仿真分析、产品数据管理和技术沟通等，提供了将创意转化为上市产品所需的多种资源。

SOLIDWORKS Simulation 使用 SRAC 公司开发的当今世上最快的有限元分析算法——快速有限元算法（FFE），基于 Windows 环境并与 SOLIDWORKS 软件无缝集成，以 50～100 倍的幅度大大提升了传统算法的解题速度，并降低了磁盘的存储空间。

一、本书特点

本书详细介绍了 SOLIDWORKS Simulation 的使用方法和编辑技巧，包括有限元分析的一般流程设置、接头处理、各种类型的有限元分析技术应用（包括频率分析、热力分析、疲劳分析、非线性分析、屈曲分析、跌落测试分析等）、压力容器和子模型、设计算例优化和评估分析以及工况和拓扑优化等知识。

➷　**体验好，随时随地学习**

二维码扫一扫，随时随地看视频。书中重点基础知识和实例都提供了二维码，读者朋友可以通过手机扫一扫，随时随地观看相关的教学视频。

➷　**实例多，用实例学习更高效**

实例丰富详尽，边做边学更快捷。跟着大量实例去学习，边学边做，从做中学，可以使学习更深入、更高效。

➷　**入门易，全力为初学者着想**

遵循学习规律，入门与实战相结合。编写模式采用基础知识+实例的形式，内容由浅入深，循序渐进，入门与实战相结合。

➷　**服务快，让你学习无后顾之忧**

提供在线服务，随时随地可交流。提供公众号、QQ 群等多渠道贴心服务。

二、本书配套资源

为了方便读者学习，本书提供了极为丰富的学习资源。

➷　**微课及实例资源**

（1）本书重点基础知识和所有实例均录制了讲解视频，读者可扫描二维码直接观看或通过下述方法下载后观看。

（2）用实例学习更专业，本书包含 103 个中小实例（素材和源文件可通过下述方法下载后参考和使用）。

➴ **拓展学习资源**

（1）11 套 SOLIDWORKS 行业案例设计方案的讲解视频和源文件。

（2）全国成图大赛试题集。

三、关于本书服务

➴ **"SOLIDWORKS 2024 简体中文版"安装软件的获取**

本书基于 SOLIDWORKS 2024 版本进行编写。在进行本书中的各类操作时，需要事先在计算机中安装 SOLIDWORKS 2024 软件。读者朋友可以登录官方网站或在网上商城购买正版软件，可以通过网络搜索或在相关学习群咨询软件获取方式。使用低版本软件的读者也可以参考学习。

➴ **本书资源下载及在线交流服务**

（1）扫描下面的微信公众号，关注后输入 sd17695 并发送到公众号后台，获取本书的资源下载链接。然后将该链接复制到计算机浏览器的地址栏中，按 Enter 键后即可进入资源下载页面，根据提示下载即可。

（2）推荐加入 QQ 群：773017048（若此群已满，请根据提示加入相应的群），可在线交流学习，作者会不定时在线答疑解惑。

四、关于作者

本书由天工在线组织编写。天工在线是一个由胡仁喜博士领衔的 CAD/CAM/CAE/EDA 技术研讨、工程开发、培训咨询和图书创作的工程技术人员协作联盟，包含 40 多位专职和众多兼职 CAD/CAM/CAE/EDA 工程技术专家。其创作的很多教材成为国内具有引导性的旗帜作品，在国内相关专业方向图书创作领域具有举足轻重的地位。

五、致谢

本书能够顺利出版，是作者、编辑和所有审校人员共同努力的结果，在此表示深深的感谢。同时，祝福所有读者在通往优秀工程师的道路上一帆风顺。

编　者

目 录

Contents

第1章 有限元与 SOLIDWORKS Simulation 概述

内容简介

本章首先介绍有限元法和自带的有限元分析工具 SOLIDWORKS Simulation，然后简要说明 SOLIDWORKS Simulation 的功能特点、启动以及分析流程。

内容要点

➢ 有限元法
➢ 有限元分析法（FEA）的基本概念
➢ SOLIDWORKS 2024 Simulation 的功能和特点
➢ SOLIDWORKS 2024 Simulation 的启动和界面
➢ SOLIDWORKS Simulation 选项
➢ SOLIDWORKS Simulation 的分析流程

案例效果

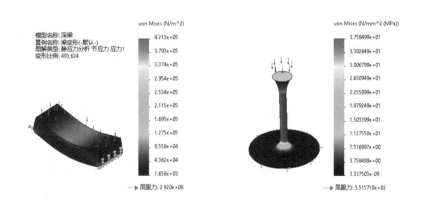

1.1 有限元法

有限元法是随着电子计算机的发展而迅速发展起来的一种现代计算方法。它是 20 世纪 50 年代首先在连续体力学领域——飞机结构静、动态特性分析中应用的一种有效的数值分析方法，随后很快广泛应用于求解热传导、电磁场、流体力学等连续性问题。

简单地说，有限元法就是将一个连续的求解域（连续体）离散化（即分割）成彼此用结点（离散点）互相联系的有限个单元。在单元体内假设近似解的模式，用有限个结点上的未知参数表征单元的特性，然后用适当的方法将各个单元的关系式组合成包含这些未知参数的代数方程，从而得出各结点的未知参数，最后再利用插值函数求出近似解。有限元法是一种有限的单元离散某连续体然后进行求解得出一种数值计算的近似方法。

有限元法的特点可概括为以下 4 点。

（1）对于复杂几何构形的适应性。由于单元在空间上可以适用一维、二维或三维，而且每一种单元可以有不同的形状，同时各种单元可以采用不同的连接方式，所以工程实际中遇到的非常复杂的结构或构造都可以离散为由单元组合体表示的有限元模型。图 1-1 所示为一个三维实体的单元划分模型。由于单元可以被分割成各种形状和大小，所以它能很好地适应复杂的几何形状。复杂的材料特性和复杂的边界条件，再加上成熟的大型软件系统支持，使有限元法成为一种非常受欢迎且应用极广的数值计算方法。

图 1-1　三维实体的单元划分模型

（2）对于各种物理问题的适用性。由于用单元内近似函数分片地表示全求解域的未知场函数，并未限制场函数所满足的方程形式，也未限制各个单元所对应的方程必须有相同的形式，因此它适用于各种物理问题，如线弹性问题、弹塑性问题、黏弹性问题、动力问题、屈曲问题、流体力学问题、热传导问题、声学问题、电磁场问题等，而且还适用于各种物理现象相互耦合的问题。

（3）建立于严格理论基础上的可靠性。因为用于建立有限元方程的变分原理或加权余量法在数学上已证明是微分方程和边界条件的等效积分形式，所以只要原问题的数学模型是正确的，同时用来求解有限元方程的数值算法是稳定可靠的，则随着单元数目的增加（即单元尺寸的缩小）或单元自由度数的增加（即插值函数阶次的提高），有限元解的近似程度不断地被改进。如果单元是满足收敛准则的，则近似解最后收敛于原数学模型的精确解。

（4）适合计算机实现的高效性。由于有限元分析的各个步骤可以表达成规范化的矩阵形式，最后导致求解方程可以统一为标准的矩阵代数问题，特别适合计算机的编程和执行。随着计算机硬件技术的高速发展以及新的数值算法的不断出现，大型复杂问题的有限元分析已成为工程技术领域的常规工作。

有限元法发展到今天，已成为工程数值分析的有力工具。特别是在固体力学和结构分析领域内，有限元法取得了巨大的进展，利用它已经成功地解决了一大批有重大意义的问题，很多通用程序和专用程序投入了实际应用。同时有限元法又是仍在快速发展的一个科学领域，它的理论，特别是应用方面的文献经常且大量地出现在各种刊物和文献中。

1.2　有限元分析法（FEA）的基本概念

有限元模型是真实系统理想化的数学抽象。图 1-2 说明了有限元模型对真实模型理想化后的数学抽象。图 1-2（a）所示为真实结构，图 1-2（b）所示为有限元模型，有限元模型可以看作真实结构的一种分格，即把真实结构看作由一个一个小的分块部分构成，或者在真实结构上画线，通过这些线，真实结构被分离成一个一个小的部分。

在有限元分析中，如何对模型进行网格划分，以及网格的大小都直接关系到有限元求解结果的正确性和精度。

（a）真实结构　　　（b）有限元模型

图 1-2　对真实系统理想化后的有限元模型

在进行有限元分析时，应该注意以下事项。

1．制定合理的分析方案

（1）对分析问题力学概念的理解。
（2）结构简化的原则。
（3）网格疏密与形状的控制。
（4）分步实施的方案。

2．目的与目标明确

（1）初步分析还是精确分析。
（2）分析精度的要求。
（3）最终需要获得的是什么。

3．不断地学习与积累经验

利用有限元分析问题时的简化方法与原则：在划分网格时主要考虑结构中对结果影响不大但建模十分复杂的特殊区域的简化处理。同时需要明确进行简化对计算结果带来的影响是有利的还是无利的。对于装配体的有限元分析，首先明确装配关系；对于装配后不出现较大装配应力同时在进行结构变形时装配处不发生相对位移的连接，可采用两者之间连为一体的处理方法，但连接处的应力是不准确的，这一结果并不影响远处的应力与位移；对于装配后出现较大应力或在进行结构变形时装配处发生相对位移的连接，需要按接触问题处理。图 1-3 说明了有限元法与其他课程之间的关系。

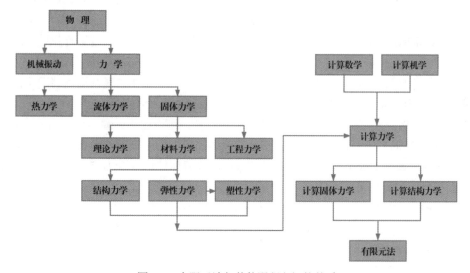

图 1-3　有限元法与其他课程之间的关系

1.3　SOLIDWORKS 2024 Simulation 的功能和特点

Structure Research and Analysis Corporation（简称 SRAC）创建于 1982 年，是一个全力发展有限元分析软件的公司，公司成立的宗旨是为工程界提供一套具有最新技术、价格低廉并能为大众所接受的高品质有限元分析软件。

1998 年，SRAC 公司以 Parasolid 为几何核心，着手对有限元分析软件进行全新开发。基于 Windows

环境给使用者提供操作简便、界面友好且包含实体建构能力的前、后处理器的有限元分析软件——GEOSTAR。GEOSTAR 根据用户的需要可以单独存在，也可以与所有基于 Windows 平台的 CAD 软件达到无缝集成。之后，SRAC 公司开发出了为计算机三维 CAD 软件的领导者——SOLIDWORKS 服务的全新嵌入式有限元分析软件 SOLIDWORKS Simulation。

SOLIDWORKS Simulation 使用 SRAC 公司开发的当今世上最快的有限元分析算法——快速有限元算法（FFE），基于 Windows 环境并与 SOLIDWORKS 软件无缝集成。从最近的测试表明，快速有限元算法提升了传统算法 50～100 倍的解题速度，并降低了磁盘存储空间，只需原来的 5%就够了。更重要的是，它在计算机上就可以解决复杂的分析问题，节省使用者在硬件上的投资。

SRAC 公司的快速有限元算法比较突出的原因如下：

（1）参考以往的有限元求解算法的经验，以 C++语言重新编写程序，程序代码中尽量减少循环语句，并且引入当今全球范围内软件程序设计新技术的精华。因此极大地提高了求解器的速度。

（2）使用新的技术开发、管理其资料库，使程序在读、写、打开、保存资料及文件时，能够大幅提升速度。

（3）按分析经验，搜索所有可能的预设条件组合（经大型复杂运算测试无误者）来解题，所以在求解时快速而能收敛。

SRAC 公司为 SOLIDWORKS 提供了三个插件，分别是 SOLIDWORKS Simulation、SOLIDWORKS Motion 和 COSMOSFloWorks。

➢ SOLIDWORKS Simulation：在 SOLIDWORKS 的环境下为设计工程师提供比较完整的分析手段。凭借先进的快速有限元技术（FFE），工程师能非常迅速地实现对大规模的复杂设计的分析和验证，并且获得修正和优化设计所需的必要信息。

➢ SOLIDWORKS Motion：全功能运动仿真软件，可以对复杂机械系统进行完整的运动学和动力学仿真，得到系统中各零部件的运动情况，包括位移、速度、加速度和作用力及反作用力等，并以动画、图形、表格等多种形式输出结果，还可以将零部件在复杂运动情况下的复杂载荷情况直接输出到主流有限元分析软件中以作出正确的强度和结构分析。

➢ COSMOSFloWorks：流体动力学和热传导分析软件，可以在不同雷诺数范围内建立跨音速、超音速和亚音速的可压缩和不可压缩的气体和流体的模型，以确保获得真实的计算结果。

SOLIDWORKS Simulation 的基本模块可以对零件或装配体进行静力学分析、固有频率和模态分析、失稳分析和热应力分析等。

➢ 静力学分析：算例零件在只受静力的情况下，分析零组件的应力、应变分布。

➢ 固有频率和模态分析：确定零件或装配体的造型与其固有频率的关系，在需要共振效果的场合（如超声波焊接喇叭、音叉）可以获得最佳设计效果。

➢ 失稳分析：当压应力没有超过材料的屈服强度时，分析薄壁结构件发生的失稳情况。

➢ 热应力分析：在存在温度梯度的情况下，分析零件的热应力分布情况，以及算例热量在零件和装配体中的传播情况。

➢ 疲劳分析：预测疲劳对产品全生命周期的影响，确定可能发生疲劳破坏的区域。

➢ 非线性分析：用于分析橡胶类或者塑料类的零件或装配体的行为，还用于分析金属结构在达到屈服强度后的力学行为。也可以用于考虑大扭转和大变形，如突然失稳。

➢ 间隙/接触分析：在特定载荷下，两个或者更多运动零件相互作用。例如，在传动链或其他机械系统中接触间隙未知的情况下分析应力和载荷传递。

> ➢ 优化：在保持满足其他性能判据（如应力失效）的前提下，自动定义最小体积设计。

SOLIDWORKS 2024 Simulation 使得用户能够测试装配体的性能而无须通过烦琐费时的步骤建立完整的连接部件（如销钉和弹簧），还通过新的可用性特性简化分析过程，如通过菜单驱动命令代替手动计算温度调节装置实现热调节。新的可视化和分析报告特性使得用户能够从分析中获取更精准的结果。SOLIDWORKS 2024 Simulation 与 SOLIDWORKS 机械设计软件更紧密的集成使得用户能够快速分析设计而无须重新键入数据、在不同应用程序中切换。

除了新的建模特性，SOLIDWORKS 2024 Simulation 新增的以下特性也使得应用性方面有很大的突破。

➢ 支持多实体零件文件，为每个实体分配不同的材料属性，然后定义不同实体间的接触条件。
➢ 在非线性算例中新增镍钛诺材料模型，镍钛诺因具有独特的属性，已成为许多医疗器械（如展幅器）优先选择的材料。
➢ 分析库特征，可以生成分析特征（如载荷、支撑和接触条件等）的常用模板，可用来为新手创建模板，以减少常见错误。当设计重复时，此特点便于重复使用设计规格。
➢ 使用热力分析计算的温度曲线作为瞬态热力算例的初始条件。
➢ 新的优化方法设计了一组试验，以找出最佳解。对于指定数量的设计变量，试验（运行）的数量是固定的。
➢ 改进了的剖面图解，对剖面图解属性管理器进行了改进，以改善多剖面上的图解绘制过程。

Simulation 与 SOLIDWORKS 2024 更紧密的集成让设计师无须重新输入设计数据即可进行分析。SOLIDWORKS 2024 Simulation 自动使用 SOLIDWORKS 2024 数据来定义装配材料的物理特性，并从嵌入 SOLIDWORKS 2024 的 SOLIDWORKS Simulation 分析工具读取数据。SOLIDWORKS 2024 Simulation 还能够在 SOLIDWORKS 2024 的任务日程表中安排分析运行的时间等。

1.4 SOLIDWORKS 2024 Simulation 的启动和界面

SOLIDWORKS 2024 软件是在 Windows 环境下开发的，因此它可以为设计师提供简便和熟悉的工作界面。SOLIDWORKS Simulation 是一个与 SOLIDWORKS 完全集成的设计分析系统。本节着重介绍 SOLIDWORKS 2024 Simulation 的启动和界面。

1.4.1 SOLIDWORKS 2024 Simulation 的启动

SOLIDWORKS 2024 启动后界面中并没有 Simulation 插件，用户可以通过以下步骤启动 Simulation 插件。
（1）选择"工具"→"插件"命令。
（2）在弹出的"插件"对话框中勾选 SOLIDWORKS Simulation 复选框，并单击"确定"按钮，如图 1-4 所示。

📢注意：

> 在选择 SOLIDWORKS Simulation 插件时，如果只勾选前面的复选框，那么该插件只在本次使用时有效。如果前后复选框均勾选，那么 SOLIDWORKS 会在每次启动时自动加载 Simulation 插件。

（3）此时，在 SOLIDWORKS 的主菜单中添加了一个新的 Simulation 菜单，选项卡中添加了 Simulation 选项卡，如图 1-5 所示。

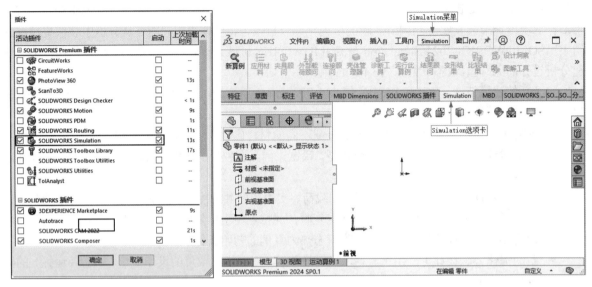

图 1-4 "插件"对话框　　　　　图 1-5 加载 Simulation 插件后的界面

1.4.2　SOLIDWORKS 2024 Simulation 的界面

SOLIDWORKS 2024 Simulation 创建新算例后的界面如图 1-6 所示。

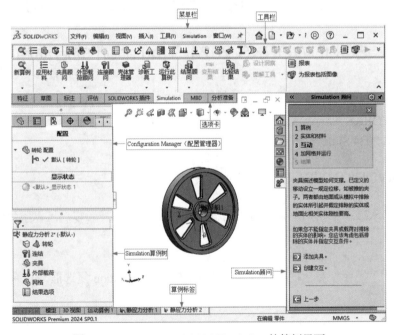

图 1-6 SOLIDWORKS 2024 Simulation 的算例界面

1. 菜单栏

菜单栏显示在标题栏的下方，在本书中常用的是 Simulation 菜单。

2. 工具栏

在菜单栏、工具栏或选项卡的任意位置右击，在弹出的快捷菜单中选择"工具栏"命令，展开"工具栏"下拉列表，如图 1-7 所示。用户可以根据需要选择下拉列表中的相应命令打开对应的工具栏。

例如，选择 Simulation 命令，打开 Simulation 工具栏，如图 1-8 所示。用户可以根据需要定义工具栏中的命令。

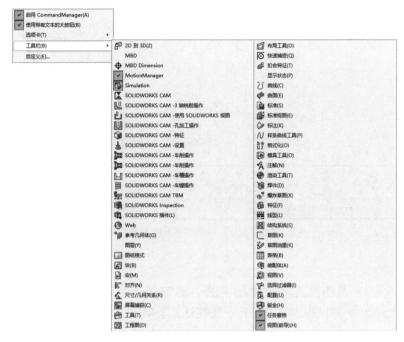

图 1-7 "工具栏"下拉列表

图 1-8 Simulation 工具栏

3. 选项卡

在菜单栏、工具栏或选项卡的任意位置右击，在弹出的快捷菜单中选择"选项卡"命令，展开"选项卡"下拉列表，如图 1-9 所示。选择下拉列表中相应的命令即可打开或关闭该选项卡。

单击打开 Simulation 选项卡，其中显示了创建算例和进行分析的各种命令，如图 1-10 所示。

4. Configuration Manager（配置管理器）

SOLIDWORKS 2024 窗口左边的 Configuration Manager 标签用来生成、选择和查看一个文件中零件和装配体多个配置的工具。

Configuration Manager 还可以分割并显示两个 Configuration Manager 实例，或将 Configuration Manager 同 Feature Manager 设计树、属性管理器或使用窗格的第三方应用程序相组合。

在 Configuration Manager 配置栏中右击相关的装配体，

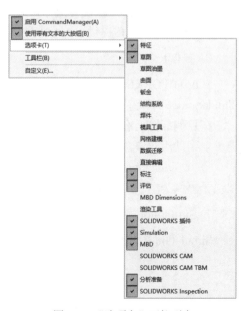

图 1-9 "选项卡"下拉列表

在弹出的快捷菜单中选择"添加配置"命令，在打开的"添加配置"属性管理器中可以更改配置属性，如图 1-11 所示。配置属性包括配置名称、说明、关于配置的附加说明信息以及指定装配体或零件在材料明细表中的名称等。

图 1-10　Simulation 选项卡　　　　　　　　图 1-11　"添加配置"属性管理器

5. Simulation 算例树

Simulation 算例树用于组织一个分析算例。其功能类似于绘图区的 Feature Manager 树。使用菜单系统可以管理分析算例。由于 Simulation 算例树表示方法直观且具有上下文相关的快捷菜单，因此比菜单系统更好用。

在 Simulation 算例树中，子文件夹定义了算例的参数。例如，每个结构算例具有连结[①]、夹具和外部载荷文件夹。接触定义显示在"连结"文件夹中，约束定义显示在"夹具"文件夹中，载荷定义显示在"外部载荷"文件夹中。

Simulation 算例树提供了一个方便的视图，供用户查看文件中有关分析算例的最重要信息。

6. 算例标签

SOLIDWORKS 软件为每个算例在图形区域底部都创建了一个标签。要查看算例，单击其 Simulation 算例标签即可。

在算例标签上右击，弹出快捷菜单，该菜单提供了上下文相关的命令。拖放（或复制和粘贴）功能可以帮助用户快速定义后续的算例。

每个 Simulation 算例标签代表一个算例。每个算例在树中包含一个文件夹和子文件夹。子文件夹取决于算例类型。SOLIDWORKS 软件会为每个算例类型分配一个唯一的图标，以便于识别算例类型。

7. Simulation 顾问

Simulation 顾问可以帮助用户选择算例类型，定义载荷、夹具和连结，并且可以解析结果。

---

① 编者注：此处的"连结"其实应为"连接"，但为了读者操作方便，所以正文中保留与图中对应的"连结"，全书余同。

1.5 SOLIDWORKS Simulation 选项

Simulation 选项用于定制 Simulation 功能。所有 Simulation 选项都存储在注册表中。对选项做出的所有更改会在单击选项对话框中的"确定"按钮之后生效。

选择菜单栏中的 Simulation→"选项"命令，打开"系统选项-一般"对话框，如图 1-12 所示。

图 1-12 "系统选项-一般"对话框

1.5.1 系统选项

"系统选项"选项卡应用于所有文件中的所有算例。

1. 普通

"普通"选项用于指定一般系统选项，如 Simulation 算例树中的错误和警告图标显示方式、网格和图解外观选项等。系统选项将应用于所有文件中的所有算例。

2. 默认库

"默认库"选项用于设定函数曲线和分析库的默认文件夹。

3. 消息/错误/警告

"消息/错误/警告"选项可以控制指示需要执行操作的求解器消息显示的时间，可以恢复在模拟工作流程中隐藏的消息。

4. 电子邮件通知设置

"电子邮件通知设置"选项用于设置自动电子邮件通知设置以跟踪模拟算例的求解状态。

5. 仿真传感器

"仿真传感器"选项用于定义由仿真传感器跟踪的结果的数字格式。

1.5.2 默认选项

"默认选项"选项卡只应用于新算例，如图 1-13 所示。

1. 单位

"单位"选项用于为 SOLIDWORKS Simulation 指定默认单位。

（1）单位系统。该选项组中包括"公制（I）（MKS）""英制（E）（IPS）"和"公制（M）（G）"三个单选按钮。

（2）单位。该选项组中可以设置"长度/位移（L）""温度（T）""角速度（A）"和"压力/应力（P）"的单位。相应下拉列表中的各选项如图 1-14 所示。

图 1-13　"默认选项"选项卡

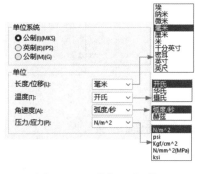

图 1-14　"单位"选项组

📢注意：

　　设置首选单位系统不会限制用户输入其他单位的数据。载荷与边界条件对话框允许用户忽略默认首选单位。默认情况下，将使用首选单位来显示结果，但用户可以选择用其他单位显示结果。例如，可以选择 SI 系统作为默认单位系统，但仍能够以 psi 为单位应用压力和以毫米为单位应用位移。

　　之所以为长度、温度、角速度和应力单位确立这种特殊地位，是为了让用户能够根据个人喜好选择单位，而不必考虑首选的单位系统。例如，用户选择 MKS（使用米作为长度单位）作为首选单位系统，但可以分别选择英寸和华氏作为长度和温度单位。在这种情况下，英寸将以默认单位出现在夹具 Property Manager 中，而华氏将显示为温度输入的默认单位。

2. 交互

"交互"选项为新仿真算例指定全局级别交互的默认设置。Simulation 将接合或接触交互强制应用到根据指定间隙最初未接触的合格几何实体。这些设置能够确保用户可以运行仿真，即使对于几何图形略不完善的模型也是如此。用户可以自定义默认间隙以更好地适应用户的模型。合格几何实体交互的全局设置将拓展到零部件交互和局部交互定义。

在"默认选项"选项卡左侧的列表框中单击"交互"选项，可以显示与"交互"有关的各选项，如图 1-15 所示。各选项的含义如下。

（1）线性静态算例。指定线性静态算例的全局交互类型：接合、接触或空闲。

（2）接合的缝隙范围。指定几何实体符合接合交互条件的最大允许间隙。默认值为模型特性长度的 0.01%。间隙大于此阈值的几何实体不会在全局级别进行接合。

（3）包括壳体边线-实体面/壳体面组和边线面组（更慢）。为位于允许接合间隙范围内的边线组创建边线到边线接合相触面组。

符合接合条件的壳体或钣金实体的有效边线组包括以下几种。

➢ 直线、平行和非干涉壳体边线（或者在一定程度的公差范围内近似平行）。

➢ 具有相同半径、同心且不干涉的圆形边线。

➢ 接合到实体或壳体面（平面或圆柱面）的壳体边线（直线或圆弧）。

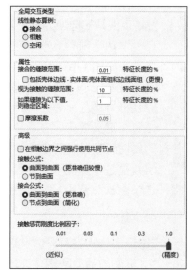

图 1-15　"交互"选项

（4）视为接触的缝隙范围。指定使得几何实体符合接触条件的最大允许间隙。默认值为模型特性长度的 10%。

（5）如果缝隙为以下值，则稳定区域。将小刚度应用到限定区域，以便解算器可以克服不稳定问题并开始仿真。软件会将接触稳定应用于初始间隙在模型特性长度 1% 阈值范围内的几何图形。

（6）摩擦系数。指定全局接触条件的静摩擦系数。摩擦系数的允许范围为 0～1.0。

静态摩擦力的计算方法是将接触位置产生的法向力乘以给定的摩擦系数。摩擦力的方向与运动方向相反。

对于局部接触条件，用户可以在"局部交互"属性管理器中指定摩擦系数。

（7）在相触边界之间强行使用共同节点。在装配体和多实体零件的不同实体之间的相触边界上强制实施网格连续性。相互接触的零部件将作为一个实体进行网格化。

（8）接触公式。指定全局接触公式。两种接触公式都可以防止源几何实体和目标几何实体之间发生干涉，但允许它们彼此移开。

➢ 曲面到曲面（更准确但较慢）：此默认选项更准确，但更慢。

➢ 节点到曲面：一般而言，曲面到曲面接触的精度更高，但如果两个面之间的接触区域变得非常小或缩小为线或点，则使用节点到曲面选项可以获得精度更高的结果。

（9）接合公式。为单独网格化的实体指定全局接合公式。

➢ 曲面到曲面（更准确）：此默认选项更准确，但更慢。对于 2D 简化算例，解算器将应用边线到边线接合。

➢ 节点到曲面（简化）：如果用户在求解具有复杂接触曲面的模型时遇到性能问题，则请选择此选项。对于 2D 简化分析，程序将应用节点到边线接合。

（10）接触惩罚刚度比例因子。指定线性静态算例中所用接触的惩罚刚度的比例因子。获得具有接触交互的线性静态算例的精确解，使用 1.0 作为惩罚刚度因子。要评估设计迭代和模型的整体行为，需要指定小于 1.0 的值，以更快地获得近似解。

3. 载荷/夹具

"载荷/夹具"选项为分析特征的符号设定默认大小并更改默认的符号颜色。

在"默认选项"选项卡左侧的列表框中单击"载荷/夹具"选项，可以显示与"载荷/夹具"有关的各选项，如图 1-16 所示。各选项的含义如下：

（1）符号大小。使用数值输入方框箭头或拖动滑块可以设定所需的符号大小。

（2）符号颜色。为分析特征（如载荷、夹具、接头和网格控制）的符号设定默认的颜色。

（3）在定义载荷、夹具和网格控制时默认预览符号。载荷、夹具及网格控制的符号将根据它们在各自的属性管理器中所定义的方式显示。

（4）检查重复面（性能缓慢）上的载荷/夹具定义。检查载荷或夹具定义中是否有任何面实体被意外选中两次。选中后，属性管理器将需要略长时间才会关闭，特别是有多个面选择定义的情况。

4. 网格

"网格"选项为新算例设置默认网格化选项。该软件生成的网格取决于下列因素。

➢ 算例的活动网格化选项（在"网格"属性管理器中指定）。

➢ 网格控制规格（在"网格控制"属性管理器中指定）。

➢ 连接文件夹中定义的交互和接头。

在"默认选项"选项卡左侧的列表框中单击"网格"选项，可以显示与网格有关的各选项，如图 1-17 所示。部分选项的含义如下：

图 1-16 "载荷/夹具"选项

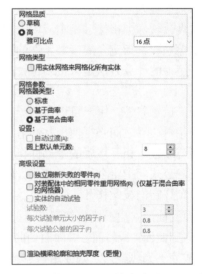

图 1-17 "网格"选项

（1）网格品质。划分的网格品质有如下两种。

➢ 草稿。为每个实体单元指定 4 个边角点。为每个壳体单元指定 3 个边角点。在进行快速估算时使用草稿品质网格化。

➢ 高。为每个实体单元指定 10 个节：4 个边角节，每条边线中间各有 1 个节（共 6 个中侧节）。为每个壳体单元指定 6 个节：3 个边角节和 3 个中侧节。当选择该项时需要设置雅可比点。

强烈建议用户对最终结果和具有曲面几何体的模型使用高品质选项。

雅可比点仅供高品质网格使用。设定在检查四面单元的变形级别时要使用的积分点数。建议值为16 个高斯点。

在默认情况下，软件为高品质网格执行雅可比检查。

（2）用实体网格来网格化所有实体。使用实体网格网格化所有实体、钣金和焊件实体。这使网格化准备模型的速度更快，但可能会增加整体求解时间。

在算例级别，用户可以覆盖此选项指定的网格分配。在仿真算例树中，右击顶层零件文件夹，然后选择将所有钣金视为壳体或将所有焊件视为横梁。

（3）网格器类型。常用的网格器类型有如下 3 种。

➢ 标准。选择该项，为后续网格化操作激活 Voronoi-Delaunay 网格化方案。

➢ 基于曲率。选择该项，为后续网格化操作激活基于曲率的网格化方案。网格器在更高曲率区域中自动生成更多单元（而不需要网格控制）。

基于曲率的网格器可以在网格化之前检查实体之间的干涉状态。如果检查到干涉，则网格化会中止，可以访问"干涉检查"属性管理器来查看发生干涉的零件或零部件。在重新执行网格化之前，要确保已解决所有的干涉。干涉检查仅在用户定义与相触边界处公共节点的接合交互时才可用。

基于曲率的网格支持在接触实体面与钣金实体和曲面实体的接触边线之间创建公共节点。

➢ 基于混合曲率。选择该项，可以网格化无法使用标准网格器或基于曲率的网格器网格化的模型。当用户使用相同的网格设置时，相对于基于曲率的网格器，基于混合曲率的网格器通常会生成具有更小雅可比和高宽比例的高品质元素。此外，它通常使用更少的元素。

基于混合曲率的网格器不支持在相触边界之间强制实施公共网格节点的选项。所有实体都将被单独网格化。

5. 解算器和结果

"解算器和结果"选项可以为解算器选择设置默认选项，并为新算例设置仿真结果文件夹的位置。

在"默认选项"选项卡左侧的列表框中单击"解算器和结果"选项，可以显示与"解算器和结果"有关的各选项，如图 1-18 所示。部分选项的含义如下：

（1）默认解算器。该选项中可设置的默认解算器选项有自动、FFEPlus、Intel Direct Sparse 或 Direct Sparse。

默认解算器选项适用于静态算例、频率算例、扭曲算例和热算例。

（2）SOLIDWORKS 文档文件夹。将仿真结果（*.cwr）文件保存到存储有关联 SOLIDWORKS 模型的同一个本地文件夹中。

（3）在子文件夹下。将模型文件夹的子文件夹设定为分析结果的目标文件夹。勾选该复选框后，可以在其后的输入框中输入要创建的文件夹名称。这样，在进行有限元分析时，结果文件会自动保存在该文件夹中。

（4）包括网格。勾选该复选框后，可将源算例的网格数据复制到新的目标算例。当网格不存在或将源算例复制到不受支持的

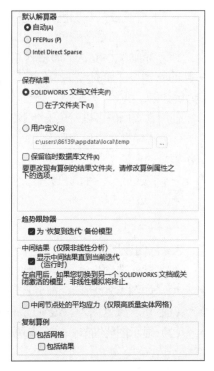

图 1-18　"解算器和结果"选项

目标算例时，此选项将灰显。

（5）包括结果。选择此选项可将源算例的仿真结果复制到新的目标算例。当结果不可用或将源算例复制到不受支持的目标算例时，此选项将灰显。

6. 图解

"图解"选项用于设定结果图解选项。

在"默认选项"选项卡左侧的列表框中单击"图解"选项，可以显示与"图解"有关的各选项，如图1-19所示。部分选项的含义如下：

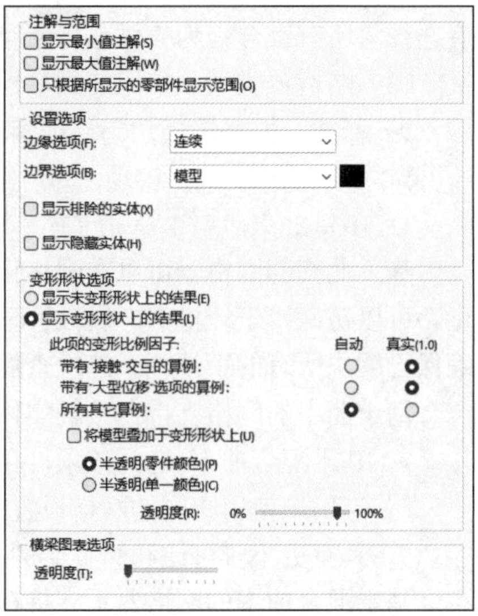

（1）显示最小/大值注解。勾选该复选框，将显示图解最小/大值的注解。

（2）只根据所显示的零部件显示范围。勾选该复选框，图例中的结果范围将只应用于所显示的部分，而不会应用于整个模型。

（3）边缘选项。设定边缘图解的显示。

➤ 点：使用上色的点轮廓。

➤ 直线：使用上色的直线轮廓。

➤ 离散：使用上色的离散轮廓。

➤ 连续：使用平滑上色的填充颜色的轮廓。

（4）边界选项。

➤ 无：设定模型边界的显示与关闭。

➤ 模型：显示模型的所有边界线。

➤ 网格：将所选的结果图解叠加到网格图解上。

图1-19　"图解"选项

➤ 半透明（单一颜色）：选择一种颜色并设定模型的透明度级别。

➤ 半透明（零件颜色）：设定模型的透明度级别（将使用零件颜色）。

（5）显示变形形状上的结果。选中该单选按钮，软件将显示变形模型上的结果。"带有'接触'交互的算例""带有'大型位移'选项的算例"和"所有其他算例"[①]的变形比例因子均可以设定为自动或真实（1.0）。

使用真实比例可以避免干涉零件在变形之后无法正确显示。

（6）将模型叠加于变形形状上。勾选该复选框，则系统将使用下列设定在用于结构算例的变形形状上显示模型的未变形形状。

➤ 半透明（零件颜色）：允许设定模型的透明度级别，将使用零件颜色。

➤ 半透明（单一颜色）：允许通过单击颜色框来选择一种颜色并设定模型的透明度级别。

7. 颜色图表

"颜色图表"选项用于设定负责控制图解图例外观的参数。

在"默认选项"选项卡左侧的列表框中单击"颜色图表"选项，可以显示与"颜色图表"有关的各选项，如图1-20所示。部分选项的含义如下：

（1）显示颜色图表。该复选框用于设置打开/关闭对图解图例的显示。

（2）显示图解细节。勾选该复选框，则显示模型名称、算例名称、图解类型及图解的变形比例。

---

① 编者注：图中的"其它"为软件汉化错误，应为"其他"。正文中均使用"其他"，图片中保持不变，全书余同。

（3）数字格式。用于控制图例值的格式，包括科学、浮点和普通。

（4）小数位数。允许的最大小数位数值为 16。

8. 默认图解

"默认图解"选项用于设置算例报表选项。默认图解类型有 6 种，如图 1-21 所示。

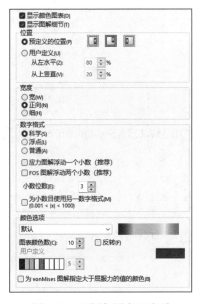

图 1-20　"颜色图表"选项

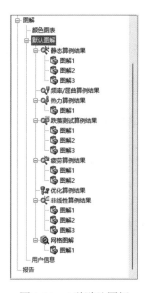

图 1-21　6 种默认图解

下面介绍以下 6 种默认图解。

（1）静态算例结果。为静态算例设定默认的结果模板（文件夹和图解）。可以在一个或多个采用了自定义名称的文件夹中包含不同类型的图解。

当运行没有任何现有结果图解的算例时，该软件会按此页中指定的方式创建文件夹和图解。如果运行的是具有有效或无效图解的算例，则无论此页中指定了何种设定，现有的图解都会被更新。

要添加新结果文件夹/图解，首先右击"静态算例结果"，然后选择添加新文件夹/图解。一个带有默认名称的新结果文件夹/图解将出现在静态算例结果下。输入一个新名称，或者单击任意位置接收默认名称。

结果文件夹的最大数量为 5 个。

（2）频率/屈曲算例结果。为频率或扭曲算例设定默认的结果模板（文件夹和图解）。

（3）热力算例结果。为热力算例设定默认的结果模板（文件夹和图解）。

（4）跌落测试算例结果。为跌落测试算例设定默认的结果模板（文件夹和图解）。

（5）疲劳算例结果。为疲劳算例设定默认的结果模板（文件夹和图解）。

（6）非线性算例结果。为非线性算例设定默认的结果模板（文件夹和图解）。

1.6　SOLIDWORKS Simulation 的分析流程

SOLIDWORKS Simulation 是一款基于有限元技术的设计分析软件，其分析的基本步骤是相同的，下面列出了模型分析中的基本步骤。

（1）创建算例并定义其分析类型和参数。

（2）定义材料属性。

（3）添加约束。

（4）添加载荷。

（5）划分网格。

（6）运行算例。

（7）分析结果。

本节将对这些步骤进行详细介绍。

1.6.1 创建算例

在用 SOLIDWORKS 设计完几何模型后，就可以使用 SOLIDWORKS Simulation 对其进行分析。分析模型的第一步是建立一个新算例。

要创建算例，可按如下步骤操作。

（1）单击 Simulation 选项卡中的"新算例"按钮 [图 1-22（a）]，或者选择 Simulation→"算例"命令[图 1-22（b）]。

（2）在打开的"算例"属性管理器中定义"名称"和类型，如图 1-23 所示。

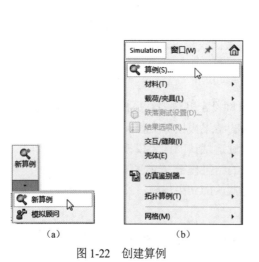

图 1-22　创建算例　　　　　　　　　　　　　　图 1-23　定义算例

（3）定义完算例后，单击"确定"按钮 。

在定义完算例后，就可以进行下一步的工作了，此时在 SOLIDWORKS Simulation 算例树中可以看到定义好的算例，如图 1-24 所示。部分选项的说明如下：

- ➢ "实体" ⬡：定义实体的材料属性。
- ➢ "夹具" ⬡：定义约束条件。
- ➢ "外部载荷" ⬇：定义载荷。
- ➢ "网格" ⬡：创建有限元网格。

在 SOLIDWORKS Simulation 算例树中新建的"算例"上右击，在弹出的快捷菜单中选择"属性"命令，打开"静应力分析"对话框进一步定义它的属性，如图 1-25 所示。每一种分析类型都对应不同的属性。

图 1-24　定义好的算例　　　　　　　　　　　图 1-25　定义算例的属性

SOLIDWORKS Simulation 的基本模块提供了多种分析类型。

- ➢ 静应力分析：可以计算模型的应力、应变和变形。
- ➢ 频率：可以计算模型的固有频率和模态。
- ➢ 热力：可以计算由于温度、温度梯度和热流影响产生的应力。
- ➢ 屈曲：可以计算危险的屈曲载荷，即屈曲载荷分析。
- ➢ 疲劳：可以计算材料在交变载荷作用下产生的疲劳破坏情况。
- ➢ 非线性：当线性静态分析的假设无效时，需要使用非线性分析。
- ➢ 跌落测试：可以模拟零部件掉落后的变形和应力分布。
- ➢ 压力容器设计：在压力容器设计算例中，将静态算例的结果与所需因素组合。

每个静态算例都具有不同的可以生成相应结果的一组载荷。

创建新算例也可以通过复制已有的算例，这样可以减少重新定义的步骤，更加省时、省力。当复制新算例时，算例中包含的设定、夹具、外部载荷、网格和结果也会一起复制到新算例中。复制新算例的步骤如下：

（1）右击要复制的算例标签，在弹出的快捷菜单中选择"复制算例"命令，如图 1-26 所示。

（2）在打开的"复制算例"属性管理器中设置新算例的名称，"要使用的配置"为"默认"，如图 1-27 所示。

图 1-26　复制算例

图 1-27　"复制算例"属性管理器

（3）单击"确定"按钮 ✔，完成新算例的创建。

新目标算例由源算例中的所有可使用载荷与边界条件填充。当源静态算例的特征（如接头和载荷）由于限制未能转换为目标算例时，程序将出现警告消息。

用户可能仍需要为目标算例定义与时间或频率相关的载荷，以运行目标算例的模拟。

1.6.2　定义材料属性

在运行一个算例前，必须要定义好指定的分析类型所对应需要的材料属性。

➢ 对于实体装配体，每一个零件可以是不同的材料。

➢ 对于网格类型是"使用曲面的外壳网格"的算例，每一个壳体可以具有不同的材料和厚度。

➢ 对于壳体模型，零件的材料用于所有壳体。

➢ 对于横梁模型，每个横梁可能具有不同的材料。

➢ 对于混合网格模型，必须分别为实体和外壳定义所需的材料属性。

要定义材料属性，可按如下步骤操作。

（1）选择要定义材料属性的算例，并选择要定义材料属性的零件或装配体。

（2）选择 Simulation→"材料"→"应用材料到所有"命令，或者右击要定义材料属性的零件或装配体，在弹出的快捷菜单中选择"应用/编辑材料"命令，或者单击 Simulation 选项卡中的"应用材料"按钮 ▤。

（3）在打开的"材料"对话框中选择一种方式定义材料属性，如图 1-28 所示。

➢ 使用 SOLIDWORKS 中定义的材质：如果在建模过程中已经定义了材质，则此时在"材料"对话框中会显示该材料的属性。如果选择了该选项，则定义的所有算例都将选择这种材料属性。

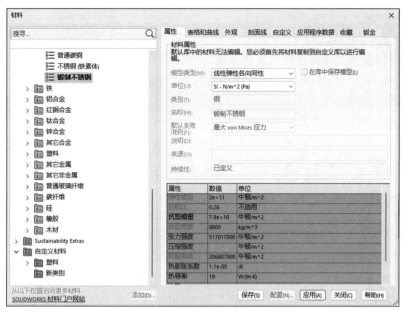

图 1-28　定义材料属性

> ➢ 自定义：可以自定义材料的属性，用户只需单击要修改的属性，然后输入新的属性值。对于各向同性的材料，弹性模量和泊松比是必须要定义的变量。如果材料的应力产生是由温度变化引起的，则必须定义材料的热膨胀系数。如果在分析中，要考虑重力或者离心力的影响，则必须定义材料的质量密度。对于各向异性的材料，必须要定义各个方向的弹性模量和泊松比等材料属性。

（4）在"材料属性"选项组中可以定义材料的模型类型和单位。其中，在"模型类型"下拉列表中可以选择"线性弹性各向同性"（即各向同性的材料），也可以选择"线性弹性正交各向异性"（即各向异性的材料）。在"单位"下拉列表中可以选择 SI（即国际单位）、"英制"和"公制"单位体系。

（5）单击"应用"按钮，就可以将材料属性应用于算例了。

1.6.3　载荷和约束

在进行有限元分析时，必须模拟具体的工作环境对零件或装配体规定边界条件（位移约束）和施加对应的载荷。也就是说，实际的载荷环境必须在有限元模型上定义出来。

如果给定了模型的边界条件，则可以模拟模型的物理运动。如果没有指定模型的边界条件，则模型可以自由变形。对边界条件必须给予足够的重视，有限元模型的边界既不能欠约束，也不能过约束。加载的位移边界条件可以是零位移，也可以是非零位移。

每个约束或载荷条件都以图标的方式在载荷/夹具文件夹中显示。SOLIDWORKS Simulation 提供一个智能的"属性管理器"来定义载荷和约束。只有被选中的模型具有的选项才被显示，其不具有的选项则为灰色不可选项。例如，如果选择的面是圆柱面或轴，属性管理器允许定义半径、圆周、轴向抑制和压力。载荷和约束是与几何体相关联的，当几何体改变时，它们会自动调节。

在运行分析前，可以在任意时候指定载荷和约束。运用拖放（或复制、粘贴）功能，SOLIDWORKS Simulation 允许在管理树中将条目或文件夹复制到另一个兼容的算例专题中。

要设定载荷和约束，可按如下步骤操作。

（1）选择一个面或边线或顶点作为要载荷或约束的几何元素。如果需要，可以按住 Ctrl 键选择更多的顶点、边线或面。

（2）在 Simulation→"载荷/夹具"子菜单中选择一种载荷或约束类型，如图 1-29 所示。

（3）在对应的载荷或约束"属性管理器"中设置相应的选项、数值和单位。

（4）单击"确定"按钮，完成载荷或约束。

1.6.4 网格的划分

有限元分析提供了一个可靠的数字工具进行工程设计分析。首先，要建立几何模型；然后，程序将模型划分为许多具有简单形状的小块（element），这些小块通过节点（node）连接，这个过程称为网格划分。在 SOLIDWORKS Simulation 中用四面体实体单元来划分实体几何体，用三角形壳单元来划分实体几何面。有限元分析程序将集合模型视为一个网状物，这个网是由离散的互相连接在一起的单元构成的。精确的有限元结果很大程度上依赖于网格的质量，通常来说，优质的网格决定优秀的有限元结果。

网格质量主要靠以下几点进行保证。

图 1-29   "载荷/夹具"子菜单

- ➤ 适当的网格类型：在定义算例时，针对不同的模型和环境，选择一种适当的网格类型。
- ➤ 适当的网格参数：选择适当的网格大小和公差，可以做到节约计算资源和时间与提高精度的完美结合。
- ➤ 局部的网格控制：对于需要精确计算的局部位置，采用加密网格可以得到比较好的结果。

在定义完材料属性和载荷/约束后，就可以划分网格了。要划分网格，可按如下步骤操作。

（1）单击 Simulation 选项卡中的"生成网格"按钮，或者在 SOLIDWORKS Simulation 算例树中右击网格图标，然后在弹出的快捷菜单中选择"生成网格"命令。

（2）在出现的"网格"属性管理器中设置网格的大小和公差，如图 1-30 所示。

（3）拖动"网格密度"栏中的滑块，从而设置网格的大小和公差。如果要精确指定网格，则可以在"最大单元大小"右侧的输入栏中指定网格的整体大小，在"最小单元大小"右侧的输入栏中指定网格的公差。当网格参数选择"基于混合曲率的网格"时，还可单击"计算最小单元大小"按钮，计算最小单元大小。系统弹出"计算最小单元大小"对话框，如图 1-31 所示。勾选"包括来自几何体的最小曲率半径"复选框，单击"计算"按钮，系统计算出"最小单元大小值"，如图 1-32 所示。单击"应用"按钮，即可将该值应用于属性管理器中。

（4）如果勾选了"运行（求解）分析"复选框，则在划分完网格后自动运行分析，计算出结果。

（5）单击"确定"按钮，程序会自动划分网格。

在"网格参数"选项组中有三种划分网格的方法，区别如下：

- ➤ 基于混合曲率的网格：会将单元大小自动调整为几何图形的局部曲率，以创建平滑的网格阵列，可以解决网格化失效问题，而生成的实体网格具有品质更高的单元。这种方法划分网格的速度最慢，不支持多线程或自适应技术。

➤ 基于曲率的网格：在更高曲率区域中自动生成更多单元，并且不需要网格控制，对于几何体的细小特征可以获得更精确的结果。支持装配体和多实体零件的多线程曲面和体积网格化。

➤ 标准网格：为后续网格化操作激活 Voronoi-Delaunay 网格化方案，这种方法可以划分对称网格。

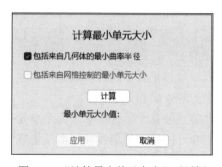

图 1-30　"网格"属性管理器　　图 1-31　"计算最小单元大小"对话框　　　　图 1-32　计算结果

1.6.5　运行分析与观察结果

1. 运行算例

（1）选择要求解的有限元算例。

（2）单击 Simulation 选项卡中的"运行此算例"按钮 ，或者在 SOLIDWORKS Simulation 算例树中右击要求解的算例，然后在弹出的快捷菜单中选择"运行"命令。

（3）系统会打开解算器的对话框。对话框中显示解算器执行的过程、单元、节点和 DOF 自由度数，如图 1-33 所示。

（4）如果要中途停止计算，则单击"取消"按钮；如果要暂停计算，则单击"暂停"按钮。

运行分析后，系统自动为每种类型的分析生成一个标准的结果报告。双击"结果选项"文件夹下对应的图解图标，就会以图的形式显示分析结果，如图 1-34 所示。

在显示结果中的左上角会显示模型名称、算例名称、图解类型和变形比例。模型也会以不同的颜色表示应力、应变等的分布情况。

为了更好地表达出模型的有限元结果，SOLIDWORKS Simulation 会以不同的比例显示模型的变形情况。

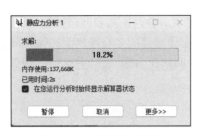

图 1-33　解算器的对话框

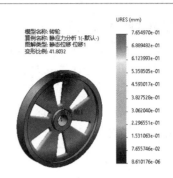

图 1-34　静力学分析中的位移分析图

2．编辑图解

用户也可以编辑图解，可按如下步骤操作。

（1）在 SOLIDWORKS Simulation 算例树中右击要更改变形比例的输出项，如应力、应变等，在弹出的快捷菜单中选择"编辑定义"命令；或者选择 Simulation→"图解结果"命令，在下一级子菜单中选择要更改变形比例的输出项。

（2）选择更改应力图解结果，打开"应力图解"属性管理器，如图 1-35 所示。

对于每一种输出项，根据物理结果可以有多个对应的物理量显示。图 1-35 中的应力结果中显示的是 von Mises 应力，还可以显示其他类型的应力，如不同方向的正应力、切应力等。在图 1-35（a）的"显示"选项组中图标 右侧的下拉列表中可以选择更改应力的显示物理量，其余部分选项说明如下：

➤ 显示为张量图解：设置显示主应力的方向和大小。

➤ 波节值：生成节应力图解，一个节点被几个单元共享，每个单元在节点上产生的应力值不同，将相邻单元的数值平均后就得到唯一的值，使用线性插值法生成平滑图解。

➤ 单元值：在单元的中心生成应力，每个单元的高斯点对应的应力值平均后得到唯一的单元应力，该图解比较粗糙。

➤ 变形形状：定义图解的变形比例，有"自动""真实比例"和"用户定义"三种选项。

➤ 图表选项：设置注解的显示、颜色、单位类型和小数位数，如图 1-35（b）所示。

➤ 设定：控制模型的显示，如图 1-35（c）所示。

（a）

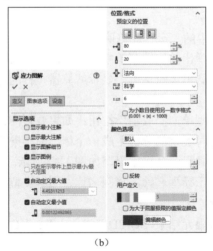

（b）

（c）

图 1-35　"应力图解"属性管理器

3. 编辑结果表示

SOLIDWORKS Simulation 除了可以以图解的形式表达有限元结果，还可以将结果以数值的形式表示。可按如下步骤操作。

（1）在 SOLIDWORKS Simulation 算例树中选择算例。

（2）选择 Simulation→"列举结果"命令，在下一级子菜单中选择要显示的输出项，这里选择应力。

（3）在出现的"列举结果"属性管理器中设置要显示的数值属性，如图 1-36 所示。

（4）每一种输出项都对应不同的设置，这里不再赘述。

（5）单击"确定"按钮✔后，会自动出现结果的数值列表，如图 1-37 所示。

（6）单击"保存"按钮，可以将数值结果保存到文件中。在出现的"另存为"对话框中可以选择将数值结果保存为文本文件或 Excel 列表文件。

图 1-36 "列举结果"属性管理器

图 1-37 结果的数值列表

1.6.6 实例——深梁

扫一扫，看视频

本实例通过分析均布载荷作用下杆的变形和应力分布情况来熟悉对模型分析的流程。

两端简支，长度 l=5m，高度 h=1m，在均布载荷 q=5000N/m^2 作用下发生平面弯曲，如图 1-38 所示。已知弹性模量 E=30GPa，泊松比 NUXY=0.3。

有限元方法的最广泛应用是结构分析，结构不仅包含桥梁、建筑物等建筑工程结构，而且包含活塞、机械零件和工具等。主要用来分析由于稳态外载荷所引起的系统或零部件的位移、应力、应变和作用力。

【操作步骤】

1. 建立研究并定义材料

（1）启动 SOLIDWORKS 2024，选择"文件"→"打开"命令或者单击"快速访问"工具栏中的

"打开"按钮，打开源文件中的"深梁.sldprt"，如图 1-39 所示。

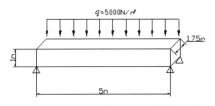

图 1-38　均布载荷作用下杆的计算模型

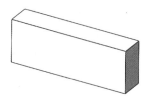

图 1-39　深梁

（2）单击 Simulation 选项卡中的"新算例"按钮，打开"算例"属性管理器。定义"名称"为"梁变形"；分析类型为"静应力分析"，如图 1-40 所示。单击"确定"按钮。

（3）选择 SOLIDWORKS Simulation 算例树中的"深梁"按钮　 深梁，单击 Simulation 选项卡中的"应用材料"按钮，打开"材料"对话框。创建自定义新材料，设置"模型类型"为"线性弹性各向同性"；定义材料的"弹性模量"为 3e+11 N/m²，"泊松比"为 0.3，屈服强度为 292000000N/m²，如图 1-41 所示。单击"应用"按钮，然后关闭对话框。

图 1-40　"算例"属性管理器　　　　　　　　　图 1-41　"材料"对话框

2．建立约束并添加载荷

（1）单击 Simulation 选项卡中的"夹具顾问"按钮，右侧弹出"Simulation 顾问"栏，在该栏中单击 添加夹具 按钮，左侧弹出"夹具"属性管理器，然后在图形区域中选择边线，如图 1-42 所示；选择夹具类型为"固定几何体"；在"符号大小"输入框中设置符号大小为 300，从而更好地显示夹具，如图 1-43 所示。单击"确定"按钮，完成该约束的创建。

（2）单击 Simulation 选项卡中"外部载荷顾问"下拉列表中的"压力"按钮，选择深梁的上端面作为加载平面；在"类型"选项组中选中"垂直于所选面"单选按钮；在"压强值"选项组中的"单位"下拉列表中选择压强单位为 N/m²；在"压强值"输入框中输入压强值为 5000，如图 1-44 所示。单击"确定"按钮，完成载荷的创建。

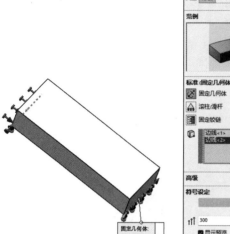

图 1-42 选择边线

图 1-43 定义梁两端的
固定约束

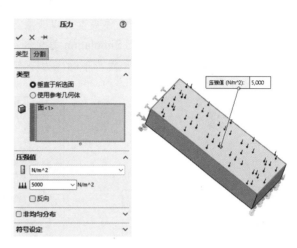

图 1-44 定义深梁的载荷

3．划分网格并运行

（1）单击 Simulation 选项卡中"运行此算例"下拉列表中的"生成网格"按钮，打开"网格"属性管理器，选中"标准网格"单选按钮，设置单位为 mm，保持网格的默认粗细程度，如图 1-45 所示。

（2）单击"确定"按钮，为模型划分网格。划分网格后的模型如图 1-46 所示。

图 1-45 "网格"属性管理器

图 1-46 划分网格后的模型

（3）单击 Simulation 选项卡中的"运行此算例"按钮，SOLIDWORKS Simulation 则调用解算器进行有限元分析，此时会出现图 1-47 所示的对话框显示计算进度与过程。

4. 观察结果

（1）在有限元分析完成之后，会在 SOLIDWORKS Simulation 算例树中自动生成几个结果文件夹，如图 1-48 所示。通过这几个文件夹就可以查看分析的图解结果。

（2）双击 SOLIDWORKS Simulation 算例树中"结果"文件夹下的"应力 1"图标 应力1 (-vonMises-)，则可以观察深梁在给定约束和载荷下的应力分布，如图 1-49 所示。

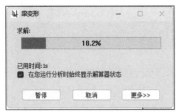

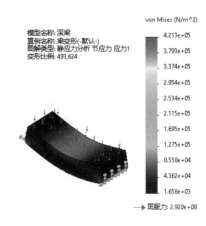

图 1-47　显示计算进度与过程　　　图 1-48　在算例树中添加的结果文件夹　　　图 1-49　深梁的应力分布

图中左上端的文字表示该图解对应的研究和分析类型以及图中的变形比例，右侧的标尺则表示不同颜色深度所对应的应力值。

（3）要自定义图解中表示的不同类型的应力或变形比例，则右击 SOLIDWORKS Simulation 算例树中的"应力 1"图标 应力1 (-vonMises-)，在弹出的快捷菜单中选择"编辑定义"命令，打开"应力图解"属性管理器，设置变形形状为"真实比例"，如图 1-50 所示。定义后的结果如图 1-51 所示。

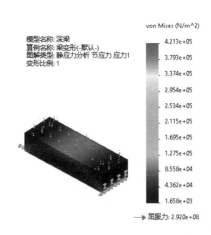

图 1-50　"应力图解"属性管理器　　　　图 1-51　重定义后的深梁的应力分布

图 1-52 和图 1-53 所示分别为深梁的位移分布和应变分布。

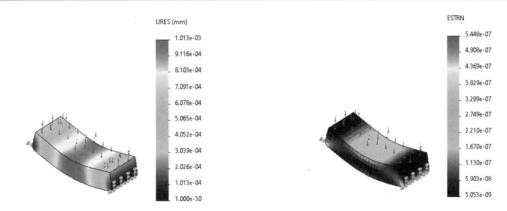

图 1-52 深梁的位移分布　　　　　　图 1-53 深梁的应变分布

扫一扫，看视频

练一练　支撑杆

图 1-54 所示为吧台椅的支撑杆，支撑杆的底面作为固定面，顶端的圆面受到 1000N 的载荷作用，材料选择 AISI 1020 合金钢。对支撑杆进行静应力分析，熟悉 SOLIDWORKS Simulation 的分析流程。

【操作提示】

（1）新建静应力算例。

（2）定义材料。

（3）添加约束和载荷，固定面和受力面如图 1-55 所示。

（4）采用默认设置生成网格。

（5）运行并查看结果，应力分布和位移分布如图 1-56 所示。

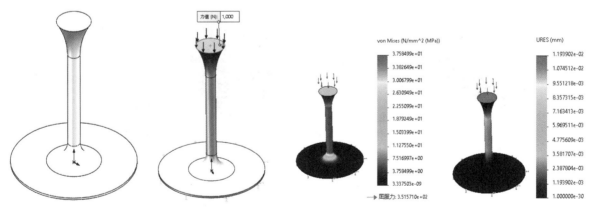

图 1-54 支撑杆　　图 1-55 选择固定面和受力面　　图 1-56 支撑杆的应力分布和位移分布

第2章 边界条件

内容简介

本章首先介绍有限元分析中的边界条件，边界条件包括约束和载荷；然后详细介绍约束和载荷的分类。

内容要点

➤ 约束
➤ 载荷

案例效果

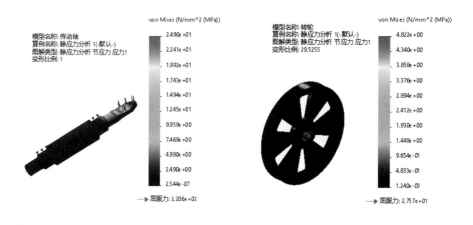

2.1 约 束

在第 1 章中简要地介绍了 SOLIDWORKS Simulation 的分析流程，本章将在此基础上进一步讲解各种约束和载荷的定义过程。

边界条件通俗意义上就是模型与其他零部件连接的状态，若在有限元分析中所研究的模型受到其他零部件的载荷，那么该模型有一个载荷边界条件。边界条件一般指载荷和约束两大类。边界条件的选择和位置必须合理，才能减小对结果的影响。

2.1.1 夹具

选择菜单栏中的 Simulation→"载荷/夹具"→"夹具"命令，或者单击 Simulation 选项卡中"夹具顾问"下拉列表中的"固定几何体"按钮 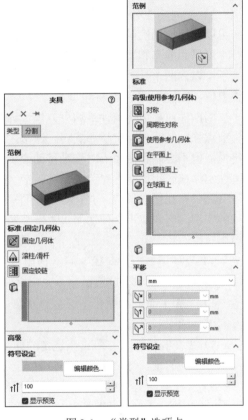，或者右击 SOLIDWORKS Simulation 算例树中的"夹具"图标 夹具，在弹出的快捷菜单中选择"固定几何体"命令，弹出"夹具"属性管理器。"夹具"属性管理器使用户能够规定在静态算例、频率算例、扭曲算例、非线性算例以及动态算例中使用的顶点、边线或面的零或非零位移来定义约束。

该属性管理器有"类型"和"分割"两个选项卡，下面分别对这两个选项卡进行详细介绍。

1. "类型"选项卡

"类型"选项卡主要包括标准约束和高级约束两种类型，如图 2-1 所示。

（1）"标准"类型。

"标准"类型下共包含 3 个约束。

1）"固定几何体" ：对选定的边线或顶点进行约束，使之不沿基准面上的两个垂直方向移动。对于实体，此约束类型将所有平移自由度设定为零。对于壳体和横梁，它将平移和旋转自由度设定为零。对于桁架接榫，它将平移自由度设定为零。使用此约束类型时不需要参考几何体。

用于固定约束的元素可以是面、边线或顶点。

2）"滚柱/滑杆" ：该约束可以指定平面能够在其基准面方向自由移动，但不能在垂直于其基准面的方向移动。该面在载荷下会收缩或膨胀。

3）"固定铰链" ：使用铰链约束可以指定圆柱面只能绕自己的轴旋转。在载荷下，圆柱面的半径和长度保持恒定。这种情况与选择在圆柱面上约束类型并将径向和轴向零部件设定为零类似。

（2）"高级"类型。

"高级"类型下共包含 6 种约束。

1）"对称" ：可以使用对称性对模型的一部分进行造型，而不是对完整模型进行造型。未造型部分的结果可以从造型部分推断得出。适当地利用对称性可以帮助用户减少问题的规模并获得更为准确的结果。

图 2-1　"类型"选项卡

对称要求几何体、约束、载荷及材料属性是对称的。一般而言，建议不要对屈曲算例和频率算例使用对称。

① 实体模型的对称约束。对于实体模型，应防止与对称基准面重合的每个面沿它的法向运动。对称约束类型自动对所有选定的面应用此条件。对称的基准面应相互正交。

➢ 模型相对于一个基准面对称：可以对模型的一半进行分析。将"对称"约束类型应用于对称面。

➢ 模型相对于两个基准面对称：可以对模型的四分之一进行分析。将"对称"约束类型应用于对称面。

➢ 模型相对于三个平面对称：可以对模型的八分之一进行分析。

➢ 模型为轴对称：如果载荷不会使切面垂直于其基准面变形（如径向施加的压力载荷），用户可以对楔块进行分析。为楔块使用可以被 360° 整除的角度。需要注意的是，不应使用可能导致错误网格的极小角度。如果存在切向载荷，并且会使剖面垂直于其基准面变形，则应使用周期性对称。

② 壳体模型的对称约束。对于外壳模型，对称要求应防止与对称基准面重合的面沿法向移动和相对于其他两个正交方向旋转。对称的基准面应相互正交。

对于钣金，在沿着模型厚度符合模型对称面的表面上应用对称约束。对称面始终垂直于应用对称的壳体曲面。壳体曲面围绕对称面创建镜像。

在"夹具"属性管理器中使用"高级"栏的"对称"按钮将对称约束应用到壳体或壳体边线。壳体边线必须为平面。壳体面必须位于正交的对称面上。

2）"周期性对称" ：当几何体绕特性轴进行周期旋转时，对其进行约束形成旋转对称体，通常可以使用周期性对称来分析涡轮、叶片、飞轮和马达转子。

可以为静态和非线性算例应用周期性对称约束。

可以为两个具有相同面积和形状的剖切面定义周期性对称。沿对称的旋转轴重复的线段数应该为整数值，它等于 360°/对称角度。

周期性对称边界条件是约束方程，该约束方程为由对称轴定义的局部圆柱坐标系中的对应源和目标节点强制某些相同位移和旋转。通常，周期性对称约束方程会增加应用周期性对称约束的实体的稳定性，但不会阻止实体沿对称轴移动或绕对称轴旋转。建议应用适当的边界条件，以稳定模型并防止刚性实体在应用周期性对称时移动。

如果存在切向载荷，并且会使剖面垂直于其基准面变形，则应使用周期性对称。对于具有圆周阵列的模型，当载荷不会使切面垂直于其基准面变形时，用户可以分析一个具有代表性的阵列并对切面应用对称约束。

3）"使用参考几何体" ：使用参考几何体对顶点、边线、面及横梁铰接处进行约束，参照可以是基准面、轴、边线或面。

4）"在平面上" ：当选定的面都是平面时使用此约束，对平面的三个方向进行约束。

5）"在圆柱面上" ：当选定的面都是圆柱面时使用此约束，每个面都可以有不同的轴。每个面的径向、圆周方向和轴向都基于其自己的轴。

6）"在球面上" ：当选定的面都是球面时使用此约束，每个面都可以有不同的中心。每个面的径向、经度和纬度方向都基于自己的中心。

2. "分割"选项卡

单击"分割"选项卡，此时的属性管理器如图 2-2 所示。

"分割"选项卡通过在选定面上映射草图或相切两个接触组件之间的面划分选定的面，并将夹具或外部力应用到面的截面而并非整个面。

（1）草图：通过在一个投影面上绘制草图或者投影已有草图来创建分割面。

（2）交叉：通过两个交叉实体创建分割面。两个实体必须有接触的边或面。要切割长方体的顶面，首先选择圆柱面作为分割面，选择长方体的顶面作为待分割面。长方体的顶面会分割成两个面。

图 2-2　"分割"选项卡

2.1.2　轴承夹具

右击 SOLIDWORKS Simulation 算例树中的"夹具"图标 ，在弹出的快捷菜单中选择"轴承夹具"命令，弹出"夹具"属性管理器，如图 2-3 所示。该属性管理器允许仿真杆与地面之间通过轴承产生交互作用。假设支撑杆的零部件比杆的刚度高很多，则可以将该零部件视为地面。此特征可用于静态算例、频率算例、线性动态算例和扭曲算例。

属性管理器中部分选项的含义如下。

1. 类型

（1）（对于轴）：壳体的圆柱面或圆形边线（选择杆的一个完整圆柱面或更小角度的同心圆柱面）。

（2）（允许自我对齐）：定义能不受限制地离轴旋转的球面自位轴承接头。可以定义球面自位轴承的总横向刚度和总轴向刚度。

枢轴点位于轴的所选圆柱面的重心位置。

当清除选项时，轴的圆柱面无法在离轴方向上自由摆动。由于沿轴分布了本地弹簧，所有离轴旋转存在阻力。可以在轴的圆柱面形成力矩。

2. 刚度

（1）刚性：防止所选面发生平移或变形。能让所选部分绕自身的轴旋转。

（2）柔性：能让所选面变形和沿轴向移动。可以定义球面自位轴承接头的总横向刚度和总轴向刚度、非球面自位轴承接头的分布径向（单位面积）和分布轴向（单位面积）刚度。

图 2-3　"夹具"属性管理器

（3）（总侧面）：当选中"柔性"单选按钮时，激活该选项。应用轴的横向刚度 k，它可以阻止沿应用载荷的方向发生位移。

对于非球面自位轴承接头，可以阻止轴圆柱面的横向位移（沿应用载荷的方向）的总刚度 K 将与使用以下方程式的单位面积径向刚度相关。

$$K（总侧面）= 0.5 \times k（径向/单位面积）\times 面积$$

$$面积 = 直径 \times 高度 \times \pi$$

（4）（总轴向）：当选中"柔性"单选按钮时，激活该选项。应用轴向刚度 $k_{(轴向)}$，它可以阻止轴向位移。

（5）稳定轴旋转：勾选该复选框，可以防止旋转不稳定（由扭转引起），避免导致数值奇异性。

Simulation 将为轴的圆柱面应用具有低扭转刚度（轴向刚度为 1/1000 th）的弹簧来对抗圆周扭力。可以防止轴绕其轴自由旋转并消除不稳定性。

2.1.3　实例——传动轴

本小节分析传动轴在轴承夹具支撑下的受力及变形情况。

图 2-4 所示为传动轴模型。两端施加轴承夹具约束，右端扁平面受 200N 的载荷，材料为普通碳钢，计算传动轴的应力分布及变形情况。

【操作步骤】

1. 打开源文件

选择菜单栏中的"文件"→"打开"命令或者单击"快速访问"工具栏中的"打开"按钮，打开源文件中的"传动轴.sldprt"。

2. 新建算例

（1）单击 Simulation 工具栏中的"新算例"按钮，或者选择菜单栏中的 Simulation→"算例"命令。

（2）在打开的"算例"属性管理器中定义"名称"为"静应力分析 1"，分析类型为"静应力分析"，如图 2-5 所示。

图 2-4　传动轴　　　　　　　　图 2-5　新建算例专题

（3）单击"确定"按钮，进入 SOLIDWORKS Simulation 的"静应力分析"算例界面。

3. 定义材料

（1）在 SOLIDWORKS Simulation 算例树中右击"静应力分析 1"图标 静应力分析 1 (-默认-)，在弹出的快捷菜单中选择"属性"命令，打开"静应力分析"对话框。在"选项"选项卡中勾选"使用软弹簧使模型稳定"复选框。

（2）单击"确定"按钮，关闭对话框。

（3）选择菜单栏中的 Simulation→"材料"→"应用材料到所有"命令，或者单击 Simulation 工具栏中的"应用材料"按钮，或者在 SOLIDWORKS Simulation 算例树中右击"传动轴"图标 传动轴，在弹出的快捷菜单中选择"应用/编辑材料"命令。

（4）在打开的"材料"对话框中定义模型的材质为"钢"→"普通碳钢"，如图 2-6 所示。

（5）单击"应用"按钮，再单击"关闭"按钮，关闭对话框。

4. 添加约束

（1）在 SOLIDWORKS Simulation 算例树中右击"夹具"图标 夹具，在弹出的快捷菜单中选择"轴承夹具"命令。

（2）打开"夹具"属性管理器，❶在绘图区选择图 2-7 所示的圆柱面，❷勾选"允许自我对齐"复选框，❸"刚度"选择"刚性（无限刚度）"。

（3）❹单击"确定"按钮✔，约束定义完成。

（4）使用同样的方法选择图 2-8 所示的圆柱面定义轴承夹具。

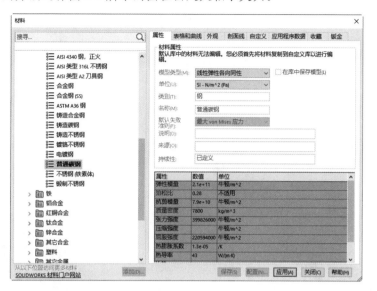

图 2-6　定义材料

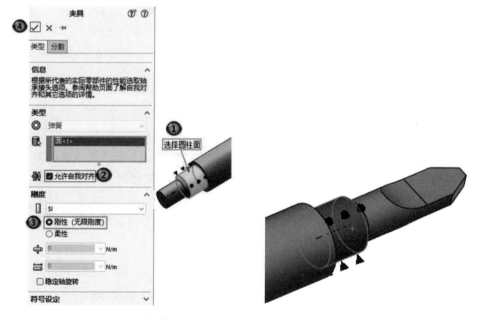

图 2-7　"夹具"属性管理器　　　　　　　图 2-8　定义轴承夹具

5．添加载荷

（1）单击 Simulation 选项卡中"外部载荷顾问"下拉列表中的"力"按钮↓，或者在 SOLIDWORKS Simulation 算例树中右击"外部载荷"图标 🌡️外部载荷，在弹出的快捷菜单中选择 "力"命令。

（2）打开"力/扭矩"属性管理器，选择图 2-9 所示的扁平面作为载荷受力面，方向选择"法向"，力值设置为 200N，如图 2-9 所示。

（3）单击"确定"按钮✔，载荷添加完成。

6. 生成网格和运行分析

（1）单击 Simulation 选项卡中"运行此算例"下拉列表中的"生成网格"按钮，或者在 SOLIDWORKS Simulation 算例树中右击"网格"图标网格，在弹出的快捷菜单中选择"生成网格"命令。

（2）打开"网格"属性管理器，"网格参数"选择"基于曲率的网格"，网格密度采用默认。

（3）单击"确定"按钮，结果如图 2-10 所示。

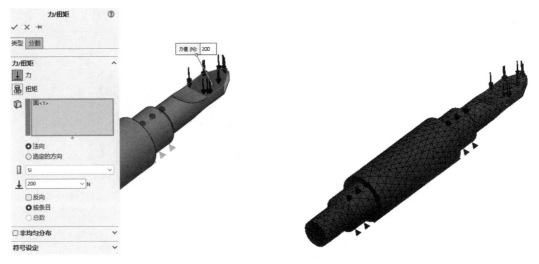

图 2-9　添加载荷　　　　　　　　　图 2-10　生成网格

（4）单击 Simulation 选项卡中的"运行此算例"按钮，进行运行分析。当计算分析完成之后，在 SOLIDWORKS Simulation 算例树中会出现对应的结果文件夹。

7. 查看结果

（1）在 SOLIDWORKS Simulation 算例树中右击"应力 1"图标，在弹出的快捷菜单中选择"编辑定义"命令，单位设置为"N/mm^2（MPa）"，变形形状选择"真实比例"。

（2）使用同样的方法将"位移 1"的比例设置为"真实比例"。

（3）双击"结果"文件夹下的"应力 1"和"位移 1"图标，则可以观察传动轴在给定约束和载荷下的应力分布和位移分布，如图 2-11 所示。

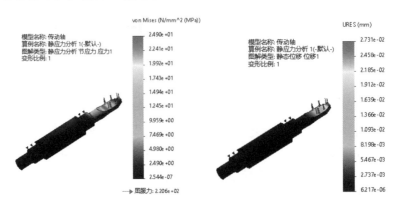

图 2-11　传动轴的应力分布和位移分布

练一练　带轮

图 2-12 所示为带轮模型，带轮为对称结构，可以取其四分之一进行静应力分析。

图 2-12　带轮模型

【操作提示】

（1）新建静应力算例。

（2）定义材料，带轮材料采用铸造碳钢。

（3）添加固定约束。选择图 2-13 所示的圆孔面作为固定约束面。

（4）添加对称约束。选择图 2-14 所示的面作为对称约束面。

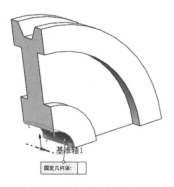 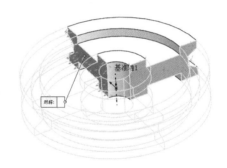

图 2-13　选择固定约束面　　　　　　　　图 2-14　选择对称约束面

（5）添加参考几何体约束。选择图 2-15 所示的两个顶点，选择基准轴 1 作为参考，设置沿轴向移动为 0mm。

（6）添加外部载荷。选择图 2-16 所示的面作为受力面，力值大小为 500N（按总数）。

 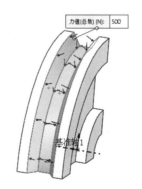

图 2-15　设置参考几何体约束　　　　　　图 2-16　选择受力面

（7）采用默认设置生成网格。

（8）运行并查看结果。带轮的应力分布和位移分布如图 2-17 所示。

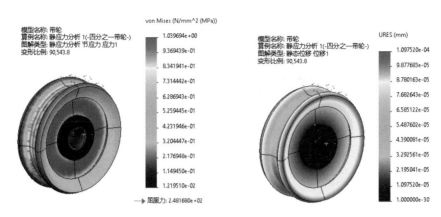

图 2-17　带轮的应力分布和位移分布

2.2　载　荷

设置完约束之后，就可以向几何体添加载荷，选择菜单栏中的 Simulation→"载荷/夹具"命令，或者单击 Simulation 选项卡中的"外部载荷顾问"下拉列表，可以看到多种外部载荷，常见的有如下几种。

（1）"力" ⤓：对选择的面、边或顶点施加力。对任何方向的面、边线、参考点、顶点和横梁应用均匀分布的力、力矩或扭矩，以供在结构算例中使用。

（2）"力矩" ⬚：对于圆柱面按照右手法则绕旋转轴施加力矩。

（3）"压力" ⬚：将均匀或非均匀（可变）压力应用到面，以供在结构（静态、频率、扭曲、非线性和动态）算例中使用。

（4）"引力" ⬚：对零件或装配体施加引力，指定线性加速度。

（5）"离心力" ⬚：对零件或装配体施加离心力，指定角速度和加速度。

（6）"轴承载荷" ⬚：对两个接触的圆柱面施加轴承载荷。

（7）"远程载荷/质量" ⬚："远程载荷/质量"命令常用于表示通过中间零件施加的载荷。通过"远程载荷/质量"属性管理器可以将远程载荷、远程质量和远程平移应用于静态、非线性静态和拓扑算例。

（8）"分布质量" ⬚：在选定的面上分布指定的质量值以用于静态算例、频率算例、扭曲算例和线性动态算例。

（9）"温度" ⬚：应用温度载荷来进行结构分析、热分析和非线性分析。

2.2.1　力/扭矩

选择菜单栏中的 Simulation→"载荷/夹具"→"力/扭矩"命令，或者单击 Simulation 选项卡中"外部载荷顾问"下拉列表中的"力"按钮⤓或"扭矩"按钮⬚，或者右击 SOLIDWORKS Simulation 算例树中的"外部载荷"文件夹，在弹出的快捷菜单中选择"力/扭矩"命令，打开"力/扭矩"属性管理器。

1. 实体或壳体

当结构为实体或壳体时，属性管理器如图 2-18 所示。该属性管理器对任何方向的面、边线、参考点、顶点和横梁应用均匀分布的力、力矩或扭矩，以供在结构算例中使用。

　　　　(a)

　　　　(b)

　　　　(c)

图 2-18 　"力/扭矩"属性管理器

（1）力/扭矩。

1）当选择类型为"力"，方向选择"法向"时，属性管理器如图 2-18（a）所示。各选项的含义如下：

① （力的面、边线、顶点、参考点）：选择受力的面或边线。对于钣金零件，侧面的法向力将转移到壳体边线。

② （单位）：设定在输入力/力矩/扭矩数值时使用的单位。可用的单位有 SI、英制（IPS）和公制（G）。

③ （力值）：输入力的数值。

④ 反向：反转法向力的方向。

⑤ 按条目：按选定实体应用力值。

⑥ 总数：在选定实体中应用总力值。选定的实体在力定义中的类型必须相同（不能将面与边线或

顶点混合）。总力将成比例地分布到选定面的区域（或选定边线的长度）。

2）当选择类型为"力"，方向选择"选定的方向"时，属性管理器如图 2-18（b）所示。部分选项的含义如下：

① ⬜（方向的面、边线、基准面）：可以为方向选择面、边线、平面或轴。

② 力。若选择的参考为面，则需要对图 2-18（b）所示的"力"选项组进行设置。

➤ ◥（沿基准面方向 1）：设定沿基准面或面的方向 1 的分力的值。

➤ ◥（沿基准面方向 2）：设定沿基准面或面的方向 2 的分力的值。

➤ ◥（垂直于基准面）：设定垂直于基准面或面的分力的值。

若选择的参考为轴，则需要对图 2-19 所示的"力"选项组进行设置。

➤ ⬤（径向）：设定径向分力的值。

➤ ⬤（圆周）：设定圆周方向分力的值。

➤ ⬤（轴）：设定轴向分力的值。

若选择的参考为边线，则需要对图 2-20 所示的"力"选项组进行设置。

图 2-19　参考为轴时的"力"选项组　　　图 2-20　参考为边线时的"力"选项组

⬜（沿边线）：设定沿所选边线方向的力值。如果要反转力的方向，则输入负值。

3）当选择类型为"扭矩"，方向选择"法向"时，属性管理器如图 2-18（c）所示。各选项的含义如下：

① ⬜（扭矩的面）：选择扭矩的作用面。

② ⬜（方向的轴、圆柱面）：选择参考轴、边缘或圆柱面。在装配体中，可以使用来自装配体或装配体零部件（零件和子装配体）的参考几何体。

③ ⬛（力矩值）：指定扭矩的值。

（2）非均匀分布。该选项组用于为非均匀力分布指定选项。

1）⬛（选择坐标系）：选择用于定义非均匀力的坐标系，包括 ⬛（坐标系轴）、⬛（圆柱坐标系）和 ⬛（球形坐标系）。

2）⬛（单位）：设定笛卡儿（x、y、z）、圆柱（r、z）和球形（r）坐标的单位（长度）。

3）⬛（角度单位）：设定圆柱（t）和球形（t, p）坐标的单位。三角函数始终以弧度为单位处理输入值。

4）编辑方程式：定义描述选定坐标系中压力空间变量的方程式。用户可以使用函数下拉菜单中的基础数学运算符列表。

在方程式界面中输入带引号的坐标："x""y""z""r""t"和"p"。

基于圆柱坐标（r, t, z）的非均匀压力分布的方程式如下：

$$P(r, t, z) = 5 \times "r" + \sin("t") + 2 \times "z"$$

基于球形坐标（r, t, p）的非均匀力分布的方程式如下：

$$P(r, t, p) = "r" + 3 \times \sin("t") + 2 \times \cos("p")$$

（3）符号设定。设定力/扭矩符号的颜色和大小。

1）编辑颜色：单击该按钮，打开"颜色"对话框，从对话框中选择力/扭矩符号的颜色。

2）"符号大小" ⅲ：输入数值，更改力/扭矩符号的大小。

3）显示预览：打开或关闭力/扭矩符号的显示。

（4）随时间变化。当算例为线性和非线性动态算例时，属性管理器如图 2-21 所示，增加了"随时间变化"选项组，用户可以定义与时间相关的力。

1）线性：使用通过（0，0）和（t_{end}，P_{value}）两个点的默认线性时间曲线。

其中，P_{value} 是在压力值框中指定的压力；t_{end} 是在非线性对话框的求解选项卡中指定的结束时间。

2）曲线：使用用户定义的时间曲线。单击"编辑"按钮，在打开的"时间曲线"对话框中可以定义或输入时间曲线。用上面指定的压力值乘以时间曲线的 Y 值可以计算出任一时间的压力。

3）视图：单击该按钮，显示实际的时间相关力曲线。

2. 横梁

对于横梁，"力/扭矩"属性管理器如图 2-22 所示。部分选项的含义如下。

（a）

（b）

图 2-21　动态算例的"力/扭矩"属性管理器　　　图 2-22　横梁的"力/扭矩"属性管理器

（1）选择。

1）⬚（顶点、点）：选取要应用力或力矩载荷的顶点或点。选择该项时属性管理器如图 2-22（a）所示。

2）⬚（铰链）：选取要应用力或力矩载荷的横梁接榫。选择该项时属性管理器如图 2-22（a）所示。

3）（横梁）：选取要应用力或力矩载荷的结构构件。选择该项时属性管理器如图 2-22（b）所示。

4）（方向的面、边线、基准面）：选取面、边线或基准面来指定所应用力或力矩载荷的方向。

（2）单位。设定在输入力/力矩/扭矩数值时使用的单位。可用的单位有 SI、英制（IPS）和公制（G）。

（3）力、力矩。

1）（沿基准面方向 1）：设定沿基准面或面的方向 1 的分力/扭矩的值。

2）（沿基准面方向 2）：设定沿基准面或面的方向 2 的分力/扭矩的值。

3）（垂直于基准面）：设定垂直于基准面或面的分力/扭矩的值。

（4）非均匀分布。

1）总载荷分布：分布沿横梁长度的总受力或力矩。横梁末端不承受载荷。分布图形可以是抛物线形、三角形或椭圆形。

2）置中的载荷分布：在横梁中央应用力或力矩。中央位置两侧的载荷按所选的分布形式下降，随单位长度而变化。横梁末端不承受载荷。

当选择载荷分布为"总载荷分布"和"置中的载荷分布"时，"非均匀分布"选项组如图 2-22（b）所示。

> （三角形分布）：以三角形分布沿横梁长度分布总载荷或中央载荷。

> （抛物线分布）：以抛物线分布沿横梁长度分布总载荷或中央载荷。

> （椭圆形分布）：以椭圆形分布沿横梁长度分布总载荷或中央载荷。

3）表格驱动的载荷分布：当选择该选项时，"非均匀分布"选项组如图 2-23 所示。

> 百分比：输入沿横梁长度上的特定力位置为总横梁长度的百分比值。为表格中的每个百分比条目输入关联单位长度力。

> 距离：输入离最近横梁位置原点的距离。在表格下查看选定横梁的长度。为表格中的每个距离条目输入关联单位长度力。

> 反转原点：将力分布的开始点反转到横梁的对角接榫。开始点带红色球状图标高亮显示。有一个箭头在图形区域中表示力分布的方向。

图 2-23　"非均匀分布"选项组

> 线性：为没有在表格中指定的最近横梁位置选取线性插值方案。

> 立方：为没有在表格中指定的最近横梁位置选取立方插值方案。

> 保存到文件：将表格驱动的载荷分布数据保存到由逗号分隔的值*.csv 或*.txt 文件格式。使用 Microsoft Excel 或文本编辑器可以查看此文件。

> 从文件装入：装载带表格驱动的载荷分布数据的*.csv 或*.txt 文件。

2.2.2　压力

选择菜单栏中的 Simulation→"载荷/夹具"→"压力"命令，或者单击 Simulation 选项卡中"外部载荷顾问"下拉列表中的"压力"按钮，或者右击 SOLIDWORKS Simulation 算例树中的"外部载荷"文件夹，在弹出的快捷菜单中选择"压力"命令，打开"压力"属性管理器，如图 2-24 所示。该属性管理器对面应用均匀或非均匀（可变）压力，以供在结构（静态、频率、扭曲、非线性和动态）算例中使用。

"压力"属性管理器中部分选项的含义如下。

1. 类型

（1）垂直于所选面：沿垂直于所选的每个面或外壳边线的方向应用压力。如果是外壳边线，则沿垂直于外壳的窄面（整个厚度）的方向应用压力。

▢（压强的面）：选择要应用压力的实体模型的面或外壳模型的边线和面。

（2）使用参考几何体：当选中该单选按钮时，属性管理器如图2-25所示。沿所选的参考实体指定的方向应用压力。在装配体中，用户可以使用来自装配体或装配体零部件（零件和子装配体）的参考几何体。

图2-24 "压力"属性管理器　　　　图2-25 选中"使用参考几何体"单选按钮

▢（方向的面、边线、基准面、基准轴）：选择用于指定压力方向的参考实体。只有在选中了"使用参考几何体"单选按钮之后才会出现此选项。用户可以根据所选内容来应用压力。

➢ 当选择平面或参考基准面为参考时，需要指定压力沿基准面方向1◹、沿基准面方向2◹或垂直于基准面◹。

➢ 当选择圆柱面或参考轴为参考时，需要在半径▢、圆周▢或轴▢方向指定压力，如图2-26所示。

➢ 当选择边线为参考时，需要指定沿边线▢方向的压力，如图2-27所示。如果要反转压力的方向，则输入负值。

2. 压强值

（1）▯（单位）：设定压强单位。

（2）▥（压强值）：设定压强值。

3. 随时间变化

对于线性和非线性动态算例，属性管理器如图2-28所示。增加了"随时间变化"选项组，用户可以定义与时间相关的压力。

（1）线性：使用通过（0,0）和（t_{end}, P_{value}）两个点的默认线性时间曲线。其中，P_{value} 是在压力值框中指定的压力；t_{end} 是在"非线性"对话框的"求解"选项卡中指定的结束时间。

（2）曲线：使用用户定义的时间曲线。单击编辑以定义或输入时间曲线。用上面指定的压力值乘以时间曲线的 Y 值可以计算出任一时间的压力。

（3）视图：显示实际的时间相关压力。

图 2-26　选择圆柱面或
参考轴为参考

图 2-27　选择边线为参考

图 2-28　动态算例的"压力"属性管理器

2.2.3　引力

选择菜单栏中的 Simulation→"载荷/夹具"→"引力"命令，或者单击 Simulation 选项卡中"外部载荷顾问"下拉列表中的"引力"按钮🔂，或者右击 SOLIDWORKS Simulation 算例树中的"外部载荷"文件夹，在弹出的快捷菜单中选择"引力"命令，打开"引力"属性管理器，如图 2-29 所示。通过该属性管理器可以对零件或装配体文件应用引力载荷，以供在结构分析和非线性分析中使用。

"引力"属性管理器中部分选项的含义如下。

1. 所选参考

（1）🔲（方向的面、边线、基准面）：选择一个基准面、参考基准面或直边线来指定引力加速度的方向。引力法向应用到选定平面或表面，或者沿着一个选定边缘。

（2）🔳（应用地球引力）：使用引力产生的地球加速度增加引力值。

（3）反向：反转引力加速度相对于参考几何体的方向。

2. 高级

（1）🔳（单位）：设定将用来输入加速度值的单位。

（2）🔽（沿基准面方向 1）：如果选择参考基准面或平面，则应设定沿选定基准面或平面的方向 1 的加速度分量值。

（3）🔼（沿基准面方向 2）：如果选择参考基准面或平面，则应设定沿选定基准面或平面的方向 2 的加速度分量值。

（4）反向：按照选定基准面或平面的方向 1 或方向 2 反转引力加速度分量的方向。

3. 随时间变化

当算例为非线性算例时属性管理器如图 2-30 所示。增加了"随时间变化"选项组，用户可以定义与时间相关的引力加速。

图 2-29　"引力"属性管理器

图 2-30　非线性算例的"引力"属性管理器

（1）线性：使用通过 $(0,0)$ 和 (t_{end}, A_i) 两个点的默认线性时间曲线。其中，A_i 是上面指定的加速度的 i 分量值；t_{end} 是在"结束时间"对话框的"求解"选项卡中指定的结束时间。

（2）曲线：使用用户定义的时间曲线。单击"编辑"按钮，在弹出的"时间曲线"对话框中可以定义或输入时间曲线。用上面指定的值乘以时间曲线的 Y 值可以计算出任一时间的加速度零部件。

（3）视图：单击该按钮，显示实际的与时间相关的加速度曲线。

2.2.4　离心力

选择菜单栏中的 Simulation→"载荷/夹具"→"离心力"命令，或者单击 Simulation 选项卡中"外部载荷顾问"下拉列表中的"离心力"按钮，或者右击 SOLIDWORKS Simulation 算例树中的"外部载荷"文件夹，在弹出的快捷菜单中选择"离心力"命令，打开"离心力"属性管理器，如图 2-31 所示。通过该属性管理器可以对静态、频率、扭曲或非线性算例中的零件或装配体应用角速度和角加速度。

"离心力"属性管理器中部分选项的含义如下。

1. 所选参考

（方向的轴、边线、圆柱面）：选择轴、边线或圆柱面以指定离心力速度和加速度的方向。对选定的轴或面应用载荷。

2. 离心力

（1）（角速度）：在零件或装配体中指定的角速度值。

（2）（角加速度）：在零件或装配体中指定的角加速度值。

（3）反向：反转选定轴的角速度或角加速度的方向。

3. 随时间变化

当算例为非线性算例时，属性管理器如图 2-32 所示。用户可以定义与时间相关的离心力载荷。

图 2-31　"离心力"属性管理器　　　图 2-32　非线性算例的"离心力"属性管理器

（1）线性：使用通过 $(0,0)$ 和 (t_{end}, A) 两个点的默认线性时间曲线。其中，A 是在离心力框中指定的角速度或角加速度的值；t_{end} 是在"结束时间"对话框的"求解"选项卡中指定的结束时间。

（2）曲线：使用用户定义的时间曲线。单击"编辑"按钮以定义或输入时间曲线。用在离心力框中指定的值乘以时间曲线的 Y 值可以计算出任一时间的角速度或角加速度。

（3）视图：单击该按钮，显示实际的与时间相关的离心载荷分量。

2.2.5　轴承载荷

选择菜单栏中的 Simulation→"载荷/夹具"→"轴承载荷"命令，或者单击 Simulation 选项卡中"外部载荷顾问"下拉列表中的"轴承载荷"按钮 ，或者右击 SOLIDWORKS Simulation 算例树中的"外部载荷"文件夹，在弹出的快捷菜单中选择"轴承载荷"命令，打开"轴承载荷"属性管理器，如图 2-33 所示。该属性管理器能够定义在接触的圆柱面之间或壳体圆形边线之间产生的轴承载荷。在大多数情况下，接触面的半径相同。轴承力可以在接触界面创建非均匀压力。根据选择的内容，程序在适当的半空间中假定正弦分布或抛物线分布。

"轴承载荷"属性管理器中部分选项的含义如下。

1. 所选实体

（1） （轴承载荷的圆柱面或壳体圆形边线）：选择要应用轴承载荷的圆柱面。

（2） （选择坐标系）：选择用于确定轴承载荷方向的坐标系。此坐标系的 Z 轴必须与所选的一个或多个面（必须是圆柱面）的轴重合。

2. 轴承载荷

（1） （单位）：选择轴承载荷的单位系统。

（2） （X-方向）：设定所选坐标系 X 方向轴承力的值。

（3） （Y-方向）：设定所选坐标系 Y 方向轴承力的值。可以仅指定轴承载荷的一个分量（X 分量或 Y 分量）。

（4）正弦分布：在适当的半空间中使用正弦载荷分布。

（5）抛物线分布：在适当的半空间中使用抛物线载荷分布。

3. 随时间变化

当算例为非线性算例时，属性管理器如图 2-34 所示。增加了"随时间变化"选项组，可以定义与时间相关的轴承载荷。

图 2-33　"轴承载荷"属性管理器

图 2-34　非线性算例的"轴承载荷"属性管理器

各选项的含义同前，这里不再赘述。

2.2.6　实例——转轮

本实例分析转轮在轴承载荷作用下的受力及变形情况。

转轮半径为 200mm，厚度为 40mm，受 5000N 的轴承载荷，如图 2-35 所示。材料为铝合金，计算转轮的应力分布及变形情况。

【操作步骤】

1. 打开源文件

选择菜单栏中的"文件"→"打开"命令或者单击"快速访问"工具栏中的"打开"按钮，打开源文件中的"转轮.sldprt"。

图 2-35　转轮

2. 新建算例

（1）单击 Simulation 选项卡中的"新算例"按钮，或者选择菜单栏中的 Simulation→"算例"命令。

（2）在弹出的"算例"属性管理器中定义"名称"为"静应力分析 1"，分析类型为"静应力分析"。

（3）单击"确定"按钮，进入 SOLIDWORKS Simulation 的"静应力分析"算例界面。

3. 定义材料

（1）在 SOLIDWORKS Simulation 算例树中右击"静应力分析 1"图标 🔩 **静应力分析 1 (-默认-)**，在弹出的快捷菜单中选择"属性"命令，打开"静应力分析"对话框。在"选项"选项卡中勾选"使用软弹簧使模型稳定"复选框。

（2）单击"确定"按钮，关闭对话框。选择菜单栏中的 Simulation→"材料"→"应用/编辑材料"命令，或者单击 Simulation 选项卡中的"应用材料"按钮 ⁞≡，或者在 SOLIDWORKS Simulation 算例树中右击"转轮"图标 🗐 ⚠ **转轮**，在弹出的快捷菜单中选择"应用/编辑材料"命令。

（3）在打开的"材料"对话框中定义模型的材质为"铝合金"→"1060 合金"。单击"应用"按钮，关闭对话框。

4. 添加约束

（1）单击 Simulation 选项卡中"夹具顾问"下的"固定几何体"按钮 🥾，或者在 SOLIDWORKS Simulation 算例树中右击"夹具"图标 🕹 **夹具**，在弹出的快捷菜单中选择"固定几何体"命令。

（2）打开"夹具"属性管理器，❶在"高级"选项组中选择"使用参考几何体"选项，❷在绘图区中选择转轮外侧圆柱面上生成的分割线作为要约束的边线。

（3）❸单击"方向的面、边线、基准面、基准轴"列表框，然后❹在绘图区的 FeatureManager 设计树中选择"基准轴 1"作为参考几何体；❺在"平移"选项组中单击"径向"按钮 📕，激活右侧的下拉列表框，❻并设置径向的位移为 0；❼单击"圆周"按钮 🗐，激活右侧的下拉列表框，❽设置圆周旋转的约束为 0，具体如图 2-36 所示。

（4）单击"确定"按钮 ✔，约束添加完成。

5. 添加载荷

（1）选择"插入"→"参考几何体"→"坐标系"命令，打开"坐标系"属性管理器。在"方向"选项组中，单击"Y 轴"列表框中的"反向"按钮 ↗，将默认坐标系的 Y 轴反向；单击"Z 轴"列表框，在绘图区的 FeatureManager 设计树中选择"基准轴 1"作为 Z 轴方向，如图 2-37 所示。

（2）单击"确定"按钮 ✔，生成新参考坐标系。

（3）单击 Simulation 选项卡中"外部载荷顾问"下拉列表中的"轴承载荷"按钮 🔊，或者在 SOLIDWORKS Simulation 算例树中右击"外部载荷"图标 ↓↓ **外部载荷**，在弹出的快捷菜单中选择"轴承载荷"命令。

图 2-36 "夹具"属性管理器

（4）打开"轴承载荷"属性管理器，❶在绘图区中选择轴孔圆柱面的下半面作为轴承载荷的圆柱面；❷单击"选择坐标系"列表框 ⚓，❸在绘图区的 FeatureManager 设计树中选择新生成的"坐标系 1"作为参考坐标系；❹在"轴承载荷"选项组中单击"Y-方向"按钮 🔣，从而激活右侧的下拉列表框，❺设置 Y 方向的力为 650N，❻选中"正弦分布"单选按钮，如图 2-38 所示。

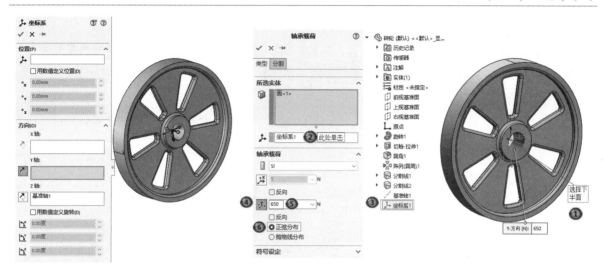

图 2-37 设置坐标系　　　　　　　　　　　图 2-38 添加轴承载荷

6. 生成网格和运行分析

（1）单击 Simulation 选项卡中"运行此算例"下拉列表中的"生成网格"按钮，或者在 SOLIDWORKS Simulation 算例树中右击"网格"图标网格，在弹出的快捷菜单中选择"生成网格"命令。

（2）打开"网格"属性管理器，选择"网格密度"为"良好"；在"网格参数"选项组中选中"基于混合曲率的网格"单选按钮，单击"计算最小单元大小"按钮，打开"计算最小单元大小"对话框，勾选"包括来自几何体的最小曲率半径"复选框，单击"计算"按钮，获得最小单元大小数值，如图 2-39 所示。单击"应用"按钮，打开 Simulation 对话框，单击"确定"按钮。展开"高级"选项组，选择"雅可比点"为"16 点"，实际就是 16 点的单元格，如图 2-40 所示。

（3）单击"确定"按钮，结果如图 2-41 所示。

图 2-39 "计算最小单元大小"对话框　　　图 2-40 "网格"属性管理器　　　图 2-41 生成网格

（4）单击"确定"按钮 ✔ ，轴承载荷添加完成。

（5）单击 Simulation 选项卡中的"运行此算例"按钮 ⬡ ，进行运行分析。当计算分析完成之后，在 SOLIDWORKS Simulation 算例树中出现对应的结果文件夹。

7. 查看结果

双击"结果"文件夹下的"应力 1"和"位移 1"图标，则可以观察转轮在给定约束和加载下的应力分布和位移分布，如图 2-42 所示。

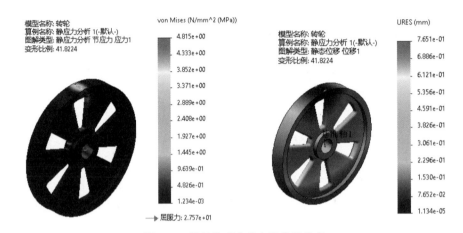

图 2-42 转轮的应力分布和位移分布

练一练 联轴器

本练习为考查联轴器在工作时发生的变形和产生的应力。联轴器在底面的四周边界不能发生上下运动，即不能发生沿轴向的位移；在底面的两个圆周上不能发生任何方向的运动；在小轴孔的孔面上分布有 10MPa 的压力；在大轴孔的孔台上分布有 10MPa 的压力；在大轴孔的键槽的一侧受到 30MPa 的压力。图 2-43 所示为联轴器模型。

【操作提示】

（1）新建静应力算例。

（2）添加材料，联轴器材料采用合金钢。

图 2-43 联轴器模型

（3）添加固定约束。选择图 2-44 所示的两个圆孔边线作为固定约束。

（4）添加参考几何体约束。选择图 2-45 所示的底面边线，选择基准轴 1 作为参考，设置沿轴向移动为 0mm。

（5）添加压力载荷。选择图 2-46 所示的圆台面作为压力作用面，压强值大小为 10MPa。选择图 2-47 所示的键槽的侧面作为压力作用面，压强值为 30MPa。

（6）采用默认设置生成网格。

（7）运行并查看结果。联轴器的应力分布和截面剪裁后的位移分布如图 2-48 所示。

图 2-44　选择固定约束

图 2-45　选择底面边线

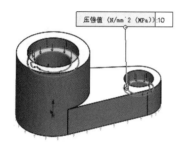

图 2-46　选择圆台面添加压力载荷

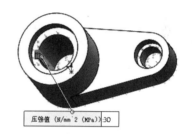

图 2-47　选择键槽的侧面添加压力载荷

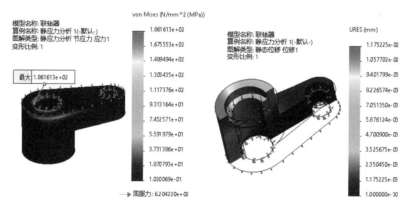

图 2-48　联轴器的应力分布和位移分布

2.2.7　远程载荷/质量

在用 SOLIDWORKS 进行静应力分析时，常常会遇到载荷并不在所要分析的模型上，只需要将力传递到模型的某个面；或者当某个部件比较复杂时，为了简化模型，便于分析，通常会采用施加远程载荷/质量的方式进行分析。

"远程载荷/质量"命令常用于表示通过中间零件施加的载荷。通过"远程载荷/质量"属性管理器可以将远程载荷、远程质量和远程平移应用于静态、非线性静态和拓扑算例。

选择菜单栏中的 Simulation→"载荷/夹具"→"远程载荷/质量"命令，或者单击 Simulation 选项卡中"外部载荷顾问"下拉列表中的"远程载荷/质量"按钮 ，或者在 SOLIDWORKS Simulation 算例树中右击"外部载荷"图标 外部载荷，在弹出的快捷菜单中选择"远程载荷/质量"命令，打开"远程载荷/质量"属性管理器。当零部件为实体或壳体单元时，属性管理器如图 2-49 所示；当零部件为梁单元时，"选择"选项组如图 2-50 所示。

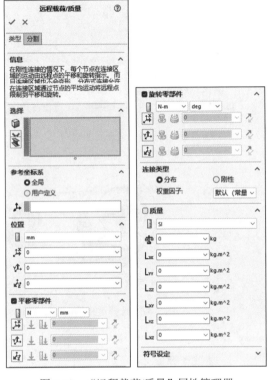

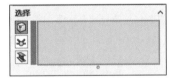

图 2-49　"远程载荷/质量"属性管理器　　　　图 2-50　"选择"选项组

当算例为非线性算例时，属性管理器中增加了"随时间变化"选项组，含义同前相似。

"远程载荷/质量"属性管理器中各选项的含义如下。

1. 选择

用于选择远程载荷的面、边线或顶点。此处选择的面、边线或顶点是载荷作用在模型上的位置，此处的节点称为耦合节点。

2. 位置

定义参考节点位置的坐标，也就是载荷作用的位置。

（1）（X-位置）：相对于所选的坐标系（或整体坐标系），应用远程载荷、质量或平移的点的 X 坐标。

（2）（Y-位置）：相对于所选的坐标系（或整体坐标系），应用远程载荷、质量或平移的点的 Y 坐标。

（3）（Z-位置）：相对于所选的坐标系（或整体坐标系），应用远程载荷、质量或平移的点的 Z 坐标。

3. 平移零部件

定义远程力和远程平移。

（1）⚓（X-方向）：定义 X 方向上的远程力或远程平移的值。

（2）⚓（Y-方向）：定义 Y 方向上的远程力或远程平移的值。

（3）⚓（Z-方向）：定义 Z 方向上的远程力或远程平移的值。

4. 旋转零部件

定义远程力矩和远程旋转。

（1）⚓（X-方向）：定义 X 方向上的远程力矩或远程旋转的值。

（2）⚓（Y-方向）：定义 Y 方向上的远程力矩或远程旋转的值。

（3）⚓（Z-方向）：定义 Z 方向上的远程力矩或远程旋转的值。

5. 连接类型

（1）分布：分布式耦合将耦合节点的运动约束为应用远程特征的参考节点的平移和旋转。

将以平均方式实施分布式耦合约束，以能够通过耦合节点处的权重因子控制远程载荷和位移的传输。分布式耦合允许选定几何体的耦合节点相对于彼此移动。

权重因子：在下拉列表中有默认、线性、二次和三次 4 种定义方式可供选择。

（2）刚性：耦合节点不会相对于彼此移动。刚性杆将参考点连接到耦合节点，且可能产生高应力结果。应用有远程载荷或位移的面的行为方式与刚性实体相似。

6. 质量

（1）⚖（远程质量）：定义远程质量零部件的单位。

（2）L_{xx}（惯性动量）：定义相对于 X 轴的质量惯性动量。

（3）L_{yy}（惯性动量）：定义相对于 Y 轴的质量惯性动量。

（4）L_{zz}（惯性动量）：定义相对于 Z 轴的质量惯性动量。

（5）L_{xy}（惯性动量）：定义相对于 X 和 Y 轴的惯性项积。

（6）L_{yz}（惯性动量）：定义相对于 Y 和 Z 轴的惯性项积。

（7）L_{xz}（惯性动量）：定义相对于 X 和 Z 轴的惯性项积。

7. 类型

当算例为频率、线性动态、屈曲和非线性动态算例时，属性管理器中的"选择"选项组变为"类型"选项组，如图 2-51 所示。各选项的含义如下：

（1）载荷（直接转移）：将指定的远程力和力矩转移到所选的面。

（2）载荷/质量（刚性连接）：将已应用力/力矩和质量的远程位置通过刚性杆连接到所选的面、边线或顶点。对于非线性算例，只为远程载荷/质量支持面。

（3）位移（刚性连接）：将已应用平移和旋转的远程位置通过刚性杆连接到所选的面、边线或顶点。

（4）位移（直接转移）：仅适用于非线性算例。将已应用平移和旋转作用的远程位置通过刚性杆连接到所选面。选定的实体会发生相应变形。

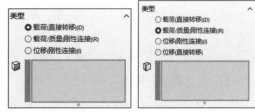

图 2-51 "类型"选项组

2.2.8 实例——桌子

本实例通过桌子的有限元分析来介绍"远程载荷/质量"命令的使用方法。图 2-52 所示为桌子的模型，由桌面和桌腿装配而成。桌面需要承受 12000N 的力，桌腿需要进行各个方向的位移约束。

【操作步骤】

1. 打开源文件

选择菜单栏中的"文件"→"打开"命令或者单击"快速访问"工具栏中的"打开"按钮，打开源文件中的"桌子.sldasm"。

2. 新建算例

（1）单击 Simulation 选项卡中的"新算例"按钮，或者选择菜单栏中的 Simulation→"算例"命令。

（2）在打开的"算例"属性管理器中定义"名称"为"静应力分析1"，分析类型为"静应力分析"。

（3）单击"确定"按钮，进入 SOLIDWORKS Simulation 的"静应力分析"算例界面。算例树如图 2-53 所示。此时，系统自动将桌面划分为实体单元，将桌腿划分为壳单元。

图 2-52 桌子模型

图 2-53 算例树

3. 设置单位和数字格式

（1）选择菜单栏中的 Simulation→"选项"命令，打开"系统选项-一般"对话框，选择"默认选项"选项卡。

（2）单击"单位"选项，将"单位系统"设置为"公制（I）（MKS）"，"长度/位移（L）"设置为"毫米"，"压力/应力（P）"设置为"N/mm² （MPa）"，如图 2-54 所示。

（3）单击"颜色图表"选项，将"数字格式"设置为"科学"，"小数位数"设置为3，如图 2-55 所示。

（4）设置完成，单击"确定"按钮，关闭对话框。

4. 定义壳单元厚度

（1）在 SOLIDWORKS Simulation 算例树中右击 SurfaceBody1 图标，在弹出的快捷菜单中选择"编辑定义"命令，如图 2-56 所示。

图 2-54　设置单位

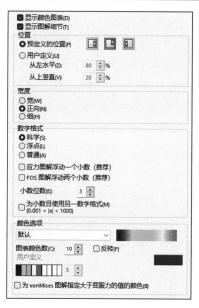

图 2-55　设置数字格式

（2）打开"壳体定义"属性管理器，如图 2-57 所示。设置"抽壳厚度" 为 5mm。

（3）单击"确定"按钮✔，完成壳体定义。

（4）使用同样的方法定义其他 7 个壳体单元的抽壳厚度为 5mm。此时，算例树如图 2-58 所示。

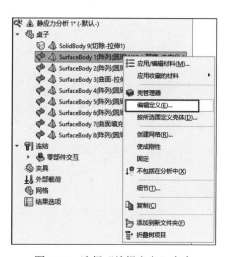

图 2-56　选择"编辑定义"命令

图 2-57　"壳体定义"属性管理器

图 2-58　定义抽壳厚度

5. 定义模型材料

（1）选择菜单栏中的 Simulation→"材料"→"应用材料到所有"命令，或者单击 Simulation 选项卡中的"应用材料"按钮 ，或者在 SOLIDWORKS Simulation 算例树中右击"桌子"图标 桌子，在弹出的快捷菜单中选择"应用材料到所有实体"命令，如图 2-59 所示。

图 2-59　选择"应用材料到所有实体"命令

（2）在打开的"材料"对话框中定义模型的材质为"钢"→"不锈钢（铁素体）"。

（3）单击"应用"按钮，关闭对话框。此时，SOLIDWORKS Simulation 算例树如图 2-60 所示，材料被赋予给所有零部件。

（4）在 SOLIDWORKS Simulation 算例树中右击 SolidBody9 图标 SolidBody 9，在弹出的快捷菜单中选择"应用/编辑材料"命令，在打开的"材料"对话框中定义模型的材质为"轻木"，单击"应用"按钮，关闭对话框。此时，算例树如图 2-61 所示。

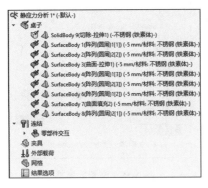
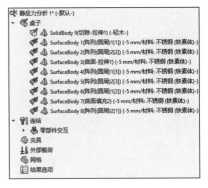

图 2-60　算例树　　　　　　　　　　　　图 2-61　编辑桌面材料

6. 添加载荷

（1）单击 Simulation 选项卡中"外部载荷顾问"下拉列表中的"力"按钮，或者在 SOLIDWORKS Simulation 算例树中右击"外部载荷"图标 外部载荷，在弹出的快捷菜单中选择"力"命令。

（2）打开"力/扭矩"属性管理器，选择图 2-62 所示的 5 个面作为受力面。将方向设置为"法向"，力的大小设置为 12000N。

（3）单击"确定"按钮，载荷添加完成。

7. 定义坐标系

（1）由桌子模型图可以看到，有一条桌腿有坐标系，其他三条桌腿没有坐标系，现在创建其他三条桌腿的坐标系。单击"特征"控制面板中"参考几何体"下拉列表中的"点"按钮，打开"点"属性管理器，如图 2-63 所示。

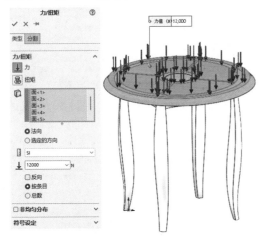

图 2-62　"力/扭矩"属性管理器　　　　　　　图 2-63　"点"属性管理器

（2）单击"交叉点"按钮$\boxed{X}$，在绘图区选取图 2-64 所示的桌腿的两条边线，单击"确定"按钮$\checkmark$，创建点 1。

（3）单击"特征"控制面板中"参考几何体"下拉列表中的"坐标系"按钮$\downarrow$，打开"坐标系"属性管理器，如图 2-65 所示。

（4）选择刚刚创建的点，单击"确定"按钮$\checkmark$，坐标系 1 创建完成。

（5）使用同样的方法创建其他两条桌腿的坐标系。将点 1、点 2 和点 3 隐藏，结果如图 2-66 所示。

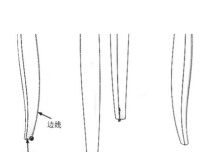

| 图 2-64　选取边线 | 图 2-65　"坐标系"属性管理器 | 图 2-66　创建的坐标系 |

8. 定义远程载荷/质量

（1）在 SOLIDWORKS Simulation 算例树中右击"外部载荷"图标$\downarrow$ 外部载荷，在弹出的快捷菜单中选择"远程载荷/质量"命令，如图 2-67 所示。

（2）打开"远程载荷/质量"属性管理器，❶选择坐标系 1 所在桌腿的底面；❷"参考坐标系"选择"用户定义"，❸单击"选择坐标系"列表框，❹在绘图区的 FeatureManager 设计树中选择"坐标系 1"。

（3）❺勾选"平移零部件"复选框，❻单击"X-方向"按钮$\boxed{X}$，❼设置 X 方向的位移为 0mm。

（4）同理，❽单击"Y-方向"按钮$\boxed{Y}$，❾设置 Y 方向的位移为 0mm。❿单击"Z-方向"按钮$\boxed{Z}$，⓫设置 Z 方向的位移为 0mm。⓬将"连接类型"设置为"刚性"，如图 2-68 所示。

（5）⓭单击"确定"按钮$\checkmark$，远程载荷/质量定义完成。

（6）使用同样的方法定义其他三条桌腿的远程载荷/质量。需要注意的是，当定义有全局坐标系的桌腿的远程载荷时，"参考坐标系"选择"全局"，结果如图 2-69 所示。

9. 生成网格和运行分析

（1）单击 Simulation 选项卡中"运行此算例"下拉列表中的"生成网格"按钮$\boxed{}$，或者在 SOLIDWORKS Simulation 算例树中右击"网格"图标$\boxed{}$ 网格，在弹出的快捷菜单中选择 "生成网格"命令。

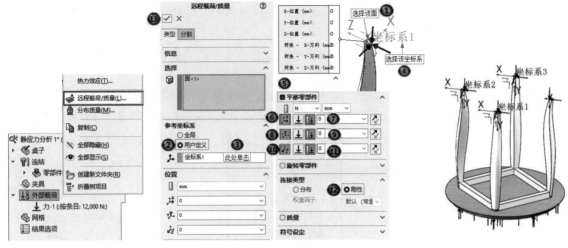

图 2-67　选择"远程载荷/质量"　　　　图 2-68　设置参数　　　　　　图 2-69　添加的远程载荷/
　　　　　命令　　　　　　　　　　　　　　　　　　　　　　　　　　　　　　　　质量

（2）打开"网格"属性管理器，勾选"网格参数"复选框，选中"基于曲率的网格"单选按钮，将"最大单元大小"设置为 60.00mm，如图 2-70 所示。

（3）单击"确定"按钮 ✔，结果如图 2-71 所示。从图中可以看到，在两实体相交处，节点没有合并或叠加。

图 2-70　"网格"属性管理器

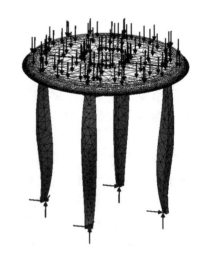

图 2-71　生成网格

（4）单击 Simulation 选项卡中的"运行此算例"按钮 ，进行运行分析。当计算分析完成之后，在 SOLIDWORKS Simulation 算例树中会出现对应的结果文件夹。

10．查看结果

在分析完有限元模型之后，可以对计算结果进行分析，从而成为进一步设计的依据。

（1）在 SOLIDWORKS Simulation 算例树中右击"应力 1"图标 🔩 **应力1**，在弹出的快捷菜单中选择"编辑定义"命令，打开"应力图解"属性管理器。

（2）单击"图表选项"选项卡，勾选"显示最大注解"和"显示最小注解"复选框，单击"确定"按钮 ✔，关闭属性管理器。

（3）在 SOLIDWORKS Simulation 算例树中双击"应力 1"和"位移 1"图标。由桌子的应力分布和位移分布可知最大应力发生在桌腿下部位置，如图 2-72 所示。

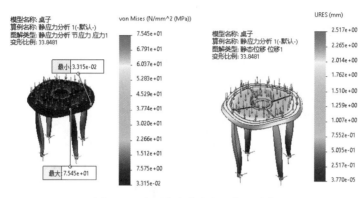

图 2-72　桌子的应力分布和位移分布

（4）在 SOLIDWORKS Simulation 算例树中右击"结果"图标 📄 **结果**，在弹出的快捷菜单中选择"定义安全系数图解"命令，打开"安全系数"属性管理器，依次设置步骤 1、步骤 2 和步骤 3，如图 2-73 所示。

（5）单击"确定"按钮 ✔，生成安全系数 1 图解。

（6）双击"安全系数 1"图解，安全系数分布图如图 2-74 所示。由图可知最小安全系数为 0.61。

图 2-73　"安全系数"属性管理器　　　　　　　图 2-74　安全系数分布

扫一扫，看视频

练一练　连杆基体

连杆基体为一个承载构件，在校核计算时需要进行连杆基体的静应力分析。连杆基体的模型如图 2-75 所示。

【操作提示】

（1）新建静应力算例。

（2）定义材料，连杆基体材料采用合金钢。

（3）添加固定约束。选择图 2-76 所示的大端的圆柱底面和顶面作为固定约束面。

（4）定义坐标系。在图 2-77 所示的位置定义坐标系 1，坐标值为(180,0,0)。

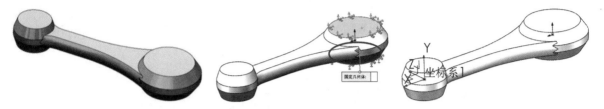

图 2-75　连杆基体　　　　　图 2-76　选择固定约束面　　　　图 2-77　定义坐标系 1

（5）定义远程载荷/质量。选择受力面，参数设置如图 2-78 所示。

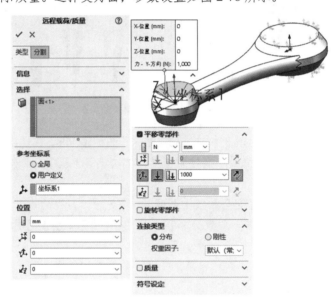

图 2-78　定义远程载荷/质量

（6）采用默认设置生成网格。

（7）运行并查看结果。连杆基体的应力分布和位移分布如图 2-79 所示。

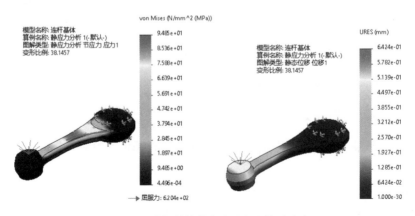

图 2-79　连杆基体的应力分布和位移分布

2.2.9 视为远程质量

如果用户对算例中实体的详细结果不感兴趣，则可以通过将其视为远程质量来考量其在结构的其余部分中的效应。被视为远程质量的实体会被排除到网格化外，但进行分析时会考虑它们的质量属性和惯性张量。

远程质量功能可用于静态、频率、线性动力和扭曲算例。此功能不适用于静应力算例中的大型位移解。

在 SOLIDWORKS Simulation 算例树中右击"实体"图标 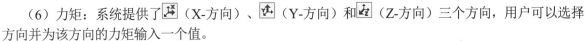，在弹出的快捷菜单中选择"视为远程质量"命令，打开"视为远程质量"属性管理器，如图 2-80 所示。

"视为远程质量"属性管理器中各选项的含义如下：

（1） （实体）：在多体零件或装配体零部件中，选择要视为远程质量的实体。

（2） （远程质量的面、边线或顶点）：选取将实体连接到模型其他部分的面、边线和顶点。被连接的实体只能以刚性实体的方式变形。

（3）在引力中心应用力/力矩：选取在所选实体的引力中心（CG）应用力和力矩。如果勾选该复选框，则需要定义参考坐标系、力、力矩及符号。

（4）参考坐标系：系统提供了"全局"和"用户定义"两种坐标系。

➤ 全局：默认使用的是整体坐标系。整体坐标系基于前视基准面，其原点是零件或装配体的原点。

➤ 用户定义：单击"选择坐标系"列表框 ，然后从弹出式设计树中选择一个坐标系。如果未选择任何坐标系，则将默认使用整体坐标系。此坐标系将被用来解析远程特征的位置和方向。

图 2-80 "视为远程质量"
属性管理器

（5）力：系统提供了 （X-方向）、 （Y-方向）和 （Z-方向）三个方向，用户可以选择方向并为该方向的力输入一个值。

（6）力矩：系统提供了 （X-方向）、 （Y-方向）和 （Z-方向）三个方向，用户可以选择方向并为该方向的力矩输入一个值。

（7）反向：选择力/力矩方向的反向。

2.2.10 实例——平台支撑架

本实例通过平台支撑架的有限元分析来介绍"视为远程质量"命令的使用方法。图 2-81 所示为平台支撑架模型，由平台、支撑架、角撑板、工字钢和垫块组成。在这里，平台很重，但是在进行有限元分析时不考虑平台的应力和应变的影响，所以可以将其定义为远程质量。

【操作步骤】

1．打开源文件

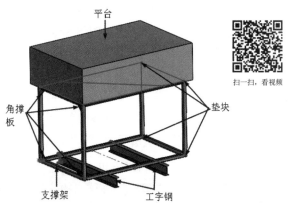

扫一扫，看视频

图 2-81 平台支撑架模型

选择菜单栏中的"文件"→"打开"命令或者单击"快速访问"工具栏中的"打开"按钮 ，打开源文件中的"平台支撑架.sldasm"。

图 2-82　算例树

2．新建算例

（1）单击 Simulation 选项卡中的"新算例"按钮 🔍，或者选择菜单栏中的 Simulation→"算例"命令。

（2）在打开的"算例"属性管理器中定义"名称"为"静应力分析 1"，分析类型为"静应力分析"。

（3）单击"确定"按钮 ✔，进入 SOLIDWORKS Simulation 的"静应力分析"算例界面。算例树如图 2-82 所示。此时，系统自动将平台、4 个角撑板和 4 个垫块划分为实体单元，将支撑架划分为梁单元。

3．设置单位和数字格式

（1）选择菜单栏中的 Simulation→"选项"命令，打开"系统选项-一般"对话框，选择"默认选项"选项卡。

（2）单击"单位"选项，将"单位系统"设置为"公制（I）（MKS）"，"长度/位移（L）"设置为"毫米"，"压力/应力（P）"设置为 N/mm^2（MPa）。

（3）单击"颜色图表"选项，将"数字格式"设置为"科学"，"小数位数"设置为 3。

（4）设置完成，单击"确定"按钮 ✔，关闭对话框。

4．定义模型材料

（1）选择菜单栏中的 Simulation→"材料"→"应用材料到所有"命令，或者单击 Simulation 选项卡中的"应用材料"按钮 ☷，或者在 SOLIDWORKS Simulation 算例树中右击"支撑架"图标 支撑架，在弹出的快捷菜单中选择"应用材料到所有实体"命令。

（2）在打开的"材料"对话框中定义模型的材质为"钢"→"普通碳钢"。

（3）单击"应用"按钮，关闭对话框。此时，SOLIDWORKS Simulation 算例树如图 2-83 所示，材料被赋予给所有零部件。

图 2-83　赋予材料

5．将梁单元转化为实体单元

（1）在 SOLIDWORKS Simulation 算例树中的"切割清单项目 9"文件夹下右击工字钢图标 SolidBody 5，在弹出的快捷菜单中选择"视为实体"命令，如图 2-84 所示。系统自动将梁单元转化为实体单元。

（2）同理，将另一条工字钢转化为实体单元。

（3）使用同样的方法将图 2-85 所示的横梁单元转化为实体单元。

6．验证质量属性

（1）在 SOLIDWORKS Simulation 算例树中右击"静应力分析 1*"图标 静应力分析 1*，在弹出的快捷菜单中选择"质量属性"命令，如图 2-86 所示。

（2）打开"Simulation 质量属性（-静应力分析 1-）"对话框，如图 2-87 所示。由对话框可知平台的质量为 1874.09kg，总质量为 1904.34kg。

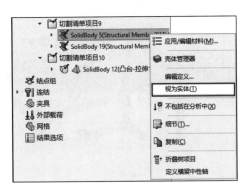

图 2-84 选择"视为实体"命令

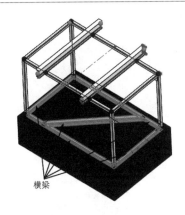

图 2-85 要转化的横梁

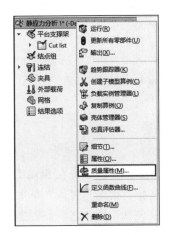

图 2-86 选择"质量属性"命令

图 2-87 "Simulation 质量属性（-静应力分析 1-）"对话框

（3）单击"关闭"按钮 ✕，关闭对话框。

7. 定义远程质量

（1）在 SOLIDWORKS Simulation 算例树中的"切割清单项目 10"文件夹下右击平台实体图标 🖾 📐 SolidBody 12(凸台-拉伸1)，在弹出的快捷菜单中选择"视为远程质量"命令，如图 2-88 所示。

（2）打开"视为远程质量"属性管理器，❶勾选"在引力中心应用力/力矩"复选框，❷在绘图区选取横梁上表面和❸垫块上表面作为远程质量的面。

（3）在"力"选项组中❹单击"Y-方向"按钮 🟦，❺设置力值为 2000N，❻勾选"反向"复选框，如图 2-89 所示。

（4）❼单击"确定"按钮 ✔，此时，定义的远程质量如图 2-90 所示。同时，在算例树中增加了"远程质量"文件夹，如图 2-91 所示。

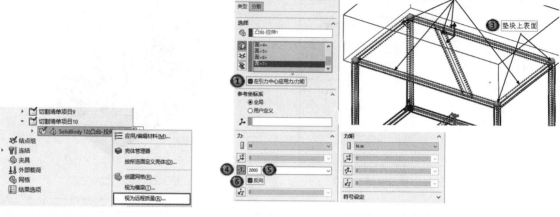

图 2-88　选择"视为远程质量"命令　　　　　　　图 2-89　参数设置

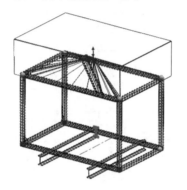

图 2-90　定义的远程质量

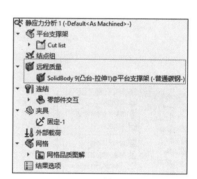

图 2-91　"远程质量"文件夹

8. 添加约束

（1）单击 Simulation 选项卡中"夹具顾问"下的"固定几何体"按钮 ，或者在 SOLIDWORKS Simulation 算例树中右击"夹具"图标 夹具，在弹出的快捷菜单中选择"固定几何体"命令

（2）打开"夹具"属性管理器，在"标准"选项组中单击"固定几何体"按钮 ，如图 2-92 所示。然后在绘图区选取图 2-93 所示的工字钢底面作为固定几何体。

图 2-92　"夹具"属性管理器

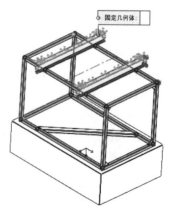

图 2-93　选取工字钢底面

（3）单击"确定"按钮✔，固定约束添加完成。

9．生成网格和运行分析

（1）单击 Simulation 选项卡中"运行此算例"下拉列表中的"生成网格"按钮，或者在 SOLIDWORKS Simulation 算例树中右击"网格"图标网格，在弹出的快捷菜单中选择"生成网格"命令。

（2）打开"网格"属性管理器，勾选"网格参数"复选框，选中"基于曲率的网格"单选按钮，网格密度采用默认值，如图 2-94 所示。

（3）单击"确定"按钮✔，结果如图 2-95 所示。从图中可以看到，在两个实体相交处，节点没有合并或叠加。

图 2-94　"网格"属性管理器

图 2-95　生成网格

（4）单击 Simulation 选项卡中的"运行此算例"按钮，进行运行分析。当计算分析完成之后，在 SOLIDWORKS Simulation 算例树中会出现对应的结果文件夹。

10．查看结果

在分析完有限元模型之后，可以对计算结果进行分析，从而成为进一步设计的依据。

在 SOLIDWORKS Simulation 算例树中双击"应力 1"和"位移 1"图标，从而在右面的图形区域中显示平台支撑架的应力分布和位移分布，如图 2-96 所示。

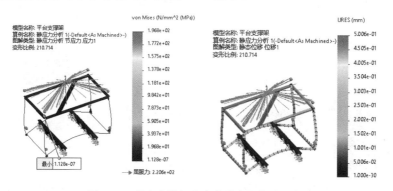

图 2-96　平台支撑架的应力分布和位移分布

练一练　低速轴

本练习为考查低速轴在工作时发生的变形和产生的应力，低速轴两端采用轴承夹具，将齿轮视为远程质量。图 2-97 所示为低速轴装配模型。

【操作提示】

（1）将轴承压缩，新建静应力算例。

（2）定义材料。将低速轴和低速键的材料设置为普通碳钢，将大齿轮的材料设置为合金钢。

（3）定义轴承夹具 1。选择低速轴左端的圆柱面作为轴承夹具约束面，其他参数设置如图 2-98 所示。

（4）定义轴承夹具 2。选择低速轴右端的圆柱面作为轴承夹具约束面，如图 2-99 所示。

（5）查看质量属性。通过"质量属性"命令查得大齿轮的质量为 124.42kg。

（6）定义远程质量。打开"视为远程质量"属性管理器，参数设置如图 2-100 所示。

（7）网格参数采用"基于混合曲率的网格"，网格密度的单位设置为 mm，采用默认设置生成网格。

图 2-97　低速轴装配模型

图 2-98　定义轴承夹具

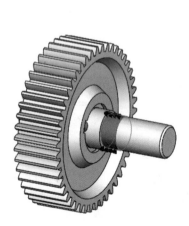

图 2-99　选择圆柱面

图 2-100　"视为远程质量"属性管理器

（8）运行并查看结果。低速轴的应力分布和位移分布如图 2-101 所示。

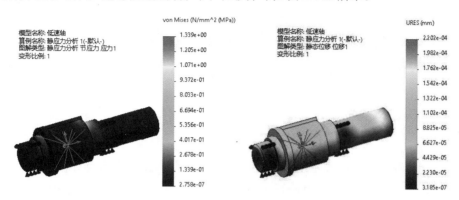

图 2-101　低速轴的应力分布和位移分布

第3章 单一网格及编辑

内容简介

本章首先介绍不同网格单元的特点，对于不同类型的模型要采用不同的网格单元进行划分；然后介绍网格的控制、应力集中及网格的兼容性。

内容要点

➢ 单一网格的有限元分析
➢ 网格控制和应力集中
➢ 网格的兼容性

案例效果

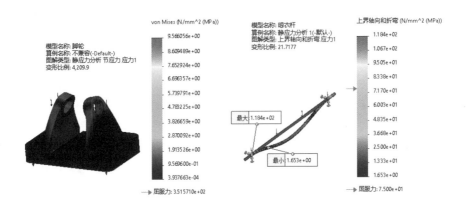

3.1 单一网格的有限元分析

在 SOLIDWORKS Simulation 的有限元分析中，网格化会创建 3D 四面实体单元、2D 三角形壳体单元及 1D 横梁单元。网格一般由一种类型单元组成，除非指定了混合网格类型。实体单元适合大型模型；壳体单元适合建模细薄零件（钣金）；横梁和桁架适合建模结构构件。

一般有 5 种划分网格的单元类型，分别是一阶四面体实体单元、二阶四面体实体单元、一阶三角形壳单元、二阶三角形壳单元和梁单元。其中，一阶单元为"草稿品质"，二阶单元为"高品质"。如果只是对模型进行初步分析，如确定约束或载荷的方向以及反作用力等，可以采用草稿品质单元，而对于计算应力分布的模型应该采用高品质单元。根据分析的目的和几何体的形状来确定是选择四面体实体单元、三角形壳单元还是梁单元。

3.1.1　四面体实体单元

当使用实体单元对零件或装配体进行网格化时，该软件会创建以下其中一种类型的单元，具体取决于为算例激活的网格选项。

（1）草稿品质网格：系统会创建线性四面体实体单元。

（2）高品质网格：系统会创建抛物线四面体实体单元。

线性四面体实体单元也称作一阶或低阶单元。抛物线四面体实体单元也称作二阶或高阶单元。

一阶四面体实体单元有 4 个节点，对应四面体的 4 个角点，每个节点有 3 个自由度，表示节点位移由 3 个线性位移分量描述。

一阶实体单元加载变形后，实体单元的边仍是直线，面仍是平面，如图 3-1 所示。

二阶实体单元有 10 个节点，包括 4 个角点和 6 个中间节点，每个节点有 3 个自由度。

二阶实体单元加载变形后，实体单元的边可以是曲线，面也可以是曲面，如图 3-2 所示。使用实体单元划分网格需要有两层以上的单元才能得到比较精确的结果。当模型的尺寸相差不大时，利用四面体的实体单元划分网格比较合理，若其中一个尺寸远远小于其余的尺寸，则利用实体网格进行划分会占用更多的时间，网格密度同样会影响有限元分析的结果。

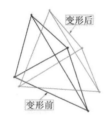

图 3-1　一阶实体单元变形前后

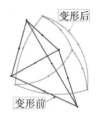

图 3-2　二阶实体单元变形前后

一般而言，当网格密度（单元数）相同时，抛物线单元产生的结果的精度高于线性单元，原因如下：

（1）它们能更精确地表现曲线边界。

（2）它们可以创建更精确的数学近似结果。但是，与线性单元相比，抛物线单元需要占用更多的计算资源。

3.1.2　实例——轴承座

本实例通过对轴承座进行应力分析，利用不同的网格密度进行模型划分来了解网格密度对结果的影响。

首先对轴承座进行受力分析，根据零件的使用条件，轴承座的受力情况如图 3-3 所示。

【操作步骤】

1. 定义模型材料

（1）选择菜单栏中的"文件"→"打开"命令或者单击"快速访问"工具栏中的"打开"按钮，打开源文件中的"轴承座.sldprt"。

（2）选择菜单栏中的"编辑"→"外观"→"材质"命令，或者在绘图区的 FeatureManager 设计树中右击"材质"图标，在弹出的快捷菜单中选择"编辑材料"命令，如图 3-4 所示。

（3）在打开的"材料"对话框中定义模型的材质为"铝合金"→AISI 1020。

图 3-3　轴承座的受力情况

图 3-4　选择"编辑材料"命令

（4）单击"应用"按钮，关闭对话框。

2．新建算例

（1）单击 Simulation 选项卡中的"新算例"按钮 🔍，或者选择菜单栏中的 Simulation→"算例"命令。

（2）在打开的"算例"属性管理器中定义"名称"为"静应力分析"，分析类型为"静应力分析"。

（3）单击"确定"按钮 ✔️，进入 SOLIDWORKS Simulation 的"静应力分析"算例界面。

3．创建加载面

在本实例中为了在轴承孔的下半部分施加径向 5000N 的压力，这个载荷是由于受重载的轴承受到支撑作用而产生的。这里应用薄壁-拉伸特征生成一个基本不影响模型特征的加载面，用来加载载荷，如图 3-5 所示。

（1）单击屏幕左下角的"模型"标签，回到"模型"界面，单击"特征"控制面板中的"拉伸凸台/基体"按钮 🗔，选择图 3-6 所示的面作为基准面，绘制半径大小与轴承孔相等的圆弧，如图 3-7 所示。

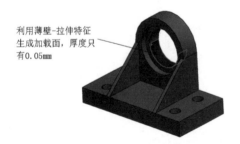

图 3-5　加载面

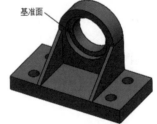

图 3-6　选择基准面

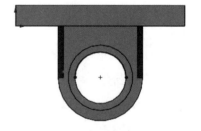

图 3-7　绘制圆弧

（2）退出草图绘制，回到"凸台-拉伸"属性管理器，设置拉伸深度为 10.00mm，薄壁厚度为 0.05mm，如图 3-8 所示。

（3）单击"确定"按钮 ✔️，完成加载面的创建，如图 3-9 所示。

图 3-8　设置拉伸特征

图 3-9　完成加载面的创建

4．添加约束

（1）单击屏幕左下角的"静应力分析"算例标签，返回到 SOLIDWORKS Simulation 的"静应力分析"算例界面，单击 Simulation 选项卡中的"夹具顾问"按钮，或者选择菜单栏中的 Simulation→"载荷/夹具"→"夹具"命令，右侧弹出"Simulation 顾问"栏，在该栏中单击 → 添加夹具。按钮，左侧弹出"夹具"属性管理器。

（2）展开"高级"选项组，选择轴承座上的 4 个沉头孔的内表面，单击选中"在圆柱面上"。

（3）单击"夹具"属性管理器的"平移"选项组中的"径向"按钮，然后在右侧的输入框中定义径向位移为 0mm；单击"轴"按钮，在右侧的输入框中定义轴向位移为 0mm，如图 3-10 所示。

（4）单击"确定"按钮，关闭"夹具"属性管理器。

5．添加载荷

图 3-10　添加沉头孔的约束

（1）选择前面生成的加载面，然后单击 Simulation 选项卡中"外部载荷顾问"下拉列表中的"压力"按钮。

（2）弹出"压力"属性管理器，设置压力"类型"为"使用参考几何体"，在图标右侧的下拉列表中选择"垂直于基准面"选项。

（3）在图标右侧的显示框中选择"前视"基准面作为参考面。

（4）在"压强值"选项组中设置单位为 N/m^2，数值为 $5000N/m^2$，如图 3-11 所示。

（5）单击"确定"按钮，关闭"压力"属性管理器。

（6）重复步骤（1）～（5），设置轴承孔中的推力为 $1000N/m^2$，如图 3-12 所示。

图 3-11　设置向下的压力　　　　　　　　　图 3-12　设置轴承孔中的推力

6. 生成网格和运行分析

在定义完研究专题、材料属性和载荷/约束后就需要对模型进行网格划分。

（1）单击 Simulation 选项卡中"运行此算例"下拉列表中的"生成网格"按钮。

（2）弹出"网格"属性管理器，网格参数选择"标准网格"，设置网格的整体大小和公差，如图 3-13 所示。

（3）单击"确定"按钮，程序会自动划分网格，划分后的结果如图 3-14 所示。

图 3-13　设置网格的大小和公差　　　　　　　图 3-14　划分网格后的模型

（4）单击 Simulation 选项卡中的"运行此算例"按钮，进行运行分析。当计算分析完成之后，在 SOLIDWORKS Simulation 算例树中会出现对应的结果文件夹。

7. 查看结果

在分析完有限元模型之后，可以对计算结果进行分析，从而成为进一步设计的依据。

在 SOLIDWORKS Simulation 算例树中双击"位移 1"和"应力 1"图标，从而在右侧的图形区域中显示轴承座的位移分布和应力分布，如图 3-15 所示。

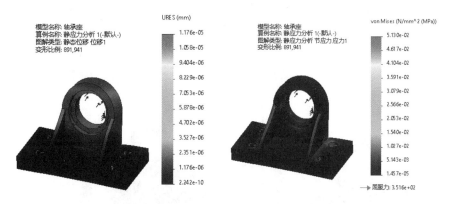

图 3-15　轴承座的位移分布和应力分布

　　图中红颜色的区域代表应力较大的地方，蓝颜色的区域代表应力较小的地方[①]。从应力分布图中可以看出，轴承座在加载情况下的 von Mises 应力比较小，最大应力大约为 5.130e-02MPa，远远小于轴承座材料合金钢的屈服极限 3.516e+02MPa。轴承座的初步设计厚度过大，应该进一步减薄轴承座的底座和轴承孔，同时加强筋的作用对轴承座的承力很有效，接下来可以通过改变网格密度来观察其对有限元分析结果的影响。

　　（1）右击"静应力分析"算例标签，在弹出的快捷菜单中选择"复制算例"命令。

　　（2）在弹出的"复制算例"属性管理器中设置新算例的名称，"要使用的配置"为"默认"，如图 3-16 所示。

　　（3）单击"确定"按钮✔，完成新算例的创建。

　　（4）单击 Simulation 选项卡中"运行此算例"下拉列表中的"生成网格"按钮。

　　（5）弹出"网格"属性管理器，设置网格的大小和公差，如图 3-17 所示。

　　（6）单击"确定"按钮✔，程序会自动划分网格，划分后的结果如图 3-18 所示。

图 3-16　"复制算例"属性管理器

图 3-17　设置网格的大小和公差

图 3-18　划分网格后的模型

[①] 编者注：因本书采用单色印刷，故书中看不出颜色信息，读者在实际操作时可仔细观察和了解，全书余同。

（7）单击 Simulation 选项卡中的"运行此算例"按钮 ，进行运行分析。

（8）双击"位移 1"和"应力 1"图标，从而在右侧的图形区域中显示轴承座的位移分布和应力分布，如图 3-19 所示。

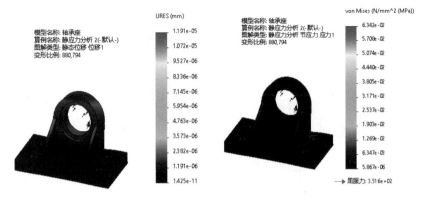

图 3-19　轴承座的位移分布和应力分布

通过比较可以看到网格密度对有限元分析的结果有一定的影响，特别是对应力的结果影响较大，但是对位移的影响很小。相对粗的网格可以得到较为准确的位移结果，而精细化的网格则可以得到较为准确的应力结果。

练一练　内六角扳手

本练习为对一个内六角扳手的静应力分析。内六角扳手规格为公制 10mm。如图 3-20 所示，内六角扳手短端的长度为 7.5cm，长端的长度为 20cm，弯曲半径为 1cm，在长端端部施加 100N 的扭曲力，端部顶面施加 20N 向下的压力。确定扳手在这两种加载条件下应力的强度。

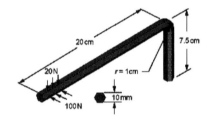

图 3-20　内六角扳手模型

【操作提示】

（1）新建静应力算例。

（2）定义材料。材料为合金钢。

（3）定义固定约束。选择图 3-21 所示的短端底面作为固定面。

（4）添加载荷 1。选择图 3-22 所示的面作为受力面，施加大小为 20N 的力。

（5）添加载荷 2。选择图 3-23 所示的两个面作为受力面，施加大小为 100N 的力，力的方向垂直于右视基准面。

　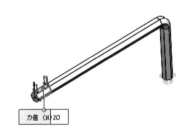　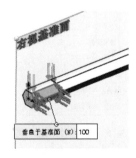

图 3-21　选择固定端　　　　　图 3-22　添加载荷 1　　　　　图 3-23　添加载荷 2

（6）"网格参数"采用"基于曲率的网格"，采用默认设置生成网格。

（7）运行并查看结果。内六角扳手的应力分布和位移分布如图 3-24 所示。

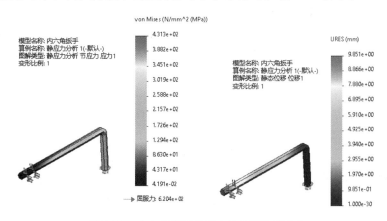

图 3-24　内六角扳手的应力分布和位移分布

3.1.3　三角形壳单元

同四面体实体单元类似，当使用壳体单元时，该软件会创建以下其中一种类型的单元，具体类型取决于为算例激活的网格化选项。

（1）草稿品质网格：系统创建线性三角形壳体单元。

（2）高品质网格：系统创建抛物线三角形壳体单元。

线性三角形壳体单元也称作一阶壳单元，由 3 个通过 3 条直边线连接的边角节来定义。

抛物线三角形壳体单元也称作二阶壳单元，由 3 个边角节、3 个中侧节和 3 个抛物线边线来定义。对于使用钣金的算例，壳体厚度将自动从模型的几何体提取。

一阶壳单元有 3 个节点，分别位于 3 个角点。每个节点有 3 个自由度，表示节点位移可以由 3 个位移分量和 3 个转动分量描述。当一阶壳单元变形后，壳单元的边仍是直线，如图 3-25 所示。

二阶壳单元有 6 个节点，包括 3 个角点和 3 个中间节点，当二阶壳单元变形后，壳单元的边可以是曲线，面可以是曲面，如图 3-26 所示。

图 3-25　一阶壳单元变形前后　　　　图 3-26　二阶壳单元变形前后

1. 创建壳体网格

当创建算例时，程序自动根据现有几何体将网格类型定义为实体、壳体或混合。系统自动为以下几何体创建壳体网格。

（1）厚度均匀的钣金：带壳体单元的钣金网格，掉落测试算例除外。系统提取中间面并且在中间面创建壳体网格，根据钣金厚度分配壳体厚度。用户可以选择先视钣金为实体，然后将选定实体面手动转换为壳体。

（2）曲面几何体：使用壳体单元对曲面几何体进行网格化。系统将薄壳体公式分配到每个曲面实体。用户可以将壳体网格的位置控制为壳体顶面、中间面或底面。如果要将网格定位到参考曲面，则可以输入偏移值。根据默认设定，网格始终与壳体的中央面对齐。

对于实体来说，不能使用壳体单元网格化，可以通过以下操作将实体面转化为曲面几何体。

在 SOLIDWORKS Simulation 算例树中右击零件图标 ，在弹出的快捷菜单中选择"按所选面定义壳体"命令，打开"壳体定义"属性管理器，如图 3-27 所示。该属性管理器用于定义薄和厚壳体单元的厚度。另外，还可以针对静态、频率和扭曲算例将壳体定义为复合。

"壳体定义"属性管理器中各选项的含义如下：

（1）细：使用薄壳体公式。当厚度跨度比小于 0.05 时，通常使用薄壳体。

（2）粗：使用厚壳体公式。

（3）复合：将壳体定义为复合薄层。复合壳体定义只能用于静态算例、频率算例和扭曲算例的表面几何体。当选中"复合"单选按钮时，属性管理器中会增加"复合选项"和"复合方位"两个选项组，如图 3-28 所示。

图 3-27 "壳体定义"属性管理器

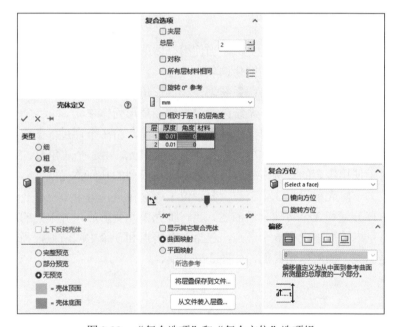

图 3-28 "复合选项"和"复合方位"选项组

（4） （所选实体）：在图形区域中选择要编辑的面。

（5） （抽壳厚度）：指定壳体厚度并选择单位。

（6）上下反转壳体：反转属于选定壳体的所有壳体单元的顶面和底面。

（7）偏移：该选项组用于控制壳体网格的位置。用户可以在壳体的中间、顶部或底部曲面上或在以总厚度的一小部分指定的参考曲面上定位网格。在选定曲面上生成壳体网格。系统提供了以下 4 种偏移选项。

1） （中曲面）：选定的曲面是壳体实体的中间平面。

2） （上曲面）：选定的曲面是壳体实体的顶部曲面。

3） （下曲面）：选定的曲面是壳体实体的底部曲面。

4）![指定比率图标]（指定比率）：选定的曲面是由总厚度一小部分的偏移值定义的参考曲面。偏移值介于-0.5 和 0.5 之间。0.5 的比率可以将选定曲面定位在壳体的顶部面上；-0.5 的比率可以将选定曲面定位在壳体的底部面上。

"复合选项"和"复合方位"选项组中各选项的含义如下：

（1）夹层：选择夹层复合公式。

（2）总层：为复合薄层设置总层数。只能在取消选择夹层选项时使用。

（3）对称：指定围绕薄层中间面的薄层对称连接。只能在取消选择夹层选项时编辑。

（4）所有层材料相同：将"选择材料"![图标]选项定义的相同材料属性应用到所有层。

（5）旋转 0°参考：重新定义复合壳体上的条纹，以便较早的 90°层角度现在符合 0°层角度。该选项应用到壳体定义的所有面。

图 3-29　层角度设置

（6）单位：为层厚指定单位。

（7）相对于层 1 的层角度：相对于第一个层片方位定义层叠的层片角度。例如，如果层角度 1 为 45°，层角度 2 的绝对值为 60°，则层角度 2 相对于层角度 1 的绝对值为 15°。第一层的角度总为绝对值。随后层的角度单元格变成黄色，如图 3-29 所示。

（8）复合壳体层表：为表中的每个层指定厚度、角度和材料。

（9）![层角度图标]（层角度）：移动滑块可以为复合壳体层表中选定的层设置层角度，也可以在复合壳体层表中输入层角度的值。有效的角度值范围是-90°～90°。

（10）显示其他复合壳体：选择以显示模型中存在的其他复合壳体定义的层角度。

（11）曲面映射：使用基于曲面的 UV 坐标的曲面映射技术来决定零度层角度参考。默认情况下，U 方向代表 0°参考。用户可以使用"旋转 0°参考"选项将 0°参考与 V 方向对齐。

（12）将层叠保存到文件：将复合层叠信息保存到带有.csv 或.txt 扩展名的文件中。

（13）从文件装入层叠：打开保存的复合层叠信息，编辑并使用信息来定义复合壳体。

（14）![面图标]（面）：选择材料方位更改适用的面。

（15）镜像方位：当进行切换时，三元组沿箭头的方向反转。因此层角度定义从逆时针方向更改为顺时针方向，反之亦然。

（16）旋转方位：沿层表面将条纹旋转 90°。此选项类似于旋转 0°参考，但允许控制个别面。

2. 壳体管理器

壳体管理器改善了定义、编辑和组织多个零件或装配体壳体定义的工作流程。通过在单一界面中显示所有壳体的壳体类型、厚度、方向和材料，从而实现更好的可视性、验证，并能够编辑壳体属性。该命令只有当零件或装配体中存在壳体时才能激活。

选择菜单栏中的 Simulation→"壳体"→"壳体管理器"命令，或者单击 Simulation 选项卡中的"壳体管理器"按钮![图标]，打开"壳体管理器"属性管理器和壳体管理器列表界面，如图 3-30 和图 3-31 所示。

图 3-30　"壳体管理器"属性管理器

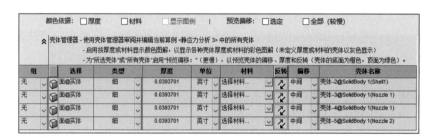

图 3-31　壳体管理器列表界面

属性管理器中各选项的含义如下：

（1）（面）和 （曲面实体）：选择实体的面、曲面实体的面或整个曲面实体以将其定义为壳体。

（2） （壳体类型）：分配细或粗壳体公式。通常在厚度跨度比小于 0.05 时使用薄壳体。

（3） （壳体间距）：控制壳体网格的位置。用户可以在壳体的中间、顶部或底部曲面上或在以总厚度的一小部分指定的参考曲面上定位网格，在选定曲面上生成壳体网格。其选项如下：

1）中曲面：在定义壳体的选定面的每一侧平均分割壳体厚度。壳体网格与定义壳体的选定面对齐。

2）上曲面：将壳体上曲面上的壳体网格对齐。壳体的理论中平面位于从定义壳体的选定面向下 0.5 厚度单位处。

3）下曲面：将壳体下曲面上的壳体网格对齐。壳体的理论中平面位于从定义壳体的选定面向上 0.5 厚度单位处。

4）指定比率：将由从定义壳体的选定面向下偏移值定义的参考曲面上的壳体网格对齐，偏移值介于 0 到壳体厚度一倍数值之间。

（4） （壳体材料）：单击其后列表框中的"选择材料"选项，打开"材料"属性管理器。从"材料"属性管理器中选择材料以应用到选定壳体，分配到材料的壳体具有图标 。

（5）厚度和单位：指定壳体厚度及其单位。

（6）分组（可选）：生成壳体组对象。其下的列表框中包含两个选项。

1）无：不创建分组。

2）管理壳体组：创建壳体组并指派通用于指派给该组的所有壳体的属性。相同组内的所有壳体具有相同的薄/厚公式、厚度和材料属性。如果更改壳体组的任意属性，则更改会应用至组内的所有壳体。

屏幕底部的壳体管理器列表以表格的形式列出了所有现有壳体的定义。在壳体管理器列表中，可以进行以下操作。

（1）在单一界面中预览所有现有壳体定义及其参数。

（2）将壳体添加到壳体组。单击组下的向下箭头 ▼ 并选择现有壳体组，或者单击管理组以定义新的网格组。

（3）按厚度或材料对壳体进行排序。例如，单击厚度标题一次，以升序（从最小到最大厚度）对壳体进行排序；单击该标题两次，以降序（从最大到最小厚度）对壳体进行排序。

（4）通过单击单元格旁边的向下箭头 ▼ 编辑壳体属性。用户可以在厚度下输入新厚度值。

列表界面各选项的含义如下：

（1）颜色依据。

1）厚度：显示壳体的颜色图，在颜色图中根据厚度以特定颜色渲染每个壳体。

2）材料：显示壳体的颜色图，在颜色图中根据材料以特定颜色渲染每个壳体。

（2）预览偏移。

1）选定：渲染选定壳体的厚度及其方向（顶部面为绿色）。

2）全部（较慢）：渲染模型中所有壳体的厚度及其方向（顶部面为绿色）。

扫一扫，看视频

3.1.4　实例——柱塞

图 3-32 所示为柱塞模型，材料为不锈钢。圆顶面受到 2000N 的力，在创建网格时采用三角形壳单元。

【操作步骤】

1．新建算例

（1）单击 Simulation 选项卡中的"新算例"按钮🔍，打开"算例"属性管理器。定义"名称"为"静应力"，分析类型为"静应力分析"。

（2）单击"确定"按钮✔，关闭属性管理器。

（3）在 SOLIDWORKS Simulation 模型树中右击"静应力*"图标🔍 **静应力***，在弹出的快捷菜单中选择"属性"命令，如图 3-33 所示。打开"静应力分析"对话框，设置解算器为 FFEPlus，并勾选"使用软弹簧使模型稳定"复选框，如图 3-34 所示。

图 3-32　柱塞模型

图 3-33　选择"属性"命令

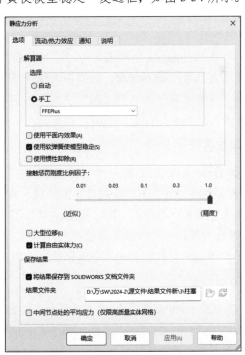

图 3-34　"静应力分析"对话框

（4）单击"确定"按钮，关闭对话框。

2．定义壳单元

（1）在 SOLIDWORKS Simulation 算例树中右击"柱塞"图标 ，在弹出的快捷菜单中选择"按所选面定义壳体"命令，如图 3-35 所示。

（2）在打开的"壳体定义"属性管理器中 ❶ 选中"细"单选按钮，从而设置外壳类型为"细"；❷ 在图形区域中选择柱塞的所有面，❸ 在"抽壳厚度"文本框 中设置壳的厚度为 1.50mm，❹ 选中"完整预览"单选按钮，❺ "偏移"选择"中曲面"，如图 3-36 所示。

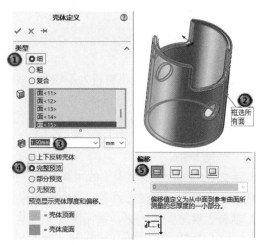

图 3-35　选择"按所选面定义壳体"命令　　　　图 3-36　设置外壳定义参数

（3）单击"确定"按钮 ✔，完成壳的定义。

3．定义材料

（1）单击 Simulation 选项卡中的"应用材料"按钮 ，或者在 SOLIDWORKS Simulation 算例树中右击"柱塞"图标 ，在弹出的快捷菜单中选择"应用/编辑材料"命令，打开"材料"对话框。选择"选择材料来源"为"钢"→"不锈钢（铁素体）"。

（2）单击"应用"按钮，关闭对话框。

4．添加载荷

（1）单击 Simulation 选项卡中"外部载荷顾问"下拉列表中的"力"按钮 ，或者在 SOLIDWORKS Simulation 算例树中右击"外部载荷"图标 外部载荷，在弹出的快捷菜单中选择"力"命令，打开"力/扭矩"属性管理器。单击"力"按钮 ；单击 图标右侧的显示栏，在图形区域中选择圆顶面；选中"法向"单选按钮；在"力值"下拉列表中设置力为 2000N，具体如图 3-37 所示。

（2）单击"确定"按钮 ✔，完成载荷的添加。

5．添加约束

（1）单击 Simulation 选项卡中"夹具顾问"下拉列表中的"固定几何体"按钮 ，或者在 SOLIDWORKS Simulation 算例树中右击"夹具"图标 夹具，在弹出的快捷菜单中选择"固定几何体"命令，打开"夹具"属性管理器，然后选择柱塞的两个圆孔面作为约束元素，如图 3-38 所示。

（2）单击"确定"按钮 ✔，完成固定约束的添加。

图 3-37 设置力参数

图 3-38 设置约束条件

6. 划分网格并运行

（1）单击 Simulation 选项卡中的"生成网格"按钮，打开"网格"属性管理器，勾选"网格参数"复选框，选中"基于曲率的网格"单选按钮，将"最大单元大小"设置为 4.00mm，"最小单元大小"设置为 0.50mm。

（2）单击"确定"按钮，系统开始划分网格。划分网格后的模型如图 3-39 所示。由图中可以看出网格为三角形壳体单元。

（3）单击"运行"按钮，SOLIDWORKS Simulation 则调用解算器进行有限元分析。

7. 观察结果

（1）在 SOLIDWORKS Simulation 算例树中右击"应力 1"图标 应力1 (-vonMises-)，在弹出的快捷菜单中选择"编辑定义"命令，打开"应力图解"属性管理器，单击"图表选项"选项卡，勾选"显示最大注解"复选框，在"位置/格式"选项组中选择"数字格式"为"浮点"，小数位数为 6。

（2）单击"确定"按钮，关闭属性管理器。

（3）在 SOLIDWORKS Simulation 算例树中双击"结果"文件夹下的"应力 1"图标 应力1 (-vonMises-)，在图形区域中观察柱塞的应力分布，如图 3-40 所示。从图中可以看出柱塞边缘处的应力最大，最大应力值约为 42.8MPa。

图 3-39 划分网格后的模型

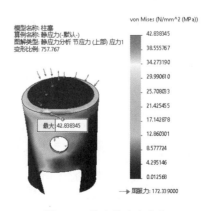

图 3-40 柱塞的应力分布

（4）在 SOLIDWORKS Simulation 算例树中右击"结果"文件夹下的"应力 1"图标，在弹出的快捷菜单中选择"探测"命令，打开"探测结果"属性管理器。在图形区域中沿板的左侧边线依次选择几个点，这些点对应的应力都会显示在"探测结果"属性管理器中，如图 3-41 所示。

（6）单击"图解"按钮 ，显示应力-节点图，说明应力随图形变化的情况，如图 3-42 所示。

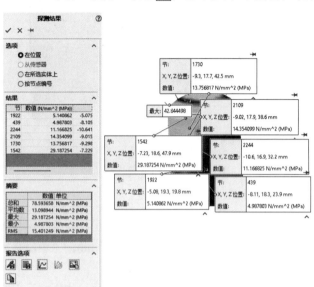

图 3-41　查看节点应力

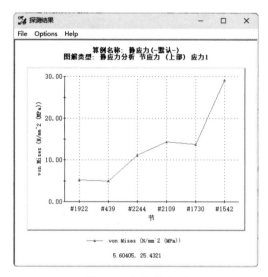

图 3-42　应力-节点图

练一练　书档

本练习为对一个书档的静应力分析。书档模型如图 3-43 所示，底面为固定面，支撑板的竖直面受力为 1N，底板的上表面受力为 2N，确定书档在这两种加载条件下的应力和位移。

【操作提示】

（1）新建静应力算例。

（2）定义材料。材料设置为合金钢。

（3）添加固定约束。选择图 3-44 所示的底面作为固定面。

（4）添加载荷 1。选择图 3-45 所示的面作为受力面，添加大小为 1N 的力。

（5）添加载荷 2。选择图 3-46 所示的面作为受力面，添加大小为 2N 的力。

图 3-43　书档模型

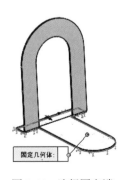

图 3-44　选择固定端

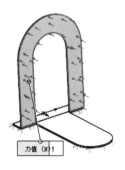

图 3-45　添加载荷 1

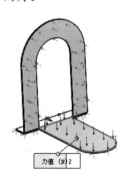

图 3-46　添加载荷 2

（6）"网格参数"选择"基于曲率的网格"，采用默认设置生成网格。

（7）运行并查看结果。书档的应力分布和位移分布如图 3-47 所示。

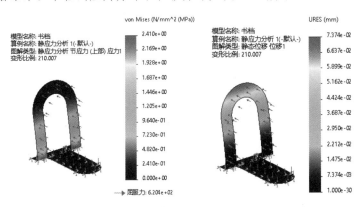

图 3-47　书档的应力分布和位移分布

3.1.5　梁单元

梁单元一般用于细长的零部件，生成横梁的结构，其长度需要超过截面最大尺寸的 10 倍。对于具有固定横截面的拉伸或旋转对象，使用横梁或桁架单元。

梁单元有两个节点，每个节点有 6 个自由度，两节点梁单元在初始时为平直的。变形前后如图 3-48 所示。梁的截面特征在推导单元的刚度矩阵时得到，这样截面特征就不用反映在有限元网格中，简化了模型准备和分析求解的过程。对于焊件模型，如果采用实体单元和壳单元进行分析，会生成过多的单元数量，划分网格也会花费大量时间，若采用梁单元进行划分，则会大大简化模型。

横梁单元是由两个端点和一个横断面定义的直线单元。横梁单元能够承载轴载荷、折弯载荷、抗剪载荷和扭转载荷。桁架只能承载轴载荷。当与焊件一同使用时，系统会定义横断面属性并检测接榫。

利用梁单元分析焊件结构的大致步骤如下：

（1）新建算例，当对焊件结构进行有限元分析时，会自动生成梁单元。对于不符合梁单元定义要求的零部件，软件就会在零部件前面出现警告提示标志，如图 3-49 所示。若要查看某一个横梁单元的界面属性，右击该横梁单元，在弹出的快捷菜单中选择"编辑定义"命令，打开"应用/编辑钢梁"属性管理器，扭转抗剪应力的参数显示在"截面属性"选项组中，如图 3-50 所示。

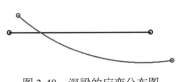

图 3-48　深梁的应变分布图

图 3-49　警告提示标志

> 扭转常数：显示扭转刚度常量，扭转刚度常量是横梁的剖切面的函数，系统会计算大多数横梁轮廓的扭转刚度常量，也可以通过查阅 *Formulas for Stress and Strain* 得到。
> 最大抗剪应力的距离：剖面剪切中心到横断面上最远点的最大距离。
> 抗剪因子：横梁横截面的不均匀抗剪应力分布，在计算横梁抗剪变形时考虑。其值取决于横截面的形状以及分配给横梁的材料的泊松比。

（2）计算并编辑接点，在生成横梁单元的同时，会计算生成单元之间的已有接点，并自动生成一个"结点组"文件夹①，其中紫红色的接点表示连接了不少于两个的构件，黄色的接点表示只连接了一个构件，如图3-51所示。右击"结点组"文件夹，在弹出的快捷菜单中选择"编辑"命令，弹出"编辑接点"属性管理器，如图3-52所示。可以在"选择结构构件"列表框中添加或移除构件，再单击"计算"按钮 来编辑接点。

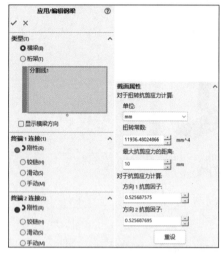

图3-50 "应用/编辑钢梁"属性管理器

图3-51 生成接点

图3-52 "编辑接点"属性管理器

（3）指定接点的自由度，对于每个横梁的端点都有6个自由度，可以在"应用/编辑钢梁"属性管理器中设置接点的类型来进行约束，一共有4种方式，如图3-53所示。

➤ 刚性：对接点的6个自由度都进行约束，不能释放任何力和力矩到接点。
➤ 铰链：对接点的3个自由度进行约束，不能释放力矩到接点上。
➤ 滑动：端点可以自由平移，不能转移任何力到接点。
➤ 手动：手动指定每个力和力矩分量是否已知为零。

（4）添加约束和载荷。

（5）划分网格并运行分析，有时横梁的网格显示为圆柱，若想要显示真实的横梁轮廓，右击网格，在弹出的快捷菜单中选择"渲染横梁轮廓"命令即可，渲染前后如图3-54所示。

图3-53 接点类型

图3-54 渲染横梁轮廓

① 编者注：此处的"结点组"其实应为"接点组"，但为了读者操作方便，所以正文中保留与图中对应的"结点组"，全书余同。

扫一扫，看视频

（6）查看分析结果。

3.1.6　实例——晾衣杆

本实例通过晾衣杆的静应力分析来讲解梁单元的创建方法。图 3-55 所示为简化的晾衣杆模型。

【操作步骤】

1．新建算例

（1）选择菜单栏中的"文件"→"打开"命令或者单击"快速访问"工具栏中的"打开"按钮 ，打开源文件中的"晾衣杆.sldprt"。

（2）单击 Simulation 选项卡中的"新算例"按钮 ，或者选择菜单栏中的 Simulation→"算例"命令。

（3）在打开的"算例"属性管理器中定义"名称"为"静应力分析 1"，分析类型为"静应力分析"。

（4）单击"确定"按钮 ，进入 SOLIDWORKS Simulation 的"静应力分析"算例界面。

2．转化为梁单元

在 SOLIDWORKS Simulation 算例树中❶右击"晾衣杆"图标 ，在弹出的快捷菜单中❷选择"视为横梁"命令，如图 3-56 所示。此时，在 SOLIDWORKS Simulation 算例树中可以看到"晾衣杆"前面的图标变为 ，同时还增加了一个名为"结点组"的图标 ，如图 3-57 所示。

图 3-55　简化的晾衣杆模型　　　图 3-56　选择"视为横梁"命令　　　图 3-57　梁单元算例树

3．定义模型材料

（1）选择菜单栏中的 Simulation→"材料"→"应用/编辑材料"命令，或者单击 Simulation 选项卡中的"应用材料"按钮 ，或者在 SOLIDWORKS Simulation 算例树中右击"晾衣杆"图标 ，在弹出的快捷菜单中选择"应用/编辑材料"命令。

（2）在打开的"材料"对话框中定义模型的材质为"铝合金"→"1060-H12 棒材（SS）"。

（3）单击"应用"按钮，关闭对话框。

4．编辑结点组

（1）在 SOLIDWORKS Simulation 算例树中右击"结点组"图标 ，在弹出的快捷菜单中选择"编辑"命令，如图 3-58 所示。

（2）打开"编辑接点"属性管理器，❶在"所选横梁"选项组中选中"所有"单选按钮；❷在"视接榫为间隙"选项组中选中"等于零（相触）"单选按钮；❸勾选"在更新上保留修改的接点"复选框，如图 3-59 所示。❹单击"计算"按钮 ，单击"确定"按钮 ，接点编辑完成，结果如图 3-60 所示。

图 3-58　选择"编辑"命令　　图 3-59　"编辑接点"属性管理器　　　　图 3-60　编辑接点

5. 创建分割线

（1）单击"草图"选项卡中的"草图绘制"按钮，选择"右视基准面"作为草绘平面，绘制图 3-61 所示的草图。

（2）单击"退出草图"按钮，完成草图的绘制。

（3）选择"插入"菜单栏中的"曲线"→"分割线"命令，打开"分割线"属性管理器，选择"分割类型"为"投影"，选择刚刚绘制的草图作为要投影的草图，选择晾衣杆圆柱面作为要分割的面，如图 3-62 所示。

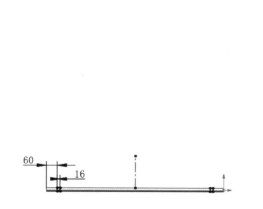

图 3-61　绘制草图　　　　　　　图 3-62　"分割线"属性管理器

（4）单击"确定"按钮，生成分割线，如图 3-63 所示。

6. 添加约束

（1）单击 Simulation 选项卡中"夹具顾问"下拉列表中的"固定几何体"按钮，或者在 SOLIDWORKS Simulation

图 3-63　分割线

算例树中右击"夹具"图标 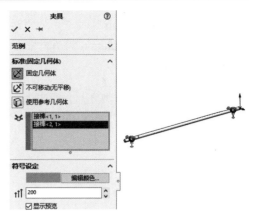 ，在弹出的快捷菜单中选择"固定几何体"命令。

（2）打开"夹具"属性管理器。单击"固定几何体"按钮 ，在绘图区选取两个接点作为固定点。

（3）在"符号设定"选项组中设置符号大小为 200，如图 3-64 所示。

（4）单击"确定"按钮 ，关闭"夹具"属性管理器。

7. 添加载荷

（1）单击 Simulation 选项卡中"外部载荷顾问"下拉列表中的"力"按钮 ，或者在 SOLIDWORKS Simulation 算例树中右击"外部载荷"图标 外部载荷，在弹出的快捷菜单中选择"力"命令。

图 3-64 "夹具"属性管理器

（2）打开"力/扭矩"属性管理器，单击"选择"选项组中的"横梁"按钮 ，单击"方向的面、边线、基准面"列表框，在绘图区的 FeatureManager 设计树中选择"上视基准面"。

（3）单击"力"选项组中的"垂直于基准面"按钮 ，输入 1000N，勾选"反向"复选框，调整力的方向为向下，在"符号设定"选项组中设置符号大小为 200，如图 3-65 所示。

（4）单击"确定"按钮 ，载荷添加完成，结果如图 3-66 所示。

8. 生成网格和运行分析

在定义完研究专题、材料属性和载荷/约束后就需要对模型进行划分网格的工作。

（1）单击 Simulation 选项卡中"运行此算例"下拉列表中的"生成网格"按钮 ，或者在 SOLIDWORKS Simulation 算例树中右击"网格"图标 网格，在弹出的快捷菜单中选择"生成网格"命令。

（2）系统自动划分网格，划分后的结果如图 3-67 所示。

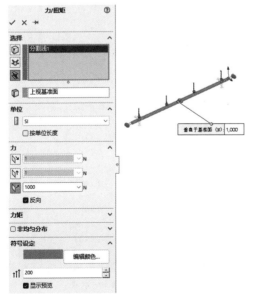

图 3-65 添加载荷

图 3-66 添加载荷后的结果

图 3-67 划分网格后的模型

（3）单击 Simulation 选项卡中的"运行此算例"按钮 🧊，进行运行分析。当计算分析完成之后，在 SOLIDWORKS Simulation 算例树中会出现对应的结果文件夹。

9. 查看结果

在分析完有限元模型之后，可以对计算结果进行分析，从而成为进一步设计的依据。

在 SOLIDWORKS Simulation 算例树中双击"应力 1"和"位移 1"图标，从而在右侧的图形区域中显示晾衣杆的应力分布和位移分布，如图 3-68 所示。

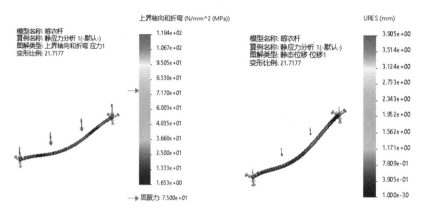

图 3-68　晾衣杆的应力分布和位移分布

图中红颜色的区域代表应力较大的地方，蓝颜色的区域代表应力较小的地方。从应力分布图中可以看出，晾衣杆两端的应力较大，中间部分应力较小。

10. 修改结果图解

（1）在 SOLIDWORKS Simulation 算例树中右击"结果"图标 📄结果，在弹出的快捷菜单中选择"定义应力图解"命令，打开"应力图解"属性管理器。

（2）单击"图表选项"选项卡，在"显示选项"选项组中勾选"显示最小注解"和"显示最大注解"复选框。

（3）单击"设定"选项卡，勾选"将模型叠加于变形形状上"，设置单一颜色为紫色，透明度为 0.3，如图 3-69 所示。

（4）单击"确定"按钮 ✔，晾衣杆的应力分布如图 3-70 所示。

图 3-69　"应力图解"属性管理器

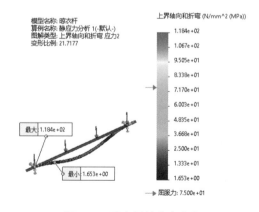

图 3-70　晾衣杆的应力分布

练一练　鞋架

本练习为对一个鞋架的静应力分析。鞋架模型如图 3-71 所示，鞋架两侧的支撑杆和 6 根长杆为梁单元，短杆为实体单元，支撑杆的底面接点为固定约束，每根长杆受力为 500N，确定鞋架在载荷作用下的应力分布和位移分布。

扫一扫，看视频

【操作提示】

（1）新建静应力算例。

（2）定义材料。材料设置为普通碳钢。

（3）定义梁单元。将两侧的支撑杆和 6 根长杆定义为梁单元。

（4）编辑结点组。

图 3-71　鞋架模型

（5）添加固定约束。选择图 3-72 所示的 4 个接点作为固定顶点。

（6）添加载荷。选择图 3-73 所示的 6 根梁承受载荷，每根横梁的受力为 200N，力的方向垂直于上视基准面。

（7）"网格参数"采用"基于曲率的网格"，"最小单元大小"设置为 0.5mm，"最大单元大小"设置为 7mm，生成网格，如图 3-74 所示。

图 3-72　选择固定端　　　　　图 3-73　添加载荷　　　　　图 3-74　划分网格

（8）运行并查看结果。鞋架的应力分布和位移分布如图 3-75 所示。

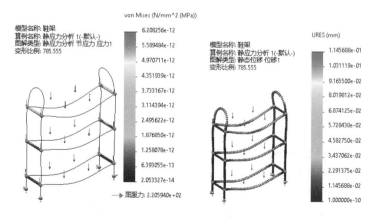

图 3-75　鞋架的应力分布和位移分布

3.2 网格控制和应力集中

3.2.1 应用网格控制

网格控制是指在模型中的不同区域指定不同的单元大小。在区域中指定较小的要素可以提高该区域中结果的精确性。可以在顶点、边线、面、零部件和横梁处指定网格控制。

在实际的有限元分析中，应力的极值经常会出现在圆角区域等曲率变化大的地方，若要获得满意的结果，就需要细化网格，但是对于大模型，如果细化网格，就会创建大量的单元，这将会导致计算量的增加，为此可以在高应力的地方应用网格控制，对一些细小的特征、孔或圆角区域应用网格控制使用小网格，对于应力变化小的区域则使用大网格，网格划分必须在应用网格控制之后。

右击 SOLIDWORKS Simulation 算例树中的"网格"图标 网格，在弹出的快捷菜单中选择"应用网格控制"命令，打开"网格控制"属性管理器。

若算例为实体单元，则实体"网格控制"属性管理器如图 3-76 所示。其各选项的含义如下：

（1）（网格控制的面、边线、顶点、参考点、零部件）：选择要应用网格控制的几何实体。

（2）按零件大小使用：Simulation 根据所选零件大小计算单元大小。

（3）（网格密度）：使用滑块更改全局单元大小和公差。左侧位置（粗）将全局单元大小设定为默认大小的两倍，右侧位置（细）将全局单元大小设定为默认大小的一半。

（4）重设：将滑块重设为默认设定。

（5）使用同一单元大小：指示网格器使用在单元大小框中指定的单元大小对所选零部件统一进行网格化。此选项只在定义零部件的网格控制时才可用。

（6）（单位）：为单元大小指定单位。

（7）（单元大小）：设置所选几何实体的单元大小。这是基于曲率的网格的最大单元大小。

当选中"基于混合曲率的网格"单选按钮时，可以定义大于整体最大单元大小的局部单元大小以创建粗糙网格。

当选中"基于曲率的网格"单选按钮时，可以在整体最小到整体最大单元大小的范围内定义局部单元大小。

（8）（最小单元大小）：最小单元大小仅可用于基于曲率的网格，设置所选实体的最小单元大小，可以定义小于整体最小单元大小的局部最小单元大小，以进一步细化网格。

（9）（圆中最小单元数）：此选项仅可用于基于曲率的网格，指定圆中的单元数。要观察该选项的效果，所计算的单元大小必须介于最大单元大小和最小单元大小之间。

（10）编辑颜色：选择网格控制符号的颜色。

（11）符号大小：使用数值输入方框箭头控制网格控制符号的大小。

（12）显示预览：打开/关闭在所选实体上显示网格控制符号。

若该算例为梁单元，则"网格控制"属性管理器如图 3-77 所示。其部分选项的含义如下：

（1）（横梁）：选择要应用网格控制的横梁。

（2）单元数：为选定横梁设置总单元数。

（3）单元大小：指示网格器使用在单元大小框中指定的单元大小对所选零部件统一进行网格化。

（4）（单元大小）：设置横梁的单元大小。

图 3-76 实体"网格控制"属性管理器

图 3-77 横梁"网格控制"属性管理器

扫一扫，看视频

3.2.2 实例——支架网格划分

本实例通过对支架进行网格控制来介绍"应用网格控制"命令的操作步骤。如图 3-78 所示的支架，上端面被固定，下端被施加 500N 的载荷，通过应用网格控制来细化圆角处的网格。

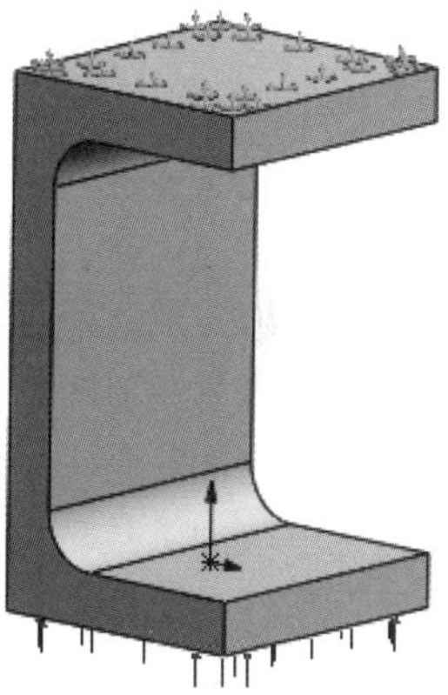

【操作步骤】

1. 打开源文件

选择菜单栏中的"文件"→"打开"命令或者单击"快速访问"工具栏中的"打开"按钮，打开源文件中的"支架.sldprt"。

2. 定义网格控制

（1）右击 SOLIDWORKS Simulation 算例树中的"网格"图标 网格，在弹出的快捷菜单中选择"应用网格控制"命令，如图 3-79 所示。

图 3-78 支架

（2）打开"网格控制"属性管理器，❶在绘图区选择两个圆角面，❷在"网格参数"选项组中设置"单元大小"为 1.2mm，❸"最小单元大小"为 0.5mm，如图 3-80 所示。

（3）单击"确定"按钮，网格控制定义完成。

3. 划分网格

右击 SOLIDWORKS Simulation 算例树中的"网格"图标 网格，在弹出的快捷菜单中选择"生成网格"命令，采用默认设置进行网格划分，结果如图 3-81 所示。

图 3-79　选择"应用网格控制"命令　　　图 3-80　"网格控制"属性管理器

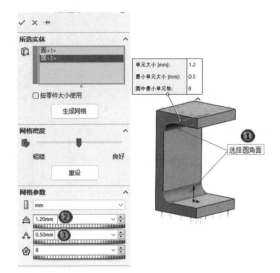

图 3-81　网格划分

3.2.3　应力集中

在弹性力学中，应力集中是指模型中应力局部增高的现象，一般会出现在模型形状急剧变化的地方。应力集中容易使物体产生疲劳裂纹，也会使脆性材料发生断裂。在应力集中处，应力的最大值与模型的几何形状和加载方式等因素有关。

网格的细化会产生更高的应力值，应力的变化不同于位移结果，位移结果会收敛到有限值，而应力结果有时是发散的，按照弹性理论，尖角处的应力应该是无穷大的，但由于离散化误差并不会出现无穷大的结果。因此对于尖角处的应力结果是没有意义的，因为它取决于网格的大小。但是如果要确定最大应力值，就不能忽略圆角的存在，不论圆角尺寸有多小都要考虑到。

在进行应力计算时，可以在应力变化的区域细化网格，直到应力不随网格数量的增加而变化，如果应力一直增加，则需要考虑应力集中的位置是否出现了应力奇异，应力奇异性是指模型由于几何关系，在求解应力函数时出现的应力无穷大的现象，在实际情况中不会出现。在有限元分析中，应力奇异一般会出现在尖角的地方，可以通过应力热点诊断来区分应力奇异和应力集中。

3.2.4　实例——应力热点诊断

扫一扫，看视频

如图 3-82 所示的支架，上端面被固定，下端被施加 1N 的载荷。

【操作步骤】

首先要打开源文件。选择菜单栏中的"文件"→"打开"命令或者单击"快速访问"工具栏中的"打开"按钮，打开源文件中的"支架.sldprt"。

（1）右击 SOLIDWORKS Simulation 算例树中的"结果"文件夹，在弹出的快捷菜单中选择"应力热点诊断"命令，如图 3-83 所示。

（2）打开"应力热点"属性管理器 1，①单击"运行应力热点诊断"按钮，如图 3-84 所示。

（3）打开"模拟"对话框，显示"检测到应力热点！"，如图 3-85 所示。

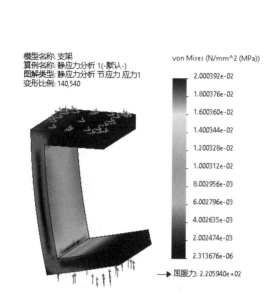

模型名称: 支架
算例名称: 静应力分析 1(-默认-)
图解类型: 静应力分析 节应力 应力1
变形比例: 140,540

von Mises (N/mm^2 (MPa))

2.000392e-02
1.800376e-02
1.600360e-02
1.400344e-02
1.200328e-02
1.000312e-02
8.002956e-03
6.002796e-03
4.002635e-03
2.002474e-03
2.313676e-06

→ 屈服力: 2.205940e+02

图 3-82　支架的应力分布

图 3-83　选择"应力热点诊断"命令

图 3-84　"应力热点"属性管理器 1

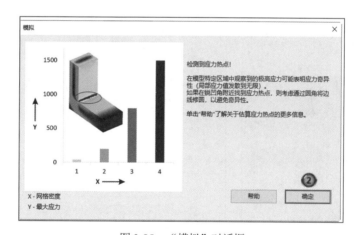

图 3-85　"模拟"对话框

（4）❷单击"确定"按钮，打开"应力热点"属性管理器 2，❸在"网格细化级别"下方的输入框中输入 3，细化网格，如图 3-86 所示。

（5）❹单击"运行应力奇异性诊断"按钮进行诊断，打开"模拟"对话框，显示检测到应力奇异性，如图 3-87 所示。

（6）模拟完成后，❺单击"确定"按钮，打开"应力热点"属性管理器 3，❻单击"绘图收敛图表"按钮 ，如图 3-88 所示。打开"收敛图表"对话框，如图 3-89 所示。

（7）❼关闭对话框，❽单击"确定"按钮 ，应力热点图解如图 3-90 所示。随着网格的不断细化，应力发散。若要研究尖角区域的应力，则为了避免应力奇异，对于尖角区域必须使用圆角特征。

图 3-86　"应力热点"属性管理器 2

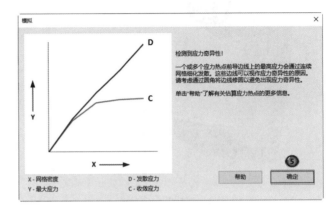

图 3-87　"模拟"对话框

图 3-88　"应力热点"
属性管理器 3

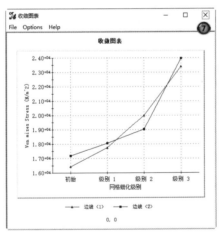

图 3-89　"收敛图表"对话框

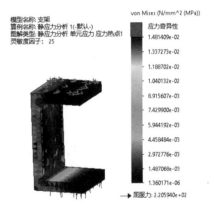

图 3-90　应力热点图解

3.3　网格的兼容性

3.3.1　兼容网格与不兼容网格

兼容网格和不兼容网格是指属于不同实体的接触几何实体上的网格连续性类型。兼容网格和不兼容网格适用于使用实体或壳体单元进行网格化或者使用混合网格中的两种单元类型进行网格化的装配体和多实体零件网格，不适用于单一零部件（单一实体或曲面实体）。

在兼容网格中，相邻零件或实体被网格化，以便在每个实体的网格之间存在节点到节点的对应。

对应的节点可以合并（对于接合相触面）或叠加。对于无穿透的接触面，会在源面和目标面上的重合节点之间创建节点到节点的接触单元。从而使不同零件或实体之间的网格平滑过渡，如图 3-91 所示。

在不兼容网格中，每个实体单独进行网格化，相邻零件或实体的网格对应的节点不存在节点的对应，如图 3-92 所示。在对复杂的接触面划分网格时，如果接触面的网格兼容划分失败，就可以重新划分成不兼容网格。

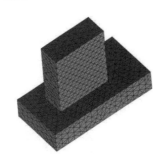

图 3-91 兼容网格

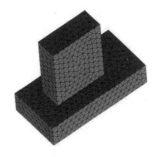

图 3-92 不兼容网格

扫一扫，看视频

3.3.2 实例——脚轮

本实例通过对脚轮的部分装配图的静应力分析，来介绍一下不兼容网格和兼容网格的创建方法。脚轮模型如图 3-93 所示。

【操作步骤】

1．打开源文件

选择菜单栏中的"文件"→"打开"命令或者单击"快速访问"工具栏中的"打开"按钮![icon]，打开源文件中的"脚轮.sldasm"。

图 3-93 脚轮模型

2．新建算例

（1）单击 Simulation 选项卡中的"新算例"按钮![icon]，或者选择菜单栏中的 Simulation→"算例"命令。

（2）在打开的"算例"属性管理器中定义"名称"为"不兼容"，分析类型为"静应力分析"，如图 3-94 所示。

（3）单击"确定"按钮![icon]，进入 SOLIDWORKS Simulation 的"静应力分析"算例界面。此时，SOLIDWORKS Simulation 算例树如图 3-95 所示。在"零件"文件夹下有 3 个实体文件夹，并且在"连结"文件夹下添加了"零部件交互"文件夹。

3．单位设置

选择菜单栏中的 Simulation→"选项"命令，打开"系统选项-一般"对话框，选择"默认选项"选项卡，单击"单位"选项，切换到"默认选项-单位"对话框，将"单位系统"设置为"公制（I）（MKS）"，"长度/位移（L）"设置为"毫米"，"压力/应力（P）"设置为 N/mm^2（MPa）。

图 3-94　新建算例专题　　　　　　　　　　图 3-95　算例树

4．定义模型材料

（1）选择菜单栏中的 Simulation→"材料"→"应用材料到所有"命令，或者单击 Simulation 选项卡中的"应用材料"按钮，或者在 SOLIDWORKS Simulation 算例树中右击"零件"图标，在弹出的快捷菜单中选择"应用材料到所有实体"命令。

（2）在打开的"材料"对话框中定义模型的材质为"铝合金"→AISI 1020。

（3）单击"应用"按钮，关闭对话框。

5．添加约束

（1）单击 Simulation 选项卡中"夹具顾问"下拉列表中的"固定几何体"按钮，或者在 SOLIDWORKS Simulation 算例树中右击"夹具"图标，在弹出的快捷菜单中选择"固定几何体"命令。

（2）打开"夹具"属性管理器，单击"固定几何体"按钮，在绘图区选取图 3-96 所示的面作为固定几何体。

（3）在"符号设定"选项组中设置符号大小为 150，如图 3-97 所示。

（4）单击"确定"按钮，关闭"夹具"属性管理器。约束添加完成。

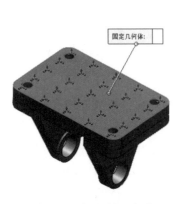

图 3-96　选取固定几何体　　　　　　　　图 3-97　"夹具"属性管理器

6. 添加载荷

（1）单击 Simulation 选项卡中"外部载荷顾问"下拉列表中的"力"按钮⬇，或者在 SOLIDWORKS Simulation 算例树中右击"外部载荷"图标⬇⬇ 外部载荷，在弹出的快捷菜单中选择"力"命令。

（2）打开"力/扭矩"属性管理器，在绘图区选取图 3-98 所示的内圆柱面，选中"选定的方向"单选按钮，然后在绘图区的 FeatureManager 设计树中选择 Top Plane；在"力"选项组中单击"垂直于基准面"按钮，输入力的大小为 1200N。

（3）单击"确定"按钮✓，关闭"夹具"属性管理器。载荷添加完成。

7. 设置不兼容网格

（1）在 SOLIDWORKS Simulation 算例树中右击"全局交互"图标，在弹出的快捷菜单中选择"编辑定义"命令，打开"零部件交互"属性管理器，①将"属性"选项组中的"接合的缝隙范围"设置为 0.01%，②在"高级"选项组中取消勾选"在相触边界之间强行使用共同节点"复选框，③"接合公式"选择"曲面到曲面"，如图 3-99 所示。

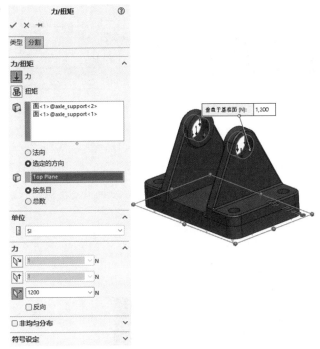

图 3-98　添加载荷

图 3-99　设置不兼容网格

（2）单击"确定"按钮✓，关闭对话框。

8. 生成网格和运行分析

（1）在 SOLIDWORKS Simulation 算例树中右击"网格"图标 网格，在弹出的快捷菜单中选择"应用网格控制"命令，打开"网格控制"属性管理器，选择图 3-100 所示的所有圆角面，设置单元大小为 3mm。

（2）单击 Simulation 选项卡中"运行此算例"下拉列表中的"生成网格"按钮，或者在 SOLIDWORKS Simulation 算例树中右击"网格"图标 网格，在弹出的快捷菜单中选择"生成网格"

命令。

（3）打开"网格"属性管理器，勾选"网格参数"复选框，选中"基于曲率的网格"单选按钮，设置"最大单元大小"和"最小单元大小"均为 25mm，"圆中最小单元数"为 8，"单元大小增长比率"为 1.6，如图 3-101 所示。

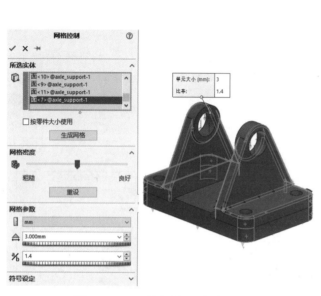

图 3-100　"网格控制"属性管理器

图 3-101　"网格"属性管理器

（4）单击"确定"按钮✅，结果如图 3-102 所示。从图中可以看到，在两个实体的相交处，节点没有合并或叠加。

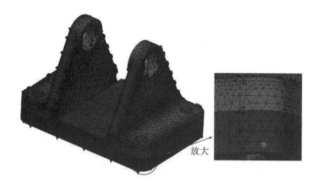

图 3-102　生成不兼容网格

（5）单击 Simulation 选项卡中的"运行此算例"按钮🖳，进行运行分析。当计算分析完成之后，在 SOLIDWORKS Simulation 算例树中会出现对应的结果文件夹。

9. 查看结果

在 SOLIDWORKS Simulation 算例树中双击"应力 1"和"位移 1"图标，从而在右侧的图形区域中显示脚轮的应力分布和位移分布，如图 3-103 所示。

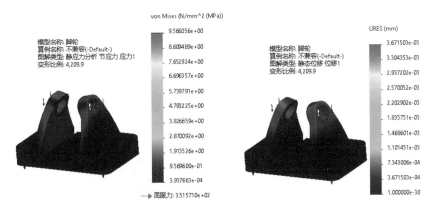

图 3-103　脚轮的应力分布和位移分布

10．复制算例

（1）右击"不兼容"算例标签，在弹出的快捷菜单中选择"复制算例"命令。

（2）打开"复制算例"属性管理器，"算例名称"为"兼容"，如图 3-104 所示。

（3）单击"确定"按钮，完成新算例的创建。

11．创建兼容网格

（1）在 SOLIDWORKS Simulation 算例树中右击"全局交互"图标，在弹出的快捷菜单中选择"编辑定义"命令，打开"零部件交互"属性管理器。

（2）① 在"高级"选项组中勾选"在相触边界之间强行使用共同节点"复选框，如图 3-105 所示。② 单击"确定"按钮，打开 Simulation 对话框，如图 3-106 所示。③ 单击"确定"按钮，关闭对话框。

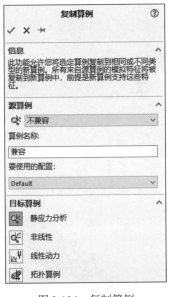

图 3-104　复制算例

图 3-105　"高级"选项组

图 3-106　Simulation 对话框

（3）单击 Simulation 选项卡中"运行此算例"下拉列表中的"生成网格"按钮，或者在

SOLIDWORKS Simulation 算例树中右击"网格"图标 网格，在弹出的快捷菜单中选择"生成网格"命令。

（4）打开 Simulation 对话框，如图 3-107 所示。单击"确定"按钮 确定，关闭对话框。

（5）打开"网格"属性管理器，勾选"网格参数"复选框。

（6）单击"确定"按钮 ✔，结果如图 3-108 所示。从图中可以看到，在两个实体的相交处，节点进行了合并或叠加。

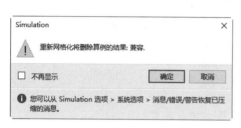

图 3-107　Simulation 对话框

图 3-108　生成兼容网格

（7）单击 Simulation 选项卡中的"运行此算例"按钮 📇，进行运行分析。当计算分析完成之后，在 SOLIDWORKS Simulation 算例树中会出现对应的结果文件夹。

（8）双击"应力 1"和"位移 1"图标，脚轮的应力 1 分布和位移 1 分布如图 3-109 所示。

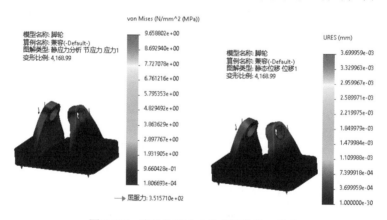

图 3-109　脚轮的应力 1 分布和位移 1 分布

通过比较可以看到基于兼容网格的结果比基于不兼容网格的结果更加精确。

练一练　螺丝刀

本练习为对螺丝刀的静应力分析。螺丝刀模型如图 3-110 所示，螺丝刀由螺杆和手柄两部分组成。本练习主要分析螺杆的网格控制、螺杆与手柄之间的应力集中，以及网格的兼容性问题。

【操作提示】

（1）新建静应力算例。

（2）定义单位、材料、约束和载荷。在螺丝刀的上端面

图 3-110　螺丝刀模型

扫一扫，看视频

施加 1N 的力，下端面作为固定约束。

（3）创建兼容网格。对全局交互进行编辑定义，勾选"在相触边界之间强行使用共同节点"复选框。

（4）应用网格控制。选中螺杆的 4 个面，"最小单元大小"设置为 0.5mm，"最大单元大小"设置为 1.3mm，对螺杆应用网格控制。

（5）划分网格。"网格参数"选择"基于曲率的网格"，网格密度采用默认。生成的兼容网格如图 3-111 所示。

（6）运行并查看结果。

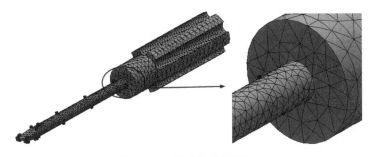

图 3-111　生成的兼容网格

第4章　交互和混合网格

内容简介

本章首先介绍交互的分类及全局交互、零部件交互及本地交互的特点和应用，并在此基础上进一步介绍混合网格的特点及不同组合下混合网格的使用。

内容要点

➤ 交互
➤ 混合网格

案例效果

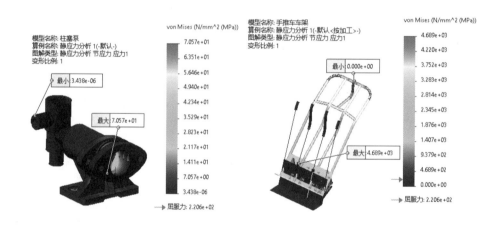

4.1　交　互

交互条件控制零部件在仿真过程中如何进行交互。例如，在装配体文档中，某些零部件可能相互接合，而其他零部件可能在载荷下相互接触。

交互定义可用于装配体和多实体零件文档。用户可以将交互应用到以下仿真算例：静态、频率、屈曲、热、非线性、线性动态、跌落测试。

零部件之间的交互类型有三类：

（1）全局交互：定义适用于活动文档中所有零部件的条件。在"仿真选项"→"默认选项"→"交互"对话框中指定默认全局交互条件，参照 1.5 节。

（2）零部件交互：在"零部件交互"属性管理器中定义适用于选定零部件的条件。

（3）本地交互：在"本地交互"属性管理器中定义适用于选定几何实体组的条件。

在 SOLIDWORKS Simulation 算例树中，"🔩 连结"文件夹下列出了"相触面组"和"零部件接触"文件夹下的所有交互定义。

本地交互设置会覆盖零部件级别的交互，而零部件级别的交互则会覆盖全局级别的交互。

默认全局级别条件适用于未定义任何局部或零部件级别交互的零部件。

对交互条件做出任何更改都需要重新网格化模型。

4.1.1 全局交互

所谓全局交互，就是指顶层装配体应用全局交互条件，选择交互类型应用于装配体的所有零部件。

算例创建之后，系统会自动在 SOLIDWORKS Simulation 算例树中创建零部件交互，在其下自动生成全局交互，若想修改交互类型，可右击"全局交互"图标 🔧 全局交互，在弹出的快捷菜单中选择"编辑定义"命令，打开"零部件交互"属性管理器，如图 4-1 所示。勾选该属性管理器中的"全局交互"复选框，则设置全局交互，否则设置零部件交互。

4.1.2 零部件交互

零部件交互是通过"零部件交互"属性管理器来指定交互条件，以控制在仿真过程中选定零部件的行为。

零部件级别的交互会覆盖全局级别的交互，而本地交互设置则会覆盖零部件级别的交互。修改或添加交互设置需要重新网格化模型。

图 4-1 "零部件交互"属性
管理器

在运行分析之前，可以使用"交互查看器"命令验证交互区域（如接合、接触和空闲）。

在 SOLIDWORKS Simulation 算例树中右击"连结"图标 🔩 连结，在弹出的快捷菜单中选择"零部件交互"命令，打开"零部件交互"属性管理器，如图 4-2 所示。

图 4-2 "零部件交互"
属性管理器

"零部件交互"属性管理器中各选项的含义如下：

（1）接合：选定零部件在仿真过程中的行为方式就像是被焊接一样。

（2）接触：选定零部件在仿真过程中不会相互干扰，无论其初始接触条件如何。默认情况下，如果仿真过程中产生的变形足以导致自相交叉，则实体也不会发生自相交叉的情况。将应用曲面到曲面接触公式。零部件的接触交互选项不可用于非线性算例。

（3）空闲：选定零部件可在仿真过程中相互交叉。如果无法确定载荷是否会导致零部件的干扰，请勿使用此选项。

（4）接合的缝隙范围：指定使得几何实体符合接合交互条件的允许间隙。最大间隙百分比的默认值为模型特性长度的 0.01%，此值在 Simulation→"选项"→"默认选项"→"交互"中指定。间隙大于此阈值的零部件不会在零部件级别进行接合。

（5）包括壳体边线、实体面/壳体面和边线面组（更慢）：为位于允许接合间隙范围内的边线组创建边线到边线接合相触面组。

符合接合条件的壳体或钣金实体的有效边线组包括以下几种。

➢ 直线、平行和非干涉壳体边线（或者在一定程度的公差范围内近似平行）。

➢ 具有相同半径、同心且不干涉的圆形边线。

➢ 接合到实体或壳体面（平面或圆柱面）的壳体边线（直线或圆弧）。

（6）在相触边界之间强行使用共同节点：在选定零部件的相触边界上强制实施网格连续性，并将零部件作为一个实体进行网格化。只有基于曲率的网格和标准网格支持此选项。

（7）接合公式：为单独网格化的零部件指定接合公式。

➢ 曲面到曲面：此选项更准确，但更慢。对于 2D 简化算例，解算器将应用边线到边线接合。

➢ 节点到曲面：如果在求解具有复杂接触曲面的模型时遇到性能问题，可以选中此单选按钮。对于 2D 简化分析，程序将应用节点到边线接合。

4.1.3 本地交互

单击 Simulation 选项卡中"连接顾问"下拉列表中的"本地交互"按钮，或者在 SOLIDWORKS Simulation 算例树中右击"连结"文件夹，在弹出的快捷菜单中选择"本地交互"命令，打开"本地交互"属性管理器，如图 4-3 所示。该属性管理器用来定义实体、壳体和横梁的几何实体组之间的交互。本地交互设置覆盖零部件级别交互。

"相触"类型"本地交互"属性管理器中各选项的含义如下。

1. 交互

（1）手动选择本地交互：手动选择几何实体以应用本地交互条件。

（2）自动查找本地交互：使用交互检测工具查找所指定间隙内相触面或非相触面的交互组。

2. 类型

（1）类型。从可用类型列表中选择交互类型：相触、接合、空闲、冷缩配合或虚拟壁。

1）相触：用于静态算例、跌落测试算例和非线性算例。接触可防止实体之间的干涉，但允许形成缝隙。此类型在求解时非常耗时。

2）接合：适用于所有需要网格化的算例类型。接合实体的行为方式就像是被焊接一样。"接合"类型属性管理器如图 4-4 所示。

图 4-3 "本地交互"属性管理器

对于带混合网格的算例（程序自动使用），可将组 1 实体（顶点、边线、面、横梁铰链和横梁）接合到组 2 面。顶点、边线和面可属于壳体或实体。接合的行为取决于源实体是属于实体、壳体还是横梁。如果源实体属于某个壳体或横梁，则接合的形式将是固定连接，壳体与实体之间的原始角度将在变形期间保持不变；如果源实体属于实体，则接合的形式为铰接，壳体与实体之间的角度可能会发生变化。

3）空闲：适用于静态算例、非线性算例、频率算例、扭曲算例及掉落测试算例。"空闲"类型属性管理器如图 4-5 所示。

该选项将组 1 与组 2（源与目标）面视为不相连。如果应用的载荷没有引起干涉，则使用此选项可节省解决时间。如果无法确定载荷是否会在仿真期间导致干涉，请勿使用此选项。请使用比例因子 1.0 绘制变形形状，以检查干涉。

4）冷缩配合：只适用于静态算例和非线性算例。可以从两个最初互相干涉的零部件中选择面。"冷缩配合"类型属性管理器如图 4-6 所示。可以通过"工具"→"评估"→"干涉"命令检查以确保两个面发生干涉。

5）虚拟壁：只适用于静态算例。"虚拟壁"类型属性管理器如图 4-7 所示。

图 4-4　"接合"类型　　图 4-5　"空闲"类型　　图 4-6　"冷缩配合"类型　　图 4-7　"虚拟壁"类型

此接触类型定义组 1 实体与目标基准面定义的虚拟壁之间的接触。目标基准面可以是刚性或灵活的。通过指定非零的摩擦系数值，用户可以定义组 1 实体和目标基准面之间的摩擦。

（2）🔲（组 1 的面、边线、顶点）：为组 1 选择几何实体。

（3）🔲（组 2 的面）：为组 2 选择面。

（4）🔁（交换交互面）：在组 1 和组 2 之间切换几何图形选择，以解决仿真期间的收敛问题。

（5）自接触：指同一面组既为源实体又为目标实体。可用于静态算例（大型位移选项）和具有接触交互的非线性算例。

3. 属性

（1）视为接触的缝隙范围：指定使得几何实体符合接触条件的允许间隙。

最大缝隙百分比：输入使几何实体符合局部接合交互条件的最大缝隙值。缝隙大于此阈值的实体不会在本地交互时进行接合。默认值为 10.00%。

（2）如果缝隙为以下值，则稳定区域：将小刚度应用到限定区域，以便解算器可以克服不稳定问题并开始仿真。

最大缝隙百分比：输入缝隙百分比。默认值为 1.00%，SOLIDWORKS Simulation 会将接触稳定应用于初始间隙在模型特性长度 1.00%范围内的零部件。

（3）摩擦系数：指定要用于以下项的摩擦系数。

1）接触交互（静态、非线性和掉落测试算例）。

2）冷缩配合交互（静态和非线性算例）。

3）虚拟壁交互。

用户可以指定 0～1.0 的值。此局部值将覆盖"默认选项"→"交互"对话框中指定的全局摩擦系数。

（4）接触等距：如果勾选该复选框，则激活以下两项。

1）如果缝隙小于：在缝隙小于此阈值的实体之间创建局部相触面组。缝隙大于此阈值的实体被视为非相触且不会强制执行接触。

2）无限缝隙距离：无论实体之间在模型未变形状态下的缝隙大小如何，都在实体之间创建局部相触面组。当选中此单选按钮时，实体对被视为初始相触。当一对实体在仿真过程中彼此靠近时，接触力增加。

4. 高级

接触公式：指定局部接触公式。两种接触公式都可以防止组 1 和组 2 几何实体之间发生干涉，但允许它们彼此移开。

（1）曲面到曲面：此接触公式可用于静态算例和非线性算例。它会防止源面和目标面在承载载荷期间发生干涉，但允许它们移离对方以形成缝隙。对于热力算例，此选项可用于"热阻"接触类型。

曲面到曲面适用于在一般载荷下接触的复杂曲面。源面和目标面之间不需要共用网格节点。

（2）节点到曲面：一般而言，曲面到曲面接触的精度更高，但如果两个面之间的接触区域变得非常小或缩小为线或点，使用"节点到曲面"选项可获得精度更高的结果。

除以上介绍的各个选项外，"接合"类型"本地交互"属性管理器中部分选项的含义如下。

（1）"类型"选项组。

1）![铰接图标]（铰接）：当要接合横梁铰链时选择该项。

2）![横梁图标]（横梁）：当要将横梁接合到充当加固器的实体或外壳面时选择该项。

（2）"属性"选项组。

接合的缝隙范围：系统计算出使所选几何实体符合局部接合交互条件的最大缝隙，或者输入用户定义的最大缝隙。

缝隙范围的设定可以通过以下两种方式实现。

1）自动：系统将计算出所选几何实体符合本地交互条件的最大缝隙。"自动"选项适用于静态、频率和扭曲算例。

2）用户定义：输入几何实体符合本地交互条件的最大缝隙。缝隙大于此阈值的实体不会在局部级别进行接合。用户定义的缝隙将覆盖自动缝隙。

除以上介绍的各个选项外，"虚拟壁"类型属性管理器中部分选项的含义如下。

（1）"类型"选项组。

![目标基准面图标]（目标基准面）：选择基准面作为目标基准面。

（2）"壁类型"选项组。

1）刚性：指定壁类型为刚性。

2）柔性：指定壁类型为柔性。当选中该单选按钮时，属性管理器中会打开"壁刚度"选项组，如图 4-8 所示。

图 4-8　"壁刚度"选项组

（3）"壁刚度"选项组。

1）🏛（轴向刚度）：指定壁轴向刚度的值。

2）🏛（正切刚度）：指定壁抗剪刚度的值。

4.1.4 实例——柱塞泵

本实例通过柱塞泵装配体的静应力分析介绍一下全局交互、零部件交互和本地交互的应用方法，柱塞泵模型如图 4-9 所示。

扫一扫，看视频

【操作步骤】

1．打开源文件

选择菜单栏中的"文件"→"打开"命令或者单击"快速访问"工具栏中的"打开"按钮📂，打开源文件中的"柱塞泵.sldasm"。

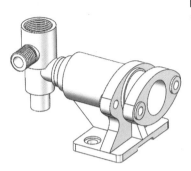

图 4-9　柱塞泵模型

2．新建算例并设置属性

（1）单击 Simulation 选项卡中的"新算例"按钮🔍，或者选择菜单栏中的 Simulation→"算例"命令。

（2）在打开的"算例"属性管理器中定义"名称"为"静应力分析 1"，分析类型为"静应力分析"。

（3）单击"确定"按钮✔，进入 SOLIDWORKS Simulation 的"静应力分析"算例界面。此时，SOLIDWORKS Simulation 算例树如图 4-10 所示。可以看到在"零件"文件夹下，系统自动创建了三个实体单元，在"连结"文件夹下创建了"零部件交互"文件夹，并且零部件间创建了交互类型为接合的全局交互。

（4）右击"静应力分析 1"图标，在弹出的快捷菜单中选择"属性"命令，系统弹出"静应力分析"对话框，勾选"大型位移"复选框。单击"确定"按钮，关闭对话框。

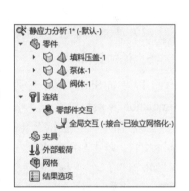

图 4-10　算例树

3．设置单位和数字格式

（1）选择菜单栏中的 Simulation→"选项"命令，打开"系统选项-一般"对话框，选择"默认选项"选项卡。

（2）单击"单位"选项，将"单位系统"设置为"公制（I）（MKS）"，"长度/位移（L）"设置为"毫米"，"压力/应力（P）"设置为 N/mm^2（MPa）。

（3）单击"颜色图表"选项，将"数字格式"设置为"科学"，"小数位数"设置为 3。

（4）设置完成，单击"确定"按钮，关闭对话框。

4．定义模型材料

（1）选择菜单栏中的 Simulation→"材料"→"应用材料到所有"命令，或者单击 Simulation 选项卡中的"应用材料"按钮🗝；或者在 SOLIDWORKS Simulation 算例树中右击"零件"图标🗝 零件，在弹出的快捷菜单中选择"应用材料到所有"命令，如图 4-11 所示。

（2）在打开的"材料"对话框中定义模型的材质为"钢→普通碳钢"。

（3）单击"应用"按钮，关闭对话框。此时，SOLIDWORKS Simulation 算例树如图 4-12 所示，材料被赋予给所有零部件。

图 4-11　选择"应用材料到所有"命令

图 4-12　赋予材料

5. 添加约束

（1）单击 Simulation 选项卡中"夹具顾问"下拉列表中的"固定几何体"按钮，或者在 SOLIDWORKS Simulation 算例树中右击"夹具"图标，在弹出的快捷菜单中选择"固定几何体"命令。

（2）打开"夹具"属性管理器，在"高级"选项组中单击"在圆柱面上"按钮，在绘图区选择图 4-13 所示的两个圆柱孔面，单击"径向"按钮和"轴"按钮，设置径向和轴向平移值为 0mm。

（3）单击"确定"按钮，关闭"夹具"属性管理器。约束添加完成。

6. 添加载荷

（1）单击 Simulation 选项卡中"外部载荷顾问"下拉列表中的"力"按钮，或者在 SOLIDWORKS Simulation 算例树中右击"外部载荷"图标，在弹出的快捷菜单中选择 "力"命令。

（2）打开"力/扭矩"属性管理器。在绘图区选择图 4-14 所示的圆柱孔面。选中"选定的方向"单选按钮，单击"方向的面、边线、基准面"列表框，在绘图区的 FeatureManager 设计树中选择"上视基准面"，在"力"选项组中单击"垂直于基准面"按钮，设置力值为 800N，勾选"反向"复选框，如图 4-14 所示。

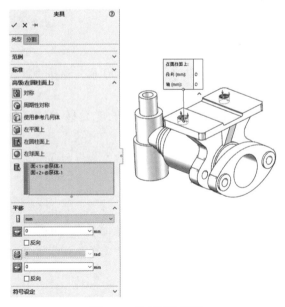

图 4-13　选择圆柱孔面

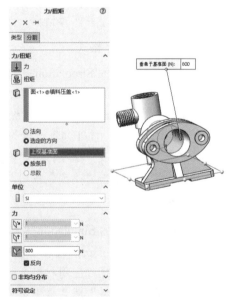

图 4-14　添加载荷

（3）单击"确定"按钮✔，载荷添加完成。

7. 编辑全局交互参数

（1）在SOLIDWORKS Simulation算例树中的"连结"文件夹下❶右击"全局交互"图标🔩 全局交互，在弹出的快捷菜单中❷选择"编辑定义"命令，如图4-15所示。

（2）打开"零部件交互"属性管理器，❸设置"接合的缝隙范围"为0.02%，其他采用默认参数，如图4-16所示。

（3）❹单击"确定"按钮✔，关闭对话框。

8. 创建零部件交互

（1）在SOLIDWORKS Simulation算例树中右击"连结"图标🔩 连结，在弹出的快捷菜单中选择"零部件交互"命令，打开"零部件交互"属性管理器。

（2）在绘图区的FeatureManager设计树中❶选取"泵体"和❷ "填料压盖"两个零件，❸设置"交互类型"为"接触"，如图4-17所示。

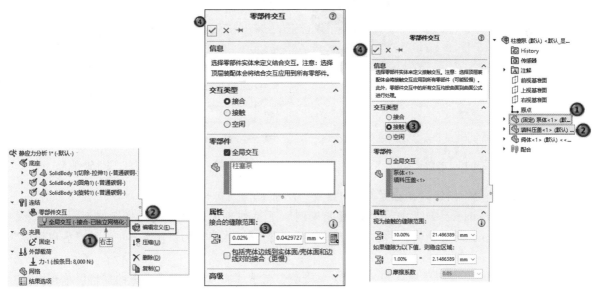

图4-15　选择"编辑定义"命令　　图4-16　编辑参数　　图4-17　"零部件交互"属性管理器

（3）❹单击"确定"按钮✔，零部件交互创建完成。

9. 创建本地交互

（1）在SOLIDWORKS Simulation算例树中右击"连结"图标🔩 连结，在弹出的快捷菜单中选择"本地交互"命令。

（2）打开"本地交互"属性管理器，❶在"交互"选项组中选中"手动选择本地交互"单选按钮。❷在"类型"下拉列表中选择"虚拟壁"选项，如图4-18所示。

（3）❸单击"组1的面、边线、顶点"列表框，然后❹在绘图区选择图4-18所示的面1。

（4）❺单击"目标基准面"列表框，❻然后在绘图区选择图4-18所示的基准面2。

（5）❼"壁类型"选择"刚性（无限刚度）"，❽摩擦系数设置为0.2。

（6）❾单击"确定"按钮✔，虚拟壁创建完成。

10. 生成网格和运行分析

（1）在 SOLIDWORKS Simulation 算例树中右击"网格"图标 网格，在弹出的快捷菜单中选择"应用网格控制"命令，打开"网格控制"属性管理器，选择图 4-19 所示的圆角面，设置"最大单元大小"为 3.00mm，系统自动调整"最小单元大小"为 2.70mm。

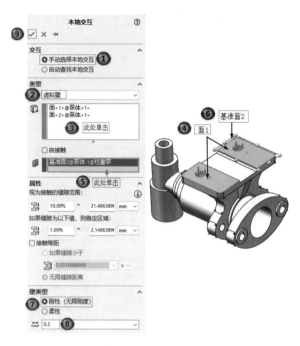

图 4-18　参数设置

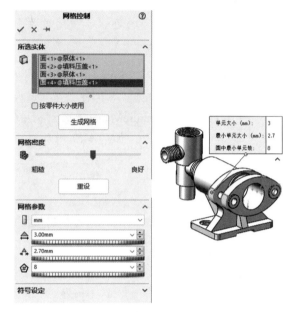

图 4-19　"网格控制"属性管理器

（2）单击"确定"按钮 ✔，在算例树中生成"控制-1"。

（3）单击 Simulation 选项卡中"运行此算例"下拉列表中的"生成网格"按钮 ，或者在 SOLIDWORKS Simulation 算例树中右击"网格"图标 网格，在弹出的快捷菜单中选择"生成网格"命令。

（4）打开"网格"属性管理器，勾选"网格参数"复选框，选中"基于曲率的网格"单选按钮，"最大单元大小"设置为 6.00mm，"最小单元大小"设置为 3.00mm，"圆中单元数"设置为 8，如图 4-20 所示。

（5）单击"确定"按钮 ✔，生成的网格如图 4-21 所示。

（6）单击 Simulation 选项卡中的"运行此算例"按钮 ，进行运行分析。当计算分析完成之后，在 SOLIDWORKS Simulation 算例树中会出现对应的结果文件夹。

11. 查看结果

在分析完有限元模型之后，可以对计算结果进行分析，从而成为进一步设计的依据。

（1）在 SOLIDWORKS Simulation 算例树中右击"应力 1"图标 应力1 (-vonMises-)，在弹出的快捷菜单中选择"编辑定义"命令。

（2）打开"应力图解"属性管理器，单击"图表选项"选项卡，在"显示选项"选项组中勾选"显示最小注解"和"显示最大注解"复选框，如图 4-22 所示。

图 4-20 "网格"属性管理器

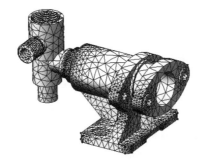

图 4-21 生成的网格

图 4-22 "图表选项"选项卡

（3）单击"确定"按钮 ✔，关闭"应力图解"属性管理器。

（4）在 SOLIDWORKS Simulation 算例树中右击"位移 1"图标 位移1 (-合位移-)，在弹出的快捷菜单中选择"编辑定义"命令。

（5）打开"位移图解"属性管理器，单击"图表选项"选项卡，在"显示选项"选项组中勾选"显示最小注解"和"显示最大注解"复选框。

（6）单击"确定"按钮 ✔，关闭"位移图解"属性管理器。

（7）在 SOLIDWORKS Simulation 算例树中双击"应力 1"和"位移 1"图标，从而在图形区域中显示柱塞泵的应力分布和位移分布，如图 4-23 所示。由应力分布可以看出，最大应力没有超过材料的屈服力。

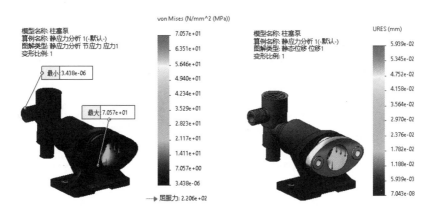

图 4-23 柱塞泵的应力分布和位移分布

练一练 转轮装配

本练习为对转轮装配的静应力分析。转轮与轴承外圈采用过盈配合，如图 4-24 所示。另外，还会分析在本地交互中的冷缩配合接触条件作用下轴承内圈所受的应力。

扫一扫，看视频

【操作提示】

（1）新建静应力算例。

（2）定义材料。将转轮与轴承外圈的材料均定义为合金钢。

（3）定义本地交互。

在 SOLIDWORKS Simulation 算例树中右击"连结"图标 连结，在弹出的快捷菜单中选择"本地交互"命令，打开"本地交互"属性管理器，"类型"选择"冷缩配合"，在绘图区选择轴承外圈的圆柱面和转轮的圆柱孔面（为了方便选择，可以先创建爆炸图，在爆炸状态下选择面后再解除爆炸图），如图 4-25 所示。

图 4-24　转轮装配模型　　　　　　　　图 4-25　选择面

（4）设置属性。在 SOLIDWORKS Simulation 算例树中右击"静应力分析 1*"图标 静应力分析 1*(-默认-)，在弹出的快捷菜单中选择"属性"命令。在打开的对话框中勾选"使用软弹簧使模型稳定"复选框。

（5）采用默认设置生成网格。

（6）运行并查看结果。截面剪裁后的转轮装配的应力分布和位移分布如图 4-26 所示。

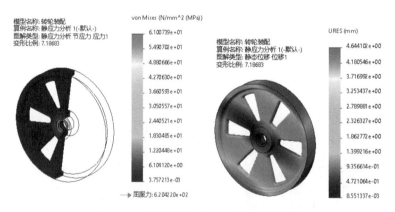

图 4-26　转轮装配的应力分布和位移分布

4.2　混　合　网　格

混合网格是指在进行有限元分析时，零部件既存在实体单元，又存在壳单元，或者实体单元、壳单元和梁单元都存在，这种情况下就需要进行混合网格的划分。

混合网格的划分适用于静态、频率、扭曲、热力、非线性和线性动力学分析。

4.2.1 混合网格——实体单元和壳单元

在进行有限元分析时，对于有些零部件可能既包括适用于实体单元的厚的部分，又包括适用于壳单元的薄壁部分，这时候就需要混合使用实体单元和壳单元划分模型，为此要努力保证混合网格的兼容性。混合网格是不兼容的，会使得壳单元和实体单元部分完全分离（全局接合在壳和实体接触面上不起作用），这一点很关键。为了连接它们，必须恰当地定义沿着接触边界上的局部接触条件，也就是需要进行本地交互的设置，如图 4-27 所示。

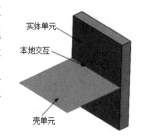

图 4-27　混合网格

扫一扫，看视频

4.2.2 实例——基体法兰

本实例通过基体法兰的有限元分析来介绍实体单元和壳单元混合的网格。图 4-28 所示为基体法兰模型，该模型底板为实体单元，基体法兰部分为壳单元。

【操作步骤】

1．打开源文件

选择菜单栏中的"文件"→"打开"命令或者单击"快速访问"工具栏中的"打开"按钮，打开源文件中的"基体法兰.sldprt"。

2．新建算例

（1）单击 Simulation 选项卡中的"新算例"按钮，或者选择菜单栏中的 Simulation→"算例"命令。

（2）在打开的"算例"属性管理器中定义"名称"为"静应力分析 1"，分析类型为"静应力分析"。

（3）单击"确定"按钮，进入 SOLIDWORKS Simulation 的"静应力分析"算例界面。此时，SOLIDWORKS Simulation 算例树如图 4-29 所示，因为底座部分为实体，基体法兰部分为钣金件，所以系统自动将底座划分为实体单元，将基体法兰部分划分为壳单元。

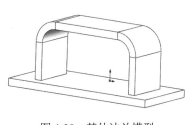

图 4-28　基体法兰模型

图 4-29　算例树

3．单位设置

选择菜单栏中的 Simulation→"选项"命令，打开"系统选项-一般"对话框，选择"默认选项"选项卡，将"单位系统"设置为"公制（I）（MKS）"，"长度/位移（L）"设置为"毫米"，"压力/应力（P）"设置为 N/mm^2（MPa）。

4. 定义模型材料

（1）在 SOLIDWORKS Simulation 算例树中右击"SolidBody1"图标 SolidBody 1(凸台-拉伸1)，在弹出的快捷菜单中选择"应用/编辑材料"命令。

（2）在打开的"材料"对话框中定义模型的材质为"钢→1023 碳钢板（SS）"。

（3）单击"应用"按钮，关闭对话框。此时，SOLIDWORKS Simulation 算例树如图 4-30 所示，底板材料定义完成。

（4）使用同样的方法将基体法兰材料定义为"不锈钢（铁素体）"，结果如图 4-31 所示。

图4-30　底板赋予材料

图4-31　基体法兰赋予材料

5. 添加约束

（1）单击 Simulation 选项卡中"夹具顾问"下拉列表中的"固定几何体"按钮，或者在 SOLIDWORKS Simulation 算例树中右击"夹具"图标 夹具，在弹出的快捷菜单中选择"固定几何体"命令。

（2）打开"夹具"属性管理器，在"标准"选项组中单击"固定几何体"按钮，在绘图区选取图 4-32 所示的面。

（3）在"符号设定"选项组中设置符号大小为 200，如图 4-33 所示。

（4）单击"确定"按钮，关闭"夹具"属性管理器。此时，在"夹具"文件夹下增加了固定几何体约束，如图 4-34 所示。

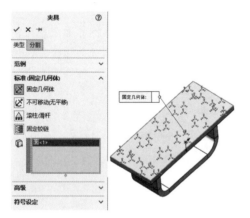

图4-32　选取参考几何体

图4-33　设置符号大小

图4-34　增加了固定几何体约束

6. 添加载荷

（1）单击 Simulation 选项卡中"外部载荷顾问"下拉列表中的"力"按钮，或者在 SOLIDWORKS Simulation 算例树中右击"外部载荷"图标 外部载荷，在弹出的快捷菜单中选择"力"命令。

（2）打开"力/扭矩"属性管理器。在绘图区选取基体法兰的上表面，选中"法向"单选按钮，设置"力值"为 1000N，如图 4-35 所示。

（3）单击"确定"按钮 ✔，关闭属性管理器。

7. 创建本地交互

（1）在 SOLIDWORKS Simulation 算例树中右击"连结"图标 🔗 连结，在弹出的快捷菜单中选择"本地交互"命令，如图 4-36 所示。

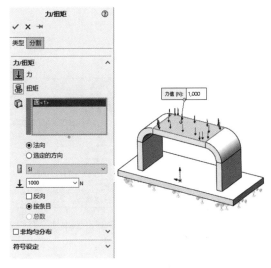

图 4-35　添加载荷　　　　　　　　图 4-36　选择"本地交互"命令

（2）打开"本地交互"属性管理器，在"交互"选项组中选中"手动选择本地交互"单选按钮。

（3）"类型"选择"接合"，在"组 1 的面、边线、顶点"列表框中单击，然后在绘图区选择底板的上表面。

（4）在"组 2 的面"列表框中单击，然后在绘图区选择基体法兰的底面。

（5）"接合的缝隙范围"选择"用户定义"，"最大缝隙"设置为 0.1mm。

（6）在"高级"选项组中设置"接合公式"为"曲面到曲面"，如图 4-37 所示。

（7）单击"确定"按钮 ✔，关闭属性管理器。此时，在"连结"文件夹下增加了一个"本地交互"文件夹，并在其下生成了一个"本地交互"连结，如图 4-38 所示。

（8）使用同样的方法将底板的上表面与另一侧的底面创建接合的本地交互。

8. 生成网格和运行分析

在定义完单位、材料属性、载荷、约束和零部件交互后就需要对模型进行划分网格的操作。

（1）单击 Simulation 选项卡中"运行此算例"下拉列表中的"生成网格"按钮 🔩，或者在 SOLIDWORKS Simulation 算例树中右击"网格"图标 🕸 网格，在弹出的快捷菜单中选择"生成网格"命令。

（2）打开"网格"属性管理器，将"网格密度"滑块拖动到最右端，勾选"网格参数"复选框，选中"基于曲率的网格"单选按钮，网格密度采用默认，如图 4-39 所示。

（3）单击"确定"按钮 ✔，生成的网格如图 4-40 所示。

（4）单击 Simulation 选项卡中的"运行此算例"按钮 🔩，进行运行分析。当计算分析完成之后，在 SOLIDWORKS Simulation 算例树中会出现对应的结果文件夹。

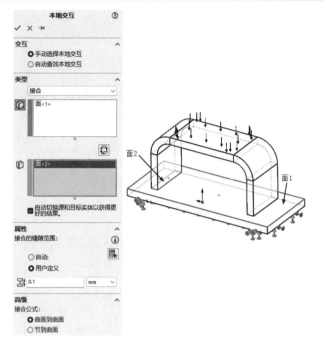

图 4-37　设置接合参数

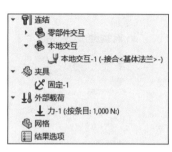

图 4-38　"本地交互"连结

图 4-39　"网格"属性管理器

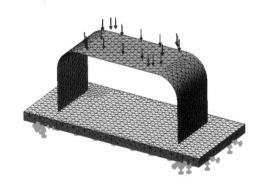

图 4-40　生成的网格

9. 查看结果

在分析完有限元模型之后，可以对计算结果进行分析，从而成为进一步设计的依据。

（1）在 SOLIDWORKS Simulation 算例树中右击"应力 1"图标 应力1 (-vonMises-)，在弹出的快捷菜单中选择"编辑定义"命令。

（2）打开"应力图解"属性管理器，在"变形形状"选项组中选中"真实比例"单选按钮。

（3）单击"图表选项"选项卡，在"显示选项"选项组中勾选"显示最小注解"和"显示最大注解"复选框，设置小数位数为3。

（4）单击"确定"按钮✔，关闭"应力图解"属性管理器。

（5）在 SOLIDWORKS Simulation 算例树中双击"应力1"和"位移1"图标，从而在右侧的图形区域中显示基体法兰的应力分布和位移分布，如图4-41所示。

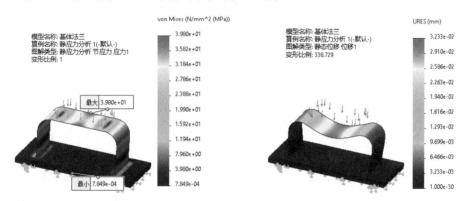

图 4-41　基体法兰的应力分布和位移分布

4.2.3　混合网格——实体单元、壳单元和梁单元

4.2.1 小节介绍了由实体单元与壳单元组成的混合网格，本小节将介绍由实体单元、壳单元和梁单元组成的混合网格。大型厚重零件一般视为实体单元，钣金件、薄壁件一般视为壳单元，长度尺寸大于截面最大尺寸 10 倍以上的零件视为梁单元。除此之外，还可以将符合条件的焊接件转化为梁单元。

在 SOLIDWORKS Simulation 算例树中右击要转化的实体件的图标🗔◢，在弹出的快捷菜单中选择"视为横梁"命令，若符合条件，则系统自动将其转化为梁单元，图标变为🔧。

4.2.4　实例——手推车车架

扫一扫，看视频

本实例对手推车车架进行有限元分析，图 4-42 所示为手推车车架模型，该模型由管道结构件、钣金件、焊件实体和角撑板构成。在进行网格化时，焊件实体和角撑板会创建成实体单元；钣金件会创建成壳单元；管道结构件会创建成梁单元，其中不符合"长度尺寸大于截面最大尺寸10 倍以上"条件的管道结构件将被视为实体单元。

【操作步骤】

1. 打开源文件

选择菜单栏中的"文件"→"打开"命令或者单击"快速访问"工具栏中的"打开"按钮🗁，打开源文件中的"手推车车架.sldprt"。

2. 设置单位和数字格式

图 4-42　手推车车架模型

（1）选择菜单栏中的 Simulation→"选项"命令，打开"系统选项-一般"对话框，选择"默认选项"选项卡切换到"默认选项-单位"对话框。

（2）单击"单位"选项，将"单位系统"设置为"公制（I）（MKS）"，"长度/位移（L）"设置为"毫米"，"压力/应力（P）"设置为"N/mm^2（MPa）"。

（3）单击"颜色图表"选项，将"数字格式"设置为"科学"，"小数位数"设置为3。

（4）设置完成，单击"确定"按钮，关闭对话框。

3. 新建算例

（1）单击 Simulation 选项卡中的"新算例"按钮 🔍，或者选择菜单栏中的 Simulation→"算例"命令。

（2）在打开的"算例"属性管理器中定义"名称"为"静应力分析1"，分析类型为"静应力分析"。

（3）单击"确定"按钮 ✔，进入 SOLIDWORKS Simulation 的"静应力分析"算例界面。此时，SOLIDWORKS Simulation 算例树如图 4-43 所示，可以看到在"手推车车架"文件夹下，系统自动创建了梁单元、壳单元和实体单元。对于不符合条件的梁单元，其图标后会显示一个叹号图标 ⓘ。

4. 转换为壳单元

（1）在 SOLIDWORKS Simulation 算例树中，选中一个不符合条件的梁单元，右击，在弹出的快捷菜单中选择"视为实体"命令，如图 4-44 所示；或者按住 Ctrl 键，选中图 4-44 所示的所有带有叹号图标 ⓘ 的梁单元，右击，在弹出的快捷菜单中选择"将所选实体视为实体"命令，转换后的算例树如图 4-45 所示。

（2）在 SOLIDWORKS Simulation 算例树中右击 SolidBody2（Pipe-configured 26.9×3.2（2）[5]）图标 ▸ ⓘ SolidBody 2(Pipe - configured 26.9 X 3.2(2)[5])，在弹出的快捷菜单中选择"按所选面定义壳体"命令，如图 4-46 所示。

（3）打开"壳体定义"属性管理器，如图 4-47 所示。"类型"选择"细"，在绘图区选择图 4-48 所示的 14 个短圆柱面；设置抽壳厚度为 1.00mm，在"偏移"选项组中选择"中曲面"选项 🔲。

（4）单击"确定"按钮 ✔，关闭属性管理器。此时，在 SOLIDWORKS Simulation 算例树中，实体单元转化为壳单元。

图 4-43　算例树

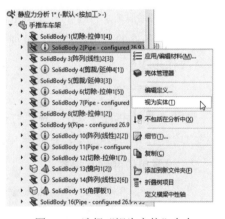

图 4-44　选择"视为实体"命令

图 4-45 转换为实体后的算例树

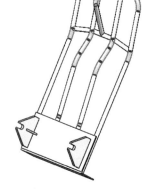

图 4-46 选择"按所选面定义壳体"命令　　图 4-47 "壳体定义"属性管理器　　图 4-48 选择圆柱面

5. 定义模型材料

（1）选择菜单栏中的 Simulation→"材料"→"应用材料到所有"命令，或者单击 Simulation 选项卡中的"应用材料"按钮，或者在 SOLIDWORKS Simulation 算例树中右击"手推车车架"图标 手推车车架，在弹出的快捷菜单中选择"应用材料到所有实体"命令。

（2）在打开的"材料"对话框中定义模型的材质为"钢→普通碳钢"。

（3）单击"应用"按钮，关闭对话框。材料被赋给各个零部件。

6. 添加约束

（1）单击 Simulation 选项卡中"夹具顾问"下拉列表中的"固定几何体"按钮，或者在 SOLIDWORKS

Simulation 算例树中右击"夹具"图标 _{夹具}，在弹出的快捷菜单中选择"固定几何体"命令。

（2）打开"夹具"属性管理器，在"标准"选项组中单击"固定几何体"按钮 ，如图 4-49 所示。然后在绘图区选取图 4-50 所示的圆柱面作为固定几何体。

（3）单击"确定"按钮 ，关闭"夹具"属性管理器。此时，在"夹具"文件夹下增加了固定几何体约束，如图 4-51 所示。

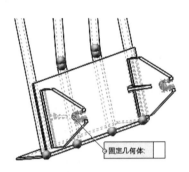

图 4-49　"夹具"属性管理器　　　　图 4-50　选取圆柱面　　　　图 4-51　增加了固定几何体约束

7. 添加载荷

（1）单击 Simulation 选项卡中"外部载荷顾问"下拉列表中的"力"按钮 ，或者在 SOLIDWORKS Simulation 算例树中右击"外部载荷"图标 _{外部载荷}，在弹出的快捷菜单中选择"力"命令。

（2）打开"力/扭矩"属性管理器，如图 4-52 所示。单击"力"按钮 ，在绘图区选取图 4-53 所示的表面，选中"法向"单选按钮，设置"力值"为 2000N。

（3）单击"确定"按钮 ，关闭属性管理器。

（4）使用同样的方法重复选择"力"命令，在绘图区选取图 4-54 所示的表面，选中"法向"单选按钮，设置"力值"为 2000N。

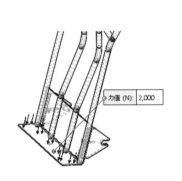

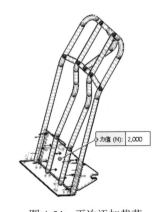

图 4-52　"力/扭矩"属性管理器　　　　图 4-53　添加载荷　　　　图 4-54　再次添加载荷

（5）单击"确定"按钮✔，关闭属性管理器。

（6）重复选择"力"命令，在弹出的"力/扭矩"属性管理器中单击"扭矩"按钮🔩，然后再单击"横梁"按钮🗡，在绘图区选择图4-55所示的横梁，设置扭矩为3000N·m，勾选"反向"复选框。

（7）单击"方向的轴、圆柱面"列表框，选取图4-56所示的基准轴，单击"确定"按钮✔，关闭属性管理器。

（8）单击"确定"按钮✔，关闭属性管理器。

8. 创建本地交互

（1）在SOLIDWORKS Simulation算例树中右击"连结"图标🔩连结，在弹出的快捷菜单中选择"本地交互"命令。

（2）打开"本地交互"属性管理器，在"交互"选项组中选中"手动选择本地交互"单选按钮，在"类型"下拉列表框中选择"接合"，如图4-57所示。

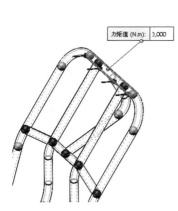

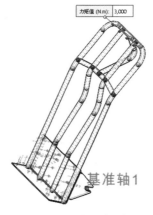

图4-55 添加扭矩　　　　　　　图4-56 选取基准轴　　　　　　　图4-57 "本地交互"属性管理器

（3）单击"横梁"按钮🗡，在"组1的面、边线、顶点"列表框中单击，然后在绘图区拾取如图4-58所示的横梁。

（4）在"组2的面"列表框中单击，然后在绘图区拾取图4-59所示的壳体零件的边线。

（5）"接合的缝隙范围"选择"用户定义"，"最大缝隙"设置为0mm。

（6）在"高级"选项组中将"接合公式"设置为"曲面到曲面"。

（7）单击"确定"按钮✔，关闭属性管理器。此时，在"连结"文件夹下增加了一个"本地交互"文件夹，并在其下生成了一个"本地交互"连结，如图4-60所示。

（8）使用同样的方法继续创建以下部位的本地交互，参数设置同前。

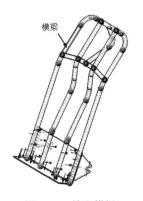

图 4-58　拾取横梁

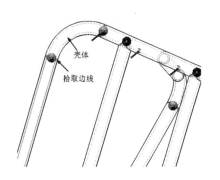

图 4-59　拾取边线

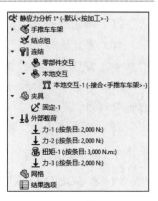

图 4-60　"本地交互"连结

1）图 4-61 所示的横梁与壳体零件的右端边线的交互。

2）图 4-62 所示的横梁与壳体零件的左端边线的交互。

3）图 4-63 所示的横梁与壳体零件的右端边线的交互。

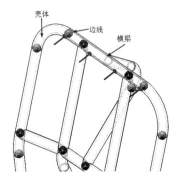

图 4-61　拾取横梁和边线 1

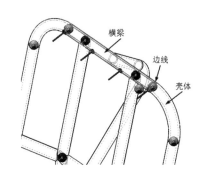

图 4-62　拾取横梁和边线 2

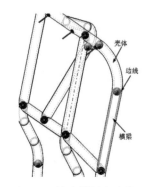

图 4-63　拾取横梁和边线 3

4）图 4-64 所示的横梁与壳体零件的下端边线的交互。

5）图 4-65 所示的横梁与壳体零件的下端边线的交互。

6）图 4-66 所示的横梁与壳体零件的下端边线的交互。

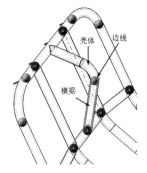

图 4-64　拾取横梁和边线 4

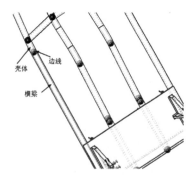

图 4-65　拾取横梁和边线 5

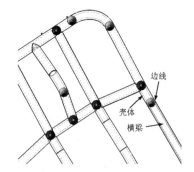

图 4-66　拾取横梁和边线 6

7）图 4-67 所示的横梁与壳体零件的下端边线的交互。

8）图 4-68 所示的横梁与壳体零件的下端边线的交互。

9）图 4-69 所示的横梁与壳体零件的上端边线的交互。

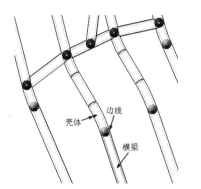

图 4-67 拾取横梁和边线 7

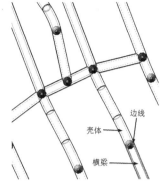

图 4-68 拾取横梁和边线 8

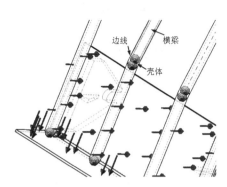

图 4-69 拾取横梁和边线 9

10）图 4-70 所示的横梁与壳体零件的下端边线的交互。

11）图 4-71 所示的横梁与壳体零件的上端边线的交互。

12）图 4-72 所示的横梁与壳体零件的下端边线的交互。

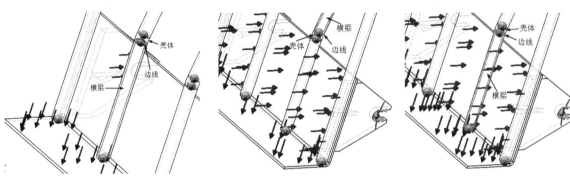

图 4-70 拾取横梁和边线 10　　　　图 4-71 拾取横梁和边线 11　　　　图 4-72 拾取横梁和边线 12

13）图 4-73 所示的横梁与钣金件上表面的交互。

当所有的本地交互创建完成后，SOLIDWORKS Simulation 算例树中的"连结"文件夹如图 4-74 所示。

9．接点计算

（1）在 SOLIDWORKS Simulation 算例树中右击"结点组"文件夹，在弹出的快捷菜单中选择"编辑"命令，如图 4-75 所示。

图 4-73 拾取横梁和面

图 4-74 创建的本地交互

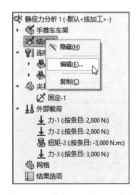

图 4-75 选择"编辑"命令

（2）打开"编辑接点"对话框，"所选横梁"选择"所有"，单击"计算"按钮，在结果列表框中会显示创建的接点。

（3）单击"确定"按钮✔，关闭对话框。

10. 生成网格和运行分析

在定义完研究专题、材料属性、载荷、约束和零部件交互后就需要对模型进行划分网格的操作。

（1）单击 Simulation 选项卡中"运行此算例"下拉列表中"生成网格"按钮🦠，或者在 SOLIDWORKS Simulation 算例树中右击"网格"图标🦠网格，在弹出的快捷菜单中选择"生成网格"命令。

（2）打开"网格"属性管理器，将"网格密度"滑块拖动到最右端，勾选"网格参数"复选框，选中"基于曲率的网格"单选按钮，"最小单元大小"设置为 3.00mm，"最大单元大小"设置为 14.00mm，如图 4-76 所示。

（3）单击"确定"按钮✔，生成的网格如图 4-77 所示。

（4）单击 Simulation 选项卡中的"运行此算例"按钮🦠，进行运行分析。当计算分析完成之后，在 SOLIDWORKS Simulation 算例树中会出现对应的结果文件夹。

11. 查看结果

在分析完有限元模型之后，可以对计算结果进行分析，从而成为进一步设计的依据。

（1）在 SOLIDWORKS Simulation 算例树中右击"应力 1"图标🦠应力1 (-vonMises-)，在弹出的快捷菜单中选择"编辑定义"命令。

（2）打开"应力图解"属性管理器，在"定义"选项卡中，在"显示"选项组中选中"实体与壳体"单选按钮，在"高级选项"选项组中选中"波节值"单选按钮，在"变形形状"选项组中选中"真实比例"单选按钮，如图 4-78 所示。

图 4-76　"网格"属性管理器

图 4-77　生成的网格

图 4-78　"应力图解"属性管理器

（3）单击"图表选项"选项卡，在"显示选项"选项组中勾选"显示最小注解"和"显示最大注解"复选框，如图 4-79 所示。

（4）单击"设定"选项卡，在"变形图解选项"选项组中勾选"将模型叠加于变型形状上"复选框，在"变形图解选项"下拉列表中选择"半透明（单一颜色）"，单击"编辑颜色"按钮，打开"颜色"对话框，选择颜色为"粉色"，单击"确定"按钮，关闭对话框，拖动"透明度"滑块，调整透明度值为 0，如图 4-80 所示。

（5）单击"确定"按钮 ✔ ，关闭"应力图解"属性管理器。

（6）在 SOLIDWORKS Simulation 算例树中右击"位移 1"图解图标 位移1 (-合位移-)，在弹出的快捷菜单中选择"编辑定义"命令。

（7）打开"位移图解"属性管理器，如图 4-81 所示。单击"定义"选项卡，在"变形形状"选项组中选中"真实比例"单选按钮。

图 4-79　"图表选项"选项卡

图 4-80　"设定"选项卡

图 4-81　"位移图解"属性管理器

（8）单击"图表选项"选项卡，在"显示选项"选项组中勾选"显示最小注解"和"显示最大注解"复选框。

（9）单击"确定"按钮 ✔ ，关闭"位移图解"属性管理器。

（10）在 SOLIDWORKS Simulation 算例树中双击"应力 1"和"位移 1"图标，从而在图形区域中显示手推车车架的应力分布和位移分布，如图 4-82 所示。由应力分布可以看出，最大应力超过了材料的屈服力。

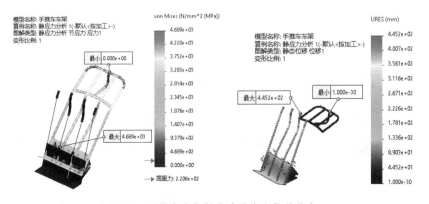

图 4-82　手推车车架的应力分布和位移分布

扫一扫，看视频

练一练　椅子

本练习为对椅子的静应力分析。椅子模型如图4-83所示。在进行静应力分析时，椅子架为梁单元，椅子板为实体单元。椅子架与地面接触的部分为固定约束，椅子板上表面受到100N的力，椅子背受到10N的力。

【操作提示】

（1）新建静应力算例。系统自动将椅子架划分为梁单元，其余为实体单元。

（2）定义材料。椅子板的材料定义为不锈钢，其余椅子架的材料为不锈钢。

（3）编辑接点。在SOLIDWORKS Simulation算例树中右击"结点组"图标 ✗ 结点组，在弹出的快捷菜单中选择"编辑"命令，选择所有横梁进行计算。

（4）添加固定约束。选择图4-84所示的6个接点作为固定约束点。

（5）定义本地交互。交互类型选择"接合"，在绘图区选择图4-85所示的椅子架的两个矩形管和椅子板下表面。接合的缝隙范围选择"用户定义"，数值设置为0mm。

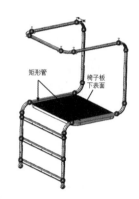

图4-83　椅子模型　　　　　图4-84　选择接点　　　　图4-85　选择矩形管和椅子板下表面

（6）添加载荷1。选择图4-86所示的面作为受力面，力的大小为100N。

（7）添加载荷2。选择图4-87所示的横梁作为受力单元，力的方向垂直于右视基准面，力的大小为10N。

（8）应用网格控制。选择所有梁单元，设置单元大小为1.5mm，如图4-88所示。

图4-86　选择受力面　　　　图4-87　选择横梁　　　　图4-88　选择所有梁单元

（9）采用默认设置生成网格。

（10）运行并查看结果。将模型叠加后的椅子的应力分布和位移分布如图 4-89 所示。

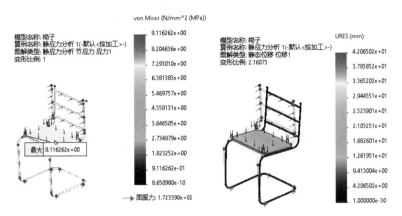

图 4-89　椅子的应力分布和位移分布

第 5 章　接　　头

内容简介

本章介绍 9 种接头的特点及其创建方法，并通过实例对其进行详细讲解。

内容要点

- ➢ 弹簧、销钉、螺栓
- ➢ 轴承、点焊、边焊缝
- ➢ 连接、刚性连接、连杆

案例效果

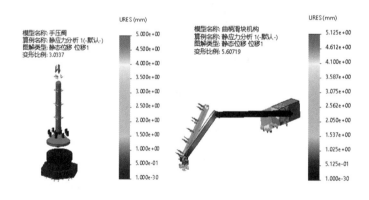

5.1　弹　　簧

接头是一种用来定义某个实体（顶点、边线、面）与另一个实体或与地之间的连接方式的装置。使用接头简化了建模，因为在许多情况下，用户可以模拟带有连接零件的模型的行为，而无须创建接头的详细几何体或定义接触条件。

SOLIDWORKS Simulation 提供了以下几种接头类型：弹簧、销钉、螺栓、轴承、点焊、边焊缝、连接、刚性连接和连杆。

5.1.1　弹簧概述

弹簧用于连接一个组件或实体表面与另一个组件或实体表面。用户可以用曲面和钣金实体的实体（面或边线）来定义弹簧接头。弹簧接头可用于静应力算例、频率算例、扭曲算例和非线性算例。对于非线性算例，可以定义点对点弹簧。如果在仿真中没有弹簧接头，就必须构建实际弹簧几何体的模型，将模型网格化，然后施加必要的接触条件。通过使用弹簧接头，可以减少当加入减震器行为时所需的单元数和分析时间。

单击 Simulation 选项卡中"连接顾问"下拉列表中的"弹簧"按钮，或者在 SOLIDWORKS Simulation 算例树中右击"连结"图标，在弹出的快捷菜单中选择"弹簧"命令，打开"接头"属性管理器，如图 5-1 所示。在该属性管理器中可以为两个平坦平行面、两个同心圆柱面和任意两个位置定义弹簧。

图 5-1 弹簧"接头"属性管理器

1. 类型

（1）（压缩与延伸）：抗张力和压缩。适用于静态算例、频率算例、扭曲算例和非线性算例。

（2）（仅压缩）：只抗压缩。适用于静态算例和非线性算例。

（3）（仅延伸）：只抗张力。适用于静态算例和非线性算例。

2. 选项

（1）分布：每单位面积的刚度值。等量总刚度等于公共的投影面积乘以分布的刚度。

（2）总和：总刚度值。总刚度均匀分布在选择的所有面或壳体边线上。

（3）（法向刚度）：刚度与面或壳体边线垂直。

（4）（正切刚度）：刚度位于面的基准面中或与壳体边线相切。

（5）（旋转刚度）：两个点之间的旋转刚度。

（6）压缩预载力：在受工作载荷之前，对压缩弹簧提前施加的力，不适用于仅延伸弹簧。

（7）张力预载力：在受工作载荷之前，对延伸弹簧提前施加的力，不适用于仅延伸弹簧。

📢注意：

（1）弹簧将被放入一个面到另一个面的公共投影区域内。如果没有公共区域，则软件无法生成弹簧。如果从一个实体选定了壳体边线，从另一个实体选定了实体的面或壳体边线，则会从一个实体沿边线投影的公共长度引用弹簧到另一个实体的边线或面，如图 5-2 所示。

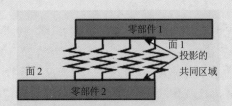

图 5-2 投影区域示例

（2）可以通过将一个面投影到另一个面来分割一个面或两个面，从而定义新的、对齐面之间的弹簧。

（3）在查看结果时，以比例系数 1.0 绘制变形形状的图解，以确保零部件之间不会有干涉。如果出现干涉，则结果无效。在重新运行算例之前定义干涉面之间的接触条件。

（4）当列出弹簧接头的力时，轴向力和剪力根据以下关系计算：

$$F_{axial} = F_x \cdot u_x + F_y \cdot u_y + F_z \cdot u_z$$

$$F_{shear} = \sqrt{\left| F_x^2 + F_y^2 + F_z^2 - F_{axial}^2 \right|}$$

式中，F_x、F_y 和 F_z 是与全局坐标系相关的弹簧力，$u = \{u_x, u_y, u_z\}$ 是沿着弹簧定位的单位向量。负轴向力表示压缩中的弹簧，而正轴向力表示拉伸中的弹簧。

当在平面或圆柱面之间应用弹簧接头时，软件会将弹力列为连接两个面的各个弹簧单元的总和。

扫一扫，看视频

5.1.2　实例——手压阀弹簧接头

本实例介绍手压阀中调节螺母与阀杆之间弹簧接头的创建，图 5-3 所示为创建了实体弹簧的连接模型，为了简化模型，将利用弹簧接头来模拟弹簧。

【操作步骤】

1．打开源文件

（1）选择菜单栏中的"文件"→"打开"命令或者单击"快速访问"工具栏中的"打开"按钮，打开源文件中的"手压阀.sldasm"。

（2）在 SOLIDWORKS Simulation 算例树中右击"弹簧"零件，在弹出的快捷菜单中选择"压缩"命令，将弹簧压缩，结果如图 5-4 所示。

图 5-3　弹簧连接模型　　　　　图 5-4　压缩弹簧后的模型

2．新建算例并设置属性

（1）单击 Simulation 选项卡中的"新算例"按钮，或者选择菜单栏中的 Simulation→"算例"命令。

（2）在打开的"算例"属性管理器中定义"名称"为"静应力分析 1"，分析类型为"静应力分析"。

（3）单击"确定"按钮，进入 SOLIDWORKS Simulation 的"静应力分析"算例界面。

（4）在 SOLIDWORKS Simulation 算例树中右击"静应力分析 1"图标 静应力分析 1* (-默认-)，在弹出的快捷菜单中选择"属性"命令，打开"静应力分析"对话框，勾选"大型位移"复选框。单击"确定"按钮，关闭对话框。

3．定义模型材料

（1）选择菜单栏中的 Simulation→"材料"→"应用材料到所有"命令，或者单击 Simulation 选项卡中的"应用材料"按钮，或者在 SOLIDWORKS Simulation 算例树中右击"零件"图标 零件，在弹出的快捷菜单中选择"应用材料到所有实体"命令。

（2）在打开的"材料"对话框中定义模型的材质为"钢"→"合金钢"。

（3）单击"应用"按钮，关闭对话框。

4. 添加约束

（1）单击 Simulation 选项卡中"夹具顾问"下拉列表中的"固定几何体"按钮，或者在 SOLIDWORKS Simulation 算例树中右击"夹具"图标，在弹出的快捷菜单中选择"固定几何体"命令。

（2）打开"夹具"属性管理器，选择调节螺母的底面作为固定几何体，如图 5-5 所示。

（3）单击"确定"按钮，关闭"夹具"属性管理器。

（4）在 SOLIDWORKS Simulation 算例树中右击"夹具"图标，在弹出的快捷菜单中选择"高级夹具"命令，打开"夹具"属性管理器。

（5）单击"在圆柱面上"按钮，在绘图区选择阀杆圆柱面，然后单击"径向"按钮，设置径向平移值为 0mm；单击"圆周"按钮，设置值为 0rad；单击"轴向"按钮，设置阀杆约束，设置轴向平移值为 5mm，勾选"反向"复选框，如图 5-6 所示。

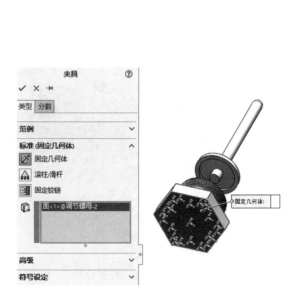

图 5-5 设置固定约束

图 5-6 设置阀杆约束

5. 添加载荷

（1）单击 Simulation 选项卡中"外部载荷顾问"下拉列表中的"力"按钮，或者在 SOLIDWORKS Simulation 算例树中右击"外部载荷"图标，在弹出的快捷菜单中选择"力"命令。

（2）打开"力/扭矩"属性管理器，选择阀杆的顶面作为受力面。方向设置为"选定的方向"，单击"方向的面、边线、基准面"列表框，然后在绘图区的 FeatureManager 设计树中选择"前视基准面"作为参考，单击"垂直于基准面"按钮，将力的大小设置为 3N，勾选"反向"复选框，如图 5-7 所示。

（3）单击"确定"按钮✔，载荷添加完成。

6．添加弹簧接头

（1）在 SOLIDWORKS Simulation 算例树中右击"全局交互"图标 🔧全局交互，在弹出的快捷菜单中选择"删除"命令，将全局交互删除。

（2）单击 Simulation 选项卡中"连接顾问"下拉列表中的"弹簧"按钮 ▤，或者在 SOLIDWORKS Simulation 算例树中右击"连结"图标 📍连结，在弹出的快捷菜单中选择"弹簧"命令。

（3）打开"接头"属性管理器，①弹簧类型选择"仅压缩▤"，②选中"平坦平行面"单选按钮，③单击"零部件 1 的平面"列表框，④然后在绘图区选择调节螺母的面 1；⑤单击"零部件 2"的平行面，⑥然后在绘图区选择阀杆的面 2；⑦选中"分布"单选按钮，⑧设置"法向刚度"为 1000(N/m)/m^2，⑨选中"压缩预载力"单选按钮，⑩"预载"设置为 0N/m^2，如图 5-8 所示。

（4）⑪单击"确定"按钮✔，完成弹簧的定义。

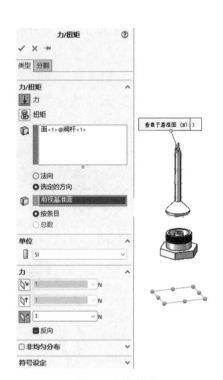

图 5-7　添加载荷

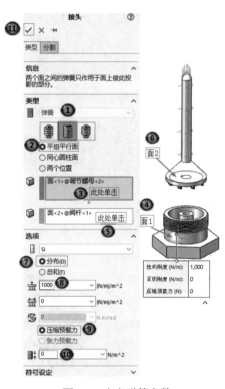

图 5-8　定义弹簧参数

7．生成网格和运行分析

（1）单击 Simulation 选项卡中"运行此算例"下拉列表中的"生成网格"按钮 🐚，或者在 SOLIDWORKS Simulation 算例树中右击"网格"图标 🐚网格，在弹出的快捷菜单中选择"生成网格"命令。

（2）打开"网格"属性管理器，勾选"网格参数"复选框，选中"基于曲率的网格"单选按钮，单位设置为 mm，网格密度采用默认。

（3）单击"确定"按钮✔，结果如图 5-9 所示。

（4）单击 Simulation 选项卡中的"运行此算例"按钮 🐚，进行运行分析。打开 Simulation 对话框，单击"否"按钮。当计算分析完成之后，在 SOLIDWORKS Simulation 算例树中会出现对应的结果文件夹。

8. 查看结果

在 SOLIDWORKS Simulation 算例树中双击"位移 1"图标，从而在图形区域中显示手压阀的位移分布，如图 5-10 所示。因为设置了阀杆的轴向位移为 5mm，所以图中显示最大位移为 5mm。

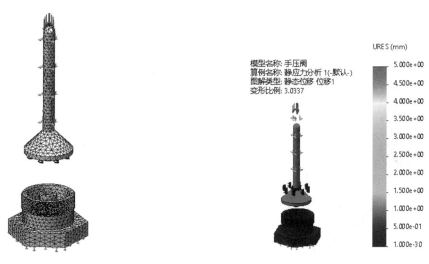

图 5-9　划分网格　　　　　　　　　　图 5-10　手压阀的位移分布

练一练　减振

本练习为对减振的静应力分析。减振模型如图 5-11 所示，在装配体中并没有弹簧模型，将通过弹簧接头模拟弹簧。在进行静应力分析时，零件 2 的圆柱孔为固定约束，零件 1 的圆柱孔在垂直于零件 1 端面的方向受到 500N 的力。

【操作提示】

（1）新建静应力算例。

（2）定义材料。减振的材料定义为合金钢。

（3）添加固定约束。选择图 5-12 所示的圆柱孔面作为固定约束。

图 5-11　减振模型　　　　　　　　　图 5-12　选择固定约束面

（4）添加载荷。选择图 5-13 所示的圆柱孔面作为受力面，方向垂直于面 1，力的大小为 500N。

（5）创建弹簧接头。参数设置如图 5-14 所示。

图 5-13　选择矩形管和面

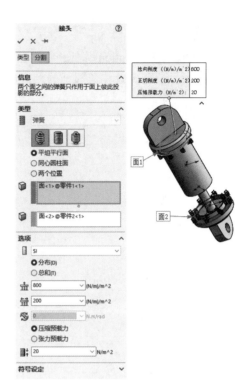

图 5-14　创建弹簧接头

（6）设置属性。在"静应力分析"对话框中勾选"使用惯性卸除"复选框。

（7）采用默认设置生成网格。

（8）运行并查看结果。减振的应力分布和位移分布如图 5-15 所示。

图 5-15　减振的应力分布和位移分布

5.2　销　　钉

本节介绍销钉相关知识。

5.2.1 销钉概述

销钉接头用于连接两个零部件的同轴圆柱面，选定的圆柱面或圆形边线可以属于一个实体或多个实体。用户可以使用销钉接头模拟装配体中销钉的行为，而无须对实际销钉几何图形进行建模。

装配体由多个以销钉、螺栓、螺钉或弹簧为连接件的零件组成。要模拟此类装配体，通常需要创建每个销钉的几何图形并在销钉及其接触面之间应用接触条件。这是一种计算成本高昂的方法。

使用销钉接头模拟销钉的行为，可以使用户了解销钉对相邻零件产生的影响而不是销钉本身的应力分布的应用。销钉接头可用于静态、非线性、屈曲、频率和动态算例。

表 5-1 所列为销钉的应用场合及示例。

表 5-1 销钉的应用场合及示例

应 用 场 合	示 例
定义一个销钉接头，用作连接 3 个板的铰链	
定义销钉接头，以连接相互旋转的两个圆柱面。允许圆柱面绕销钉旋转但阻止它们彼此间径向移动	
定义一个销钉接头，以连接铰接板的 6 个圆柱面	
定义销钉以连接 2 个旋转零件。一个销钉接头会连接到 4 个圆柱面	

单击 Simulation 选项卡中"连接顾问"下拉列表中的"销钉"按钮，或者在 SOLIDWORKS Simulation 算例树中右击"连结"图标 连结，在弹出的快捷菜单中选择"销钉"命令，打开"接头"属性管理器，如图 5-16 所示。通过该属性管理器，用户可以定义连接到多个同轴圆柱面或外壳边线的单销钉接头。

销钉"接头"属性管理器中各选项的含义如下。

1. 类型

（1）圆柱面/边线：选择连接到销钉的所有同轴圆柱面或圆形壳体边线（最多 10 个面或壳体边线）。选项必须为同轴，所选边线必须属于预定义的壳体曲面，所选面或边线不需要具有相同的半径。

对于钣金零件，要选择实体圆柱面，程序会将销钉接头传送到中间面壳体的圆形边。

（2）使用固定环（无平移）：勾选该复选框后，定义的销钉不能在两个圆柱面间沿轴向平移。

（3）使用键（无旋转）：勾选该复选框后，定义的销钉不能在两个圆柱面间相对旋转。

2. 连接类型

（1）分布：分布式连接将每个横梁端点（参考节点）的移动限制为平均意义上的选定圆柱面节点（耦合节点）。分布式连接允许圆柱面的耦合节点相对移动。

（2）刚性：为带横梁单元的销钉接头建模。横梁的每个端点（销钉节点）位于连接的圆柱面的重心处。刚性连接将横梁端点连接到带有刚性杆元件的已连接圆柱面的节点上。连接到带刚性连接的销钉的面在承载时不会变形，但可以作为刚性实体运动。

3. 选项

（1）单位：定义销钉刚度值的单位。

（2）（轴向刚度）：定义连接到它的圆柱面（或圆形边线）之间的相对轴向运动。

对于连接两个以上圆柱面或边线的销钉，软件会根据每个销钉分段的几何属性（如横断面的面积和长度）重新分配轴向刚度。销钉分段连接两个连续的圆柱面，并具有两个端点。如果勾选"使用固定环（无平移）"复选框，则选项不可用。

图 5-16　销钉"接头"属性管理器

如果销钉的圆柱截面形状保持不变，则轴向刚度 K_{AXIA} 的计算公式如下：

$$K_{AXIA} = \frac{EA}{L}$$

式中，E 为弹性模量；A 为半径为 r 的圆柱销的横截面面积，$A = \pi r^2$；L 为两个连接点之间的销钉的长度。

（3）（旋转刚度）：定义了连接的圆柱面（或圆形边线）之间的相对旋转运动。所有适用的算例将用于销钉接头的弹簧建模为线性弹性。

对于连接两个以上圆柱面或边线的销钉，软件会根据每个销钉分段的几何属性（如惯性极矩和长度）重新分配旋转刚度。如果勾选"使用键（无旋转）"复选框，则选项不可用。

如果销钉的圆柱截面形状保持不变，则旋转刚度 K_{ROT} 的计算公式如下：

$$K_{ROT} = \frac{JG}{L}$$

式中，J 为半径为 r 的圆柱销的极惯性矩，$J = \pi r^4 / 2$；G 为材料的剪切模量。

（4）包括质量：在仿真中包含销钉的质量。当应用重力和离心负载时，质量值用于频率、屈曲、动态算例以及静态和非线性算例。

（5）（质量）：设置质量值。

4. 强度数据

勾选"强度数据"复选框，属性管理器中增加了"材料"选项组，如图 5-17 所示。单击"选择材料"按钮，打开"材料"对话框，进行材料选择。Simulation 默认从 SOLIDWORKS 材料库中选择合金钢作为材料。不支持将材料的温度相关材料属性分派给销钉。销钉仅支持恒定材料属性。

（1）张力应力区域：定义销钉的已知张力应力区域。

（2）销钉强度：销钉材料的屈服强度。

图 5-17　"材料"选项组

（3）安全系数：为销钉的通过/未通过设计检查定义安全系数。如果组合载荷超过 1/安全系数的比率，则销钉不合格。

📢**注意：**

（1）使用销钉接头运行仿真后，用 1.0 的比例因子绘制变形形状，以确保零部件之间不存在干涉。如果出现干涉，则结果无效。如果出现干涉，则在干涉面之间进行无穿透接触，并重新运行仿真。

（2）如果连接到销钉接头的圆柱面最初重合，则应用无穿透接触，以防止在仿真过程中接合。

扫一扫，看视频

5.2.2　实例——移动轮销钉接头

本实例通过对移动轮的静应力分析介绍销钉接头，图 5-18 所示为创建了销钉的移动轮模型，为了简化模型，将利用销钉接头来模拟销钉。

【操作步骤】

1．打开源文件

（1）选择菜单栏中的"文件"→"打开"命令或者单击"快速访问"工具栏中的"打开"按钮📥，打开源文件中的"移动轮.sldasm"。

（2）在 SOLIDWORKS Simulation 算例树中右击"转向轴"零件，在弹出的快捷菜单中选择"压缩"命令，将"转向轴"零部件进行压缩，结果如图 5-19 所示。

图 5-18　移动轮模型

图 5-19　压缩转向轴后的移动轮模型

2．新建算例

（1）单击 Simulation 选项卡中的"新算例"按钮🔍，或者选择菜单栏中的 Simulation→"算例"命令。

（2）在打开的"算例"属性管理器中定义"名称"为"静应力分析 1"，分析类型为"静应力分析"。

（3）单击"确定"按钮✔，进入 SOLIDWORKS Simulation 的"静应力分析"算例界面。

3．定义模型材料

（1）选择菜单栏中的 Simulation→"材料"→"应用材料到所有"命令，或者单击 Simulation 选项卡中的"应用材料"按钮☰，或者在 SOLIDWORKS Simulation 算例树中右击"零件"图标🍮零件，在弹出的快捷菜单中选择"应用材料到所有实体"命令。

（2）在打开的"材料"对话框中定义模型的材质为"钢"→"合金钢"。

（3）单击"应用"按钮，关闭对话框。

（4）在 SOLIDWORKS Simulation 算例树中右击"移动轮 2（垫片 1）"图标🍮⚠移动轮2 (垫片1)，在弹出的快捷菜单中选择"应用/编辑材料"命令。

（5）在打开的"材料"对话框中定义模型的材质为"橡胶"→"天然橡胶"。

（6）单击"应用"按钮，关闭对话框。

（7）使用同样的方法将"移动轮2（垫片2）"的材质修改为"天然橡胶"。

4. 添加约束

（1）单击 Simulation 选项卡"夹具顾问"下拉列表中的"固定几何体"按钮 ，或者在 SOLIDWORKS Simulation 算例树中右击"夹具"图标 夹具，在弹出的快捷菜单中选择"固定几何体"命令。

（2）打开"夹具"属性管理器，选择底座的上表面作为固定面，如图 5-20 所示。

（3）单击"确定"按钮 ，关闭"夹具"属性管理器。

（4）在 SOLIDWORKS Simulation 算例树中右击"夹具"图标 夹具，在弹出的快捷菜单中选择"高级夹具"命令，打开"夹具"属性管理器。

（5）单击"使用参考几何体"按钮 ，在绘图区选择支架的上表面，选择前视基准面作为参考，单击"垂直于基准面"按钮 ，设置支架的平移值为 0mm，如图 5-21 所示。

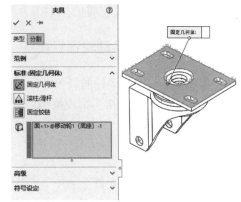

图 5-20　设置固定约束

5. 添加载荷

（1）单击 Simulation 选项卡中"外部载荷顾问"下拉列表中的"力"按钮 ，或者在 SOLIDWORKS Simulation 算例树中右击"外部载荷"图标 外部载荷，在弹出的快捷菜单中选择"力"命令。

（2）打开"力/扭矩"属性管理器，选择支架的圆柱孔面。方向设置为"选定的方向"，单击"方向的面、边线、基准面"列表框，然后在绘图区的 FeatureManager 设计树中选择"前视基准面"作为参考，单击"垂直于基准面"按钮，将力的大小设置为 2000N，如图 5-22 所示。

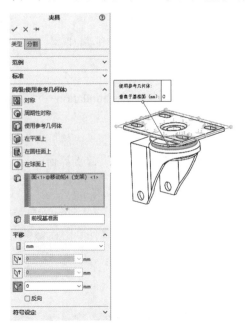

图 5-21　设置支架的平移约束

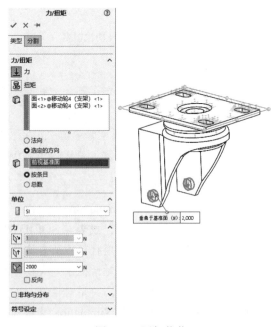

图 5-22　添加载荷

（3）单击"确定"按钮✔，载荷添加完成。

6. 添加销钉接头

（1）在 SOLIDWORKS Simulation 算例树中右击"全局交互"图标👆全局交互，在弹出的快捷菜单中选择"删除"命令，将全局交互删除。

（2）单击 Simulation 选项卡中"连接顾问"下拉列表中的"销钉"按钮✎，或者在 SOLIDWORKS Simulation 算例树中右击"连结"图标🍽连结，在弹出的快捷菜单中选择"销钉"命令。

（3）打开"接头"属性管理器，❶在绘图区选择底座的圆柱孔面、❷垫片 1 的圆柱孔面、❸垫片 2 的圆柱孔面和❹支架的圆柱孔面；❺取消勾选"使用固定环（无平移）"复选框和❻"使用键（无旋转）"复选框，❼"连接类型"选择"分布"，❽设置"轴向刚度"为 2200000000N/m，❾设置"旋转刚度"为 26700N·m/rad，如图 5-23 所示。

（4）❿单击"确定"按钮✔，完成销钉的定义。

7. 生成网格和运行分析

（1）单击 Simulation 选项卡中"运行此算例"下拉列表中的"生成网格"按钮🕸，或者在 SOLIDWORKS Simulation 算例树中右击"网格"图标🕸网格，在弹出的快捷菜单中选择"生成网格"命令。

（2）打开"网格"属性管理器，勾选"网格参数"复选框，选中"基于曲率的网格"单选按钮，单位设置为 mm，"最大单元大小"设置为 8mm，"最小单元大小"设置为 1.6mm。

（3）单击"确定"按钮✔，结果如图 5-24 所示。从图中可以看出销钉没有进行网格划分。

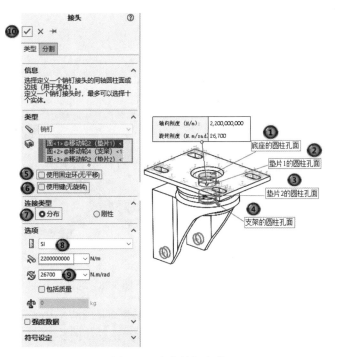

图 5-23　定义销钉参数

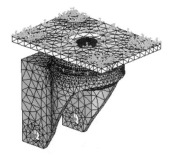

图 5-24　划分网格

（4）单击 Simulation 选项卡中的"运行此算例"按钮🕸，进行运行分析。打开 Simulation 对话框，单击"否"按钮。当计算分析完成之后，在 SOLIDWORKS Simulation 算例树中会出现对应的结果文件夹。

8. 查看结果

在 SOLIDWORKS Simulation 算例树中双击"应力1"和"位移1"图标，从而在图形区域中显示移动轮的应力分布和位移分布，如图 5-25 所示。

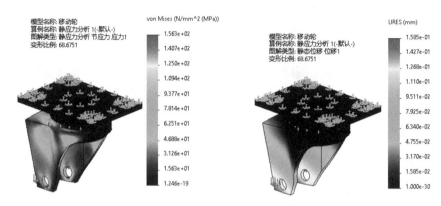

图 5-25　移动轮的应力分布和位移分布

扫一扫，看视频

练一练　剪刀

本练习为对剪刀的静应力分析。剪刀模型如图 5-26 所示，由刀头、手柄和销钉组成，在装配体中并没有销钉模型，因此通过销钉接头模拟销钉模型。

【操作提示】

（1）新建静应力算例。

（2）定义材料。刀头的材料定义为合金钢，手柄的材料定义为 ABS 塑料。

（3）添加固定约束。选择图 5-27 所示的刀头的两条边线作为固定约束。

（4）添加载荷。选择图 5-28 所示的面作为受力面，力的大小为 100N。

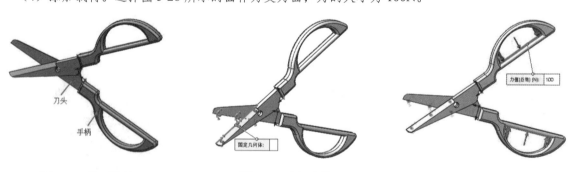

图 5-26　剪刀模型　　　　　图 5-27　选择边线　　　　　图 5-28　选择受力面

（5）创建销钉接头。选择图 5-29 所示的 2 个刀头的圆柱孔面，设置旋转刚度为 787N · m/rad。

（6）定义本地交互。选择刀头的 2 个相互接触的平面作为相触接触，参数设置如图 5-30 所示。

（7）生成网格。将网格密度设置为粗糙。

（8）运行并查看结果。剪刀的应力分布和将模型叠加后的位移分布如图 5-31 所示。列出的接头力如图 5-32 所示。

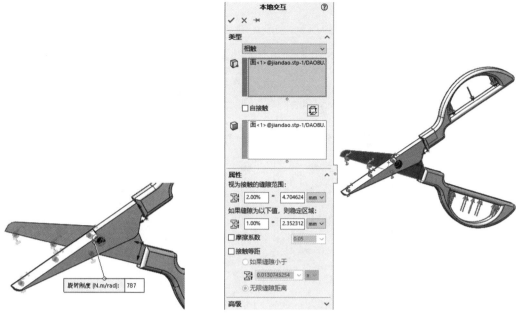

图 5-29　选择圆柱孔面　　　　　　　　　　图 5-30　相触接触的参数设置

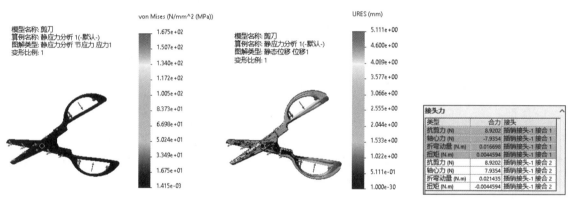

图 5-31　剪刀的应力分布和位移分布　　　　图 5-32　列出的接头力

5.3　螺　　栓

本节介绍螺栓相关知识。

5.3.1　螺栓概述

螺栓可以将两个零部件、多个零部件或一个零部件与地连接。用户可以定义穿过实体、抽壳和钣金实体连接的螺栓。此外，还可以通过选择同一个零部件的实体定义螺栓。

单击 Simulation 选项卡中"连接顾问"下拉列表中的"螺栓"按钮，或者在 SOLIDWORKS Simulation 算例树中右击"连结"图标 连结，在弹出的快捷菜单中选择"螺栓"命令，打开"接头"属性管理器，如图 5-33 所示。

图 5-33　螺栓"接头"属性管理器

螺栓"接头"属性管理器中各选项的含义如下。

1. 类型

（1）　（带螺母的标准或柱形沉头孔）：如果选择该项，则需要选择螺栓螺钉孔的圆形边线和螺栓螺母孔的圆形边线。然后设置螺钉直径（程序默认值为 1.5 倍名义轴柄直径）、螺母直径（程序默认值为 1.5 倍名义轴柄直径）和名义轴柄直径。若勾选"相同螺钉和螺母直径"复选框，则不需要设置螺母直径。

（2）　（带螺母的锥形沉头孔）：如果选择该项，则需要选择圆锥面来定义螺栓螺钉。选择螺栓螺母孔的圆形边线，然后设置螺母直径（程序默认值为 1.5 倍名义轴柄直径）和名义轴柄直径。

（3）　（标准或柱形沉头孔螺钉）：如果选择该项，则需要选择螺栓螺钉孔的圆形边线和从一个与螺纹接触的零部件中选择孔面。然后设置螺钉直径（程序默认值为 1.5 倍名义轴柄直径）和名义轴柄直径。

（4）　（锥形沉头孔螺钉）：如果选择该项，则需要选择圆锥面来定义螺栓螺钉和从一个与螺纹接触的零部件中选择孔面。然后设置名义轴柄直径。

（5）　（地脚螺栓）：如果选择该项，则需要选择螺栓螺钉孔的圆形边线。需要选择一个基准面以绘制虚拟壁并定义虚拟壁的接触条件以防穿透到基体。然后设置螺母直径（程序默认值为 1.5 倍名义轴柄直径）和名义轴柄直径。

需要注意的是，名义轴柄直径应等于或小于螺纹面的直径。

2. 连接类型

（1）分布：分布式连接允许连接到螺栓接头的面有所变形，从而提供更真实的接头行为展示。分布式连接在螺栓头和螺母接触区域内产生更真实的应力分布和位移分布。该方式的耦合节点的运动限制为参考节点平移和旋转。位于头部和螺母内的压印节点可能会变形。

（2）刚性：刚性连接应用刚性杆元件将螺栓头和螺母压印区域与代表螺栓柄的横梁单元连接。刚性连接会在所连接零部件的螺栓头和螺母区域内产生应力热点区域，因为刚性杆会引入高硬度。当选中该单选按钮时，头部和螺母内的压印节点不会变形。

3. 材料

Simulation 默认从 SOLIDWORKS 材料库中选取合金钢作为螺栓的材料。

（1）库：当选中该单选按钮时，单击"选择材料"按钮，打开"材料"对话框，在对话框中选择需要的材料。

（2）自定义：定义用户自己的材料属性。需要设置单位、弹性模量 E_x、泊松比和热扩张系数 α。

（3）包括质量：在分析中包含螺栓的质量。

4. 强度数据

（1）已知张力应力区域：如果张力应力区域已知（螺栓螺纹面的最小区域），则选中此单选按钮，此时的"强度数据"选项组如图 5-34 所示。需要设置螺栓的已知张力应力区域、螺栓强度和安全系数。

（2）已计算的张力应力区域：当选中该单选按钮时，需要计算螺栓的张力应力区域。计算公式如下：

图 5-34 "强度数据"选项组

$$A_t = 0.7854 \left(D_n - \frac{0.9382}{n} \right)$$

式中，A_t 为张力应力区域；D_n 为名义轴柄直径；n 为螺纹数，$n = 1/p$，p 为螺距。

另外，还需要设置螺纹数、螺栓强度和安全系数。

5. 预载

如果名义轴柄的半径等于其中至少一个零部件相关联的圆柱面的半径，则选取。

（1）轴：如果螺栓上的轴载荷是已知的，则选择该项。

（2）扭矩：如果用来拧紧螺栓的扭矩是已知的，则选择该项。

（3）摩擦系数：程序使用此系数来计算给定力矩产生的轴心力。

1）对于带螺母的螺栓，扭矩将应用到螺母。计算公式如下：

$$F = \frac{T}{KD}$$

式中，F 为螺栓中的轴心力；T 为应用的扭矩；K 为摩擦系数；D 为柄的主要直径。

2）对于不带螺母的螺栓，扭矩将应用到螺栓头。计算公式如下：

$$F = \frac{T}{1.2KD}$$

式中，F 为螺栓中的轴心力；T 为应用的扭矩；K 为摩擦系数；D 为柄的主要直径。

6. 高级选项

（1）螺栓系列：如果选择该项，则将两个以上的零部件拴在一起。对于非线性算例，可将两个以上的实体零部件用螺栓连接起来。

（螺栓系列允许面）：从中间零部件选择实体的圆柱面或壳体表面的圆形边。对于非线性算例，需要从实体选择一个圆柱面。

需要注意的是，构成螺栓系列的零部件的圆柱面应同轴。当参考轴出现未对齐情况时，最大公差是选定圆柱面的最小半径的10%。

（2）对称螺栓：如果选择该项，则对于对称边界条件下的模型使用对称螺栓。

1）1/2对称：一个对称面剖切一个具有完全横断面的螺栓。

（参考几何体）：选择对称的基准面或平面。

2）1/4对称：两个对称面剖切一个具有完全横断面的螺栓。

（3）紧密配合：设定为紧密配合的圆柱面为刚性，当螺栓柄为刚性实体时将变形。如果螺栓柄的半径等于其中至少一个零部件相关联的圆柱面的半径，则选择紧密配合。

（柄交互面）：选择与螺栓柄接触的一个或多个圆柱面。如果从零部件中选择了多个面，则这些面应具有相同的轴和半径。

5.3.2　实例——轴承座螺栓接头

本实例通过对轴承座装配体进行有限元分析来介绍螺栓接头的创建。图5-35所示为轴承座装配体模型，该装配体中端盖将通过4个M8的螺栓与基座相连，基座通过M10的沉头螺栓与地面相连。

【操作步骤】

1．打开源文件

选择菜单栏中的"文件"→"打开"命令或者单击"快速访问"工具栏中的"打开"按钮 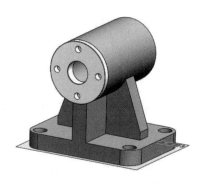，打开源文件中的"轴承座装配体.sldasm"。

图5-35　轴承座装配体模型

2．新建算例

（1）单击Simulation选项卡中的"新算例"按钮 ，或者选择菜单栏中的Simulation→"算例"命令。

（2）在打开的"算例"属性管理器中定义"名称"为"静应力分析1"，分析类型为"静应力分析"。

（3）单击"确定"按钮 ，进入SOLIDWORKS Simulation的"静应力分析"算例界面。

3．定义模型材料

（1）选择菜单栏中的Simulation→"材料"→"应用材料到所有"命令，或者单击Simulation选项卡中的"应用材料"按钮 ，或者在SOLIDWORKS Simulation算例树中右击"零件"图标 零件，在弹出的快捷菜单中选择"应用材料到所有实体"命令。

（2）在打开的"材料"对话框中定义模型的材质为"铁"→"灰铸铁"。

（3）单击"应用"按钮，关闭对话框。材料被赋予给零部件。

4．添加地脚螺栓

（1）在SOLIDWORKS Simulation算例树中右击"夹具"图标 夹具，在弹出的快捷菜单中选择"地脚螺栓"命令。

（2）打开"接头"属性管理器；❶选择螺栓类型为"地脚螺栓"，❷选择图5-36所示的孔的边线，❸单击"目标基准面"列表框，❹在绘图区选择基准面 3，❺将"螺母直径"设置为 16.5mm，❻"名义轴柄直径"设置为 11mm，❼"连接类型"设置为"刚性"，❽"材料"选择"合金钢"，❾"预载扭矩"设置为 35N·m，❿"摩擦系数"设置为 0.2。

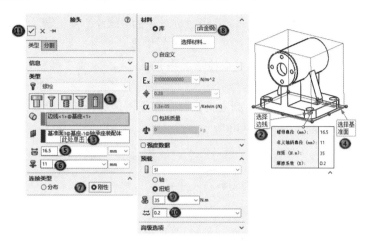

图 5-36　地脚螺栓的参数设置

（3）⓫单击"确定"按钮✔，关闭"夹具"属性管理器。此时，在"夹具"文件夹下增加了"地脚螺栓"约束。

（4）使用同样的方法创建其他 3 个地脚螺栓，结果如图 5-37 所示。

5．添加载荷

（1）单击 Simulation 选项卡中"外部载荷顾问"下拉列表中的"力"按钮↓，或者在 SOLIDWORKS Simulation 算例树中右击"外部载荷"图标↓ 外部载荷，在弹出的快捷菜单中选择"力"命令。

（2）打开"力/扭矩"属性管理器，在绘图区选取基座的内圆柱孔，选中"选定的方向"单选按钮，然后在绘图区的 FeatureManager 设计树中选择"上视基准面"；在"力"栏中单击"垂直于基准面"按钮，输入力的大小为 1500N，勾选"反向"复选框，如图 5-38 所示。

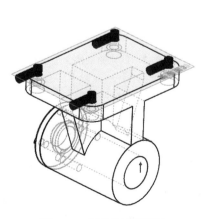

图 5-37　创建的地脚螺栓

图 5-38　"力/扭矩"属性管理器

（3）单击"方向的面、边线、基准面、基准轴"列表框，在绘图区的 FeatureManager 设计树中选择 Top Plane 上视基准面。单击"确定"按钮✔，关闭属性管理器，结果如图 5-39 所示。

6. 创建接头

（1）单击 Simulation 选项卡中"连接顾问"下拉列表中的"螺栓"按钮🔩，或者在 SOLIDWORKS Simulation 算例树中右击"连结"图标🔩 连结，在弹出的快捷菜单中选择"螺栓"命令。打开"接头"属性管理器，选择螺栓的"类型"为"标准或柱形沉头孔螺钉"，设置"螺钉直径"为 12.5mm，"名义轴柄直径"为 8mm，"连接类型"选择"刚性"，"材料"为"合金钢"，"轴向预载力"为 2000N。

（2）单击"螺栓螺钉孔的圆形边线"列表框，然后在绘图区选择孔的边线，再单击"螺纹面"列表框，然后在绘图区选择螺纹面，如图 5-40 所示。

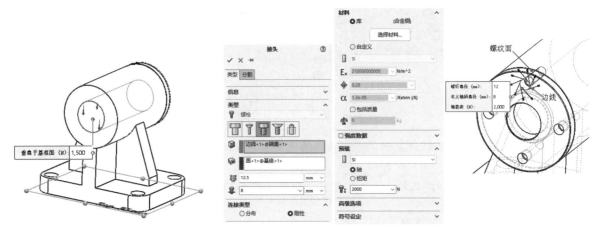

图 5-39 添加载荷

图 5-40 螺栓的参数设置

（3）单击"确定"按钮✔，结果如图 5-41 所示。

（4）使用同样的方法创建其他 3 个螺栓接头，结果如图 5-42 所示。

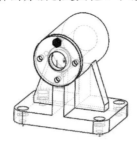

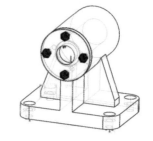

图 5-41 创建的螺栓接头

图 5-42 创建的其他 3 个螺栓接头

7. 创建交互

（1）在 SOLIDWORKS Simulation 算例树中右击"全局交互"图标🖐，在弹出的快捷菜单中选择"编辑定义"命令，打开"零部件交互"属性管理器，将"属性"选项组中的"接合的缝隙范围"设置为 0.01%，如图 5-43 所示。

（2）单击"确定"按钮✔，关闭属性管理器。

（3）单击 Simulation 选项卡中"连接顾问"下拉列表中的"本地交互"按钮🖐，在 SOLIDWORKS Simulation 算例树中右击"连结"图标🔩 连结，在弹出的快捷菜单中选择"本地交互"命令，打开"本地交互"属性管理器。

（4）在"交互"选项组中选中"自动查找本地交互"单选按钮，在绘图区的 FeatureManager 设计树中单击装配体名称"轴承座装配体"，将其添加到"选择零部件或实体"列表框中，如图 5-44 所示。在属性管理器"类型"下拉列表中选择"接合"。

（5）单击"查找本地交互"按钮，在"结果"列表框中列出了查找到的交互，如图 5-45 所示。

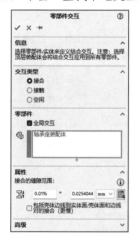

图 5-43　"零部件交互"属性管理器

图 5-44　选择零部件

图 5-45　查找到的交互

（6）将"视为接触的缝隙范围"设置为 0.01%，"如果缝隙为以下值，则稳定区域："设置为 1%，"接触公式"选择"曲面到曲面"，如图 5-46 所示。

（7）在"结果"列表框中选中第一个交互，按住 Shift 键，选中最后一个交互，这样将全部交互选中，然后单击"创建本地交互"按钮。

（8）单击"确定"按钮，关闭属性管理器。创建的本地交互如图 5-47 所示。

图 5-46　属性设置

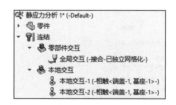

图 5-47　创建的本地交互

（9）重复"本地交互"命令，打开"本地交互"属性管理器。选择"类型"为"虚拟壁"，选择图 5-48 所示的轴承座的底面作为组 1 的面；单击"目标基准面"列表框，选择基准面 3 作为目标基准面。设置"壁类型"为"刚性（无限刚度）"，"摩擦系数"为 0.2，其他参数采用默认。

（10）单击"确定"按钮，虚拟壁定义完成。

8．生成网格和运行分析

（1）在 SOLIDWORKS Simulation 算例树中右击"网格"图标网格，在弹出的快捷菜单中选择"应用网格控制"命令。打开"网格控制"属性管理器，选择图 5-49 所示的 4 个圆角面，设置"最大单元大小"为 3.00mm，"最小单元大小"为 1mm。

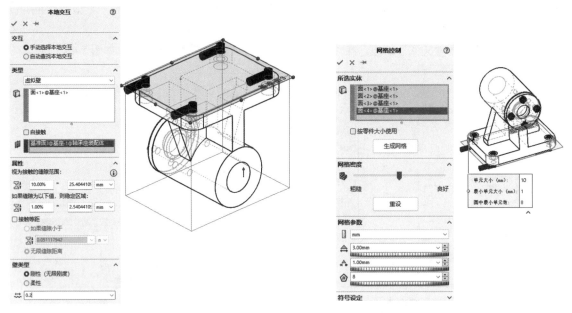

图 5-48　设置交互参数　　　　　　　　　　　　图 5-49　网格控制参数设置

（2）单击 Simulation 选项卡中"运行此算例"下拉列表中的"生成网格"按钮，或者在 SOLIDWORKS Simulation 算例树中右击"网格"图标网格，在弹出的快捷菜单中选择"生成网格"命令。

（3）打开"网格"属性管理器，勾选"网格参数"复选框，选中"基于混合曲率的网格"单选按钮，设置"最大单元大小"为 10.00mm，"最小单元大小"为 5.00mm，如图 5-50 所示。

（4）单击"确定"按钮，结果如图 5-51 所示。

图 5-50　"网格"属性管理器

图 5-51　生成的网格

（5）单击 Simulation 选项卡中的"运行此算例"按钮 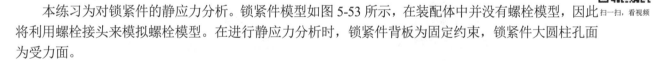，进行运行分析。当计算分析完成之后，在 SOLIDWORKS Simulation 算例树中会出现对应的结果文件夹。

9. 查看结果

在分析完有限元模型之后，可以对计算结果进行分析，从而成为进一步设计的依据。

（1）在 SOLIDWORKS Simulation 算例树中右击"应力 1"图标 应力1 (-vonMises-) 和"位移 1"图标 位移1 (-合位移-)，在弹出的快捷菜单中选择"编辑定义"命令。

（2）打开"应力/位移图解"属性管理器，在"变形形状"选项组中选中"真实比例"单选按钮。

（3）单击"图表选项"选项卡，勾选"显示最小注解"和"显示最大注解"复选框。

（4）单击"确定"按钮 ✔，关闭"应力/位移图解"属性管理器。

（5）在 SOLIDWORKS Simulation 算例树中双击"应力 1"和"位移 1"图标，从而在右侧的图形区域中显示轴承座装配体的应力分布和位移分布，如图 5-52 所示。

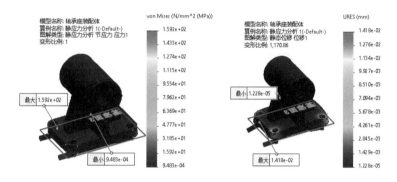

图 5-52　轴承座装配体的应力分布和位移分布

练一练　锁紧件

本练习为对锁紧件的静应力分析。锁紧件模型如图 5-53 所示，在装配体中并没有螺栓模型，因此将利用螺栓接头来模拟螺栓模型。在进行静应力分析时，锁紧件背板为固定约束，锁紧件大圆柱孔面为受力面。

【操作提示】

（1）新建静应力算例。

（2）定义材料。锁紧件的材料采用普通碳钢。

（3）添加固定约束。选择图 5-54 所示的 4 个螺栓孔作为固定约束点。

（4）添加载荷。选择图 5-55 所示的面作为受力面，力的大小为 500N。

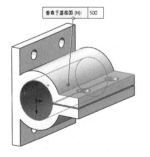

图 5-53　锁紧件模型　　　　　图 5-54　添加固定约束　　　　　图 5-55　添加载荷

（5）定义本地交互。选择图 5-56 所示的开口部位的两个面作为相触接触面，其他参数采用默认。

（6）创建螺栓接头。分别选择螺栓孔的上、下边线创建螺栓接头，参数设置如图 5-57 所示。使用同样的方法创建另一个螺栓。

图 5-56　选择接触面　　　　　　　　　　　图 5-57　选择螺栓孔边线

（7）采用默认设置生成网格。

（8）运行并查看结果。将模型叠加后的锁紧件的应力分布和位移分布如图 5-58 所示。

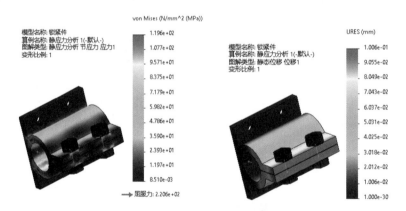

图 5-58　锁紧件的应力分布和位移分布

5.4　轴　　承

本节介绍轴承相关知识。

5.4.1　轴承概述

在杆和外壳零部件之间应用轴承接头。轴承夹具在零部件和地面之间应用轴承支撑。用户可以定义杆上外圆柱面与外壳上内圆柱面或球面之间的轴承接头。可以在外壳体刚性没有比杆的刚性高很多的时候使用轴承接头，如果支撑杆的零部件比杆的刚性要高很多，则使用轴承夹具。

单击 Simulation 选项卡中"连接顾问"下拉列表中的"轴承"按钮⚙，或者在 SOLIDWORKS Simulation 算例树中右击"连结"图标 📌连结，在弹出的快捷菜单中选择"轴承"命令，打开"接头"属性管理器，如图 5-59 所示。

轴承"接头"属性管理器中部分选项的含义如下。

图 5-59　轴承"接头"属性管理器

1. 类型

（1）🛢（对于轴）：选择一个完整圆柱面或多个小角度（总计 360°）同心圆柱面。此选择对应于轴承上的轴部分。可创建分割线来确保仅在正确的轴面上定义轴承接头。如果选择轴的整个面，则会使模型刚度过大。

（2）🛢 （对于外壳）：选择圆柱面、球面或圆形壳体边线（如果外壳使用壳体建模）。此选择对应于轴承上的外壳部分。

2. 连接类型

（1）分布：以"分布"连接类型建模的轴承接头将双节点通用元素的参考节点连接到轴和外壳曲面的一组耦合节点。第一个参考节点（轴承上实体轴截面的质心处）连接到轴的外部曲面。第二个参考节点（轴承上外壳截面的中心处）连接到外壳内部面。

（2）刚性：以"刚性"连接类型建模的轴承接头具有与"分布"类型接头类似的特征。刚性连接的唯一区别是，各个双节点刚性元素将参考节点连接到轴和外壳曲面的耦合节点。

（3）弹簧：以"弹簧"连接类型建模的轴承接头通过轴和外壳曲面节点之间径向分布的弹簧元素表示。

3. 接头刚度

此部分涉及通用元素的两个参考节点之间应用的刚度，也涉及应用于弹簧类型的各个弹簧的刚度。

双节点通用元素的每个参考节点都有 6 个自由度。可以在此部分设置轴承接头的横向、轴向、扭转（可选）和倾斜刚度（可选）值。

（1）刚性（无限刚度）：对于"分布"和"刚性"连接类型是将非常高的刚度值应用到通用元素的参考节点。对于"弹簧"连接类型是为轴和外壳的所选面之间径向分布的各个弹簧应用非常高的刚度。轴的所选面不能横向或轴向平移。

（2）柔性：对于"分布"和"刚性"连接类型是向通用元素的参考节点指定有限的轴向和横向刚度。根据定义的刚度，轴的所选面可以横向或轴向平移。对于"弹簧"连接类型是为轴和外壳的所选圆柱面之间径向分布的弹簧指定刚度。

用户可以为具有"分布"或"刚性"连接类型的接头定义横向和轴向的总刚度，为具有"弹簧"连接类型的接头定义径向分布刚度（每单位面积）和轴向分布刚度（每单位面积）。

1）➕ （总侧面）：应用轴的横向刚度 k，它可以阻止沿应用载荷的方向发生位移。

对于非球面自位轴承接头，可以阻止轴圆柱面的横向位移（沿应用载荷的方向）的总刚度 K 将与使用以下方程式的单位面积径向刚度相关：

$$K_{(总侧面)} = 0.5k_{(径向/单位面积)} \times 面积$$
$$面积 = 直径 \times 高度 \times \pi$$

2）⊟（总轴向）：应用轴向刚度 $k_{(轴向)}$，它可以阻止轴向位移。

3）◈（倾斜刚度）：倾斜刚度可用于"分布"和"刚性"连接类型。将倾斜刚度应用到通用双节点元素的参考节点，以抵抗轴弯曲。

（3）稳定轴旋转：选择此项可以避免出现旋转不稳定性（由扭转导致）。可以接受默认的"自动"选项，或应用用户定义的扭转刚度。

自动：勾选该复选框，将为轴的圆柱面应用最小扭转刚度来对抗圆周扭力。可以防止轴绕其轴自由旋转和消除不稳定性。

5.4.2 实例——轴承接头

本实例通过对轴承座装配体进行有限元分析来介绍轴承接头的创建。图 5-60 所示为轴承座装配体模型，该装配体中轴承座通过轴承与轴装配在一起，在进行有限元分析时轴承也需要进行网格划分，为了简化模型，将轴承进行压缩，通过轴承接头模拟轴承，下面看一下具体的操作。

【操作步骤】

1．打开源文件

（1）选择菜单栏中的"文件"→"打开"命令或者单击"快速访问"工具栏中的"打开"按钮，打开源文件中的"轴承座装配体.sldasm"。

（2）在 SOLIDWORKS Simulation 算例树中右击"轴承"零件，在弹出的快捷菜单中选择"压缩"命令，将轴承压缩，结果如图 5-61 所示。

图 5-60　轴承座装配体模型　　　　　　图 5-61　压缩轴承后的模型

2．新建算例

（1）单击 Simulation 选项卡中的"新算例"按钮，或者选择菜单栏中的 Simulation→"算例"命令。

（2）在打开的"算例"属性管理器中定义"名称"为"静应力分析 1"，分析类型为"静应力分析"。

（3）单击"确定"按钮，进入 SOLIDWORKS Simulation 的"静应力分析"算例界面。

3．定义模型材料

（1）在 SOLIDWORKS Simulation 算例树中右击"轴-2"图标 ，在弹出的快捷菜单中选择"应用/编辑材料"命令。

（2）在打开的"材料"对话框中定义模型的材质为"钢"→AISI 1020。

（3）单击"应用"按钮，关闭对话框。材料定义完成。

（4）使用同样的方法定义轴承座的材质为灰铸铁。

4. 添加约束

（1）单击 Simulation 选项卡中"夹具顾问"下拉列表中的"固定几何体"按钮 ![icon]，或者在 SOLIDWORKS Simulation 算例树中右击"夹具"图标 ![icon] 夹具，在弹出的快捷菜单中选择"固定几何体"命令。

（2）打开"夹具"属性管理器，选择底座的上表面作为固定面，如图 5-62 所示。

（3）单击"确定"按钮 ![icon]，关闭"夹具"属性管理器。

5. 添加载荷

（1）单击 Simulation 选项卡中"外部载荷顾问"下拉列表中的"力"按钮 ![icon]，或者在 SOLIDWORKS Simulation 算例树中右击"外部载荷"图标 ![icon] 外部载荷，在弹出的快捷菜单中选择"力"命令。

（2）打开"力/扭矩"属性管理器，选择轴承座的圆柱孔面作为受力面，参考基准面选择 Front Plane，单击"垂直于基准面"按钮 ![icon]，将力的大小设置为 300N，如图 5-63 所示，然后勾选"反向"复选框。

（3）单击"确定"按钮 ![icon]，轴承载荷添加完成。

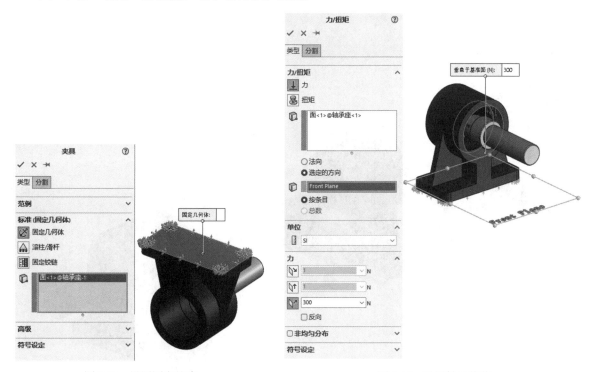

图 5-62　设置固定约束　　　　　　　　　　图 5-63　设置轴承载荷

6. 添加轴承接头

（1）在 SOLIDWORKS Simulation 算例树中右击"全局交互"图标 ![icon] 全局交互，在弹出的快捷菜单中选择"删除"命令，将全局交互删除。

（2）单击 Simulation 选项卡中"连接顾问"下拉列表中的"轴承"按钮 ![icon]，或者在 SOLIDWORKS Simulation 算例树中右击"连结"图标 ![icon] 连结，在弹出的快捷菜单中选择"轴承"命令。

（3）打开"接头"属性管理器，❶在绘图区选择要安装轴承的轴段的圆柱面，❷单击"对于外壳：

壳体的圆柱面或圆形边线"列表框，然后❸选中轴承座的圆柱孔面，❹"连接类型"选择"分布"，❺"接头刚度"选择"刚性（无限刚度）"，❻"倾斜刚度"设置为 100N·m/rad，❼勾选"稳定轴旋转"复选框和❽"自动"复选框，如图 5-64 所示。

（4）❾单击"确定"按钮✔，完成轴承接头的添加。

7. 生成网格和运行分析

（1）单击 Simulation 选项卡中"运行此算例"下拉列表中的"生成网格"按钮，或者在 SOLIDWORKS Simulation 算例树中右击"网格"图标网格，在弹出的快捷菜单中选择"生成网格"命令。

（2）打开"网格"属性管理器，勾选"网格参数"复选框，选中"基于曲率的网格"单选按钮，单位设置为 mm，设置"最大单元大小"为 5mm，"最小单元大小"为 15mm。

（3）单击"确定"按钮✔，结果如图 5-65 所示。从图中可以看出轴承没有进行网格划分。

（4）单击 Simulation 选项卡中的"运行此算例"按钮，进行运行分析。打开 Simulation 对话框，单击"否"按钮。当计算分析完成之后，在 SOLIDWORKS Simulation 算例树中会出现对应的结果文件夹。

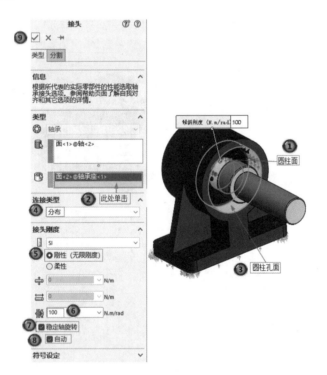

图 5-64　轴承参数的设置

图 5-65　划分网格

8. 查看结果

在 SOLIDWORKS Simulation 算例树中双击"应力 1"和"位移 1"图标，从而在图形区域中显示轴承座装配体的应力分布和位移分布，如图 5-66 所示。

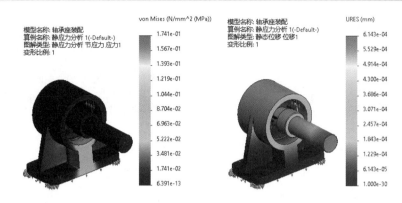

图 5-66 轴承座装配体的应力分布和位移分布

练一练 变速箱

本练习为对变速箱的静应力分析。隐藏上箱盖后的变速箱模型如图 5-67 所示。在进行静应力分析时,装配体中并没有轴承模型,因此通过轴承接头来模拟轴承模型。

【操作提示】

(1)压缩轴承组件,显示上箱盖后的模型如图 5-68 所示。

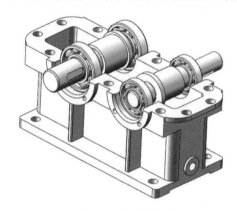

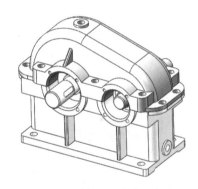

图 5-67 变速箱模型 图 5-68 压缩轴承后的变速箱模型

(2)新建静应力算例。

(3)定义材料。下箱体和上箱盖的材料定义为铸造碳钢,低速轴和高速轴的材料定义为普通碳钢。

(4)添加固定约束。选择下箱体的底面作为固定约束面,如图 5-69 所示。

(5)视为远程质量。在 SOLIDWORKS Simulation 算例树中右击"上箱盖-2"图标 💠 ⚠️ 上箱盖-2 (铸造碳钢-),在弹出的快捷菜单中选择"视为远程质量"命令,选择下箱体的上表面作为受力面,其他参数设置如图 5-70 所示。

(6)添加载荷。为了方便查看,将上箱盖隐藏。选择下箱体与轴承配合的 4 个圆柱孔面作为受力面,力的方向垂直于前视基准面,方向向下,力的大小为 1000N,如图 5-71 所示。

(7)创建轴承接头。选择轴的圆柱面和下箱体的轴承孔面,创建轴承接头,其他参数设置如图 5-72 所示。使用同样的方法创建其他 3 个轴承接头。

(8)生成网格。"网格参数"选择"基于曲率的网格",其他参数采用默认。

(9)运行并查看结果。变速箱的应力分布和位移分布如图 5-73 所示。

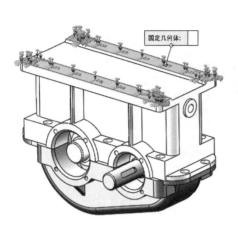

图 5-69　选择固定约束面

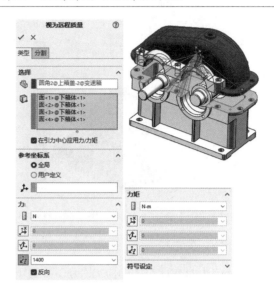

图 5-70　视为远程质量

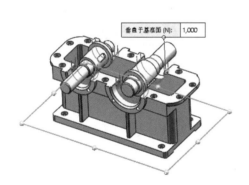

图 5-71　添加载荷

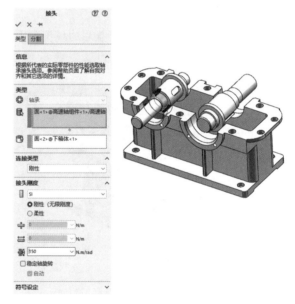

图 5-72　创建轴承接头

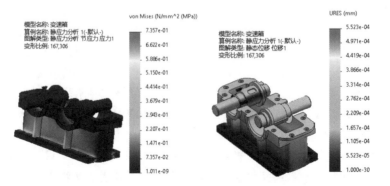

图 5-73　变速箱的应力分布和位移分布

5.5　点　焊

本节介绍点焊相关知识。

5.5.1　点焊概述

不使用任何填充材料而在小块区域（点）上连接两个或更多薄壁重叠钣金件。适用于静态、扭曲、频率和动态算例，不能用于复合壳体。

单击 Simulation 选项卡中"连接顾问"下拉列表中的"点焊"按钮 ✚，或者在 SOLIDWORKS Simulation 算例树中右击"连结"图标 ⛊ 连结，在弹出的快捷菜单中选择"点焊"命令，打开"接头"属性管理器，如图 5-74 所示。该属性管理器用于选择点焊面、设置点焊位置及点焊直径。

点焊"接头"属性管理器中部分选项的含义如下。

（1）▢（点焊第一个面）：选择第一个点焊面。该面可以是壳体或实体的面。

（2）▢（点焊第二个面）：选择第二个点焊面。该面可以是壳体或实体的面，但该面必须与第一个面属于不同的实体。另外，还应在两个面之间定义一个无穿透接触条件以便正确建模。

（3）▢（点焊位置）：顶点或参考点。参考点将投影到各个面上以决定点焊的位置。

（4）⬯（点焊直径）：设置点焊的直径，最大直径为 12.5mm。

点焊的适用范围如下：

（1）点焊最适合低碳钢。合金钢含碳量较高，点焊后会变得发脆，容易断裂。由于铝质钣金件的熔点比铜（此为电极的材料）低，因此可以通过点焊来连接这种件。

（2）点焊最适合连接厚度不超过 3mm 的钣金件。

（3）如果钣金的厚度不等，则厚度比率应不超过 3。该建议基于实际设计考虑而非程序限制。最好的办法是，要点焊在一起的实体必须具有相等厚度以产生分布均匀的焊点熔核。当最厚和最薄铂金的比例（$t_1:t_2$）达到 3:1 时，实际点焊将变得很困难。

（4）点焊接头的强度依赖于焊接的直径和钣金厚度。

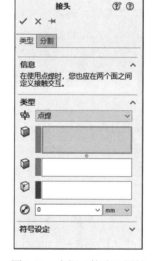

图 5-74　点焊"接头"属性管理器

5.5.2　实例——连接板点焊接头

本实例通过对连接板模型进行静应力分析来介绍点焊接头的创建。图 5-75 所示为连接板模型，首先新建算例并定义材料，添加约束和载荷，再创建参考点；然后在参考点的位置创建点焊接头；最后生成网格并进行运算。下面看一下具体的操作。

扫一扫，看视频

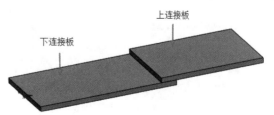

图 5-75　连接板模型

【操作步骤】

1. 打开源文件

选择菜单栏中的"文件"→"打开"命令或者单击"快速访问"工具栏中的"打开"按钮，打开源文件中的"连接板.sldprt"。

2. 新建算例

（1）单击 Simulation 选项卡中的"新算例"按钮，或者选择菜单栏中的 Simulation→"算例"命令。

（2）在打开的"算例"属性管理器中定义"名称"为"静应力分析 1"，分析类型为"静应力分析"。

（3）单击"确定"按钮，进入 SOLIDWORKS Simulation 的"静应力分析"算例界面。

3. 定义模型材料

（1）在 SOLIDWORKS Simulation 算例树中右击"连接板"图标，在弹出的快捷菜单中选择"应用材料到所有实体"命令。

（2）在打开的"材料"对话框中定义模型的材质为"钢"→"1023 碳钢板（SS）"。

（3）单击"应用"按钮，关闭对话框。材料定义完成。

4. 添加约束

（1）单击 Simulation 选项卡中"夹具顾问"下拉列表中的"固定几何体"按钮，或者在 SOLIDWORKS Simulation 算例树中右击"夹具"图标，在弹出的快捷菜单中选择"固定几何体"命令。

（2）打开"夹具"属性管理器，选择下连接板的端面作为固定面，如图 5-76 所示。

（3）单击"确定"按钮，关闭"夹具"属性管理器。

5. 添加载荷

（1）单击 Simulation 选项卡中"外部载荷顾问"下拉列表中的"力"按钮，或者在 SOLIDWORKS Simulation 算例树中右击"外部载荷"图标，在弹出的快捷菜单中选择"力"命令。

（2）打开"力/扭矩"属性管理器，单击"分割"选项卡，"分割类型"选择"草图"，单击"生成草图"按钮，选择上连接板的上表面作为草绘平面，绘制图 5-77 所示的直线。

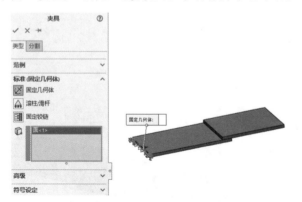

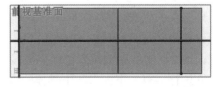

图 5-76　设置固定约束　　　　　　　　　　图 5-77　绘制草图

（3）单击"退出草图"按钮，返回"力/扭矩"属性管理器，如图 5-78 所示。单击"生成分割"

按钮，生成分割面。

（4）单击"类型"选项卡，将力的大小设置为 50N，如图 5-79 所示。

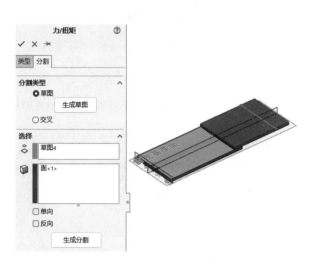

图 5-78　"力/扭矩"属性管理器　　　　　　　　图 5-79　设置载荷

（5）单击"确定"按钮✔️，载荷添加完成。

6. 创建参考点

（1）单击"特征"控制面板中"参考几何体"下拉列表中的"点"按钮●，打开"点"属性管理器，选择图 5-80 所示的边线，创建均匀分布的 2 个点。

（2）单击"确定"按钮✔️，点 1 和点 2 创建完成，如图 5-81 所示。

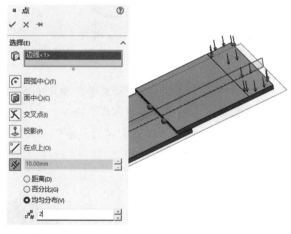
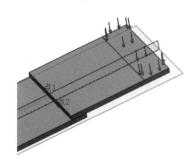

图 5-80　设置点参数　　　　　　　　　　图 5-81　创建点 1 和点 2

（3）同理，选择图 5-82 所示的边线创建点 3 和点 4，结果如图 5-83 所示。

7. 添加点焊接头

（1）在 SOLIDWORKS Simulation 算例树中右击"全局交互"图标🖱️全局交互，在弹出的快捷菜单中选择"删除"命令，将全局交互删除。

图 5-82　选择边线

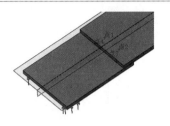

图 5-83　创建点 3 和点 4

（2）单击 Simulation 选项卡中"连接顾问"下拉列表中的"点焊"按钮 ✚，或者在 SOLIDWORKS Simulation 算例树中右击"连结"图标 连结，在弹出的快捷菜单中选择"点焊"命令。

（3）打开"接头"属性管理器，分别 ❶ 选择下连接板的上表面作为第一个面，❷ 选择上连接板的下表面作为第二个面，❸ 选择 4 个顶点及点 1、点 2、点 3 和点 4 作为点焊位置，设置点焊直径为 2mm，如图 5-84 所示。

（4）❹ 单击"确定"按钮 ✔，点焊接头创建完成，结果如图 5-85 所示。

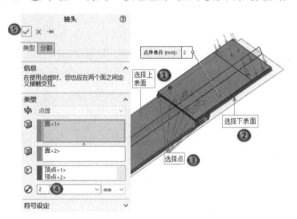

图 5-84　定义点焊位置

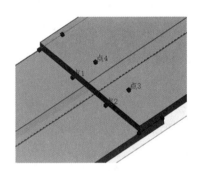

图 5-85　点焊接头

8. 生成网格和运行分析

（1）单击 Simulation 选项卡中"运行此算例"下拉列表中的"生成网格"按钮 ，或者在 SOLIDWORKS Simulation 算例树中右击"网格"图标 网格，在弹出的快捷菜单中选择"生成网格"命令。

（2）打开"网格"属性管理器，勾选"网格参数"复选框，选中"基于曲率的网格"单选按钮，单位设置为 mm，设置"最大单元大小"为 2mm，"最小单元大小"为 1mm。

（3）单击"确定"按钮 ✔，结果如图 5-86 所示。从图中可以看出点焊没有进行网格划分。

（4）单击 Simulation 选项卡中的"运行此算例"按钮 ，进行运行分析。当计算分析完成之后，在 SOLIDWORKS Simulation 算例树中会出现对应的结果文件夹。

9. 查看结果

在 SOLIDWORKS Simulation 算例树中双击"应力 1"和"位移 1"图标，从而在图形区域中显示连接板的应力分布和位移分布，如图 5-87 所示。

图 5-86　划分网格

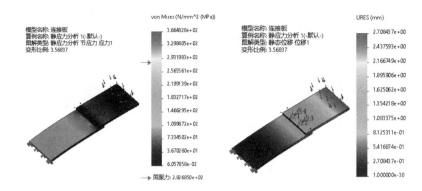

扫一扫，看视频

图 5-87 连接板的应力分布和位移分布

练一练 杯子

本练习为对杯子的静应力分析。杯子模型如图 5-88 所示，杯身与杯把的连接采用点焊。

【操作提示】

（1）新建静应力算例。

（2）定义材料。杯子的材料为不锈钢。

（3）添加固定约束。选择图 5-89 所示的杯把作为固定约束。

（4）添加载荷。选择图 5-90 所示的杯子内底面作为受力面，力的大小为 4N。

图 5-88 杯子模型

图 5-89 选择杯把

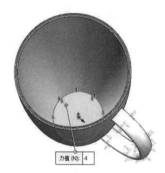

图 5-90 选择杯子内底面

（5）添加引力载荷。选择上视基准面作为参考平面定义引力，如图 5-91 所示。

（6）定义参考点。分别选择杯把的两条椭圆边线，各设置 4 个基准点，结果如图 5-92 所示。

（7）创建点焊接头。在步骤（6）创建的基准点的位置创建点焊接头，如图 5-93 所示。

图 5-91 选择上视基准面

图 5-92 定义基准点

图 5-93 创建点焊接头

（8）生成网格。"网格参数"选择"基于曲率的网格"，其他采用默认设置。

（9）运行并查看结果。杯子的应力分布和位移分布如图 5-94 所示。

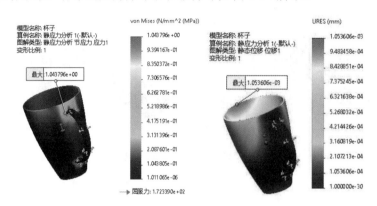

图 5-94　杯子的应力分布和位移分布

5.6　边　焊　缝

本节介绍边焊缝相关知识。

5.6.1　边焊缝概述

边焊缝接头用于估计焊接两个金属零部件所需的适当焊缝大小，就是在两个壳体之间或壳体与实体之间定义一个接头来模拟边线焊缝。

程序会计算焊缝沿线上每个网格节点位置处的适当焊缝大小。选取美国或欧洲焊接标准以进行焊缝计算。边焊缝接头不能用于复合壳体。

单击 Simulation 选项卡中"连接顾问"下拉列表中的"边焊缝"按钮▲，或者在 SOLIDWORKS Simulation 算例树中右击"连结"图标🔩连结，在弹出的快捷菜单中选择"边焊缝"命令，打开"边焊缝接头"属性管理器，如图 5-95 所示。

"边焊缝接头"属性管理器中各选项的含义如下。

1. 焊接类型

（1）焊接类型包括▲（圆角，双边）、▲（圆角，单边）、🔶（坡口，双边）和🔷（坡口，单边）4 种。

（2）面组 1：选择壳体、钣金或实体的面。

（3）面组 2：选择壳体、钣金或实体的面。

对于圆角焊缝，组 1 和组 2 的选定面彼此垂直；对于坡口焊接，选定的面平行。

（4）交叉边线：自动选择面组 1 和面组 2 的所选面之间的接触边线，以便进行焊接，也可以选择非接触边线。

2. 焊缝大小

若选择"美国标准"，则"焊缝大小"选项组中各选项的含义如下。

（1）电极：选择电极类型。

（2）焊缝强度：显示所选电极的材料终极抗剪强度。

（3）安全系数：根据给定安全系数降低焊接的终极抗剪强度。

电极材料允许的抗剪强度计算方式如下：

$$抗剪强度=终极抗剪强度÷安全系数$$

由特定代码支配的工程项目必须遵守此处规定的最低条件和标准。

1）自动升降机美国国家标准：根据默认系数 3 降低焊接的终极抗剪强度（ANSI/ALI B153.1—1990）。

2）在钩吊举升设备下：根据默认系数 5 降低焊接的终极抗剪强度（ANSI/ASME B30.20）。

（4）估计焊缝大小：让程序计算适当的焊缝接头大小。程序会将该框中的焊缝大小值与适当的焊缝大小相比较，并在焊接检查图解中显示结果。对于双边焊接，程序会考虑到其在表现最弱的壳体边上的位置。

若选择"欧洲标准"，则"焊缝大小"选项组如图 5-96 所示。其中各选项的含义如下。

图 5-95　"边焊缝接头"属性管理器

图 5-96　"焊缝大小"选项组

（1）更弱铰接零件的材料：选择被边焊接连接的较弱零件。较弱零件具有更小材料抗张强度。如果要输入自定义材料抗张强度，则选择"自定义"。

（2）终极张力强度：显示所选材料的抗张强度。需要为由边焊接连接的实体在"材料"对话框中定义材料的抗张强度。

（3）关联因子：为焊缝计算输入 0.8～1.0 的关联因子。

（4）部分安全系数：为接榫输入 1.0～1.25 的安全系数。

5.6.2　实例——支架边焊缝

本实例通过对两块板材进行静应力分析来介绍边焊缝接头的创建。图 5-97 所示为支架模型，本实例主要对支架的底板和两块支撑板进行焊接，焊缝采用的为边焊缝。下面看一下具体的操作。

【操作步骤】

1. 打开源文件

选择菜单栏中的"文件"→"打开"命令或者单击"快速访问"工具栏中的"打开"按钮 ，打开源文件中的"支架.sldprt"。

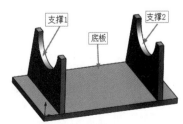

图 5-97　支架模型

扫一扫，看视频

2．新建算例

（1）单击 Simulation 选项卡中的"新算例"按钮 🔍，或者选择菜单栏中的 Simulation→"算例"命令。

（2）在打开的"算例"属性管理器中定义"名称"为"静应力分析 1"，分析类型为"静应力分析"。

（3）单击"确定"按钮 ✔，进入 SOLIDWORKS Simulation 的"静应力分析"算例界面。

3．定义模型材料

（1）在 SOLIDWORKS Simulation 算例树中右击"支架"图标 🦴 支架，在弹出的快捷菜单中选择"应用材料到所有实体"命令。

（2）在打开的"材料"对话框中定义模型的材质为"钢"→"1023 碳钢板（SS）"。

（3）单击"应用"按钮，关闭对话框。材料定义完成。

4．添加约束

（1）单击 Simulation 选项卡中"夹具顾问"下拉列表中的"固定几何体"按钮 🗶，或者在 SOLIDWORKS Simulation 算例树中右击"夹具"图标 🦴 夹具，在弹出的快捷菜单中选择"固定几何体"命令。

（2）打开"夹具"属性管理器，选择底板的下表面作为固定面，如图 5-98 所示。

（3）单击"确定"按钮 ✔，关闭"夹具"属性管理器。

5．添加载荷

（1）单击 Simulation 选项卡中"外部载荷顾问"下拉列表中的"力"按钮 ⬇，或者在 SOLIDWORKS Simulation 算例树中右击"外部载荷"图标 🌡 外部载荷，在弹出的快捷菜单中选择"力"命令。

图 5-98　添加固定约束

（2）打开"力/扭矩"属性管理器，选择圆柱孔面作为受力面，力的方向垂直于上视基准面，将力的大小设置为 30N，勾选"反向"复选框，如图 5-99 所示。

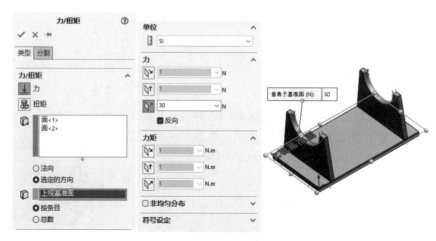

图 5-99　添加载荷

（3）单击"确定"按钮✔，载荷添加完成。

6．创建边焊缝

（1）单击 Simulation 选项卡中"连接顾问"下拉列表中的"边焊缝"按钮🔧，或者在 SOLIDWORKS Simulation 算例树中右击"连结"图标🔧 连结，在弹出的快捷菜单中选择"边焊缝"命令。

（2）打开"边焊缝接头"属性管理器，❶选择支撑 1 的侧面作为面组 1，❷选择底板的上表面作为面组 2，系统自动选择二者的交线作为交叉边线，❸"焊缝大小"选择"美国标准"，❹"电极"选择 E60，❺"安全系数"选择"自动升降机美国国家标准"，❻系数值设置为 2，❼勾选"估计焊缝大小"复选框，系统自动计算出焊缝大小，如图 5-100 所示。

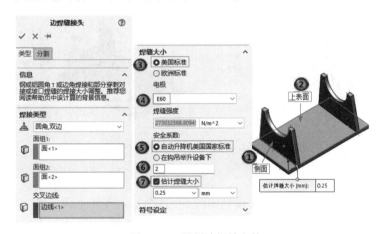

图 5-100　设置边焊缝参数

（3）单击"确定"按钮✔，边焊缝接头创建完成，结果如图 5-101 所示。

（4）使用同样的方法创建其他 3 条边焊缝，结果如图 5-102 所示。

7．生成网格和运行分析

（1）单击 Simulation 选项卡中"运行此算例"下拉列表中的"生成网格"按钮🔩，或者在 SOLIDWORKS Simulation 算例树中右击"网格"图标🔩网格，在弹出的快捷菜单中选择"生成网格"命令。

（2）打开"网格"属性管理器，勾选"网格参数"复选框，选中"基于曲率的网格"单选按钮，单位设置为 mm，设置"最大单元大小"为 3mm，"最小单元大小"为 3mm。

（3）单击"确定"按钮✔，结果如图 5-103 所示。从图中可以看出边焊缝没有进行网格划分。

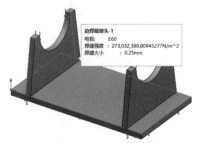

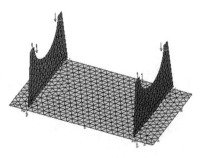

图 5-101　创建的边焊缝接头-1　　　图 5-102　创建的其他 3 条边焊缝　　　图 5-103　划分网格

（4）单击 Simulation 选项卡中的"运行此算例"按钮 ，进行运行分析。当计算分析完成之后，在 SOLIDWORKS Simulation 算例树中会出现对应的结果文件夹。

8. 查看结果

在 SOLIDWORKS Simulation 算例树中双击"应力 1"和"位移 1"图标，从而在图形区域中显示支架的应力分布和位移分布，如图 5-104 所示。

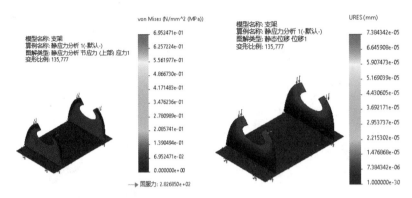

图 5-104　支架的应力分布和位移分布

扫一扫，看视频

练一练　摆件

本练习为对摆件的静应力分析。摆件模型如图 5-105 所示，零件 1 和零件 2 通过边焊缝接头焊接在一起。

【操作提示】

（1）新建静应力算例。

（2）定义壳体。在 SOLIDWORKS Simulation 算例树中右击 SolidBody1 图标 SolidBody 1(分割线1)，在弹出的快捷菜单中选择"按所选面定义壳体"命令，参数设置如图 5-106 所示。使用同样的方法定义零件 2。

（3）定义材料。摆件的材料为不锈钢。

（4）添加固定约束。选择图 5-107 所示的面作为固定约束面。

（5）定义引力。参数设置如图 5-108 所示。

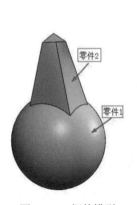

图 5-105　摆件模型

图 5-106　定义壳体
参数设置

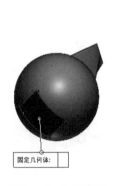

图 5-107　选择固定
约束面

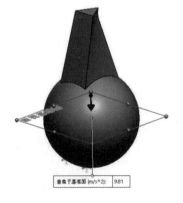

图 5-108　引力参数设置

（6）生成网格。"网格参数"选择"基于曲率的网格"，其他采用默认设置。

（7）运行并查看结果。摆件的应力分布和位移分布如图 5-109 所示。

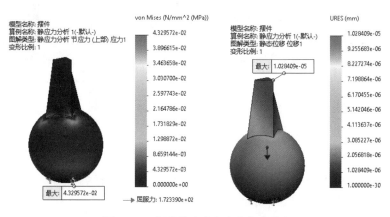

图 5-109　摆件的应力分布和位移分布

5.7　连　　接

本节介绍连接相关知识。

5.7.1　连接概述

连接是指通过一个在两端铰接的刚性杆将模型上的任意两个位置捆扎在一起。这两个位置之间的距离在变形期间保持不变。连接适用于静态、非线性、扭曲、频率和动态算例。

单击 Simulation 选项卡中"连接顾问"下拉列表中的"连杆"按钮 ，或者在 SOLIDWORKS Simulation 算例树中右击"连结"图标 连结，在弹出的快捷菜单中选择"链接"命令，打开"接头"属性管理器，如图 5-110 所示。该属性管理器用于选择要连接的两个顶点。

连接接头的相关注意事项如下：

（1）连接接头不能用于壳体模型。

（2）连接接头只能承载轴载荷。

（3）连接接头不允许大型旋转。

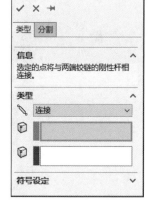

图 5-110　连接"接头"属性管理器

5.7.2　实例——空调架连接接头

本实例通过对空调架进行静应力分析来介绍连接接头的创建。图 5-111 所示为空调架模型，两个悬臂的受力为 1000N，下面对比一下没有连接支撑和有连接支撑的情况下的静应力分析。

【操作步骤】

1．打开源文件

选择菜单栏中的"文件"→"打开"命令或者单击"快速访问"工具栏中的"打开"按钮 ，打

扫一扫，看视频

开源文件中的"空调架.sldprt"。

2．新建算例

（1）单击 Simulation 选项卡中的"新算例"按钮，或者选择菜单栏中的 Simulation→"算例"命令。

（2）在打开的"算例"属性管理器中定义"名称"为"静应力分析 1"，分析类型为"静应力分析"。

（3）单击"确定"按钮，进入 SOLIDWORKS Simulation 的"静应力分析"算例界面。

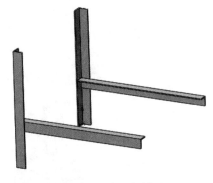

图 5-111　空调架模型

3．定义模型材料

（1）在 SOLIDWORKS Simulation 算例树中右击"空调架"图标，在弹出的快捷菜单中选择"应用材料到所有实体"命令。

（2）在打开的"材料"对话框中定义模型的材质为"钢"→"普通碳钢"。

（3）单击"应用"按钮，关闭对话框。材料定义完成。

4．添加约束

（1）单击 Simulation 选项卡中"夹具顾问"下拉列表中的"固定几何体"按钮，或者在 SOLIDWORKS Simulation 算例树中右击"夹具"图标，在弹出的快捷菜单中选择"固定几何体"命令。

（2）打开"夹具"属性管理器，选择图 5-112 所示的面作为固定面。

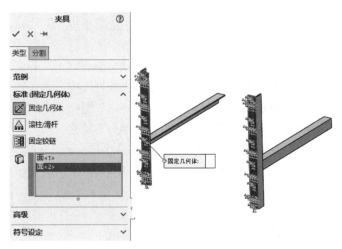

图 5-112　添加固定约束

（3）单击"确定"按钮，关闭"夹具"属性管理器。

5．添加载荷

（1）单击 Simulation 选项卡中"外部载荷顾问"下拉列表中的"力"按钮，或者在 SOLIDWORKS Simulation 算例树中右击"外部载荷"图标，在弹出的快捷菜单中选择"力"命令。

（2）打开"力/扭矩"属性管理器，选择角钢的上表面作为受力面，力的方向为法向，将力的大小设置为 1000N，如图 5-113 所示。

（3）单击"确定"按钮 ✔，载荷添加完成。

6．生成网格和运行分析

（1）单击 Simulation 选项卡中"运行此算例"下拉列表中的"生成网格"按钮 🔄，或者在 SOLIDWORKS Simulation 算例树中右击"网格"图标 🔄网格，在弹出的快捷菜单中选择"生成网格"命令。

（2）打开"网格"属性管理器，勾选"网格参数"复选框，选中"基于曲率的网格"单选按钮，单位设置为 mm，设置"最大单元大小"为 14mm，"最小单元大小"为 5mm。

（3）单击"确定"按钮 ✔，结果如图 5-114 所示。从图中可以看出空调架没有进行网格划分。

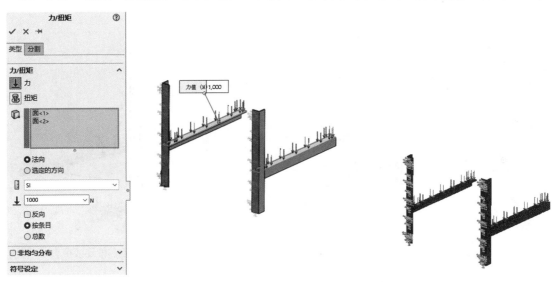

图 5-113　添加载荷　　　　　　　　　　　　　　　图 5-114　划分网格

（4）单击 Simulation 选项卡中的"运行此算例"按钮 🔄，进行运行分析。当计算分析完成之后，在 SOLIDWORKS Simulation 算例树中会出现对应的结果文件夹。

7．查看结果

在 SOLIDWORKS Simulation 算例树中双击"应力 1"和"位移 1"图标，从而在图形区域中显示空调架的应力分布和位移分布，如图 5-115 所示。

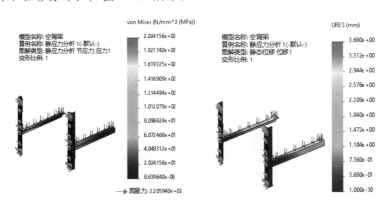

图 5-115　空调架的应力分布和位移分布

8. 复制算例

右击"静应力分析 1"标签，在弹出的快捷菜单中选择"复制算例"命令，新算例名称为"静应力分析 2"。

9. 添加连接接头

（1）单击 Simulation 选项卡中"连接顾问"下拉列表中的"连杆"按钮 ⟋，或者在 SOLIDWORKS Simulation 算例树中右击"连结"图标 🔩 连结，在弹出的快捷菜单中选择"链接"命令。

（2）弹出"接头"属性管理器，❶选择顶点 1 和❷顶点 2，如图 5-116 所示。

（3）❸单击"确定"按钮 ✔，连接接头创建完成。

（4）使用同样的方法创建另一侧的连接接头，结果如图 5-117 所示。

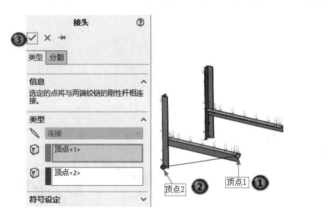
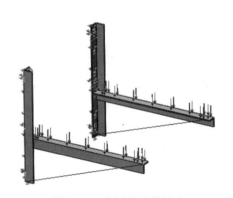

图 5-116　选择顶点　　　　　　　　　　图 5-117　创建的连接接头

10. 运行分析并查看结果

（1）单击 Simulation 选项卡中的"运行此算例"按钮 🏃，进行运行分析。当计算分析完成之后，在 SOLIDWORKS Simulation 算例树中会出现对应的结果文件夹。

（2）在 SOLIDWORKS Simulation 算例树中双击"应力 1"和"位移 1"图标，从而在图形区域中显示空调架的应力分布和位移分布，如图 5-118 所示。与静应力分析 1 的应力分布和位移分布图对比可知，增加连接接头后应力和位移均有所降低。

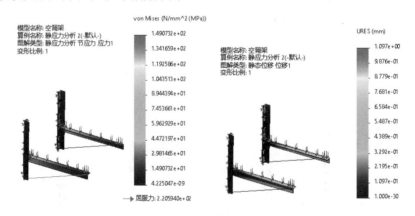

图 5-118　空调架的应力分布和位移分布

5.8　刚　性　连　接

本节介绍刚性连接相关知识。

5.8.1　刚性连接概述

图 5-119　刚性连接"接头"属性管理器

刚性连接是指将一个实体中的面刚性连接到另一个实体中的面，面只可作为组刚性变形。面上任意两个位置之间的距离保持不变。适用于静态、非线性、扭曲、频率和动态算例。

单击 Simulation 选项卡中"连接顾问"下拉列表中的"连杆"按钮，或者在 SOLIDWORKS Simulation 算例树中右击"连结"图标连结，在弹出的快捷菜单中选择"链接"命令，打开"接头"属性管理器，如图 5-119 所示。该属性管理器用于选择要连接的两个面。

5.8.2　实例——挂钩刚性连接

本实例介绍怎样在横板与挂钩之间创建刚性连接接头，图 5-120 所示为挂钩模型。

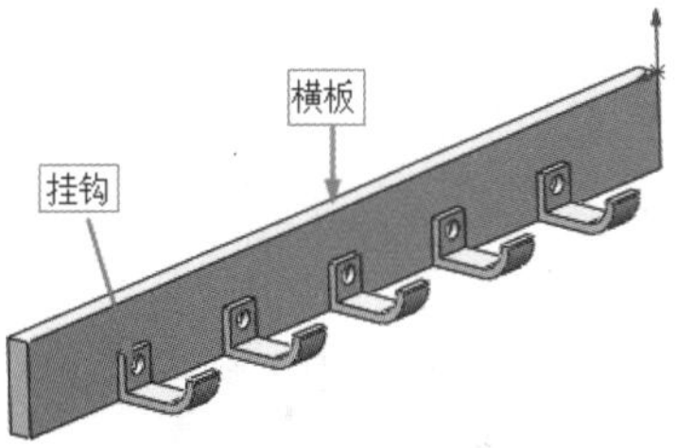

横板

挂钩

图 5-120　挂钩模型

【操作步骤】

1．打开源文件

选择菜单栏中的"文件"→"打开"命令或者单击"快速访问"工具栏中的"打开"按钮，打开源文件中的"挂钩.sldprt"。

2．新建算例

（1）单击 Simulation 选项卡中的"新算例"按钮，或者选择菜单栏中的 Simulation→"算例"命令。

（2）在打开的"算例"属性管理器中定义"名称"为"静应力分析1"，分析类型为"静应力分析"。

（3）单击"确定"按钮，进入 SOLIDWORKS Simulation 的"静应力分析"算例界面。

3．定义模型材料

（1）在 SOLIDWORKS Simulation 算例树中右击"挂钩"图标挂钩，在弹出的快捷菜单中选择"应用材料到所有实体"命令。

（2）在打开的"材料"对话框中定义模型的材质为"铝"→"1060 合金"。

（3）单击"应用"按钮，关闭对话框。材料定义完成。

4．添加约束

（1）单击 Simulation 选项卡中"夹具顾问"下拉列表中的"固定几何体"按钮，或者在 SOLIDWORKS Simulation 算例树中右击"夹具"图标夹具，在弹出的快捷菜单中选择"固定几何体"

命令。

（2）打开"夹具"属性管理器，选择横板的后表面作为固定面，如图 5-121 所示。

（3）单击"确定"按钮✔，关闭"夹具"属性管理器。

5．添加载荷

（1）单击 Simulation 选项卡中"外部载荷顾问"下拉列表中的"力"按钮↓，或者在 SOLIDWORKS Simulation 算例树中右击"外部载荷"图标↓↓ 外部载荷，在弹出的快捷菜单中选择"力"命令。

（2）打开"力/扭矩"属性管理器，选择 5 个挂钩的上表面作为受力面，力的方向选择"法向"，将力的大小设置为 60N，如图 5-122 所示。

（3）单击"确定"按钮✔，载荷添加完成。

图 5-121　添加固定约束

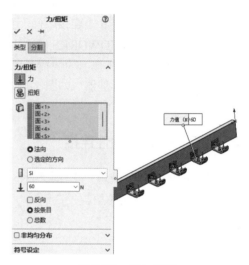

图 5-122　添加载荷

6．生成网格和运行分析

（1）单击 Simulation 选项卡中"运行此算例"下拉列表中的"生成网格"按钮🧊，或者在 SOLIDWORKS Simulation 算例树中右击"网格"图标🧊网格，在弹出的快捷菜单中选择"生成网格"命令。

（2）打开"网格"属性管理器，勾选"网格参数"复选框，选中"基于曲率的网格"单选按钮，单位设置为 mm，设置"最大单元大小"为 4mm，"最小单元大小"为 1.5mm。

（3）单击"确定"按钮✔，结果如图 5-123 所示。从图中可以看出挂钩没有进行网格划分。

（4）单击 Simulation 选项卡中的"运行此算例"按钮🧊，进行运行分析。当计算分析完成之后，在 SOLIDWORKS Simulation 算例树中会出现对应的结果文件夹。

7．查看结果

在 SOLIDWORKS Simulation 算例树中双击"应力 1"和"位移 1"图标，从而在图形区域中显示挂钩的应力分布和位移分布，如图 5-124 所示。

8．复制算例

右击"静应力分析 1"标签，在弹出的快捷菜单中选择"复制算例"命令，新算例名称为"静应力分析 2"。

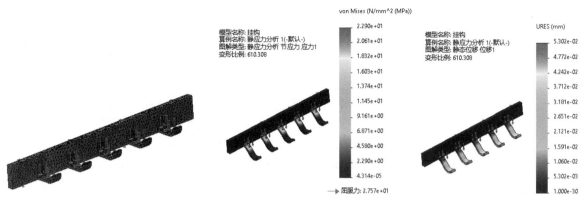

| 图 5-123　划分网格 | 图 5-124　挂钩的应力分布和位移分布 |

9. 添加刚性连接

（1）单击 Simulation 选项卡中"连接顾问"下拉列表中的"刚性连接"按钮 ，或者在 SOLIDWORKS Simulation 算例树中右击"连结"图标 连结，在弹出的快捷菜单中选择"刚性连接"命令。

（2）弹出"接头"属性管理器，❶选择横板的前表面和❷挂钩的后表面，如图 5-125 所示。

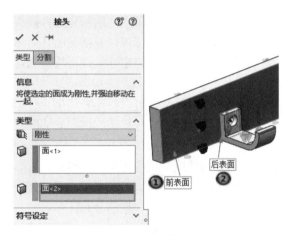

图 5-125　选择刚性连接面

（3）单击"确定"按钮 ，连接接头创建完成。

（4）使用同样的方法创建其他 4 个挂钩与横板的刚性连接。

10. 运行分析并查看结果

（1）单击 Simulation 选项卡中的"运行此算例"按钮 ，进行运行分析。当计算分析完成之后，在 SOLIDWORKS Simulation 算例树中会出现对应的结果文件夹。

（2）在 SOLIDWORKS Simulation 算例树中双击"应力 1"和"位移 1"图标，从而在图形区域中显示挂钩的应力分布和位移分布，如图 5-126 所示。与静应力分析 1 的应力分布和位移分布图对比可知，增加刚性连接后应力和位移均有所降低。

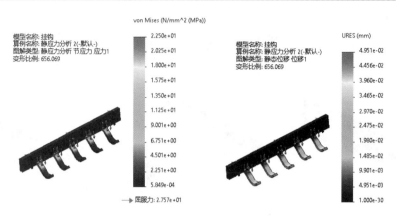

图 5-126 挂钩的应力分布和位移分布

5.9 连 杆

5.9.1 连杆概述

用户可以在圆柱面、圆形边线（对于壳体）或顶点之间指定连杆接头，为装配体中连杆的行为建模；还可以将接头的终止接合指定为刚性、枢轴或球形以及横截面几何体。使用连杆接头替换装配体的连接杆可以减小网格大小并加快仿真速度；可以指定连接连杆接头的几何实体和接头终止接合的支撑条件。

连杆接头的模型是横梁，带有两个终止接合，可以将连杆连接到装配体的其他零件。终止接合的支撑类型可以是刚性、枢轴或球形，具体取决于连杆接头的实际安装配置。

接头的两个终止接合位于所选圆柱面或圆形边线的中心。分布式耦合公式将横梁的终止接合（参考节点）连接到连杆接头所连接的面、边线或顶点的所有耦合节点。分布耦合将耦合节点的运动约束为参考节点的平移和旋转。耦合节点位于影响半径内[圆形杆的半径或矩形杆的平方根（宽度×深度）]。分布式耦合在接头的接合处生成更逼真的应力分布和位移分布。

使用连杆接头运行仿真后，用户可以列出接头的力，如抗剪力、轴心力、折弯动量和扭矩。负轴心力表示连杆接头处于压缩状态。右击"结果"图标，然后在弹出的快捷菜单中选择相应的命令可以列出接头力。

连杆接头不可用于非线性算例和热算例。

单击 Simulation 选项卡中"连接顾问"下拉列表中的"连杆"按钮，或者在 SOLIDWORKS Simulation 算例树中右击"连结"图标 连结，在弹出的快捷菜单中选择"连杆"命令，打开"接头"属性管理器，如图 5-127 所示。

连杆"接头"属性管理器中部分选项的含义如下。

1. 类型

终止接合 1/终止接合 2。指定连接接头的几何实体和接头终止接合的支撑条件。

图 5-127 连杆"接头"属性管理器

（1）[同心圆柱面或边线（用于壳体）]：指定圆柱面或壳体边线以连接连杆接头。用户可以选择几何实体来定位接头的终止接合 1 和终止接合 2。

（2）（指定两个端点以连接连杆接头）：用户还可以为终止接合 1 选择一个顶点，并为终止接合 2 选择一个圆柱面或壳体边线。

（3）偏移距离：指定等距距离以定位接头的端点。

用户只能选择圆柱面或圆形边线来定义等距距离。等距距离从所选圆柱面或圆形边线的中心测量，并与所选实体的重心轴对齐。

（4）（反转等距方向）：反转等距距离的方向。

当修改等距距离时，用户可以在图形区域中定位终止接合的位置。

（5）（刚性接合）：将接头的端点指定为刚性接合。

刚性接合可以防止连杆和已连接零件之间发生任何旋转或变形。带刚性接合的连杆接头被视为接合到其已连接零件。

（6）（旋转接合）：将接头的端点指定为枢轴接合。

枢轴接合类似于刚性接合，但它允许接头绕所选圆柱面（或边线）的轴旋转。

（7）（球铰）：将接头的端点指定为球形接合。

球形接合的作用类似于球和球窝接合，球可以在球窝内旋转，但不可以从球窝中脱离。球形接合允许接头自由旋转，但不能从已连接零件上分离。

2. 截面参数

指定连杆接头的横梁元素横截面。系统提供了以下 4 种标准横截面。

（1）实心圆形：定义实心圆形杆的半径 R_o。

（2）空心圆形：定义空心圆形杆的半径 R_o。

（3）实心矩形：定义实心矩形杆的宽度 W 和高度 H。

（4）空心矩形：定义空心矩形杆的宽度 W、高度 H 和厚度 T。

扫一扫，看视频

5.9.2　实例——曲柄滑块机构连杆接头

图 5-128 所示为带有连杆的曲柄滑块机构模型，为了简化模型，将利用连杆接头来模拟连杆。

【操作步骤】

1. 打开源文件

（1）选择菜单栏中的"文件"→"打开"命令或者单击"快速访问"工具栏中的"打开"按钮，打开源文件中的"曲柄滑块机构.sldasm"。

（2）在 SOLIDWORKS Simulation 算例树中右击"连杆"零件，在弹出的快捷菜单中选择"压缩"命令，将连杆压缩，结果如图 5-129 所示。

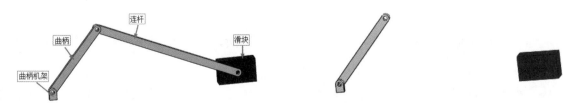

图 5-128　曲柄滑块机构模型　　　　　　　　图 5-129　压缩连杆后的模型

2. 新建算例

（1）单击 Simulation 选项卡中的"新算例"按钮🔍，或者选择菜单栏中的 Simulation→"算例"
命令。

（2）在打开的"算例"属性管理器中定义"名称"为"静应力分析1"，分析类型为"静应力分析"。

（3）单击"确定"按钮✔，进入 SOLIDWORKS Simulation 的"静应力分析"算例界面。

（4）模型中自动定义模型的材料为"普通碳钢"，所以这里不需要再进行材料定义。

3. 添加约束

（1）单击 Simulation 选项卡中"夹具顾问"下拉列表中的"固定几何体"按钮🔧，或者在
SOLIDWORKS Simulation 算例树中右击"夹具"图标🔧夹具，在弹出的快捷菜单中选择"固定几何体"
命令。

（2）打开"夹具"属性管理器，选择曲柄机架的底面作为固定面，如图 5-130 所示。

（3）单击"确定"按钮✔，关闭"夹具"属性管理器。

（4）重复"固定几何体"命令，在"高级"选项组中单击"使用参考几何体"按钮🔲，选择滑块
的底面作为约束面，选择滑块的顶面作为参考面；单击"沿基准面方向1"按钮🔲，距离设置为 5mm；
单击"沿基准面方向2"按钮🔲，距离设置为 0mm；单击"垂直于基准面"按钮🔲，距离设置为 0mm，
结果如图 5-131 所示。

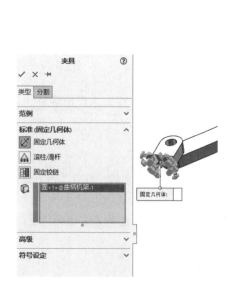

图 5-130 添加固定约束

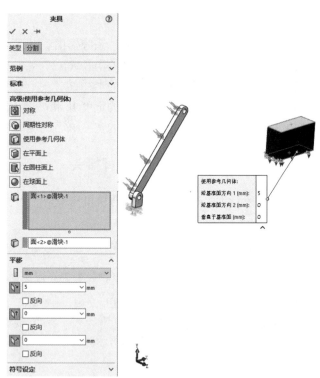

图 5-131 添加参考几何体约束

（5）单击"确定"按钮✔，关闭"夹具"属性管理器。

（6）重复"固定几何体"命令，在"标准"选项组中单击"固定铰链"按钮🔲 固定铰链，在绘图区选
择曲柄的圆柱孔面和曲柄机架的圆柱孔面，如图 5-132 所示。

（7）单击"确定"按钮✔，关闭"夹具"属性管理器。

4．添加载荷

（1）单击 Simulation 选项卡中"外部载荷顾问"下拉列表中的"力"按钮⬇️，或者在 SOLIDWORKS Simulation 算例树中右击"外部载荷"图标⬇️ **外部载荷**，在弹出的快捷菜单中选择"力"命令。

（2）打开"力/扭矩"属性管理器，选择曲柄的侧面作为受力面，力的方向选择"法向"，将力的大小设置为 100N，如图 5-133 所示。

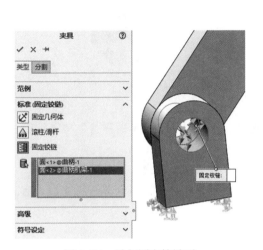

图 5-132　选择固定铰链面

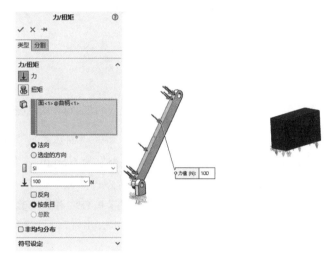

图 5-133　添加载荷

（3）单击"确定"按钮✔，载荷添加完成。

5．添加连杆接头

（1）在 SOLIDWORKS Simulation 算例树中右击"全局交互"图标🔧 **全局交互**，在弹出的快捷菜单中选择"删除"命令，将全局交互删除。

（2）单击 Simulation 选项卡中"连接顾问"下拉列表中的"连杆"按钮🔑，或者在 SOLIDWORKS Simulation 算例树中右击"连结"图标📍 **连结**，在弹出的快捷菜单中选择"连杆"命令。

（3）弹出"接头"属性管理器，❶在绘图区选择曲柄上端的圆柱孔面，❷将等距离设置为 0.005m，❸接合方式设置为🔲（旋转接合）。

（4）❹在"终止接合 2"选项组中单击"同心圆柱面或边线（用于壳体）"列表框，❺然后在绘图区选择滑块的圆柱孔面，❻将等距离设置为 0.005m，❼接合方式设置为🔲（旋转接合）。

（5）❽在"截面参数"选项组中设置截面类型为"实心矩形"，❾宽度 W 设置为 0.005m，❿高度 H 设置为 0.01m，如图 5-134 所示。

（6）单击"选择材料"按钮，打开"材料"对话框，⓫选择材料为"普通碳钢"。

（7）单击"确定"按钮✔，完成连杆的添加。

6．生成网格和运行分析

（1）单击 Simulation 选项卡中"运行此算例"下拉列表中的"生成网格"按钮🔲，或者在 SOLIDWORKS Simulation 算例树中右击"网格"图标🔲 **网格**，在弹出的快捷菜单中选择"生成网格"命令。

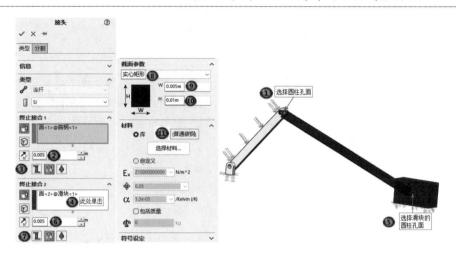

图 5-134　添加连杆接头

（2）打开"网格"属性管理器，勾选"网格参数"复选框，选中"基于曲率的网格"单选按钮，单位设置为 mm，设置"最大单元大小"为 6.5mm，"最小单元大小"为 1.3mm。

（3）单击"确定"按钮✔，结果如图 5-135 所示。从图中可以看出连杆没有进行网格划分。

（4）单击 Simulation 选项卡中的"运行此算例"按钮，进行运行分析。当计算分析完成之后，在 SOLIDWORKS Simulation 算例树中会出现对应的结果文件夹。

7. 查看结果

（1）在 SOLIDWORKS Simulation 算例树中右击"位移 1"图标 位移1 (-合位移-)，在弹出的快捷菜单中选择"设定"命令，弹出"位移图解"属性管理器。

（2）勾选"将模型叠加于变形形状上"复选框，选择"半透明（单一颜色）"选项，单击"编辑颜色"按钮，打开"颜色"对话框，设置颜色为黄色，设置"透明度"为 0.2，如图 5-136 所示。

图 5-135　划分网格

图 5-136　编辑定义

（3）单击"确定"按钮✔，关闭属性管理器。

（4）在 SOLIDWORKS Simulation 算例树中双击"位移 1"图标 位移1 (-合位移-)，从而在图形区域中显示曲柄滑块机构的位移分布，如图 5-137 所示。

（5）在 SOLIDWORKS Simulation 算例树中右击"位移 1"图标 位移1 (-合位移-)，在弹出的快捷菜单中选择"探测"命令，弹出"探测结果"属性管理器，在绘图区选择滑块的一个顶点，显示出该点的位移数值为 5mm，如图 5-138 所示。

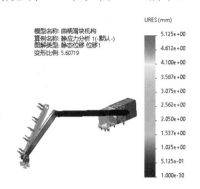

图 5-137　曲柄滑块机构的位移分布

图 5-138　探测结果

（6）在 SOLIDWORKS Simulation 算例树中双击"应力 1"图标 应力1 (-vonMises-)，从而在图形区域中显示曲柄滑块机构的应力分布，如图 5-139 所示。

（7）在 SOLIDWORKS Simulation 算例树中右击"结果"图标 结果，在弹出的快捷菜单中选择"列出接头力"命令，弹出"合力"属性管理器，选中"接头力"单选按钮，在"选择"选项组中选择"所有接头"，之后会在列表框中列出连杆所受的接头力，如图 5-140 所示。

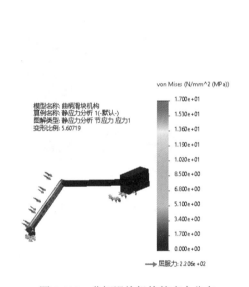

图 5-139　曲柄滑块机构的应力分布

图 5-140　"合力"属性管理器

扫一扫，看视频

练一练　自卸车车斗

本练习为对自卸车车斗的静应力分析。自卸车车斗模型如图 5-141 所示，在装配体中并没有油缸和顶杆模型，因此将通过连杆接头模拟油缸和顶杆模型。

【操作提示】

（1）压缩油缸和顶杆模型。

（2）新建静应力算例。

（3）定义材料。自卸车车斗的材料为普通碳钢。

（4）添加固定约束。选择图 5-142 所示的底面作为固定约束面。

（5）机构载荷。选择图 5-143 所示的面作为受力面，力的大小为 2000N。

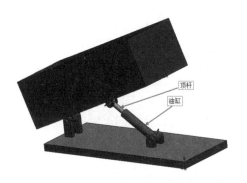
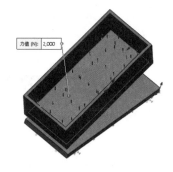

图 5-141　自卸车车斗模型　　　　图 5-142　选择固定约束面　　　　图 5-143　选择受力面

（6）定义销钉接头。选择图 5-144 所示的 3 个圆柱孔面定义销钉，连接类型为刚性。

（7）创建连杆接头。选择两处圆柱孔面作为终止接合 1 和终止接合 2，其他参数设置如图 5-145 所示。

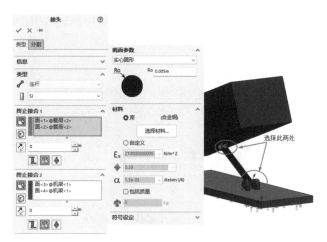

图 5-144　选择 3 个圆柱孔面　　　　　　　图 5-145　连杆接头的参数设置

（8）采用默认设置生成网格。

（9）运行并查看结果。将模型叠加后的自卸车车斗的应力分布和位移分布如图 5-146 所示。

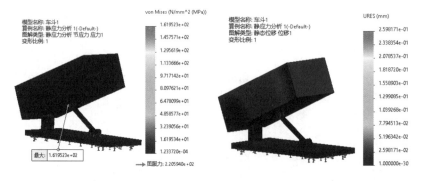

图 5-146　自卸车车斗的应力分布和位移分布

第6章　频率分析

内容简介

本章介绍频率分析的概念、频率分析的分类，以及装配体全部接合和部分接合的频率分析。

内容要点

➤ 频率分析概述
➤ 零件的频率分析
➤ 装配体的频率分析

案例效果

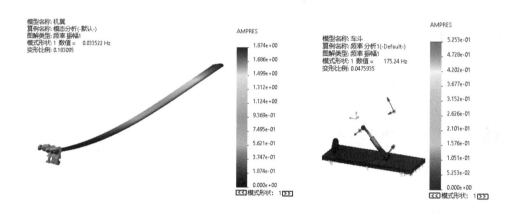

6.1　频率分析概述

　　任何模型都有自己的固有频率，称为共振频率。共振频率与其自身的结构有关。振动的形式称为振动模态，当某一模型所受激励的频率与固有频率一致或接近时，就会发生共振。每个共振频率都与模型以该频率振动时趋于呈现的特定形状有关，称为模式形状。共振频率和相应的模式形状取决于几何、材料属性和支撑条件。共振会使振动变得剧烈，容易造成破坏，一般需要避免。

　　在静力学分析中，节点位移是主要未知量。$[K]d=F$，其中$[K]$为刚度矩阵，d为节点位移，为主要的未知量，F为节点载荷的已知量。

　　在动力学分析中，需要考虑阻尼矩阵$[C]$和质量矩阵$[M]$，即$[M]d''+[C]d'+[K]d=F(t)$，如果不考虑阻尼和外力，则方程可简化为$[M]d''+[K]d=0$。

　　频率分析就是计算模型的共振频率和对应的振动模态，特定的固有频率对应唯一的振动模态。对于一阶固有振动模态，对应的有一阶固有频率的振动形式，二阶固有振动模态对应于二阶固有频率的振动形式，以此类推，如图 6-1 所示。振动形式的阶数越高，振动形式越复杂。

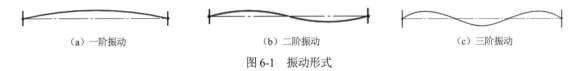

| （a）一阶振动 | （b）二阶振动 | （c）三阶振动 |

图 6-1　振动形式

在实际设计中为了避免出现共振现象，应保证结构的固有频率远离受到的激励频率，因此为了改变结构的固有频率，可以改变结构的几何形状、材料属性等。另外，提高结构的刚度会使频率增大；振动部件的质量越大，则频率越低。

6.2　零件的频率分析

频率分析就是计算结构的共振频率以及对应的振动模态，不计算位移和应力。

频率分析需要的材料属性包括以下三类。

（1）弹性模量：衡量物体抵抗弹性变形能力大小的指标，用 E 表示，单位为 N/m^2，定义为理想材料有小形变时应力与相应的应变之比。

（2）泊松比：反应材料横向变形的弹性常数，用 μ 表示，定义为垂直方向上的应变与载荷方向上的应变之比。

（3）密度：对特定体积内的质量的度量，用 ρ 表示，单位为 kg/m^3，定义为物体的质量与体积之比。

频率分析并不计算位移和应力，而且为了模拟惯性刚度，在频率分析中必须包含材料的密度。

6.2.1　带约束的频率分析

对带支撑的零件进行分析时大致需要以下步骤。

（1）新建算例，在"频率"对话框中设置算例属性，一般默认的频率数为 5。

（2）定义材料属性和约束。

（3）生成网格并进行运行分析，采用高品质的默认网格，相比于同模型的应力分析，频率分析可以采用粗糙一些的网格。

（4）查看结果。对结果进行处理，分析研究各类数值的含义，频率分析不考虑位移结果。

6.2.2　实例——带约束机翼的振动分析

扫一扫，看视频

本实例分析机翼模型的振动模态和固有频率。

长度为 2540mm 的机翼模型的横截面形状和尺寸如图 6-2 所示。其一端固定，另一端自由。已知弹性模量 $E=206$MPa，密度为 887kg/m³，泊松比为 0.3。计算分析该机翼自由振动的前五阶频率和振型。

用模态分析可以确定一个结构的固有频率和振型，固有频率和振型是承受动态载荷结构设计中的重

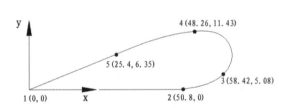

图 6-2　机翼模型的横截面尺寸示意图

要参数。如果要进行模态叠加法谐响应分析或瞬态动力学分析，固有频率和振型也是必要的。

【操作步骤】

1. 新建算例

（1）选择菜单栏中的"文件"→"打开"命令或者单击"快速访问"工具栏中的"打开"按钮 ，打开源文件中的"机翼.sldprt"。

（2）单击 Simulation 选项卡中的"新算例"按钮 ，或者选择菜单栏中的 Simulation→"算例"命令。

（3）在打开的"算例"属性管理器中定义"名称"为"模态分析"，分析类型为"频率"，如图 6-3 所示。

（4）单击"确定"按钮 ，进入 SOLIDWORKS Simulation 算例树界面。

（5）在 SOLIDWORKS Simulation 算例树中右击新建的"模态分析"图标 模态分析* (-默认-)，在弹出的快捷菜单中选择"属性"命令，打开"频率"对话框。单击"选项"选项卡，在"频率数"微调框中设置要计算的模态阶数为 5，如图 6-4 所示。

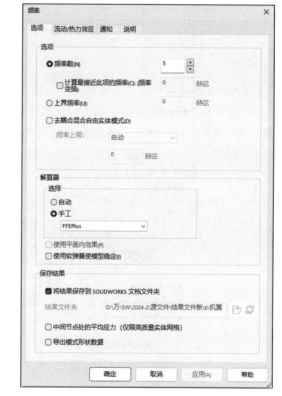

图 6-3　"算例"属性管理器　　　　图 6-4　"频率"对话框

（6）单击"确定"按钮，关闭对话框。

（7）在 SOLIDWORKS Simulation 算例树中单击"机翼"图标 机翼，单击 Simulation 选项卡中的"应用材料"按钮 ，打开"材料"对话框。选择"选择材料来源"为"自定义材料"；设置"模型类型"为"线性弹性各向同性"；定义材料的"名称"为"机翼材料"；定义材料的弹性模量为 2060000 N/m2，泊松比为 0.394，质量密度为 887kg/m³，如图 6-5 所示。

（8）单击"应用"按钮，关闭"材料"对话框。

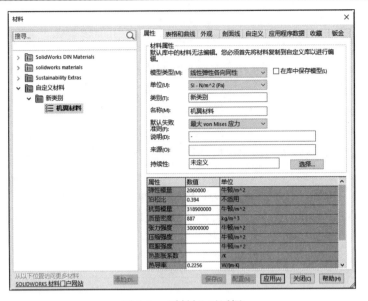

图 6-5　"材料"对话框

2．添加约束

（1）单击 Simulation 选项卡中"夹具顾问"下拉列表中的"固定几何体"按钮，然后①选择机翼的端面作为约束元素。②选择夹具类型为"固定几何体"，如图 6-6 所示。

（2）③单击"确定"按钮，完成机翼的固定约束。

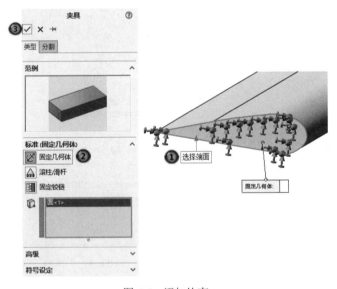

图 6-6　添加约束

3．生成网格和运行分析

（1）单击 Simulation 选项卡中"运行此算例"下拉列表中的"生成网格"按钮，打开"网格"属性管理器。保持网格的默认粗细程度。

（2）单击"确定"按钮，开始划分网格，划分网格后的模型如图 6-7 所示。

（3）单击 Simulation 选项卡中的"运行此算例"按钮，进行运行分析。

4．查看并分析结果

（1）双击 SOLIDWORKS Simulation 算例树中"结果"文件夹下的"振幅 1"图标 ，观察机翼在给定约束下的一阶振型图解，如图 6-8 所示。

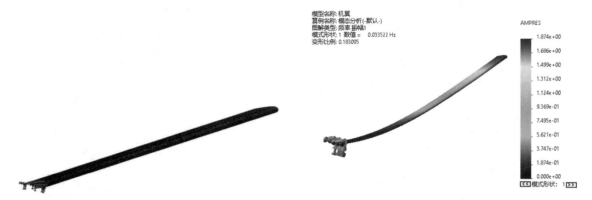

图 6-7　划分网格后的模型　　　　　　　图 6-8　给定约束下的机翼一阶振型

（2）双击 SOLIDWORKS Simulation 算例树中"结果"文件夹下的"振幅 2"图标 ，观察机翼在给定约束下的二阶振型图解，如图 6-9 所示。图 6-10 所示是机翼的三阶振型。

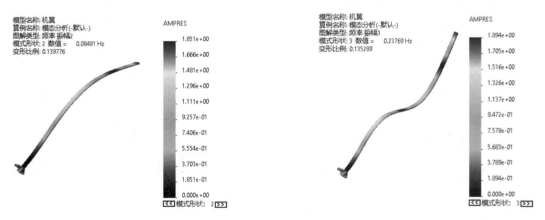

图 6-9　机翼的二阶振型　　　　　　　　图 6-10　机翼的三阶振型

（3）选择菜单栏中的 Simulation→"列举结果"→"模式"命令，打开"列举模式"对话框，显示计算得出的前五阶振动频率，如图 6-11 所示。

（4）查看其他模式形状，当显示某一个图解时，右击该图解，在弹出的快捷菜单中选择"动画"命令，如图 6-12 所示。打开"动画"属性管理器，设置播放的速度，如图 6-13 所示。观察其他模式的模拟结果，如图 6-14 所示。

（5）生成频率分析图。右击"结果"文件夹，在弹出的快捷菜单中选择"定义频率响应图表"命令，打开"频率分析图表"属性管理器，如图 6-15 所示。"摘要"选项组中列举了所有模式号及对应的频率，单击"确定"按钮 ，生成频率分析图，如图 6-16 所示。

图 6-11　前五阶振动频率

图 6-12　选择"动画"命令

图 6-13　"动画"属性管理器

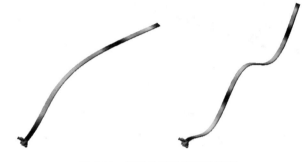

图 6-14　机翼的四阶和五阶振型

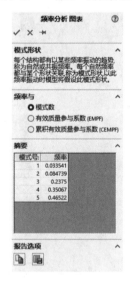

图 6-15　"频率分析图表"属性管理器

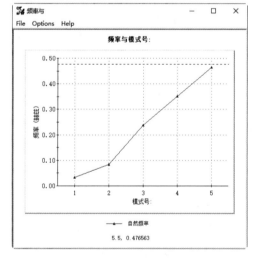

图 6-16　频率分析图

扫一扫，看视频

练一练　带约束的风叶的振动分析

本练习对风叶进行带约束的频率分析。风叶模型如图 6-17 所示，小圆柱面为固定约束面。

【操作提示】

（1）新建频率算例。

（2）定义材料。将风叶的材料设置为 1060 合金。

（3）添加约束。选择图 6-18 所示的圆柱面作为固定约束面。

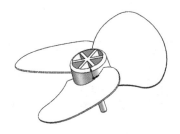

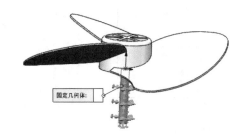

图 6-17 风叶模型　　　　　　　图 6-18 选择固定约束面

（4）定义属性。在"频率"对话框中设置"频率数"为 5。

（5）生成网格。选择默认设置生成网格。

（6）运行算例。

（7）列出共振频率，如图 6-19 所示。

（8）动画显示。

图 6-19 共振频率

6.2.3 不带约束的频率分析

没有添加约束或部分约束的模型为刚体模态，对刚体模态的频率分析必须使用 FFEPlus 解算器。当对不带支撑的零件进行分析时不需要添加约束，其余的步骤与带支撑零件的分析步骤大体相同。

6.2.4 实例——不带约束机翼的振动分析

本实例在 6.2.2 小节的实例的基础上继续分析不带约束机翼模型的振动模态和固有频率。

【操作步骤】

1. 新建算例

选择前面创建的"模态分析"算例，右击，在弹出的快捷菜单中选择"复制算例"命令，在打开的"复制算例"属性管理器中设置新算例的名称为"模态分析 1"，如图 6-20 所示。

2. 压缩算例中的约束

在创建的新算例的界面中右击"夹具"文件夹下的"固定"约束，在弹出的快捷菜单中选择"压缩"命令。

3. 设置算例属性

在 SOLIDWORKS Simulation 算例树中右击新建的"模态分析 1"，在弹出的快捷菜单中选择"属性"命令，打开"频率"对话框，在"频率数"微调框中设置要计算的模态阶数为 11。

4. 运行分析

单击 Simulation 选项卡中的"运行此算例"按钮 ，进行运行分析。

5. 查看并分析结果

右击"结果"文件夹，在弹出的快捷菜单中选择"列出共振频率"命令，打开"列举模式"对话框，如图 6-21 所示。

图 6-20　"复制算例"属性管理器

图 6-21　"列举模式"对话框

从"列举模式"对话框中可以看出，前 6 个模式对应的频率几乎为 0，因为机翼没有支撑，它们对应着 6 个自由度的刚体模式，即 3 个平移自由度和 3 个旋转自由度。机翼产生弹性变形的第一阶振动模式对应的是模式 7。

扫一扫，看视频

练一练　不带约束的风叶的振动分析

本练习对风叶进行不带约束的频率分析。风叶模型如图 6-22 所示。

【操作提示】

（1）复制"带约束频率分析"算例，设置名称为"不带约束频率分析"。

（2）删除固定约束。

（3）设置属性。将"频率数"设置为 10，解算器选择 FFEPlus。

（4）运行算例。

（5）列出共振频率，如图 6-23 所示。

（6）动画显示。

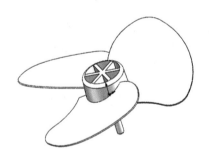

图 6-22　风叶模型

图 6-23　共振频率

6.2.5　带载荷的频率分析

在对一个带载荷的模型进行频率分析时，在载荷方向上必须有支撑条件，若没有支撑条件，将会产生奇异刚度矩阵，导致模型求解失败。在对模型添加载荷时，拉力和压力会改变结构的刚度，即抗弯的能力，拉力可以增大结构的刚度，压力会减小结构的刚度，通过影响结构的刚度进而改变结构对载荷的响应和振动特性。

添加载荷可以改变结构共振概率，压力可以降低共振概率，但是模式形态不会随着添加的载荷而发生改变，它与真实的几何体有关。

扫一扫，看视频

6.2.6 实例——带载荷和约束机翼的振动分析

本实例在 6.2.2 小节的实例的基础上分析带载荷和约束机翼模型的振动模态和固有频率,可以将机翼的一端固定,假设底面受到 0.1Pa 的压力。

【操作步骤】

1. 新建算例

选择前面创建的"模态分析"算例,右击,在弹出的快捷菜单中选择"复制算例"命令,在打开的"复制算例"属性管理器中设置新算例的名称为"模态分析2"。

2. 添加载荷

在机翼另一端的平面上添加 500N 的压力,单击 Simulation 选项卡中"外部载荷顾问"下拉列表中的"压力"按钮▥,打开"压力"属性管理器,❶选择另一个端面,❷在压强值▥右侧的文本框中输入 0.1,如图 6-24 所示。❸单击"确定"按钮✔,添加压力载荷。

3. 设置算例属性

在 SOLIDWORKS Simulation 算例树中右击新建的"模态分析 2"图标,在弹出的快捷菜单中选择"属性"命令,打开"频率"对话框,在"解算器"选项组中选中"手工"单选按钮,在下拉列表中选择 Intel Direct Sparse 解算器。

4. 运行分析

单击 Simulation 选项卡中的"运行此算例"按钮▣,进行运行分析。

5. 查看并分析结果

右击"结果"文件夹,在弹出的快捷菜单中选择"列出共振频率"命令,打开"列举模式"对话框,如图 6-25 所示。

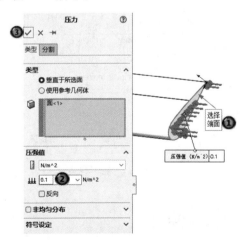

图 6-24 添加压力载荷

图 6-25 "列举模式"对话框

双击 SOLIDWORKS Simulation 算例树中"结果"文件夹下的"振幅"图标▣,观察机翼的变形图解,如图 6-26 所示,可以看到因为添加了压力载荷,共振频率降低。

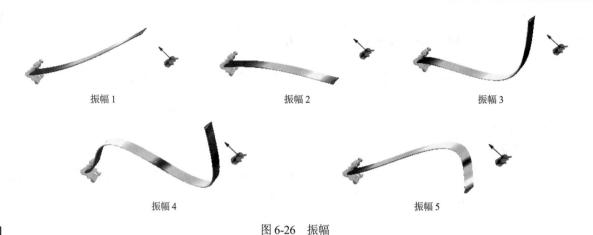

振幅1 振幅2 振幅3

振幅4 振幅5

图 6-26 振幅

练一练　带载荷的风叶的振动分析

本练习对风叶进行带载荷的频率分析。风叶模型如图 6-27 所示。小圆柱面为固定约束面，风叶的角速度为 1200rad/s。

【操作提示】

（1）复制"带约束频率分析"算例，名称为"带载荷频率分析"。

（2）添加载荷。以基准轴 1 为参考，设置"角速度"为 1200rad/s，如图 6-28 所示。

（3）设置属性。将"频率数"设置为 5，解算器选择自动。

（4）划分网格并运行算例。

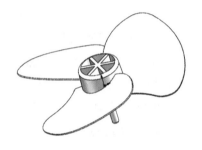

图 6-27　风叶模型

（5）列出共振频率，如图 6-29 所示。

（6）动画显示。

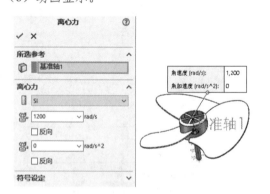

图 6-28　设置"角速度"

列举模式

算例名称带载荷的频率分析

模式号	频率(rad/秒)	频率(赫兹)	周期(秒)
1	1,697.6	270.19	0.0037011
2	1,838.9	292.67	0.0034169
3	1,972.7	313.97	0.003185
4	2,049.4	326.18	0.0030658
5	2,103.8	334.83	0.0029866

关闭(C)　　保存(S)　　帮助(H)

图 6-29　共振频率

6.3　装配体的频率分析

当对装配体进行频率分析时，装配体中的零件必须是接合在一起的，不可以出现缝隙。如果出现干涉，则必须去除干涉部分。当对其中某个零部件进行分析时，如果与其连接的实体的质量很重要，但是其应力和变形没那么重要时，那么可以将这个实体看作远程质量，并刚性地连接在要分析的零部件上。被视为远程质量的实体不需要进行网格化，但在进行频率分析时要考虑其质量属性和惯性张量。

对装配体进行频率分析的大致步骤如下：

（1）新建算例，设置材料属性。

（2）定义远程质量，将不需要进行频率分析的实体视为远程质量，从频率分析中消除。

（3）添加约束，设置接触类型，对装配体中的接触和连接可以设置接合、自由接触、销连接等方式，不要使用无穿透接触。

（4）划分网格并运行分析。

（5）查看并分析结果。

6.3.1　全部接合的频率分析

在前面的章节中已经介绍过零部件之间的交互条件有接合、相触、空闲、冷缩配合和虚拟壁。接下来讲解一下零部件采用全部接合的交互方式进行连接的装配体的频率分析。

全部接合是指装配体中的所有零部件均采用接合的交互条件连接在一起，此时，整个装配体的处理方式与单独零部件的处理方式相同。但是全部接合的交互条件会导致装配体的刚度要比实际刚度高得多。

6.3.2　实例——车斗全部接合的频率分析

本实例分析车斗装配体的固有频率以及对应的模式形态。

图 6-30 所示为车斗模型，该模型由车斗载荷、顶杆、油缸和机架 4 部分组成。在进行频率分析时将车斗载荷视为远程质量，油缸与机架通过销钉连接，计算分析该车斗自由振动的前五阶频率和模式形状。

【操作步骤】

1. 新建算例

（1）选择菜单栏中的"文件"→"打开"命令或者单击"快速访问"工具栏中的"打开"按钮，打开源文件中的"车斗.sldasm"。

（2）单击 Simulation 选项卡中的"新算例"按钮，或者选择菜单栏中的 Simulation→"算例"命令。

（3）在打开的"算例"属性管理器中定义"名称"为"频率分析"，分析类型为"频率"。

（4）单击"确定"按钮，进入 SOLIDWORKS Simulation 算例树界面。

（5）在 SOLIDWORKS Simulation 算例树中右击新建的"频率分析*"图标 频率分析* (-Default-)，在弹出的快捷菜单中选择"属性"命令，打开"频率"对话框。单击"选项"选项卡，在"频率数"微调框中设置要计算的模态阶数为 5。

（6）单击"确定"按钮，关闭对话框。

2. 添加约束

（1）因为模型中已经定义好了材料，所以在进行频率分析时无须再定义材料。

（2）单击 Simulation 选项卡中"夹具顾问"下拉列表中的"固定几何体"按钮，或者在 SOLIDWORKS Simulation 算例树中右击"夹具"文件夹，在弹出的快捷菜单中选择"固定几何体"命令，然后选择机架的底面作为约束元素。选择夹具类型为"固定几何体"，如图 6-31 所示。

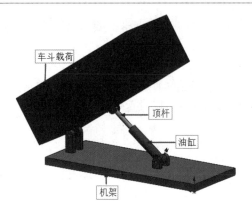

图 6-30　车斗模型

图 6-31　添加固定约束

（3）单击"确定"按钮✔，完成固定约束的添加。

3．定义远程质量

（1）在 SOLIDWORKS Simulation 算例树中的"零件"文件夹中右击"载荷-2"图标❤️⚠️载荷-2，在弹出的快捷菜单中选择"视为远程质量"命令，如图 6-32 所示。

（2）打开"视为远程质量"属性管理器，如图 6-33 所示。在绘图区选择图 6-34 所示的孔的内表面作为远程质量的面。

（3）单击"确定"按钮✔，结果如图 6-35 所示。

图 6-32　选择"视为远程质量"命令

图 6-33　"视为远程质量"属性管理器

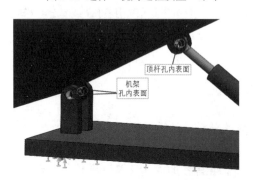

图 6-34　选择孔的内表面

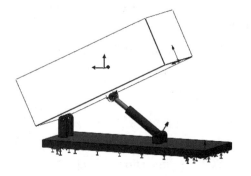

图 6-35　定义远程质量

4．设置全局交互

（1）在 SOLIDWORKS Simulation 算例树中的"零件"文件夹中右击"全局交互"图标　全局交互，在弹出的快捷菜单中选择"编辑定义"命令。

（2）打开"零部件交互"属性管理器，❶"交互类型"选择"接合"，❷勾选"全局交互"复选框，❸勾选"在相触边界之间强行使用共同节点"复选框，其他参数采用默认值，如图 6-36 所示。

（3）单击"确定"按钮✔，全局交互设置完成。

5．销钉接头

（1）单击 Simulation 选项卡中"连接顾问"下拉列表中的"销钉"按钮，或者在 SOLIDWORKS Simulation 算例树中右击"连结"图标　连结，在弹出的快捷菜单中选择"销钉"命令。

（2）打开"接头"属性管理器，单击"圆柱面/边线"列表框，然后在绘图区选择机架的圆柱孔面和油缸的圆柱孔面；勾选"使用固定环（无平移）"复选框，设置"旋转刚度"为 50N·m/rad，如图 6-37 所示。

（3）单击"确定"按钮✔，完成销钉的定义。

图 6-36　"零部件交互"属性管理器　　　　图 6-37　设置销钉参数

6．生成网格和运行分析

（1）单击 Simulation 选项卡中"运行此算例"下拉列表中的"生成网格"按钮，或者在 SOLIDWORKS Simulation 算例树中右击"网格"图标　网格，在弹出的快捷菜单中选择"生成网格"命令。

（2）打开"网格"属性管理器。"网格参数"选择"基于曲率的网格"，保持网格的默认粗细程度。

（3）单击"确定"按钮✔，开始划分网格，划分网格后的模型如图 6-38 所示。

（4）单击 Simulation 选项卡中的"运行此算例"按钮，进行运行分析。

7．查看并分析结果

（1）双击 SOLIDWORKS Simulation 算例树中"结果"文件夹下的"振幅 1"图标，观察车斗在给定约束下的一阶模式形状，如图 6-39 所示。

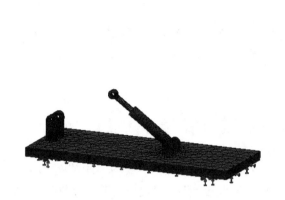

图 6-38　划分网格

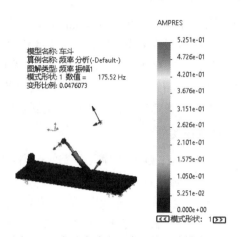

图 6-39　车斗在给定约束下的一阶模式形状

（2）双击 SOLIDWORKS Simulation 算例树中"结果"文件夹下的"振幅 2"图标 ，观察车斗在给定约束下的二阶模式形状，如图 6-40 所示。图 6-41 所示为车斗的三阶模式形状；图 6-42 和图 6-43 所示分别为车斗的四阶模式形状和五阶模式形状。

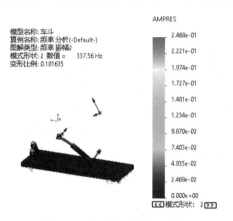

图 6-40　车斗的二阶模式形状

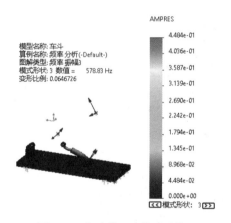

图 6-41　车斗的三阶模式形状

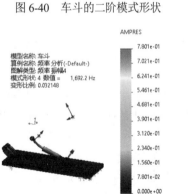

图 6-42　车斗的四阶模式形状

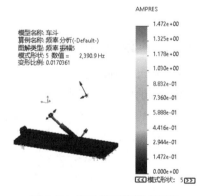

图 6-43　车斗的五阶模式形状

（3）选择菜单栏中的 Simulation→"列举结果"→"模式"命令，或者在 SOLIDWORKS Simulation

算例树中右击"结果"图标 📇 **结果**，在弹出的快捷菜单中选择"列出共振频率"命令。

（4）打开"列举模式"对话框，显示计算得出的前五阶振动频率，如图 6-44 所示。

（5）查看其他模式形状，在显示某一个图解时，右击该图解，在弹出的快捷菜单中选择"动画"命令。

（6）打开"动画"属性管理器，如图 6-45 所示。拖动"速度"滑块，调整播放的速度。

图 6-44　前五阶振动频率

图 6-45　"动画"属性管理器

（7）在 SOLIDWORKS Simulation 算例树中右击"结果"图标 📇 **结果**，在弹出的快捷菜单中选择"定义频率响应图表"命令，打开"频率分析图表"属性管理器，如图 6-46 所示。"摘要"选项组中列举了所有模式号及对应的频率，单击"确定"按钮，生成频率分析图，如图 6-47 所示。

图 6-46　"频率分析图表"属性管理器

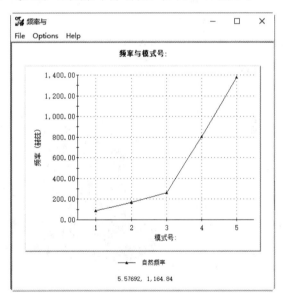

图 6-47　频率分析图

练一练　脚轮装配体全部接合的频率分析

本练习对脚轮装配体进行接触条件为全部接合的频率分析。Caster（脚轮装配体）模型如图 6-48 所示。底面为固定约束面，将轮子视为远程质量。

【操作提示】

（1）新建频率分析算例。

（2）定义材料。将底座和两个轴支撑架的材料设置为普通碳钢，其他材料均为合金钢。

（3）添加约束。选择图 6-49 所示的底座的底面作为固定约束面。

图 6-48　Caster（脚轮装配体）模型

图 6-49　选择固定约束面

（4）查看质量属性。通过查看质量属性可知轮子的质量为 0.7kg。

（5）定义远程质量。为了方便选取，先将装配体设置为爆炸状态。选择轮子将其定义为远程质量，参数设置如图 6-50 所示。

（6）定义本地交互。交互类型选择"接合"，选择脚轮装配体，采用自动查找本地交互的方法进行接触设置。

（7）定义属性。在"频率"对话框中设置"频率数"为 5。解算器选择"自动"。

（8）划分网格并运行算例。

（9）列出共振频率，如图 6-51 所示。

图 6-50　"视为远程质量"属性管理器

图 6-51　共振频率

（10）动画显示。

6.3.3　部分接合的频率分析

在前面章节中介绍了全部接合的频率分析，接下来将在此基础上进行接合和空闲两种接触条件的频率分析。

接合是指选定的零部件在仿真过程中的行为方式就像是被焊接在一起一样。

空闲是指相接触的零部件认为对方不存在。

6.3.4　实例——车斗部分接合的频率分析

【操作步骤】

1．复制算例

选择前面创建的"频率分析"算例，右击，在弹出的快捷菜单中选择"复制算例"命令，在打开的"复制算例"属性管理器中设置新算例的名称为"频率分析 1"。

2．创建本地交互

（1）在 SOLIDWORKS Simulation 算例树中右击"连结"图标 **连结**，在弹出的快捷菜单中选择"本地交互"命令，如图 6-52 所示。

（2）打开"本地交互"属性管理器，如图 6-53 所示。❶交互类型选择"空闲"，❷在绘图区选择顶杆圆柱面作为组 1 的面；单击 （组 2 的面）列表框，❸在绘图区选择油缸内圆柱面作为组 2 的面。

图 6-52　选择"本地交互"命令

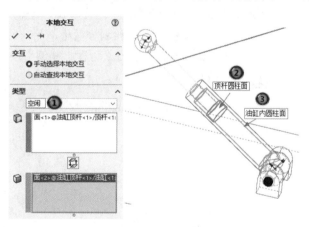

图 6-53　"本地交互"属性管理器

（3）单击"确定"按钮 ✔，本地交互创建完成。

3．创建销钉

（1）单击 Simulation 选项卡中"连接顾问"下拉列表中的"销钉"按钮，或者在 SOLIDWORKS Simulation 算例树中右击"连结"图标 **连结**，在弹出的快捷菜单中选择"销钉"命令，打开"接头"属性管理器，如图 6-54 所示。

（2）选择 2 个机架孔面和油缸孔面，勾选"使用固定环（无平移）"复选框，将"旋转刚度"设置为 50N·m/rad，单击"确定"按钮 ✔，创建的销钉如图 6-55 所示。

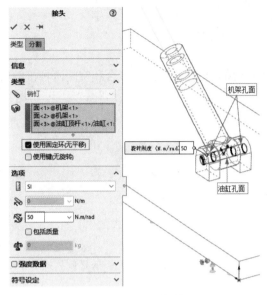

图 6-54 "接头"属性管理器

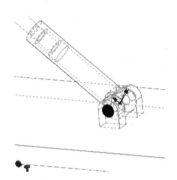

图 6-55 创建的销钉

4. 生成网格和运行分析

（1）单击 Simulation 选项卡中"运行此算例"下拉列表中的"生成网格"按钮，或者在 SOLIDWORKS Simulation 算例树中右击"网格"图标网格，在弹出的快捷菜单中选择"生成网格"命令。

（2）打开"网格"属性管理器。"网格参数"选择"基于曲率的网格"，保持网格的默认粗细程度。

（3）单击"确定"按钮，开始划分网格，划分网格后的模型如图 6-56 所示。

（4）单击 Simulation 选项卡中的"运行此算例"按钮，进行运行分析。

5. 查看并分析结果

（1）双击 SOLIDWORKS Simulation 算例树中"结果"文件夹下的"振幅 1"图标，观察车斗的一阶模式形状，如图 6-57 所示。

图 6-56 划分网格

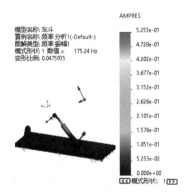

图 6-57 车斗的一阶模式形状

（2）双击 SOLIDWORKS Simulation 算例树中"结果"文件夹下的"振幅 2"图标，观察车斗在给定约束下的二阶模式形状，如图 6-58 所示。图 6-59 所示为车斗的三阶模式形状；图 6-60 和图 6-61 所示分别为车斗的四阶模式形状和五阶模式形状。

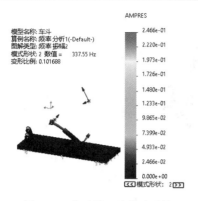

图 6-58　车斗的二阶模式形状

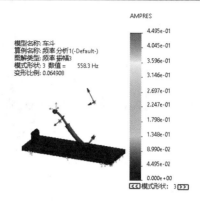

图 6-59　车斗的三阶模式形状

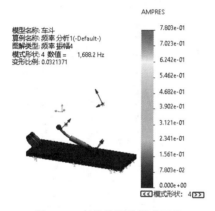

图 6-60　车斗的四阶模式形状

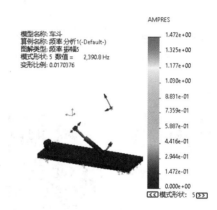

图 6-61　车斗的五阶模式形状

（3）选择菜单栏中的 Simulation→"列举结果"→"模式"命令，或者在 SOLIDWORKS Simulation 算例树中右击"结果"图标 📄 **结果**，在弹出的快捷菜单中选择"列出共振频率"命令。

（4）打开"列举模式"对话框，显示计算得出的前五阶振动频率，如图 6-62 所示。

（5）生成频率分析图。在 SOLIDWORKS Simulation 算例树中右击"频率响应图表 1"图标 📊 **频率响应图表1**，在弹出的快捷菜单中选择"编辑定义"命令，如图 6-63 所示。打开"频率分析图表"属性管理器。"摘要"选项组中列举了所有模式号及对应的频率，单击"确定"按钮，生成频率分析图。

图 6-62　前五阶振动频率

图 6-63　选择"编辑定义"命令

扫一扫，看视频

练一练　脚轮装配体部分接合的频率分析

本练习对脚轮装配体进行接合和空闲两种接触条件作用下的频率分析。脚轮装配体模型如图 6-64 所示。底面为固定约束面，将轮子视为远程质量。

图 6-64　脚轮装配体模型

【操作提示】

（1）复制频率分析算例。

（2）编辑本地交互。选择本地交互中轴与轮子的本地交互-6 进行编辑，将交互类型修改为"空闲"，如图 6-65 所示。同理，编辑本地交互-2、本地交互-4、本地交互-5、本地交互-10，结果如图 6-66 所示。

图 6-65　编辑本地交互

图 6-66　本地交互编辑结果

（3）定义属性。在"频率"对话框中设置"频率数"为 5。解算器选择"自动"。

（4）划分网格并运行算例。

（5）列出共振频率，如图 6-67 所示。

（6）动画显示。频率分析图如图 6-68 所示。

图 6-67　共振频率

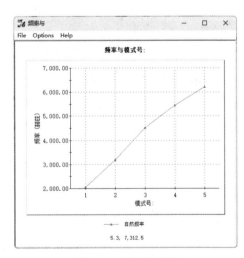

图 6-68　频率分析图

第 7 章 热 力 分 析

内容简介

本章介绍热力分析的有关概念、原理、各种状态的热力分析及 2D 简化热力分析。

内容要点

➢ 热力分析概述
➢ 稳态热力分析
➢ 瞬态热力分析
➢ 带辐射的热力分析
➢ 高级热应力 2D 简化

案例效果

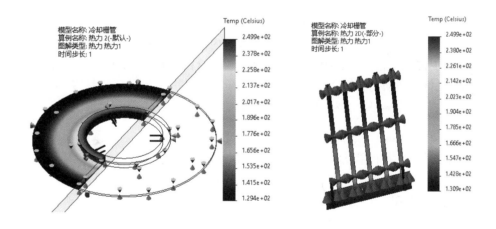

7.1 热力分析概述

结构分析一般包括静应力分析、频率分析、屈曲分析等，结构分析处理的是模型在载荷作用下的平衡状态。温度的变化也会引起结构的变形、应变和应力。热力分析是指包含温度影响的静态分析。热力分析是处理固体的热传导，主要的未知量是温度，因为温度是一个标量，所以不论什么类型的单元，在模型的节点上只有一个自由度。热力分析模拟的是热流的稳态情况，稳态的热力分析相当于线性的静力分析，瞬态的热力分析相当于动态的结构分析。热力分析中的温度相当于结构分析中的位移。

热力分析用于计算一个系统或部件的温度分布及其他热物理参数，如热量的获取或损失、热梯度及热流密度（热通量）等。它在许多工程引用中扮演着重要角色，如内燃机、涡轮机、换热器、管路系统及电子元件等。

7.1.1　热力分析材料属性

在热力分析中需要的材料属性包括三种，分别是热导率、比热容和质量密度。热导率用于稳态和瞬态的热力分析，而比热容和质量密度仅用于瞬态的热力分析。

热导率又称导热系数，衡量的是物体的导热能力，是单位温度梯度下的导热热通量，用 λ 表示。热导率与材料的组成、结构、温度、湿度、压强及聚集状态等许多因素有关，一般金属的热导率最大，非金属次之，液体的较小，气体的最小。非金属固体的热导率与温度成正比，金属固体的热导率与温度成反比。

比热容是单位质量物体的热容量，即单位质量物体改变单位温度时吸收或放出的热量，用符号 c 表示。不同的物体有不同的比热容，比热容是物体的一种特性，同一物体的比热容一般不随质量、形状的变化而变化。

7.1.2　热传递的原理

在没有做功而只有温度差的条件下，能量从一个物体转移到另一个物体，或者从物体的一部分转移到另一部分的过程称为热传递。热传递一般有三种方式，分别是热传导、热辐射和热对流。传导和对流传热需要有中间介质，而辐射传热则不需要。

1. 热传导

热传导就是当不同物体或同一物体的不同部分存在温差时，能量就会通过分子、原子或电子的振动或相互碰撞进行传递的现象。气体内部的导热是通过内部分子做不规则的热运动发生相互碰撞的结果。非金属固体的导热是通过晶格结构的振动将能量传递给相邻分子；金属固体的导热则是通过自由电子在晶格结构之间的运动完成的。

热传导的热量与热导率、温度差和热传送通过的面积有关。

2. 热辐射

热辐射就是物体由于具有温度而以电磁波的方式向外发射能量的过程。一切温度高于零度的物体都会产生辐射。电磁波的传播不需要任何介质，因此热辐射是真空中唯一的热传递方式。辐射的热量与辐射源表面的性质和温度有关，表面越黑暗越粗糙，发射（吸收）能量的能力就越强，辐射的热量与温度的四次方成正比。

根据斯蒂藩-玻耳兹曼定律，黑体总的发射能量 Q 为

$$Q_{黑体} = \delta T^4$$

式中，δ 为斯蒂藩-玻耳兹曼常数，值为 $5.67032 \times 10^{-8} \mathrm{W/(m^2 \cdot K^4)}$；$T$ 为黑体的绝对温度。若为绝对黑体，则 $\varepsilon = 1$。

黑体具有以下特性。

（1）黑体吸收所有的辐射（没有反射），不管波长和方向。

（2）黑体是纯粹的发射器，对于给定的波长和温度，没有平面发射的能量比黑体发射的能量更多。黑体在所有方向发射的能量均一致。

3. 热对流

热对流是指流体内部质点发生相对位移的热量传递过程。

对流有自然对流和强制对流两种方式。自然对流是在没有外界驱动力的作用下流体依然运动的情况。引起流体运动的原因是存在温度差。强制对流是由于外力驱动，如电风扇、水泵等引起的流体运动。强制对流可以交换大量的热量，提高热交换率。

热对流传导的热量与温度差、导热系数和导热物体的表面积成正比。

7.2 稳态热力分析

稳态是指模型的最终温度在经过很长时间后热流量达到平衡，并且温度场处于稳定状态。稳态热力分析就是计算模型中的稳态温度分布，也就是在指定条件下对温度场的稳定状态进行分析。

7.2.1 稳态热力分析术语

在对模型进行稳态分析时不需要设置初始温度，初始温度会影响模型达到稳定平衡的时间，并不会影响稳态条件，因此初始温度与稳态分析的关联性不大。进行稳态热力分析需要了解以下几个概念。

1. 热流量

热流量是当一定面积的物体两侧存在温差时，单位时间内由导热、对流、辐射方式通过该物体所传递的热量，单位为 W。通过物体的热流量与两侧的温度差成正比，与厚度成反比，并且与材料的导热性能有关。单位面积内的热流量为热流通量。

2. 温度场

物质系统内各个点上温度的集合称为温度场。它是时间和空间坐标的函数，反映了温度在空间和时间上的分布。不随时间改变的温度场称为稳态温度场，随着时间的推移而不断发生变化的温度场称为瞬态温度场。

3. 接触热阻

两个互相接触的固体表面不可能完全接触，在未接触的界面之间会有一层薄薄的空气间隙，热量将以导热的方式穿过这种空气间隙层，这种情况与固体表面完全接触相比，增加了附加的传递阻力，称为接触热阻，单位是 $m^2 \cdot K/W$。

扫一扫，看视频

7.2.2 实例——冷却栅管的稳态热力分析

本实例确定一个冷却栅管的稳态热力分析。如图 7-1 所示，一个轴对称的冷却栅管内为热流体，管外流体为空气，冷却栅管材料为不锈钢，热导率为 52W/(m·K)，弹性模量为 1.93×10^9Pa，热膨胀系数为 1.42×10^{-5}/K^{-1}，泊松比为 0.3，抗剪模量为 7.42×10^8N/m^2，屈服强度为 1.72×10^8N/m^2，管内压力为 7.89MPa，管内流体温度为 523K，对流系数为 100W/(m^2·℃)，外界流体（空气）温度为 39℃。

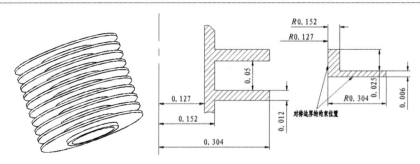

图 7-1　冷却栅管的结构

【操作步骤】

1. 新建算例

（1）选择菜单栏中的"文件"→"打开"命令或者单击"快速访问"工
具栏中的"打开"按钮，打开源文件中的"冷却栅管.sldprt"，如图 7-2
所示。因为冷却栅管每节结构相同，所以只取其中一节进行热力分析。在"配
置"属性管理器中双击"默认（冷却栅管）"配置，将其激活。

（2）单击 Simulation 选项卡中的"新算例"按钮，打开"算例"属性
管理器，定义"名称"为"热力分析"，"高级模拟"（即分析类型）为"热
力"，如图 7-3 所示。

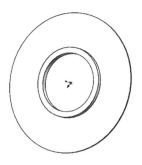

图 7-2　冷却栅管

（3）在 SOLIDWORKS Simulation 算例树中右击新建的"热力分析*"
图标，在弹出的快捷菜单中选择"属性"命令，打开"热力"对话框，①选择"求
解类型"为"稳态"，②并设置解算器为 FFEPlus，即计算稳态传热问题，如图 7-4 所示。③单击"确
定"按钮，关闭对话框。

图 7-3　定义算例

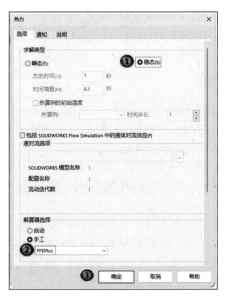

图 7-4　设置热力研究属性

（4）单击 Simulation 选项卡中的"应用材料"按钮，或者在 SOLIDWORKS Simulation 算例树
中右击"冷却栅管"图标，在弹出的快捷菜单中选择"应用/编辑材料"命令，打开"材

料"对话框。选择"选择材料来源"为"自定义",在右侧的"材料属性"栏中定义"弹性模量"为 $2 \times 10^8 \text{Pa}$,"泊松比"为 0.3,"热膨胀系数"为 $1.42 \times 10^{-5} \text{K}^{-1}$,"热导率"为 52 W/(m·K),如图 7-5 所示。

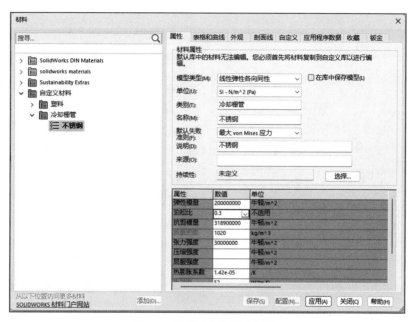

图 7-5　设置冷却栅管的材料

(5)单击"应用"按钮,关闭对话框。

2. 添加温度载荷

(1)单击 Simulation 选项卡中"热载荷"下拉列表中的"温度"按钮🌡,或者在 SOLIDWORKS Simulation 算例树中右击"外部载荷"图标⬇外部载荷,在弹出的快捷菜单中选择"温度"命令,打开"温度"属性管理器。❶在图形区域中选择冷却栅管的内侧面作为对流面;❷设置温度为 523K,如图 7-6 所示。

(2)❸单击"确定"按钮✔,完成"温度-1"热载荷的创建。

3. 定义对流参数

(1)单击 Simulation 选项卡中"热载荷"下拉列表中的"对流"按钮🌡,或者在 SOLIDWORKS Simulation 算例树中右击"外部载荷"图标⬇外部载荷,在弹出的快捷菜单中选择"对流"命令,打开"对流"属性管理器。❶在图形区域中选择冷却栅管外部的 2 个圆柱面和上下表面作为对流面;❷设置"对流系数"为 100W/(m2·K),❸"总环境温度"为 312.15K,如图 7-7 所示。

(2)单击"确定"按钮✔,完成"对流-1"热载荷的创建。

4. 生成网格和运行分析

(1)单击 Simulation 选项卡中"运行此算例"下拉列表中的"生成网格"按钮🔲,打开"网格"属性管理器。保持网格的默认粗细程度。

(2)单击"确定"按钮✔,开始划分网格,划分网格后的模型如图 7-8 所示。

(3)单击 Simulation 选项卡中的"运行此算例"按钮🔄,SOLIDWORKS Simulation 则调用解算器进行有限元分析。

5. 查看结果

（1）双击算例树中"结果"文件夹下的"热力 1"图标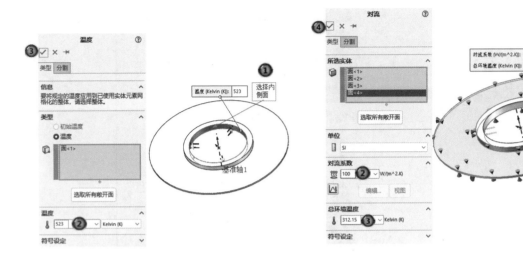 **热力1 (-温度-)**，则可以观察冷却栅管的温度分布，如图 7-9 所示。

图 7-6　设置管道内流体对流参数

图 7-7　设置管道外空气对流参数

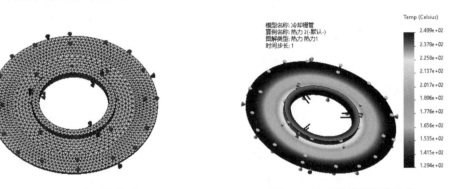

图 7-8　划分网格后的模型

图 7-9　冷却栅管的温度分布

（2）选择菜单栏中的 Simulation→"结果工具"→"截面剪裁"命令，或者在 SOLIDWORKS Simulation 算例树中右击"热力 1"图标 **热力1 (-温度-)**，在弹出的快捷菜单中选择"截面剪裁"命令，打开"截面"属性管理器。选择"前视基准面"作为参考实体，其他选项参数如图 7-10 所示。

（3）单击"确定"按钮 ✔，以"前视基准面"作为截面剖视图解，如图 7-11 所示。

（4）选择菜单栏中的 Simulation→"结果工具"→"探测"命令，或者右击"结果"文件夹下的"热力 1"图标 **热力1 (-温度-)**，在弹出的快捷菜单中选择"探测"命令。

（5）单击"视图（前导）"工具栏中的"视图定向"按钮，打开视图定向控制面板，如图 7-12 所示。在控制面板中选择"前视"，从而以"前视"视图方向观察模型。

（6）在图形区域中沿冷却栅管的半径方向依次选择几个节点作为探测目标，这些节点的序号、坐标及其对应的温度都显示在"探测结果"属性管理器中，如图 7-13 所示。

（7）单击"图解"按钮，可以观察随冷却栅管半径的温度分布的曲线（即温度梯度曲线），如图 7-14 所示。

图 7-10 截面剪裁选项

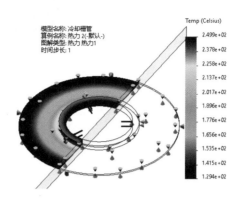

图 7-11 截面剖视图解

图 7-12 视图定向控制面板

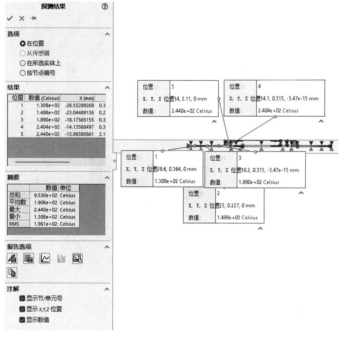

图 7-13 选择节点

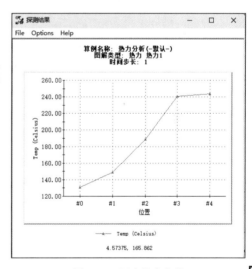

图 7-14 温度梯度曲线

扫一扫，看视频

练一练 芯片的稳态热力分析

本练习对芯片进行稳态热力分析。芯片模型如图 7-15 所示，芯片的底面作为发热面，所有的散热翅面都是散热面。

【操作提示】

（1）新建稳态热力分析算例。

（2）定义材料。将芯片的材料设置为黄铜。

（3）添加热量载荷。选择图 7-16 所示的芯片底面作为发热面，热量为 300W。

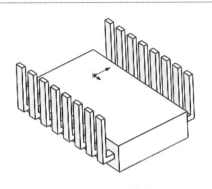

图 7-15　芯片模型

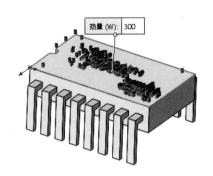

图 7-16　选择发热面

（4）设置对流参数。选择散热翅所有面作为散热面，参数设置如图 7-17 所示。

（5）生成网格。选择默认设置生成网格。

（6）运行算例并查看结果。芯片的热力分析如图 7-18 所示。

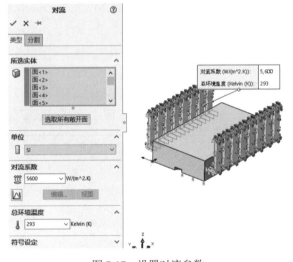

图 7-17　设置对流参数

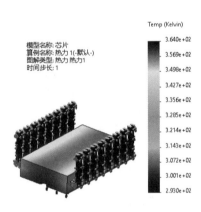

图 7-18　芯片的热力分析

（7）创建温度分布曲线。探测几个节点，观察温度分布曲线。

7.3　瞬态热力分析

如果要分析温度随时间变化的情况，则需要进行瞬态热力分析，瞬态热力分析需要指定初始温度、求解时间和时间增量等。在进行分析时，解算器类型选择 Intel Direct Sparse，分析完成后，可以查看温度结果，了解各个梯度的温度情况，还可以得到温度变化的曲线。在进行瞬态热力分析时，热载荷的变化情况一般有三种，分别是呈阶梯均匀变化、按定义的时间曲线变化和保持恒温。

7.3.1　阶梯热载荷的瞬态热力分析

设置温度呈阶梯均匀变化，需要右击新建的算例，在弹出的快捷菜单中选择"属性"命令，打开"热力"对话框，如图 7-19 所示。在对话框中选择"求解类型"为"瞬态"，然后设置"总的时间"

和"时间增量"。"总的时间"表示瞬态分析会执行多久，"时间增量"表示结果多久保存一次。最后设置解算器类型为 Intel Direct Sparse。

接下来设置初始温度，右击算例树中的"热载荷"按钮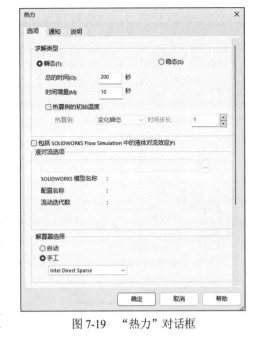热载荷，在弹出的快捷菜单中选择"温度"命令，如图 7-20 所示。打开"温度"属性管理器，在"类型"选项组中选中"初始温度"单选按钮，在下面的列表框中选择要设置初始温度的装配体组件，在"温度"右侧的文本框中设置初始温度，如图 7-21 所示。设置完各个参数之后，就可以运行分析并查看结果了。

双击"结果"文件夹下的相应的图解按钮，就会显示相应的结果，只不过显示的是最后一步的结果，若要显示中间的结果，右击相应的图解按钮，在弹出的快捷菜单中选择"编辑定义"命令，打开"热力图解"属性管理器，在"图解步长"选项组中的"图解步长"文本框中设置步长，如图 7-22 所示。单击"确定"按钮，就可以查看某一时间的结果了。

图 7-19　"热力"对话框

图 7-20　选择"温度"命令　　　图 7-21　"温度"属性管理器　　　图 7-22　"热力图解"属性管理器

若要观察某一点随温度的变化结果，可以添加瞬态数据传感器，回到模型视图，右击绘图区的 FeatureManager 设计树中的"传感器"按钮，在弹出的快捷菜单中选择"添加传感器"命令，如图 7-23 所示。打开"传感器"属性管理器，选择"传感器类型"为"Simulation 数据"，在"结果"右侧的下拉列表中选择"热力"，在"零部件"右侧的下拉列表中选择图解类型，在"属性"选项组中设置单位、准则和要查看的某一点，设置"步长准则"为"瞬时"来保存瞬态仿真中所有步长的数据，如图 7-24 所示。单击"确定"按钮，返回相应的算例界面，在算例树中右击"结果"文件夹，在弹出的快捷菜单中选择"瞬态传感器图表"命令，如图 7-25 所示。打开"瞬时传感器图"属性管理器，设置 X 轴和 Y 轴以及单位，如图 7-26 所示。单击"确定"按钮，就可以在瞬时传感器图中观察到顶点温度与时间的变化曲线了，如图 7-27 所示。

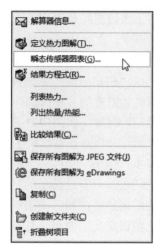

图 7-23 选择"添加传感器"命令　　图 7-24 "传感器"属性管理器　　图 7-25 选择"瞬态传感器图表"命令

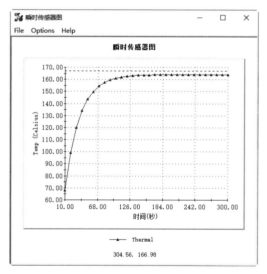

图 7-26 "瞬时传感器图"属性管理器　　　　图 7-27 瞬时传感器图

扫一扫，看视频

7.3.2 实例——活塞阶梯热载荷的瞬态热力分析

图 7-28 所示为活塞简化模型。活塞直接与高温气体接触，瞬时温度可达 2500K 以上，产生 18kW 的动力。因此，受热严重，对流系数为 167000W/(m·℃)，散热条件差，所以活塞在工作时温度很高，顶部温度高达 600K～700K，且温度分布很不均匀。接下来根据这些条件对其进行热力学分析。

【操作步骤】

1. 新建算例

（1）选择菜单栏中的"文件"→"打开"命令或者单击"快速访问"工具栏中的"打开"按钮 📂 ，打开源文件中的"活塞.sldprt"。

（2）单击 Simulation 选项卡中的"新算例"按钮 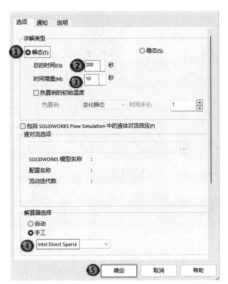，打开"算例"属性管理器，定义"名称"为
"瞬态"，分析类型为"热力"。

（3）在 SOLIDWORKS Simulation 算例树中右击新建的"瞬态*"图标 瞬态*（-默认-），在弹出的快
捷菜单中选择"属性"命令，打开"热力"对话框，❶选择"求解类型"为"瞬态"，❷将"总的
时间"设置为 200 秒，❸"时间增量"设置为 10 秒，❹选择解算器为 Intel Direct Sparse，如图 7-29
所示。❺单击"确定"按钮，关闭对话框。

图 7-28　活塞简化模型

图 7-29　设置热力研究属性

2．定义材料

（1）单击 Simulation 选项卡中的"应用材料"按钮 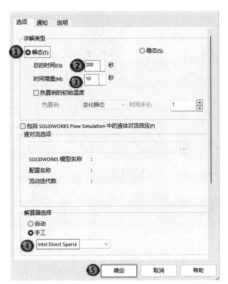，或者在 SOLIDWORKS Simulation 算例树
中右击"活塞"图标 活塞，在弹出的快捷菜单中选择"应用/编辑材料"命令。

（2）在打开的"材料"对话框中定义模型的材质为"铝合金"→"6061 合金"。

（3）单击"应用"按钮，关闭对话框。

3．添加热量载荷

（1）单击 Simulation 选项卡中"热载荷"下拉列表中的"热量"按钮，或者在 SOLIDWORKS
Simulation 算例树中右击"热载荷"图标 热载荷，在弹出的快捷菜单中选择"热量"命令。

（2）打开"热量"属性管理器，❶在绘图区中单击活塞的上表面，❷设置热量为 18000W，如
图 7-30 所示。

（3）❸单击"确定"按钮，热量载荷添加完成。

4．添加对流载荷

（1）单击 Simulation 选项卡中"热载荷"下拉列表中的"对流"按钮，或者在 SOLIDWORKS
Simulation 算例树中右击"热载荷"图标 热载荷，在弹出的快捷菜单中选择"对流"命令。

（2）打开"对流"属性管理器。单击"选取所有敞开面"按钮 选取所有敞开面，此时，在"对流的面"
列表框中列出选中的面，设置"对流系数"为 167000W/(m2·K)，"总环境温度"为 310K，具体如
图 7-31 所示。

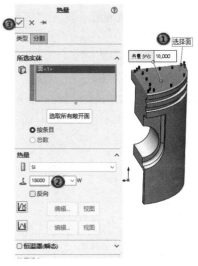

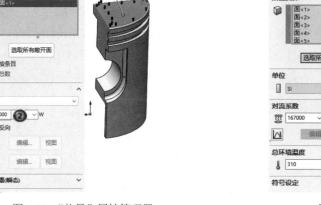

图 7-30 "热量"属性管理器 　　　　　　　　图 7-31 设置对流参数

（3）单击"确定"按钮 ✅，完成"对流-1"热载荷的创建。

5. 设置初始温度

（1）单击 Simulation 选项卡中"热载荷"下拉列表中的"温度"图标 🌡，或者在 SOLIDWORKS Simulation 算例树中右击"热载荷"图标 🔍 热载荷 ，在弹出的快捷菜单中选择"温度"命令。

（2）打开"温度"属性管理器。"类型"选择"初始温度"，单击"选取所有敞开面"按钮 选取所有敞开面 ，设置"温度"为 30℃，如图 7-32 所示。

（3）单击"确定"按钮 ✅，初始温度设置完成。

6. 生成网格和运行分析

（1）单击 Simulation 选项卡中"运行此算例"下拉列表中的"生成网格"按钮 🖧，打开"网格"属性管理器。"网格参数"选择"基于曲率的网格"，保持网格的默认粗细程度，如图 7-33 所示。

（2）单击"确定"按钮 ✅，开始划分网格，划分网格后的模型如图 7-34 所示。

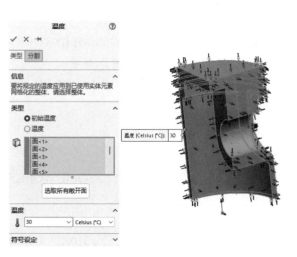

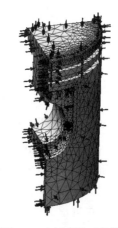

图 7-32 "温度"属性管理器 　　　图 7-33 "网格"属性管理器 　图 7-34 划分网格后的模型

（3）单击 Simulation 选项卡中的"运行此算例"按钮 ，SOLIDWORKS Simulation 则调用解算器进行有限元分析。

7．查看结果

（1）在 SOLIDWORKS Simulation 算例树中右击"热力 1"图标 **热力1 (-温度-)**，在弹出的快捷菜单中选择"编辑定义"命令，打开"热力图解"属性管理器，将单位设置为 Kelvin，如图 7-35 所示。

（2）单击"确定"按钮 ✔，关闭属性管理器。

（3）双击算例树中"结果"文件夹下的"热力 1"图标 **热力1 (-温度-)**，则可以观察活塞在步长为 20 时的温度分布，图 7-36 所示为时间步长为 20 时的温度分布。

图 7-35　设置单位

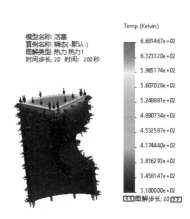

图 7-36　步长为 20 时的温度分布

（4）在 SOLIDWORKS Simulation 算例树中右击"结果"图标 **结果**，在弹出的快捷菜单中选择"定义热力图解"命令，打开"热力图解"属性管理器，如图 7-37 所示。

（5）调整"图解步长"为 1，单位设置为 Kelvin，单击"确定"按钮 ✔，关闭属性管理器。

（6）双击算例树中"结果"文件夹下的"热力 2"图标 **热力2 (-温度-)**，则可以观察活塞在步长为 1 时的温度分布，结果如图 7-38 所示。

图 7-37　"热力图解"属性管理器

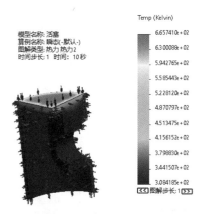

图 7-38　步长为 1 时的温度分布

8．定义瞬态传感器

为了更详细地了解温度的变化，可以通过传感器进行监测。

（1）在屏幕左下角单击"模型"标签，进入建模界面。在绘图区的 FeatureManager 设计树中右击"传感器"图标 传感器，在弹出的快捷菜单中选择"添加传感器"命令，如图 7-39 所示。

（2）打开"传感器"属性管理器，❶"传感器类型"选择"Simulation 数据"，❷"数据量"选择"热力"和❸"TEMP：温度"，❹单位为 Kelvin，❺准则选择"最大过选实体"，❻步长准则选择"瞬时"，❼在绘图区选择活塞的顶点，如图 7-40 所示。

图 7-39　选择"添加传感器"命令

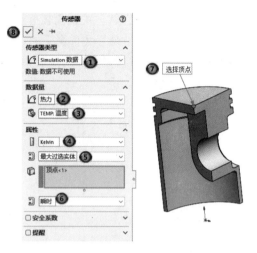

图 7-40　"传感器"属性管理器

（3）❽单击"确定"按钮 ✔，传感器定义完成。

9. 查看瞬态传感器图表

（1）单击屏幕左下角的"瞬态"标签，返回到热力分析算例。在 SOLIDWORKS Simulation 算例树中右击"结果"图标 结果，在弹出的快捷菜单中选择"瞬态传感器图表"命令，如图 7-41 所示。

（2）打开"瞬时传感器图"属性管理器，如图 7-42 所示。

（3）单击"确定"按钮 ✔，生成"瞬时传感器图"图表，如图 7-43 所示。由该图可以看出温度随时间的变化规律。

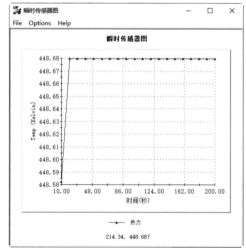

图 7-41　选择命令　　　图 7-42　"瞬时传感器图"属性管理器　　　图 7-43　瞬时传感器图

练一练　芯片阶梯热载荷瞬态热力分析

本练习对芯片进行阶梯热载荷瞬态热力分析。芯片模型如图 7-44 所示，芯片的底面作为发热面，所有的散热翅面都是散热面。

扫一扫，看视频

【操作提示】

（1）新建瞬态热力分析算例，名称为"阶梯瞬态"。

（2）复制材料和边界条件。将稳态算例的材料和边界条件复制到"阶梯瞬态"算例。

（3）设置属性。将热力求解类型设置为"瞬态"，总时间为 1200 秒，时间增量为 30 秒。

（4）定义初始温度。选择芯片的所有面，定义初始温度为 290K。

（5）生成网格。选择默认设置生成网格。

（6）运行算例并查看结果。热力分析如图 7-45 所示。

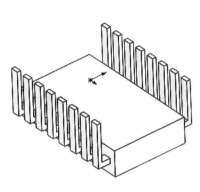

图 7-44　芯片模型

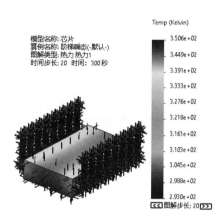

图 7-45　芯片的热力分析

（7）定义瞬时传感器。选择图 7-46 所示的点定义瞬时传感器。

（8）查看瞬时传感器图，如图 7-47 所示。

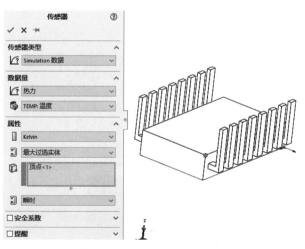

图 7-46　定义瞬时传感器

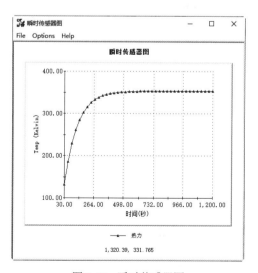

图 7-47　瞬时传感器图

213

7.3.3 变化热载荷的瞬态热力分析

对于更复杂的瞬态热力分析，可以设置热量随时间变化的情况，单击 Simulation 选项卡中"热载荷"下拉列表中的"热流量"按钮 ♨，或者右击算例树中的"载荷"按钮，在弹出的快捷菜单中选择"热流量"命令，打开"热流量"属性管理器，在"热流量的面"文本框 🎁 中选择要加载载荷的面，设置热流量值，如图 7-48 所示。单击"热流量"选项组中的"使用时间曲线"按钮 🖾，再单击"编辑"按钮，打开"时间曲线"对话框，在单元格中定义时间曲线，如图 7-49 所示。单击"确定"按钮返回属性管理器，单击"视图"按钮可以查看定义的曲线，如图 7-50 所示。

除了定义时间曲线外，也可以定义温度曲线，即在不同的平均温度上产生的热力。在"热流量"属性管理器中单击"使用温度曲线"按钮 🖾，再单击"编辑"按钮，打开"温度曲线"对话框，在单元格中定义温度曲线，如图 7-51 所示。

图 7-48　"热流量"属性管理器

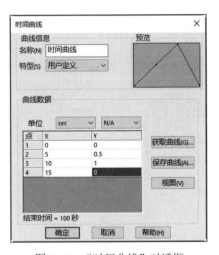

图 7-49　"时间曲线"对话框

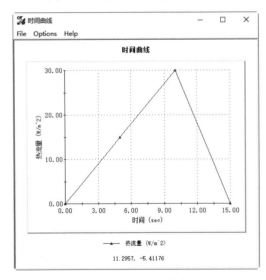

图 7-50　定义的曲线

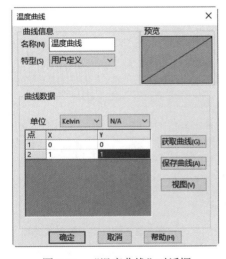

图 7-51　"温度曲线"对话框

7.3.4　实例——活塞变化热载荷的瞬态热力分析

本实例在 7.3.2 小节的实例的基础上将热载荷设置为变化的热载荷，以观察瞬态热力分析结果。

【操作步骤】

1．复制算例

（1）在屏幕左下角右击"瞬态"标签，在弹出的快捷菜单中选择"复制算例"命令，打开"复制算例"属性管理器，设置"算例名称"为"变化瞬态"。

（2）单击"确定"按钮 ✔，生成新算例。

2．修改热量载荷

（1）在 SOLIDWORKS Simulation 算例树中右击"热量-1"图标 ♨ 热量-1，在弹出的快捷菜单中选择"编辑定义"命令。

（2）打开"热量"属性管理器，❶单击"使用时间曲线"按钮 📈，激活该选项，❷单击"编辑"按钮 编辑... ，如图 7-52 所示。打开"时间曲线"对话框，❸输入 8 个点来定义时间曲线：(0,0)、(30,1)、(50,0)、(80,1)、(100,0)、(130,1)、(150,0)、(180,1)，双击序号可以创建新点，如图 7-53 所示。

（3）❹单击"确定"按钮 确定 ，关闭对话框。

（4）单击"确定"按钮 ✔，关闭属性管理器。

图 7-52　"热量"属性管理器

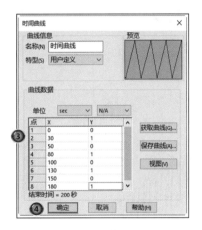

图 7-53　输入点

3．运行分析并查看瞬态传感器图表

（1）单击 Simulation 选项卡中的"运行此算例"按钮 🐾，SOLIDWORKS Simulation 则调用解算器进行有限元分析。

（2）在 SOLIDWORKS Simulation 算例树中双击"传感器图表 1"图标 📊 传感器图表1 (-时间-)，打开"瞬时传感器图"属性管理器。

（3）参数采用默认，单击"确定"按钮✔，生成"瞬时传感器图"图表，如图 7-54 所示。由该图可以看出在变化载荷的作用下温度在第 18 步达到稳定状态。

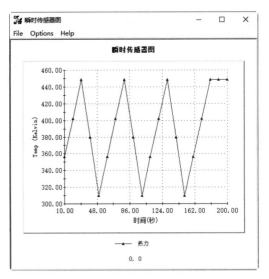

图 7-54　瞬时传感器图

扫一扫，看视频

练一练　芯片变化瞬态热力分析

本练习对芯片进行变化热载荷的瞬态热力分析。芯片模型如图 7-55 所示，芯片的底面作为发热面，热量按曲线变化。所有的散热翅面都是散热面。

【操作提示】

（1）复制"阶梯瞬态"热力分析算例。修改名称为"变化瞬态"。

（2）修改热载荷。热载荷变化曲线如图 7-56 所示。

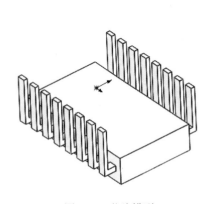

图 7-55　芯片模型

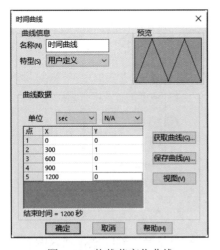

图 7-56　热载荷变化曲线

（3）运行算例并查看结果。步长为 40 的芯片的热力分析如图 7-57 所示。

（4）查看瞬时传感器图表，如图 7-58 所示。

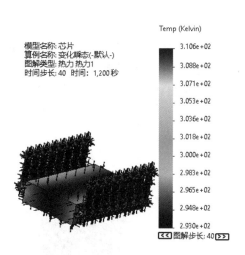

图 7-57 步长为 40 的芯片的热力分析

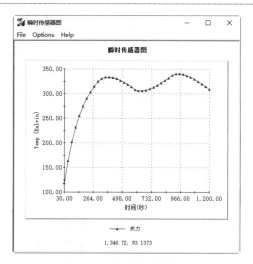

图 7-58 瞬时传感器图表

7.3.5 恒温控制热载荷的瞬态热力分析

除了设置变化的热载荷外，也可以控制给定特征的温度，通过恒温器可以实现这一效果。在相应的属性管理器中勾选"恒温器（瞬态）"复选框，在"传感器（选择一顶点）"列表框⬛中选择一个顶点作为恒温器的安装位置，然后设置"上界温度"和"下界温度"，如图 7-59 所示。这样所选位置的温度就被固定在特定的范围内，如果温度超过上界温度，热量就会被切断；如果温度低于下界温度，热量就会重新启动。

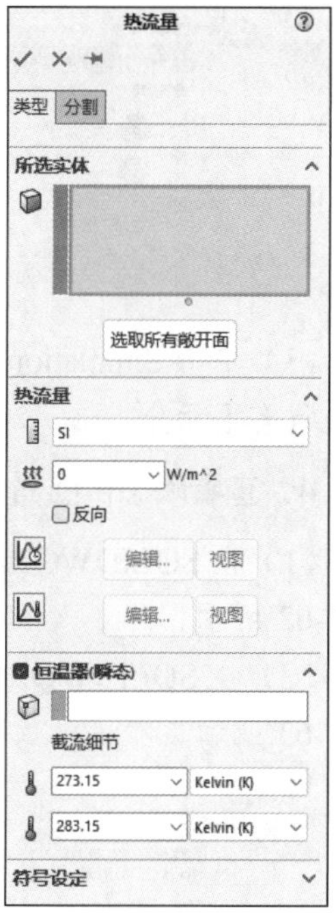

7.3.6 实例——活塞恒温控制热载荷的瞬态热力分析

为了将温度控制在一定范围内，可以通过恒温器对加热体的温度进行控制。

【操作步骤】

1. 复制算例

（1）在屏幕左下角右击"瞬态"标签，在弹出的快捷菜单中选择"复制算例"命令，打开"复制算例"属性管理器，设置"算例名称"为"恒温瞬态"。

（2）单击"确定"按钮✔，生成新算例。

扫一扫，看视频

图 7-59 "热流量"属性管理器

2. 修改热量载荷

（1）在 SOLIDWORKS Simulation 算例树中右击"热量-1"图标 ⬛ 热量-1，在弹出的快捷菜单中选择"编辑定义"命令。

（2）打开"热量"属性管理器，❶勾选"恒温器（瞬态）"复选框，❷单击"传感器（选择一顶点）"列表框⬛，❸然后在绘图区选择活塞的顶点。❹设置"下界温度"为 330K，❺"上界温度"为 410K，如图 7-60 所示。单击"确定"按钮✔，关闭属性管理器。

3. 生成网格和运行分析

（1）单击 Simulation 选项卡中"运行此算例"下拉列表中的"生成网格"按钮，打开 Simulation 对话框，单击"确定"按钮 确定 。打开"网格"属性管理器，保持网格的默认粗细程度。

（2）单击"确定"按钮，开始划分网格，划分网格后的模型如图 7-61 所示。

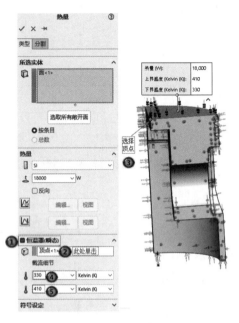

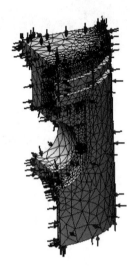

图 7-60　参数设置

图 7-61　划分网格后的模型

（3）单击 Simulation 选项卡中的"运行此算例"按钮，SOLIDWORKS Simulation 则调用解算器进行有限元分析。

4. 查看瞬态传感器图表

（1）在 SOLIDWORKS Simulation 算例树中双击"热力 1"图标 热力1 (-温度-)，热力 1 温度分布如图 7-62 所示。

（2）在 SOLIDWORKS Simulation 算例树中双击"热力 2"图标 热力2 (-温度-)，热力 2 温度分布如图 7-63 所示。

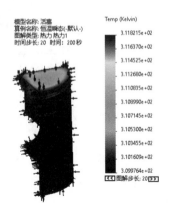

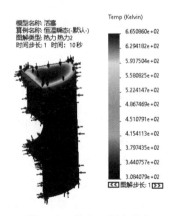

图 7-62　热力 1 温度分布

图 7-63　热力 2 温度分布

（3）在 SOLIDWORKS Simulation 算例树中双击"传感器图表 1"图标 **传感器图表1 (-时间-)**，系统生成"瞬时传感器图"图表，如图 7-64 所示。由该图可以看出，因为恒温器的控制，温度呈现周期性变化。

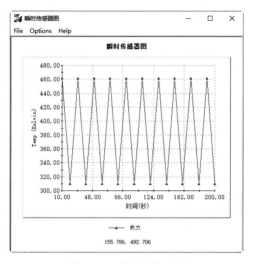

图 7-64 瞬时传感器图

练一练 芯片恒温控制热载荷的瞬态热力分析

本练习对芯片进行恒温控制热载荷的瞬态热力分析。芯片模型如图 7-65 所示，芯片的底面作为发热面，热量采用恒温器进行控制。所有的散热翅面都是散热面。

【操作提示】

（1）复制"阶梯瞬态"热力分析算例。修改名称为"恒温瞬态"。

（2）修改热载荷。将热载荷修改为恒温载荷，参数设置如图 7-66 所示。

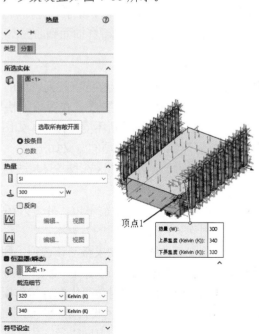

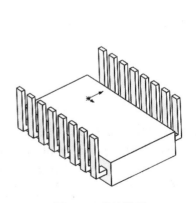

图 7-65 芯片模型　　　　　　　　　　　图 7-66 设置恒温热载荷

（3）运行算例并查看结果。步长为 40 的热力分析如图 7-67 所示。

（4）查看瞬时传感器图表，如图 7-68 所示。

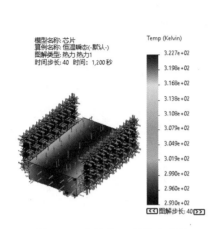

图 7-67　步长为 40 的热力分析

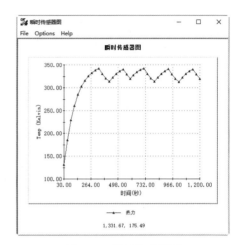

图 7-68　瞬时传感器图

7.4　带辐射的热力分析

辐射是一种通过电磁波传递能量的方式。电磁波以光速传播且无须任何介质。热辐射只是电磁波谱中的一小段。辐射只能用于热力算例。

7.4.1　带辐射的热力分析概述

当进行带辐射的稳态热力分析时，除了要进行热量、对流参数的设置外，还要进行辐射参数的设置。辐射分为两种类型：曲面到环境光源和曲面到曲面。下面分别看一下两种类型的辐射的属性管理器。

1. 曲面到环境光源

单击 Simulation 选项卡中"热载荷"下拉列表中的"辐射"图标，或者在 SOLIDWORKS Simulation 算例树中右击"热载荷"图标，在弹出的快捷菜单中选择"辐射"命令，打开"辐射"属性管理器，选择"类型"为"曲面到环境光源"，如图 7-69 所示。

"辐射"属性管理器中部分选项的含义如下：

（1）（辐射的面）：在绘图区选择与环境光源接触的辐射面。对于具有横梁或构架的模型应先单击"横梁"按钮。

（2）（环境温度）：选择所需单位，并输入环境温度的值。

（3）（发射率）：设置材料的发射率。

（4）（使用温度曲线）：如果激活该选项，则可以将温度曲线与发射率相关联。单击"编辑"按钮，打开"温度曲线"对话框，如图 7-70 所示。该对话框用于定义温度曲线。

（5）（视图因数）：在辐射传热中起直接作用。图 7-71 所示为两个小区域 A_i 和 A_j 之间的视图因数 R_{ij}，该值为离开区域 A_i 并被区域 A_j 所拦截的那部分辐射。换句话说，R_{ij} 代表 A_i 到 A_j 的程度如何。视图因数 R_{ij} 取决于区域 A_i 和 A_j 的方向以及它们之间的距离。若两个区域之间的辐射被第三个面完全阻隔，则视图因数为 0。

图 7-69　"辐射"属性管理器

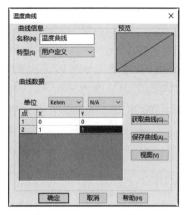

图 7-70　"温度曲线"对话框

2. 曲面到曲面

对于曲面到曲面的辐射，在任何辐射特征中选取的所有面都彼此辐射。

选择"类型"为"曲面到曲面"，属性管理器如图 7-72 所示。

"辐射"属性管理器中部分选项的含义如下：

开放系统：如果勾选该复选框，则在考虑曲面到曲面的辐射的同时还要考虑对环境的辐射；如果不勾选该复选框，则不需要考虑对环境的辐射。

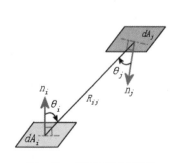

图 7-71　视图因数示意图

图 7-72　"曲面到曲面"类型

7.4.2　实例——庭院照明灯带辐射的热力分析

图 7-73 所示为庭院照明灯，其中灯管的功率为 200W，环境温度为 20℃，壳体由铝合金制造，灯

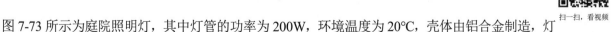

扫一扫，看视频

管和防护罩的材质为玻璃。

【操作步骤】

1．新建算例

（1）选择菜单栏中的"文件"→"打开"命令或者单击"快速访问"工具栏中的"打开"按钮，打开源文件中的"灯.sldasm"。

（2）单击 Simulation 选项卡中的"新算例"按钮，打开"算例"属性管理器，定义"名称"为"热力分析"，分析类型为"热力"。

（3）在 SOLIDWORKS Simulation 算例树中右击新建的"热力分析"图标

图 7-73　庭院照明灯

热力分析* (-Default-)，在弹出的快捷菜单中选择"属性"命令，打开"热力"对话框，设置"求解类型"为"稳态"，设置解算器为"自动"，如图 7-74 所示。单击"确定"按钮，关闭对话框。

2．定义材料

（1）单击 Simulation 选项卡中的"应用材料"按钮，或者在 SOLIDWORKS Simulation 算例树中右击"零件"图标 零件，在弹出的快捷菜单中选择"应用材料到所有实体"命令。

（2）在打开的"材料"对话框中定义模型的材质为"其他非金属材料"→"玻璃"。

（3）单击"应用"按钮，关闭对话框。

（4）在 SOLIDWORKS Simulation 算例树中右击"壳体-1"图标 壳体-1，在弹出的快捷菜单中选择"应用/编辑材料"命令。

（5）在打开的"材料"对话框中定义模型的材质为"铝合金"→"1060 合金"。

（6）单击"应用"按钮，关闭对话框。

图 7-74　设置热力研究属性

3．添加热量载荷

（1）单击 Simulation 选项卡中"热载荷"下拉列表中的"热量"按钮，或者在 SOLIDWORKS Simulation 算例树中右击"热载荷"图标 热载荷，在弹出的快捷菜单中选择"热量"命令。

（2）打开"热量"属性管理器，然后在算例树中选择 4 个"灯管"零件，设置热量为 200W，如图 7-75 所示。

（3）单击"确定"按钮，热量载荷添加完成。

4．添加对流载荷 1

（1）单击 Simulation 选项卡中"热载荷"下拉列表中的"对流"按钮，或者在 SOLIDWORKS Simulation 算例树中右击"热载荷"图标 热载荷，在弹出的快捷菜单中选择"对流"命令。

图 7-75　"热量"属性管理器

（2）打开"对流"属性管理器，选择铝合金外壳外侧面，设置"对流系数"为 55W/(m2·K)，"总环境温度"为 293K，如图 7-76 所示。

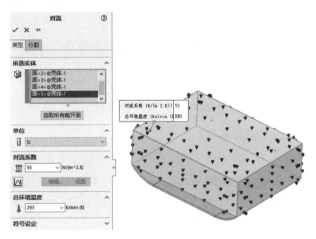

图 7-76 设置对流参数

（3）单击"确定"按钮✔，完成"对流-1"热载荷的创建。

5. 添加对流载荷 2

（1）单击 Simulation 选项卡中"热载荷"下拉列表中的"对流"按钮🌡，或者在 SOLIDWORKS Simulation 算例树中右击"热载荷"图标🌡 **热载荷**，在弹出的快捷菜单中选择"对流"命令。

（2）打开"对流"属性管理器，选择玻璃防护罩的外表面，设置"对流系数"为 77W/(m2·K)，"总环境温度"为 293K，具体如图 7-77 所示。

（3）单击"确定"按钮✔，完成"对流-2"热载荷的创建。

6. 定义灯管的辐射参数

（1）单击 Simulation 选项卡"热载荷"下拉列表中的"辐射"图标🌡，或者在 SOLIDWORKS Simulation 算例树中右击"热载荷"图标🌡 **热载荷**，在弹出的快捷菜单中选择"辐射"命令。

（2）打开"辐射"属性管理器，①"类型"选择"曲面到曲面"，②选择 4 个"灯管"零件的外表面，③设置"发射率"🌡为 0.74，如图 7-78 所示。

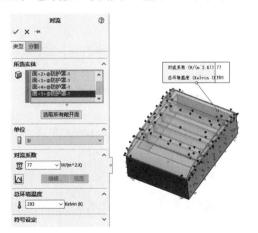

图 7-77 设置对流参数

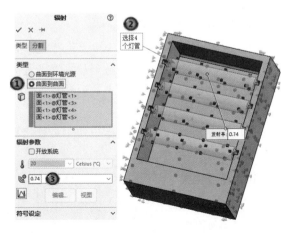

图 7-78 "辐射"属性管理器

（3）单击"确定"按钮✔，完成灯管辐射参数的定义。

7. 定义壳体内反射面的辐射参数

（1）单击 Simulation 选项卡中"热载荷"下拉列表中的"辐射"图标，或者在 SOLIDWORKS Simulation 算例树中右击"热载荷"图标，在弹出的快捷菜单中选择"辐射"命令。

（2）打开"辐射"属性管理器，"类型"选择"曲面到曲面"，在绘图区中选择"壳体"的内侧面，设置"发射率"为 0.12，如图 7-79 所示。

（3）单击"确定"按钮✔，完成发热体辐射参数的定义。

8. 定义玻璃防护罩内侧面的辐射参数

（1）单击 Simulation 选项卡中"热载荷"下拉列表中的"辐射"图标，或者在 SOLIDWORKS Simulation 算例树中右击"热载荷"图标，在弹出的快捷菜单中选择"辐射"命令。

（2）打开"辐射"属性管理器，"类型"选择"曲面到曲面"，在绘图区中选择"防护罩"的内侧面，设置"发射率"为 0.74，如图 7-80 所示。

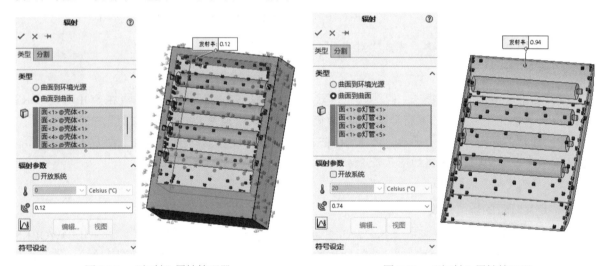

图 7-79　"辐射"属性管理器　　　　　　　　　图 7-80　"辐射"属性管理器

（3）单击"确定"按钮✔，完成发热体辐射参数的定义。

9. 生成网格和运行分析

（1）单击 Simulation 选项卡中"运行此算例"下拉列表中的"生成网格"按钮，打开"网格"属性管理器。将网格密度滑块拖到最左端，保持网格的默认粗细程度。

（2）选择"网格参数"为"基于混合曲率的网格"，单击"确定"按钮✔，开始划分网格，划分网格后的模型如图 7-81 所示。

（3）单击 Simulation 选项卡中的"运行此算例"按钮，SOLIDWORKS Simulation 则调用解算器进行有限元分析。

10. 查看结果

（1）双击算例树中"结果"文件夹下的"热力 1"图标，则可以观察庭院照明灯的温度分布，如图 7-82 所示。由该图可知庭院照明灯的最高温度可达 2214℃。

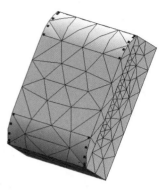

图 7-81 划分网格后的模型

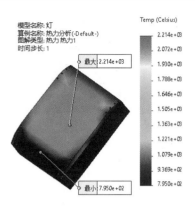

图 7-82 温度分布

（2）选择菜单栏中的 Simulation→"结果工具"→"截面剪裁"命令，或者在 SOLIDWORKS Simulation 算例树中右击"热力 1"图标 **热力1 (-温度-)**，在弹出的快捷菜单中选择"截面剪裁"命令，打开"截面"属性管理器，选择 Right Plane 作为参考实体，其他选项如图 7-83 所示。

（3）单击"确定"按钮 ✔，以 Right Plane 为截面作剖视图。

（4）在 SOLIDWORKS Simulation 算例树中右击"热力 1"图标 **热力1 (-温度-)**，在弹出的快捷菜单中选择"编辑定义"命令，打开"热力图解"属性管理器。

（5）单击"图表选项"选项卡，勾选"显示最小注解"和"显示最大注解"复选框。

（6）单击"确定"按钮 ✔，结果如图 7-84 所示。从图中可以看出温度的最高点位于灯管的内部。

图 7-83 "截面"属性管理器

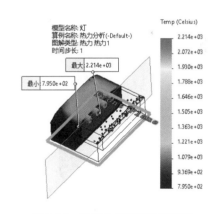

图 7-84 温度分布图解的剖视图

扫一扫，看视频

练一练 灯泡带辐射的热力分析

本练习对灯泡进行带辐射的热力分析。灯泡模型如图 7-85 所示。

【操作提示】

（1）新建热力算例。

（2）定义材料。将灯管的材料定义为玻璃，将灯泡座的材料定义为 1060 合金。

（3）定义热量。选择图 7-86 所示的灯管作为受热件。

（4）定义对流。选择所有敞开面作为对流表面，参数设置如图 7-87 所示。

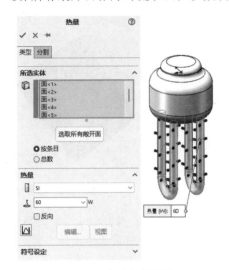

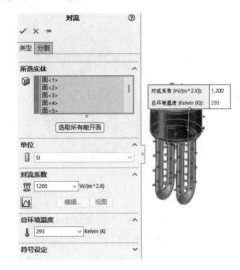

图 7-85　灯泡模型　　　　　　图 7-86　热量参数设置　　　　　　图 7-87　对流参数设置

（5）定义辐射。选择灯管表面作为辐射面，参数设置如图 7-88 所示。

（6）创建本地交互。自动查找本地交互，参数设置如图 7-89 所示。选中列表框中的本地交互，单击"创建本地交互"按钮即可。

（7）划分网格。采用默认设置生成网格。

（8）运行算例并查看结果。灯泡的热应力分析如图 7-90 所示。

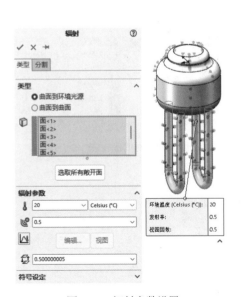

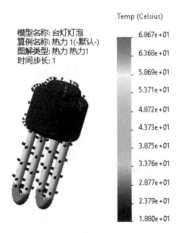

图 7-88　辐射参数设置　　　　　　图 7-89　本地交互参数设置　　　　　　图 7-90　灯泡的热应力分析

7.5 高级热应力 2D 简化

热应力分析属于结构问题,是静应力分析的一种类型。当一个模型温度改变时,就会发生膨胀或收缩,若模型各零部件之间互相约束或存在外在约束,则其形变就会受到限制,此时,就会产生热应力。由此可知,产生热应力应该具备以下两个条件。

(1)模型内有温度变化。

(2)模型不能自由形变。

在进行热应力分析之前,首先要进行热力分析,再把热力分析的结果应用到静应力分析中。

当 SOLIDWORKS Simulation 进行仿真分析时,有时候会因为所用到的模型结构过于复杂,使得计算时间相对较长,针对这种情况,可以选择使用 2D 简化,从而可供使用的平面应力、平面应变、拉伸及轴对称选项进行选择。在选取了 2D 简化选项后,求解问题的工作流程与所有选项类似。

7.5.1 2D 简化的属性管理器介绍

当生成的一个新的 Simulation 算例为静态、热力或非线性时,在算例树的选项下,选择使用 2D 简化。

1. 静应力分析(2D 简化)

单击 Simulation 选项卡中的"新算例"按钮，打开"算例"属性管理器,定义"名称"为"静应力分析",分析类型为"静应力分析",勾选"使用 2D 简化"复选框,如图 7-91 所示。单击"确定"按钮，打开"静应力分析 1(2D 简化)"属性管理器,如图 7-92 所示。

图 7-91 "算例"属性管理器

图 7-92 "静应力分析 1(2D 简化)"属性管理器

"静应力分析 1(2D 简化)"属性管理器中各选项的含义如下。

(1)算例类型。

1) （平面应力):适用于细薄几何体,在这些几何体中的一个尺寸比其他两个尺寸要小很多。垂直于截面的作用力必须可以忽略,从而产生垂直于截面的零值应力。此选项不可用于热力算例。

2）（平面应变）：模型尺寸之一比其他两个尺寸要大很多的几何体使用该项。在垂直于截面的方向，实体不变形，而且力不能变化。此选项不可用于热力算例。

3）（轴对称）：当几何体、材料属性、结构和热载荷、夹具以及接触条件绕轴对称时使用该项。选择该项时的属性管理器如图 7-93 所示。

（2）截面定义。

1）（剖切面）：定义与 3D 几何体相交的截面。选取参考基准面、平面或草图基准面。对于实体，选定的参考基准面必须与实体相交。

2）（剖面深度）：设定剖面垂直于截面的厚度。此选项不可用于热力算例。剖面深度用来计算应用到选定实体的总载荷。例如，如果给一个 1m 边线应用 10N 的力且剖面深度是 1m，那么会在 $1m^2$ 面积应用总共 10N 的力。

3）（对称轴）：定义用作对称轴的参考轴。几何体、材料属性、载荷、夹具和接触条件应绕轴对称。该选项只可用于"轴对称"类型。

4）使用另一边：使用剖面的对边。该选项只可用于"轴对称"类型。

2. 热力分析（2D 简化）

单击 Simulation 选项卡中的"新算例"按钮，打开"算例"属性管理器，定义"名称"为"热力分析"，分析类型为"热力"，勾选"使用 2D 简化"复选框，如图 7-94 所示。单击"确定"按钮，打开"热力分析（2D 简化）"属性管理器，如图 7-95 所示。

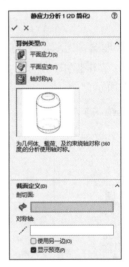

图 7-93　选择"轴对称"类型时的　　图 7-94　"算例"属性管理器　　图 7-95　"热力分析（2D 简化）"
　　　　　属性管理器　　　　　　　　　　　　　　　　　　　　　　　　　　　属性管理器

"热力分析（2D 简化）"属性管理器中部分选项的含义如下：

（拉伸）：使用该选项定义沿拉伸方向的恒定热载荷，此时在垂直于剖面方向没有任何温度的变化。此选项仅适用于热力算例。

7.5.2　实例——冷却栅管的 2D 热力分析

扫一扫，看视频

在 7.2.2 小节中进行了冷却栅管的稳态（3D）热力分析，本实例将进行冷却栅管的稳态（2D）热力分析。然后对比一下结果有无差异。

【操作步骤】

1. 新建算例

（1）选择菜单栏中的"文件"→"打开"命令或者单击"快速访问"工具栏中的"打开"按钮，打开源文件中的"冷却栅管.sldprt"。在"配置"属性管理器中双击"部分"配置，将其激活，如图 7-96 所示。

（2）单击 Simulation 选项卡中的"新算例"按钮，打开"算例"属性管理器，❶定义"名称"为"热力 2D"，❷分析类型为"热力"，❸勾选"使用 2D 简化"复选框。

（3）❹单击"确定"按钮，系统打开"热力 2D（2D 简化）"属性管理器，❺选择"算例类型"为"轴对称"，❻在"截面定义"选项组中选择"剖切面"为"前视基准面"，❼"对称轴"为"基准轴 1"，如图 7-97 所示。

（4）❽勾选"显示预览"复选框，❾单击"确定"按钮，简化后的图形如图 7-98 所示。

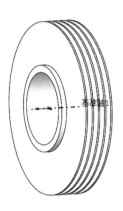

图 7-96 冷却栅管

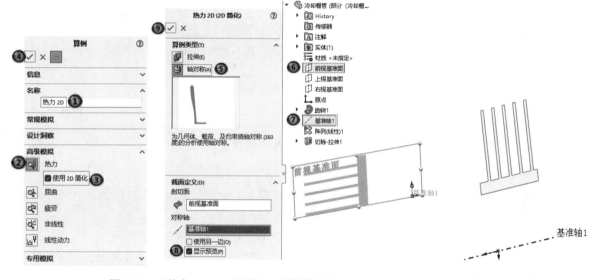

图 7-97 "热力 2D（2D 简化）"属性管理器   图 7-98 简化后的图形

2. 属性设置

在 SOLIDWORKS Simulation 算例树中右击新建的"热力 2D"图标，在弹出的快捷菜单中选择"属性"命令，打开"热力"对话框，设置解算器为"自动"，并选择"求解类型"为"稳态"，即计算稳态传热问题。

3. 定义材料

（1）单击 Simulation 选项卡中的"应用材料"按钮，或者在 SOLIDWORKS Simulation 算例树中右击"冷却栅管"图标，在弹出的快捷菜单中选择"应用/编辑材料"命令，打开"材料"对话框。选择"选择材料来源"为"自定义"→"冷却栅管"→"不锈钢"，该材料在 7.2.2 小节中已经进行了定义，此处直接选择即可。

（2）单击"应用"按钮，关闭对话框。

4．添加温度载荷

（1）单击 Simulation 选项卡中"热载荷"下拉列表中的"温度"按钮，打开"温度"属性管理器。单击"面、边线或顶点"列表框，在图形区域中选择冷却栅管的内侧边线作为受热面，并设置温度为 523K，具体如图 7-99 所示。

（2）单击"确定"按钮，完成"温度-1"热载荷的创建。

5．添加对流载荷

（1）单击 Simulation 选项卡中"热载荷"下拉列表中的"对流"按钮，打开"对流"属性管理器。单击"为对流选择边线"列表框，在图形区域中选择冷却栅管的外侧边线作为对流边线，并设置"对流系数"为 100W/(m2·K)，"总环境温度"为 312.15K，具体如图 7-100 所示。

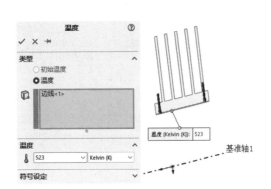

图 7-99　管道内温度参数设置

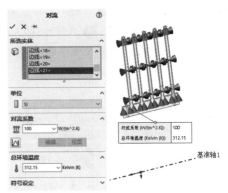

图 7-100　管道外空气对流参数设置

（2）单击"确定"按钮，完成"对流-1"热载荷的创建。

6．生成网格和运行分析

（1）单击 Simulation 选项卡中"运行此算例"下拉列表中的"生成网格"按钮，打开"网格"属性管理器。保持网格的默认粗细程度。

（2）单击"确定"按钮，开始划分网格，划分网格后的模型如图 7-101 所示。

（3）单击 Simulation 选项卡中的"运行此算例"按钮，SOLIDWORKS Simulation 则调用解算器进行有限元分析。

7．查看结果

双击算例树中"结果"文件夹下的"热力 1"图标，则可以观察冷却栅管的温度分布，如图 7-102 所示。对比 7.2.2 小节稳态热力分析可以看出，温度变化基本一致。

图 7-101　划分网格后的模型

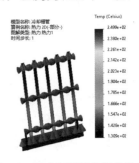

图 7-102　冷却栅管的温度分布

练一练 换热管的 2D 热力分析

本练习确定一个换热器中带管板结构的换热管的温度分布和应力分布。

图 7-103 所示为某单程换热器的其中一根换热管和与其相连的两端管板结构，壳程介质为热蒸汽，管程介质为液体操作介质，换热管材料为不锈钢，壳程蒸汽温度为 250℃，对流换热系数为 3000W/(m^2·℃)，壳程压力为 8.1MPa；管程液体温度为 200℃，对流换热系数为 426W/(m^2·℃)，管程压力为 5.7MPa。

图 7-103 换热管及管板结构

本练习为了说明计算过程以及看清楚结构的实际情况，只取了一段换热管及其两端的管板结构，实际换热器的换热管要比本练习中的长得多，但是分析方法是相同的。

根据结构的对称性，分析时取 1/4 建立有限元模型进行研究即可。

【操作提示】

（1）新建 2D 简化热力分析算例。"算例类型"选择"轴对称"，"剖切面"选择"上视基准面"，"对称轴"选择"换热管轴线"，勾选"使用另一边"复选框。

（2）定义材料。换热管材料为不锈钢。

（3）定义对流 1 参数。选择换热管的内壁轮廓线，参数设置如图 7-104 所示。

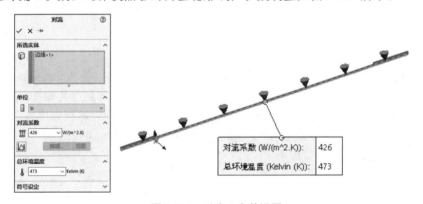

图 7-104 对流 1 参数设置

（4）定义对流 2 参数。选择换热管的所有外轮廓线，参数设置如图 7-105 所示。

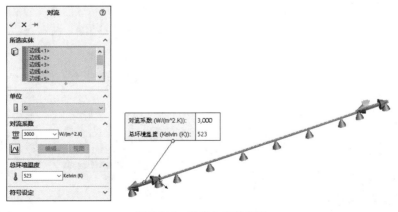

图 7-105 对流 2 参数设置

（5）运行算例并查看结果，如图 7-106 所示。

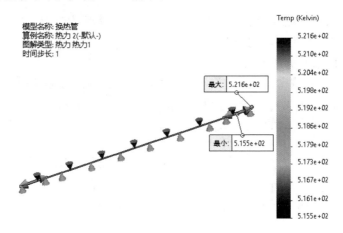

图 7-106　热力分析结果

7.5.3　实例——冷却栅管的 2D 热应力分析

本实例在冷却栅管的 2D 稳态热力分析的基础上进行热应力分析。

【操作步骤】

1. 新建算例

（1）单击 Simulation 选项卡中的"新算例"按钮🔍，弹出"算例"属性管理器，❶定义"名称"为"2D 热应力"，❷分析类型为"静应力分析"，❸勾选"使用 2D 简化"复选框，如图 7-107 所示。

（2）❹单击"确定"按钮✔，系统打开"2D 热应力（2D 简化）"属性管理器。

（3）❺选择"算例类型"为"轴对称"，❻设置"剖切面"为"前视基准面"，❼"对称轴"为"基准轴 1"，如图 7-108 所示。

图 7-107　"算例"属性管理器

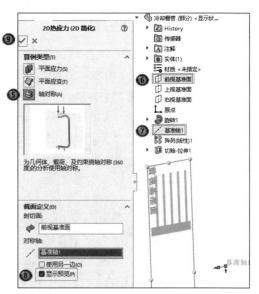

图 7-108　"2D 热应力（2D 简化）"属性管理器

（4）❽勾选"显示预览"复选框，❾单击"确定"按钮✔，简化后的图形如图 7-109 所示。

2．属性设置

在 SOLIDWORKS Simulation 算例树中右击新建的"2D 热应力*"图标 🔍 2D热应力* (-部分-)，在弹出的快捷菜单中选择"属性"命令，打开"静应力分析"对话框，单击"流动/热力效应"选项卡，"热力选项"选择"热算例的温度"，"热算例"选择"热力 2D"，其他参数采用默认，如图 7-110 所示。单击"确定"按钮，关闭对话框。此时，在 SOLIDWORKS Simulation 算例树的"外部载荷"文件夹下增加了一个"热力"图标 🌡 热力，如图 7-111 所示。

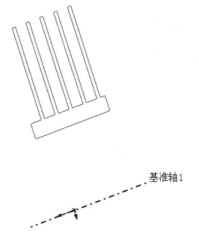

基准轴1

图 7-109 简化后的图形

图 7-110 热力研究属性设置

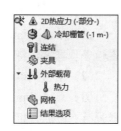

图 7-111 算例树

3．定义材料

（1）单击 Simulation 选项卡中的"应用材料"按钮 ☰，或者在 SOLIDWORKS Simulation 算例树中右击"冷却栅管"图标 🗊 🔥 冷却栅管，在弹出的快捷菜单选择"应用/编辑材料"命令，打开"材料"对话框。选择"选择材料来源"为"自定义"→"冷却栅管"→"不锈钢"。

（2）单击"应用"按钮，关闭对话框。

4．添加压力载荷

（1）单击 Simulation 选项卡中"热载荷"下拉列表中的"压力"按钮 ⬆⬆⬆，或者在 SOLIDWORKS Simulation 算例树中右击"外部载荷"图标 ⬇↕ 外部载荷，在弹出的快捷菜单中选择"压力"命令，打开"压力"属性管理器。"类型"选择"垂直于所选面"，在绘图区域中选择冷却栅管的内侧边线，并设置压强值为 7.89MPa，具体如图 7-112 所示。

（2）单击"确定"按钮✔，完成"压力-1"的创建。

5．添加约束

（1）单击 Simulation 选项卡中"夹具顾问"下拉列表中的"固定几何体"按钮 🔧，或者在 SOLIDWORKS Simulation 算例树中右击"夹具"图标 🗊 夹具，在弹出的快捷菜单中选择"固定几何体"命令，打开"夹具"属性管理器。在"高级"选项组中单击"对称"按钮 🔲，选择图 7-113 所示的边线。

（2）单击"确定"按钮✔，完成对称约束的添加。

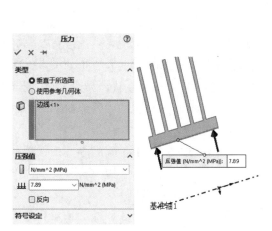

图 7-112　设置管道内压力参数

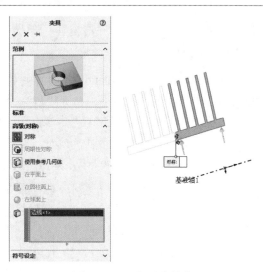

图 7-113　添加对称约束

6. 生成网格和运行分析

（1）单击 Simulation 选项卡中"运行此算例"下拉列表中的"生成网格"按钮，打开"网格"属性管理器。保持网格的默认粗细程度。

（2）单击"确定"按钮，开始划分网格，划分网格后的模型如图 7-114 所示。

（3）单击 Simulation 选项卡中的"运行此算例"按钮，SOLIDWORKS Simulation 则调用解算器进行有限元分析。

7. 查看结果

（1）在 SOLIDWORKS Simulation 算例树中右击"应力 1"图标 应力1 (-vonMises-)，在弹出的快捷菜单中选择"编辑定义"命令，打开"应力图解"属性管理器。

（2）单击"图表选项"选项卡，勾选"显示最大注解"和"显示最小注解"复选框。

（3）单击"确定"按钮，关闭属性管理器。

（4）双击算例树中"结果"文件夹下的"应力 1"图标 应力1 (-vonMises-)，则可以观察冷却栅管的热应力分布，如图 7-115 所示。由图可知，最大应力位于冷却栅管的入口端，数值为 36.98MPa，远远没有达到屈服力。

（5）双击算例树中"结果"文件夹下的"位移 1"图标 位移1 (-合位移-)，则可以观察冷却栅管的位移分布，如图 7-116 所示。

图 7-114　划分网格后的模型

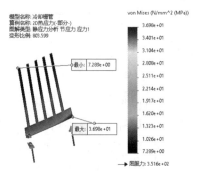

图 7-115　冷却栅管的热应力分布

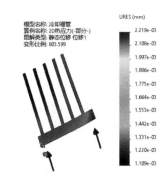

图 7-116　冷却栅管的位移分布

练一练　换热管的 2D 热应力分析

本练习是在 2D 热力分析的基础上进行的热应力分析。

本练习确定一个换热器中带管板结构的换热管的温度分布和应力分布。

图 7-117 所示为某单程换热器的其中一根换热管和与其相连的两端管板结构，壳程介质为热蒸汽，管程介质为液体操作介质，换热管材料为不锈钢，壳程蒸汽温度为 250℃，对流换热系数为 3000W/(m² · ℃)，壳程压力为 8.1MPa；管程液体温度为 200℃，对流换热系数为 426W/(m² · ℃)，管程压力为 5.7MPa。

图 7-117　换热管及管板结构

本练习为了说明计算过程以及看清楚结构的实际情况，只取了一段换热管及其两端的管板结构，实际换热器的换热管要比本练习中的长得多，但是分析方法是相同的。

根据结构的对称性，分析时取 1/4 建立有限元模型进行研究即可。

【操作提示】

（1）新建静应力分析算例。设置名称为"热应力分析"。勾选"使用 2D 简化"复选框。"算例类型"选择"轴对称"，"剖切面"选择"上视基准面"，"对称轴"选择"换热管轴线"，勾选"使用另一边"复选框。

（2）定义材料。换热管材料为不锈钢。

（3）设置属性。在 SOLIDWORKS Simulation 算例树中右击新建的"热应力分析"算例名称，在弹出的快捷菜单中选择"属性"命令，打开"静应力分析"对话框，单击"流动/热力效应"选项卡，"热力选项"选择"热算例的温度"，"热算例"选择"热力 2"，其他参数采用默认。

（4）添加压力载荷 1。选择换热管的内轮廓线，设置压强值为 5.7MPa，如图 7-118 所示。

（5）添加压力载荷 2。选择换热管的外轮廓线，设置压强值为 8.1MPa，如图 7-119 所示。

图 7-118　添加压力载荷 1

图 7-119　添加压力载荷 2

（6）运行算例并查看结果。换热管的应力分布和位移分布如图 7-120 所示。

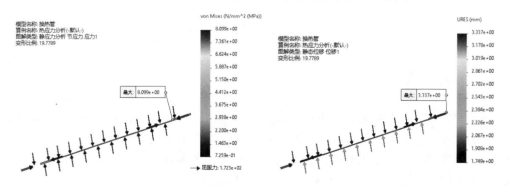

图 7-120　换热管的应力分布和位移分布

第8章 疲劳分析

内容简介

本章首先介绍疲劳分析的相关概念及术语，然后通过实例对各种振幅情况下的疲劳分析进行详细介绍。

内容要点

➢ 疲劳分析概述及术语
➢ 恒定振幅疲劳分析
➢ 变幅疲劳分析

案例效果

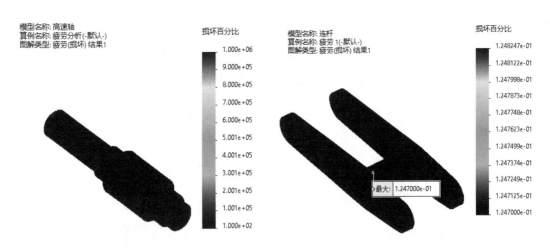

8.1 疲劳分析概述及术语

8.1.1 疲劳分析概述

零件或构件在载荷的不断循环加载下，某些点产生局部永久性损伤，并在一定循环次数后形成裂纹或者裂纹进一步扩大出现断裂，这种现象称为疲劳破坏，简称疲劳。

疲劳破坏是在循环应力或循环应变作用下发生的，是一种损伤积累的过程，实践证明，疲劳破坏与静载荷条件下的破坏完全不同，从外部观察疲劳破坏的特点如下：

（1）当产生疲劳破坏时，最大应力一般低于材料的强度极限或屈服极限，甚至低于弹性极限。

（2）疲劳取决于一定的应力范围的循环次数，而与载荷作用时间无关。除高温外，加载速度的影响是次要的。

（3）一般金属材料都有一个安全范围，称为疲劳极限，若应力低于此极限值，则不论应力循环次数多少，均不能产生疲劳破坏。

（4）任何凹槽、缺口、表面缺陷和不连续部分，其中包括表面粗糙度等因素，均能显著地降低应力范围。

（5）当循环次数一定时，产生疲劳所必需的应力范围通常随加载循环平均拉应力的增加而降低。

（6）静载荷作用下表现为韧性或脆性的材料，在交变载荷作用下一律表现为无明显塑性变形的脆性突然断裂。

疲劳破坏可分为三个阶段：微观裂纹阶段、宏观裂纹扩展阶段和瞬时断裂阶段。

> 微观裂纹阶段：在循环加载下，材料的最高应力通常产生于表面或近表面区，该区存在的驻留滑移带、晶界和夹杂，发展成为严重的应力集中点并首先形成微观裂纹。然后裂纹沿着与主应力约成45°的最大剪应力方向扩展，发展成为宏观裂纹。

> 宏观裂纹扩展阶段：裂纹基本上沿着与主应力垂直的方向扩展。

> 瞬时断裂阶段：当裂纹扩大到使物体残存截面不足以抵抗外载荷时，物体就会突然断裂，最终发生损坏。

由于模型的表面经常暴露在环境中，通常应力较高的位置容易形成裂纹，因此要提高表面质量来延长模型的疲劳寿命。疲劳寿命是指在循环加载下，产生疲劳破坏所需的应力或应变的循环次数。按循环次数的高低将疲劳分为两类，分别是高循环疲劳和低循环疲劳。

> 高循环疲劳：又称高周疲劳，作用在材料上的应力水平较低，应力和应变呈线性关系，可以承受的循环次数一般在 $10^4 \sim 10^5$ 次。通常采用基于应力-寿命（SN）的方法来描述高周疲劳。

> 低循环疲劳：又称低周疲劳，作用在材料上的应力水平较高，材料处于塑性状态，可以承受的循环次数一般低于 $10^4 \sim 10^5$ 次。通常采用基于应变-寿命的方法来描述低周疲劳。

模型承受的载荷可以分为等幅载荷和变幅载荷，等幅循环应力的每一个周期变化称为应力循环，由交替应力、平均应力、应力比率和周期来定义。

> 最大应力 σ_{max}：应力循环中最大代数值的应力，一般以拉应力为正，压应力为负。

> 最小应力 σ_{min}：应力循环中最小代数值的应力。

> 平均应力 σ_m：最大应力和最小应力的代数平均值，$\sigma_m = 1/2(\sigma_{max} + \sigma_{min})$。

> 应力幅 σ_a：最大应力和最小应力的代数差的一半，$\sigma_a = 1/2(\sigma_{max} - \sigma_{min})$。

评价材料疲劳强度特性的传统方法是在一定的外加交变载荷下或在一定的应变幅度下测量无裂纹光滑试样的断裂循环次数，以获得由应力和循环次数形成的曲线，即 SN 曲线。

材料的每一条 SN 曲线都基于外加交变载荷的应力比，不同应力比下的 SN 曲线也不同。在一个应力循环中，交变应力变化规律可以用应力循环中的最小应力与最大应力之比表示，即

$$\gamma = \frac{\sigma_{min}}{\sigma_{max}}$$

γ 为交变应力的循环特性或应力比，表 8-1 所列为几种典型的交变应力比的循环特性。

表 8-1 典型的交变应力循环特性

参　　数	对称循环	脉动循环	静载应力
σ_{max} 与 σ_{min} 的关系	$\sigma_{max}=-\sigma_{min}$	$\sigma_{max}\neq 0$ $\sigma_{min}=0$	$\sigma_{max}=\sigma_{min}$
γ	$\gamma=-1$	$\gamma=0$	$\gamma=1$

8.1.2 疲劳 SN 曲线

SN 曲线是以材料的交替应力为纵坐标，以周期为横坐标，表示疲劳强度与疲劳寿命之间关系的曲线，示意图如图 8-1 所示。

在已创建好疲劳算例的算例树中右击零部件图标，在弹出的快捷菜单中选择"应用/编辑疲劳数据"命令，如图 8-2 所示。打开"材料"对话框，单击"疲劳 SN 曲线"选项卡，该选项卡用于定义疲劳算例的 SN 曲线，SN 曲线只用于疲劳算例，如图 8-3 所示。

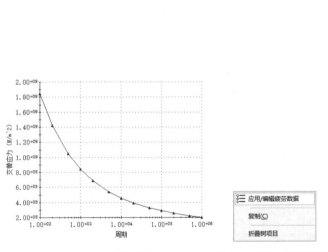

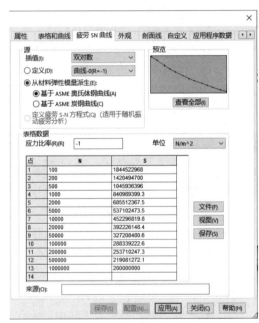

图 8-1　SN 曲线示意图　　　图 8-2　选择"应用/编辑　　　图 8-3　"疲劳 SN 曲线"选项卡
　　　　　　　　　　　　　　　　疲劳数据"命令

"疲劳 SN 曲线"选项卡中各选项的含义如下。

1. 插值

根据 SN 曲线的循环次数设定交替应力的插值方案。

（1）双对数：循环次数和交替应力的对数插值（以 10 为底）。建议此选项用于只有少量数据点稀疏分布在两条轴上的 SN 曲线，除非另有其他插值方案更适合此曲线。

（2）半对数：应力的线性插值和循环次数的对数。建议将此选项用于相对于循环次数的变化而言应力变化范围相对较小的 SN 曲线。

（3）线性：应力和循环次数的线性插值。建议将此选项用于具有大量数据点的 SN 曲线。

示例：假设定义一条 SN 曲线，它具有表 8-2 所列的两个连续的数据点。

表 8-2 数据点

循环次数（N）	对数（N）	交替应力（S）	对数（S）
1000	3	50000 psi	4.699
100000	5	40000 psi	4.602

对于 45000 psi 的应力，程序将根据 SN 插值方案来读取循环次数，见表 8-3。

表 8-3 SN 曲线插值表

插 值 方 法	SN 曲线
X 轴和 Y 轴分别表示循环次数和应力的对数。程序将取 45000 的对数（即 4.653）并执行线性插值。使用此方法得到的循环次数是 8790	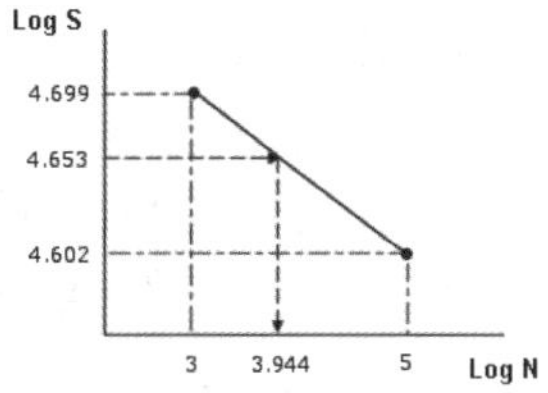 Log S 4.699 4.653 4.602 3 3.944 5 Log N
X 轴表示循环次数的对数，Y 轴表示应力。当应力值为 45000 psi 时，程序将执行线性插值并计算得到循环次数为 10^4=10000	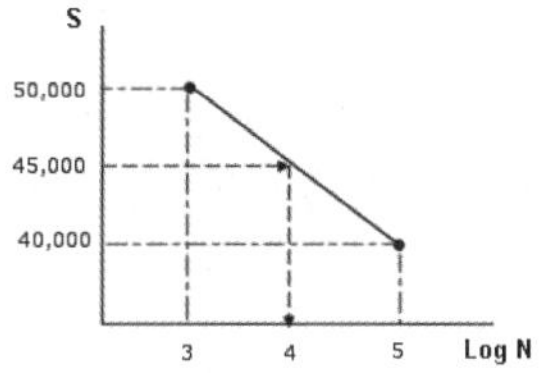 S 50,000 45,000 40,000 3 4 5 Log N
X 轴和 Y 轴分别表示循环次数和应力。当应力值为 45000 psi 时，该程序会执行线性插值并计算得出循环次数为 50500	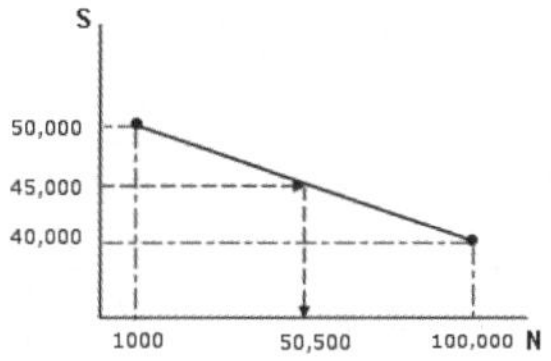 S 50,000 45,000 40,000 1000 50,500 100,000 N

2. 定义

手工定义曲线数据。从图 8-4 所示的曲线下拉列表中的 10 条曲线中进行选择。

3. 从材料弹性模量派生

根据 ASME SN 曲线以及参考材料和激活材料的弹性模量自动派生 SN 曲线。源 SN 将显示在预览区域中。选项包括基于 ASME 奥氏体钢曲线和基于 ASME 炭钢曲线。

SN 曲线是通过将参考 SN 曲线的每个应力值除以参考 ASME 材料的弹性模量，然后乘以当前材料的弹性模量来派生的。相关的循环次数保持不变。

图 8-4 曲线下拉列表

4. 定义疲劳 S-N 方程式（适用于随机振动疲劳分析）

可用于基于来自动态随机振动算例的结果的疲劳算例。

5. 表格数据

用于列出曲线数据。

（1）应力比率(R)(R)：只有在来源框中选择定义曲线时才能使用。

（2）单位：交替应力单位。

（3）曲线数据表：如果要手工定义曲线，则成对输入循环次数和替换应力值。如果曲线是根据参考 ASME SN 曲线派生的，则会列出缩放的曲线。

（4）文件：从文件输入曲线数据。只有在来源框中选择定义曲线时才能使用。

（5）视图：在表格中显示当前数据的图表。

8.2 恒定振幅疲劳分析

在创建分析类型为"疲劳"算例时，在"算例"属性管理器中有 4 个选项用于定义不同的载荷因子，从而创建不同类型的疲劳分析，如图 8-5 所示。

图 8-5 "算例"属性管理器

（1）（已定义周期的恒定高低幅事件）：选择该选项，则使用常幅载荷创建疲劳算例。选择此项创建的疲劳分析称为恒定振幅疲劳分析。

（2）（可变高低幅历史数据）：选择该选项，则使用可变振幅载荷创建疲劳算例。选择此项创建的疲劳分析称为变幅疲劳分析。

（3）（正弦式载荷的谐波疲劳）：创建基于应力结果且作为动态-谐波算例的频率函数的疲劳算例。

（4）（随机振动的随机振动疲劳）：创建基于应力结果且作为动态- 随机振动算例的频率函数的疲劳算例。

本章只对恒定载荷疲劳分析和变幅疲劳分析进行详细介绍。

8.2.1 恒定振幅疲劳分析属性

单击 Simulation 选项卡中的"新算例"按钮，打开"算例"属性管理器，定义"名称"为"疲劳分析"，分析类型为"疲劳"，然后单击"已定义周期的恒定高低幅事件"按钮。单击"确定"按钮，创建恒定载荷疲劳分析。

在 SOLIDWORKS Simulation 算例树中右击"疲劳分析*"图标，在弹出的快捷菜单中选择"属性"命令，如图 8-6 所示。打开"疲劳-恒定振幅"对话框，如图 8-7 所示。该对话框用于定义具有恒定高低幅事件的研究属性。

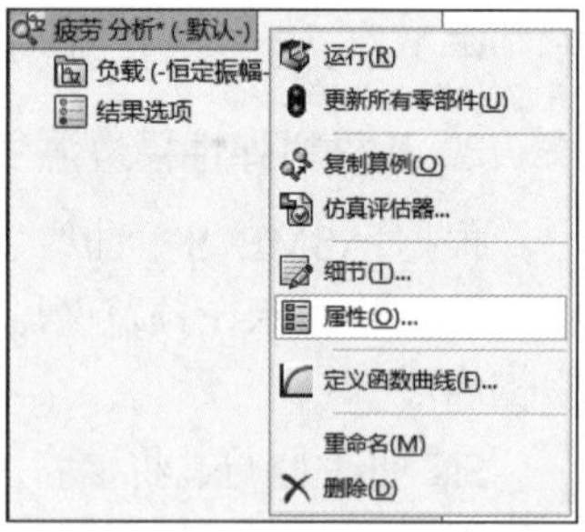

图 8-6 选择"属性"命令

"疲劳-恒定振幅"对话框中各选项的含义如下。

1. 恒定振幅事件交互作用

设定恒定高低幅疲劳事件间的交互作用。

（1）随意交互作用：将不同事件产生的峰值应力相混合来求出交替应力的可能性。只有在定义了多个疲劳事件时，此选项才有意义。

（2）无交互作用：假定事件按顺序依次发生，没有任何交互作用。

2. 计算交替应力的手段

设定用于计算从 SN 曲线中提取循环次数时使用的对等交错应力的应力类型，包括应力强度（P1～P3）、对等应力（von Mises）、最大绝对主要（P1）。

3. 壳体面

设定要执行的疲劳分析所针对的外壳面。

（1）上部：为顶部外壳面执行疲劳分析。

（2）下部：为底部外壳面执行疲劳分析。

4. 平均应力纠正

设定平均应力纠正的方法。

（1）无：无纠正。

（2）Goodman 方法：通常适用于脆性材料。适用于正平均应力值（产生张力的载荷周期）。

（3）Gerber 方法：通常适用于延性材料。

（4）Soderberg 方法：通常是最保守的方法。

只有在关联的所有 SN 曲线都基于完全可逆环境（平均应力为 0）时，才使用上述方法。除了计算每个循环的交错应力外，该软件还计算平均应力，然后使用指定的方法求出纠正后的应力。如果与应力范围对比应用的疲劳载荷周期的平均应力较大，则纠正就会变得明显。如果定义了多个具有

图 8-7 "疲劳-恒定振幅"对话框

不同载荷比率的 SN 曲线，则程序会在这些曲线间进行线性插入以求出平均应力，而不使用纠正方法。如果为材料定义的 SN 曲线的应力比率是-1 以外的值，则使用该曲线时将不针对该材料进行纠正。

5. 疲劳强度缩减因子（Kf）

使用此因子（0～1）可说明用于创建 SN 曲线的测试环境与实际负载环境间的差异。程序会先用交错应力除以此因子，然后从 SN 曲线读取相应的循环次数。这与减少导致在某个交错应力下失败的循环次数等效。

一般构件就是根据 SN 曲线进行设计和选择材料的。但是在实践中发现，对于重要的受力构件，即便是根据疲劳强度极限再考虑一个安全系数后进行设计，仍然能够产生过早的破坏，也就是说，设计可靠性不会因为有了 SN 曲线就得到充分保证。出现这种情况的主要原因是评定材料疲劳特性所用的试样与实际构件之间存在根本的差异，换言之，SN 曲线是用表面经过精心抛光并无任何宏观裂纹的光滑试样通过试验得出的，"疲劳极限"是试样表面不产生疲劳裂纹（或不再扩展的微小疲劳裂纹）的最高应力水平。但实际情况并非如此，经过加工和使用过程中的构件由于种种原因（如非金属夹渣、气泡、腐蚀坑、锻造和轧制缺陷、焊缝裂纹、表面刻痕等）都会存在各种形式的裂纹。含有这种裂纹的构件在承受交变载荷作用时，表面裂纹会立即开始扩展，最后导致灾难性的破坏。

SOLIDWORKS Simulation 使用"疲劳强度缩减因子（Kf）"来解决实际情况疲劳破坏与 SN 曲线（理想状态）的矛盾。

疲劳强度缩减因子的设置范围为 0～1。SOLIDWORKS Simulation 在调用 SN 曲线前会首先读取疲劳强度缩减因子（Kf），用 N（一定 S 下的极限应力）除以疲劳强度缩减因子（Kf），从而降低引起疲劳断裂时对应的 S（循环次数），如图 8-8 所示。

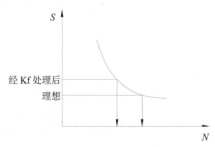

图 8-8 疲劳缩减因子对 SN 曲线的影响

6. 无限生命

当纠正后的交错应力小于持久极限时要使用的循环次数。使用此数字来代替与 SN 曲线的最后一个点关联的循环次数。只将此值用于最大循环次数小于指定数字的 SN 曲线。

7. 结果文件夹

设定疲劳算例结果的文件夹。

8.2.2 "添加事件（恒定）"属性管理器介绍

在算例树上右击"负载"图标 ，在弹出的快捷菜单中选择"添加事件"命令，如图 8-9 所示。打开"添加事件（恒定）"属性管理器，如图 8-10 所示。通过该属性管理器可以为疲劳算例定义恒定振幅。用户可以基于单个载荷实例或来自多个参考算例的多个载荷实例设定疲劳事件。

图 8-9　选择"添加事件"命令　　　　图 8-10　"添加事件（恒定）"属性管理器

"添加事件（恒定）"属性管理器中各选项的含义如下。

（1）💹（周期）：指定振幅循环次数。

（2）⤴（负载类型）：指定用于求出应力峰值并进而求出交替应力的疲劳载荷类型，计算交替应力的公式如下：

$$交替应力 = |最大应力–最小应力|/2$$

式中，|| 表示绝对值。

1）完全反转（LR=–1）：在事件中指定数量的循环期间，参考算例中的所有载荷（以及应力分量）将同时反转它们的方向（即载荷对称循环）。示意图如图 8-11 所示。

2）基于零（LR=0）：参考算例中的所有载荷（以及应力分量）按参考算例指定的方式将自己的量按比例从最大值变化至零。示意图如图 8-12 所示。

3）加载比率：参考算例中的每个载荷（以及每个应力分量）按比例将自己的量从最大值（S_{max}）变为由 $R \times S_{max}$ 定义的最小值（其中 R 是载荷比率）。在"载荷比率"输入框中输入比率值，负比率表示反转载荷方向。示意图如图 8-13 所示。

4）查找周期峰值：系统在计算每个节点的交替应力时，会考虑不同疲劳载荷的峰值组合。然后，确定可产生最大应力波形的载荷组合。

（3）🔍（算例相关联）：指定参考算例。

1）数号：算例记数。

当选择"查找周期峰值"时，可以继续定义最多 40 个载荷实例。在"数号"单元格中双击可以添加行。所有算例必须具有同一网格。

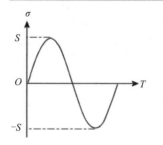
图 8-11 LR=-1 的载荷情况

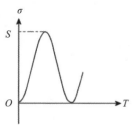
图 8-12 LR=0 的载荷情况

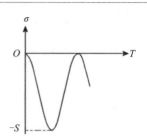

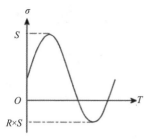
图 8-13 加载比率的载荷情况

2）算例：指定参考算例。在此单元格中单击右侧的 ∨ 按钮，可以从下拉列表中选择算例。对于参考算例，用户可以选择一个静态算例，或者选择非线性或线性动态时间历史算例中的某一特定求解步长的应力结果。算例列表中仅包括与活动配置关联的算例。

3）比例：根据载荷按比例缩放的参考算例定义疲劳事件。由于算例是线性的，因此该程序会使用此因子来按比例缩放应力。

4）步骤：为参考非线性或线性动态算例定义求解步长。系统使用该特定步长的应力结果计算交替应力。

8.2.3 实例——高速轴的恒定载荷疲劳分析

本实例计算一个高速旋转的轴在工作载荷下的疲劳寿命问题。高速轴的受力情况如图 8-14 所示。

【操作步骤】

1. 新建算例

（1）选择菜单栏中的"文件"→"打开"命令或者单击"快速访问"工具栏中的"打开"按钮 ，打开源文件中的"高速轴.sldprt"。

图 8-14 高速轴的受力

（2）单击 Simulation 选项卡中的"新算例"按钮 ，打开"算例"属性管理器。定义"名称"为"静力分析"，分析类型为"静应力分析"，如图 8.15 所示。单击"确定"按钮 ，关闭属性管理器。

（3）在 SOLIDWORKS Simulation 模型树中右击新建的"静力分析*"图标 静力分析* (-默认-)，在弹出的快捷菜单中选择"属性"命令，打开"静应力分析"对话框。设置"解算器"为 FFEPlus，勾选"使用软弹簧使模型稳定"复选框，如图 8-16 所示。单击"确定"按钮，关闭对话框。

图 8-15 定义算例

图 8-16 "静应力分析"对话框

（4）在 SOLIDWORKS Simulation 算例树中单击"高速轴"图标 🗑 🔌 高速轴，单击 Simulation 选项卡中的"应用材料"按钮 ☰，打开"材料"对话框。设置"选择材料来源"为 solidworks materials，选择已经定义好的材料"锻制不锈钢"，如图 8-17 所示。

图 8-17　"材料"对话框

（5）单击"应用"按钮，关闭对话框。

2. 添加约束和载荷

（1）单击 Simulation 选项卡中"外部载荷顾问"下拉列表中的"力"按钮 ↓，打开"力/扭矩"属性管理器。选择施加力的类型为"扭矩"；单击"力矩的面"列表框 🗑，在图形区域中选择高速轴的"分割线 1"所划分的曲面；选择"基准轴 1"作为参考轴；在"力矩值"输入框 🗑 中设置扭矩为 3900N•m，勾选"反向"复选框，如图 8-18 所示。单击"确定"按钮 ✓，完成"扭矩-1"的创建。

（2）单击 Simulation 选项卡中"外部载荷顾问"下拉列表中的"力"按钮 ↓，打开"力/扭矩"属性管理器。选择施加力的类型为"扭矩"；单击"力矩的面"列表框 🗑，在图形区域中选择高速轴的"分割线 2"所划分的曲面；选择"基准轴 1"作为参考轴，在"力矩值"输入框 🗑 中设置扭矩为 3900N•m，如图 8-19 所示。单击"确定"按钮 ✓，完成"扭矩-2"的创建。

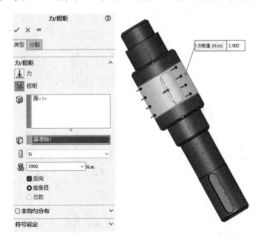

图 8-18　扭矩-1 参数设置

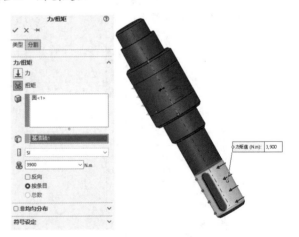

图 8-19　扭矩-2 参数设置

（3）单击 Simulation 选项卡中"外部载荷顾问"下拉列表中的"离心力"按钮🔘，打开"离心力"属性管理器。选择"基准轴 1"作为离心力的参考轴，设置"角速度"🔘为 628rad/s，如图 8-20 所示。

（4）单击"确定"按钮✔，完成"离心力-1"的创建。

3．生成网格和运行分析

（1）单击 Simulation 选项卡中"运行此算例"下拉列表中的"生成网格"按钮🔘，打开"网格"属性管理器，保持网格的默认粗细程度。

（2）单击"确定"按钮✔，开始划分网格，划分网格后的模型如图 8-21 所示。

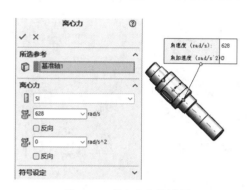

图 8-20　离心力参数设置

图 8-21　划分网格后的模型

（3）单击 Simulation 选项卡中的"运行此算例"按钮🔘，进行运行分析。

4．查看结果

双击 SOLIDWORKS Simulation 算例树中"结果"文件夹下的"应力 1"图标🔘，则可以观察高速轴在给定约束和载荷下的应力分布，如图 8-22 所示。

从图中可以看到轴的大部分区域的应力水平都在屈服极限以下，只有少数部分超过了屈服极限，但仍然没有超过拉伸极限。

5．定义疲劳研究

单击 Simulation 选项卡中的"新算例"按钮🔍，打开"算例"属性管理器。定义"名称"为"疲劳分析"，分析类型为"疲劳"；选择"已定义周期的恒定高低幅事件"选项🔘，如图 8-23 所示。单击"确定"按钮✔，关闭属性管理器。

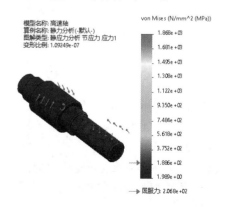

图 8-22　高速轴的应力分布

图 8-23　定义疲劳研究

6. 添加事件

在 SOLIDWORKS Simulation 算例树中右击"负载"图标，在弹出的快捷菜单中选择"添加事件"命令，打开"添加事件（恒定）"属性管理器。❶ 在"周期"输入框中设置循环次数为 1000000，❷ 设置"负载类型"为"完全反转（LR=-1）"，因为整个模型只有一个静态研究，所以在"算例相关联"右侧的表格中 ❸ 选择"静力分析"，比例为 1，如图 8-24 所示。

7. 定义 SN 曲线

（1）在 SOLIDWORKS Simulation 算例树中右击"高速轴"图标 高速轴，在弹出的快捷菜单中选择"应用/编辑疲劳数据"命令，打开"材料"对话框。单击"疲劳 SN 曲线"选项卡，定义材料的疲劳曲线，❶ "插值"选择"双对数"，❷ 选中"从材料弹性模量派生"单选按钮，❸ 再选中"基于 ASME 奥氏体钢曲线"单选按钮，如图 8-25 所示。

图 8-24　添加事件

图 8-25　定义 SN 曲线

（2）❹ 单击"视图"按钮，可以观察定义的 SN 曲线，如图 8-26 所示。

8. 定义疲劳强度缩减因子

（1）在 SOLIDWORKS Simulation 算例树中右击"疲劳分析"研究，在弹出的快捷菜单中选择"属性"命令，打开"疲劳-恒定振幅"对话框。在"疲劳强度缩减因子（Kf）"输入框中设置疲劳强度缩减因子为 0.9，如图 8-27 所示。

（2）单击"确定"按钮，关闭对话框。

9. 运行并观察结果

（1）单击 Simulation 选项卡中的"运行此算例"按钮，调用解算器进行疲劳计算。

（2）双击 SOLIDWORKS Simulation 算例树中"结果"文件夹下的"结果 1"图标，则可以观察高速轴在指定 1000000 次往复循环后的破坏分布，如图 8-28 所示。

破坏分布是指在图中列出每个节点的累积疲劳损伤因子。假设构件承受不稳定载荷，即在应力为 σ_1 时循环 N_1 次，在应力为 σ_2 时循环 N_2 次等，以此类推。这种累积疲劳损伤的理论是迈因纳（Miner）规则。公式为

$$\frac{n_1}{N_1} + \frac{n_2}{N_2} + \cdots + \frac{n_i}{N_i} = C$$

式中，n_i 为应力 σ 作用的次数；N_i 为应力 σ 作用下的破坏循环次数；C 为与材料和应力作用情况有关的使用系数，由试验确定，一般在 0.7～8.2 之间。

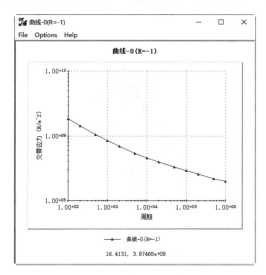

图 8-26 定义的 SN 曲线

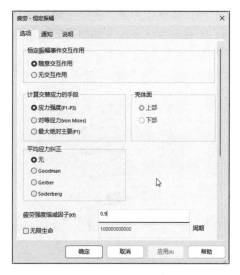

图 8-27 设置疲劳强度缩减因子

（3）右击"结果"文件夹下的"结果 1"图标 ，在弹出的快捷菜单中选择"编辑定义"命令，打开"疲劳图解"属性管理器，如图 8-29 所示。在"图解类型"选项组中可以选择观察疲劳的其他图解。

- ➤ 生命：列出每个节点引起疲劳破坏所需要的循环次数。
- ➤ 损伤：列出每个节点的累积疲劳损伤因子。
- ➤ 载荷因子：列出每个节点对应节点实际应力与极限强度应力的比值，也就是安全系数。
- ➤ 双轴性指示符：列出每个节点最小主应力与最大主应力的比值。

图 8-28 高速轴的破坏分布

图 8-29 "疲劳图解"属性管理器

扫一扫，看视频

练一练 弹簧恒定载荷疲劳分析

本练习进行弹簧的静应力分析和恒定载荷的疲劳分析。弹簧模型如图 8-30 所示，对弹簧的底部进行固定约束，对圆柱面进行径向约束，上部承受压力载荷。

【操作提示】

（1）新建静应力算例。算例名称为"静应力分析1"。

（2）定义材料。弹簧的材料为合金钢。

（3）添加固定约束。选择图8-31所示的弹簧的底面作为固定约束面。

（4）添加圆柱面约束。选择下端的圆柱面，参数设置如图8-32所示。

（5）添加载荷。选择上端圆柱的端面作为受力面，载荷大小为10N，如图8-33所示。

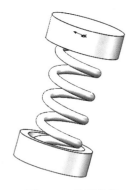

图8-30　弹簧模型

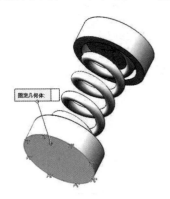

图8-31　选择固定约束面

图8-32　添加圆柱面约束

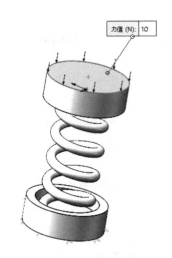

图8-33　载荷大小设置

（6）划分网格。采用默认设置生成网格。

（7）运行算例并查看结果。弹簧的应力分布和位移分布如图8-34所示。

（8）新建疲劳算例。算例名称为"疲劳1"，选择"已定义周期的恒定高低幅事件"选项。

（9）添加事件。参数设置如图8-35所示。

（10）定义SN曲线。在"材料"对话框中选择"疲劳SN曲线"选项卡，选择曲线来源为"基于ASME奥氏体钢曲线"。

（11）定义疲劳强度缩减因子。通过"属性"命令打开"疲劳"对话框，设置疲劳强度缩减因子为0.9。

（12）运行算例并查看结果。弹簧的疲劳分布如图8-36所示。

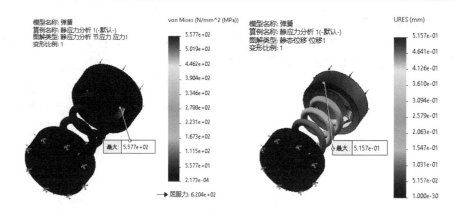

图 8-34　弹簧的应力分布和位移分布

图 8-35　添加事件

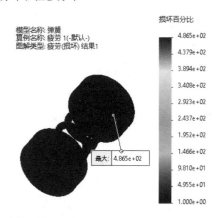

图 8-36　弹簧的疲劳分布

8.3　变幅疲劳分析

单击 Simulation 选项卡中的"新算例"按钮🔍，打开"算例"属性管理器，定义"名称"为"疲劳分析"，分析类型为"疲劳"，然后单击"可变高低幅历史数据"按钮📶，如图 8-37 所示。单击"确定"按钮✅，创建变幅疲劳分析。

8.3.1　变幅疲劳分析属性

在 SOLIDWORKS Simulation 算例树中右击"疲劳分析＊"图标🔧疲劳分析＊(-默认-)，在弹出的快捷菜单中选择"属性"命令，如图 8-38 所示。打开"疲劳-可变振幅"对话框，如图 8-39 所示。该对话框用于定义具有可变振幅事件的研究属性。

"疲劳-可变振幅"对话框中部分选项的含义如下：

可变振幅事件选项：设定可变高低幅度疲劳事件的选项。

（1）雨流记数箱数：设定可变高低幅度记录分解的箱数。例如，如果输入 25，程序会将载荷分解为 25 个等间距的范围。每个范围内的载荷是恒定的。最大箱数为 200。

图 8-37　"算例"属性管理器

（2）在以下过滤载荷周期：假定事件按顺序依次发生，没有任何交互作用。程序将过滤掉范围小于最大范围的指定百分比的载荷周期。例如，如果指定 3%，程序将忽略载荷范围小于载荷历史最大范围3%的周期。使用此参数可以过滤掉测量设备的噪声。

图 8-38 选择"属性"命令

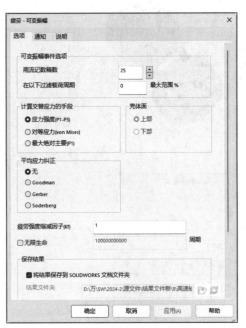

图 8-39 "疲劳-可变振幅"对话框

指定大数值会扭曲可变高低幅度记录，并且会导致低估破坏。为了准确预测破坏，过滤掉的最高交错应力不应大于任何关联的 SN 曲线的对等持久极限。

8.3.2 "添加事件（可变）"属性管理器介绍

在"算例"属性管理器中选择"可变高低幅历史数据"选项，新建疲劳分析算例之后，会在算例树中生成"负载"图标，右击该图标，在弹出的快捷菜单中选择"添加事件"命令，打开"添加事件（可变）"属性管理器，如图 8-40 所示。通过该属性管理器可以为疲劳算例定义可变振幅事件，并且可以为一个疲劳算例定义多个疲劳事件。

"添加事件（可变）"属性管理器中各选项的含义如下：

（1）获取曲线：单击该按钮，打开图 8-41 所示的"载荷历史曲线"对话框，该对话框用于定义可变振幅疲劳事件的载荷历史曲线。可以手动输入数据，也可以直接载入已定义好的曲线。Simulation 曲线库包括 SAE 中的范例载荷历史曲线。

该对话框中部分选项的含义如下：

1）类型：设置曲线的类型。

① 仅限振幅：根据一列表示振幅的数据来定义曲线。如果算例有多个具有不同出样率或开始时间的疲劳事件，则不要使用此选项。

② 出样率和振幅：根据一列表示振幅的数据来定义曲线，并以秒为单位为出样率指定一个值。如

图 8-40 "添加事件（可变）"
属性管理器

果算例有多个具有不同开始时间的疲劳事件（时间偏移），则不要使用此选项。

③ 时间和振幅：根据两列表示时间和振幅的成对数据来定义曲线。此选项可以精确控制多个事件的时间。

2）曲线数据：设置单位并列出曲线数据。

① 曲线数据表：根据所选的曲线类型，成对输入 X（时间）和 Y（振幅），或只输入 Y。可以使用复制和粘贴功能来填充表格。

② 预览：根据曲线数据表提供的数据绘制曲线。

③ 获取曲线：单击该按钮，打开"函数曲线"对话框，用户可以从曲线库中输入曲线数据，也可以输入包含数据的文字文件，如图 8-42 所示。

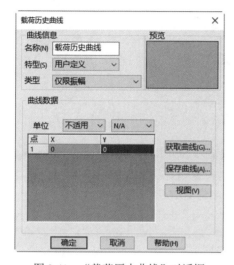

图 8-41 "载荷历史曲线"对话框

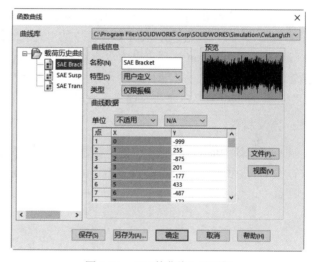

图 8-42 "函数曲线"对话框

④ 保存曲线：将曲线数据保存到文件。

（2）视图：单击该按钮，打开"载荷历史曲线"对话框，创建的曲线会显示在对话框中，如图 8-43 所示。

（3）🔍 （算例相关联）：指定参考静态算例。

1）数号：算例记数。对于每个可变振幅事件都只允许一个算例。

2）算例：指定参考算例。在此单元格中单击右侧的 ⌄ 按钮，可以从下拉列表中选择算例。

3）比例：使用此比例因子将可变载荷历史曲线的振幅与算例中的载荷相关联。系统使用线性理论。如果静态算例包括非线性效果（如接触或大型位移），则比例结果无效。不能按比例缩放在非线性算例中添加的载荷。

如果模型承受多个载荷，则在每个算例中使用一个载荷定义多个算例。然后，用户可以使用适当的比例因子为每种载荷情况定义一个事件。

（4）🔁 （复制数）：将曲线数据重复指定的次数。

（5）🕐 （开始时间）：如果指定了多个变幅事件，则需要为每个变幅事件指定开始时间；如果只

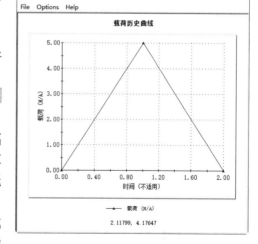

图 8-43 载荷历史曲线

扫一扫，看视频

有一个变幅事件，则不需要设置该参数。

8.3.3 实例——连杆的变幅疲劳分析

本实例计算一个在变幅载荷作用下的连杆的疲劳寿命问题。首先对连杆进行静应力分析，载荷为 500N；然后在静应力分析的基础上进行变幅疲劳分析，图 8-44 所示为连杆模型。

【操作步骤】

1. 新建静应力算例

（1）选择菜单栏中的"文件"→"打开"命令或者单击"快速访问"工具栏中的"打开"按钮，打开源文件中的"连杆.sldprt"。

（2）单击 Simulation 选项卡中的"新算例"按钮，打开"算例"属性管理器，定义"名称"为"静应力分析 1"，分析类型为"静应力分析"，如图 8-45 所示。单击"确定"按钮，关闭属性管理器。

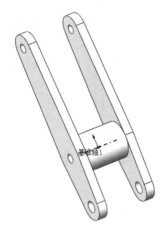

2. 定义材料

图 8-44 连杆模型

（1）单击 Simulation 选项卡中的"应用材料"按钮，或者在 SOLIDWORKS Simulation 算例树中右击"连杆"图标，在弹出的快捷菜单中选择"应用/编辑材料"命令，打开"材料"对话框。设置"选择材料来源"为 solidworks materials，选择材料 AISI 1020，如图 8-46 所示。

图 8-45 定义算例

图 8-46 "材料"对话框

（2）单击"应用"按钮，关闭对话框。

3. 添加载荷

（1）单击 Simulation 选项卡中"外部载荷顾问"下拉列表中的"力"按钮，或者在 SOLIDWORKS Simulation 算例树中右击"外部载荷"图标，在弹出的快捷菜单中选择"力"命令，打开"力/扭矩"属性管理器。

（2）选择施加力的类型为"力"；选择图8-47所示的内圆柱面作为受力面，方向选择"选定的方向"，基准面选择右视基准面，单击"垂直于基准面"按钮 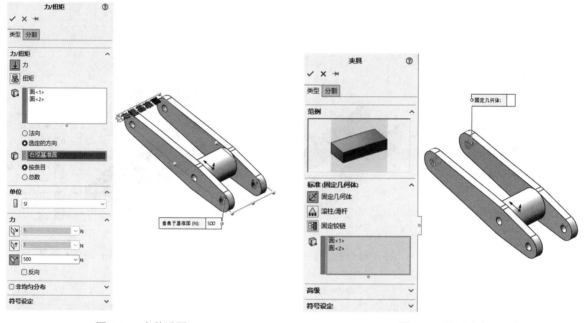，设置力值为500N。

（3）单击"确定"按钮 ✔，完成"扭矩-1"的创建。

4．添加约束

（1）单击 Simulation 选项卡中"夹具顾问"下拉列表中的"固定几何体"按钮 ，或者在 SOLIDWORKS Simulation 算例树中右击"夹具"图标 夹具，在弹出的快捷菜单中选择"固定几何体"命令，打开"夹具"属性管理器。

（2）选择图8-48所示的内圆柱面作为固定面。

图 8-47　参数设置　　　　　　　　　　　　图 8-48　设置约束

（3）单击"确定"按钮 ✔，完成固定约束的创建。

5．生成网格和运行分析

（1）单击 Simulation 选项卡中"运行此算例"下拉列表中的"生成网格"按钮 ，打开"网格"属性管理器。选择"网格参数"为"基于曲率的网格"，设置"最大单元大小"和"最小单元大小"均为 25.00mm，如图8-49所示。

（2）单击"确定"按钮 ✔，开始划分网格，划分网格后的模型如图8-50所示。

（3）单击 Simulation 选项卡中的"运行此算例"按钮 ，进行运行分析。连杆的应力分布如图8-51所示。

6．新建疲劳算例

单击 Simulation 选项卡中的"新算例"按钮 ，打开"算例"属性管理器。定义"名称"为"疲劳"，分析类型选择"可变高低幅历史数据" ，如图8-52所示。单击"确定"按钮 ✔，关闭属性管理器。

7. 添加事件

（1）在 SOLIDWORKS Simulation 算例树中右击"负载"图标 📷 负载 (-可变振幅-)，在弹出的快捷菜单中选择"添加事件"命令，打开"添加事件（可变）"属性管理器。❶单击"获取曲线"按钮 获取曲线(G)...，如图 8-53 所示。打开"载荷历史曲线"对话框，如图 8-54 所示。

图 8-49　"网格"属性管理器

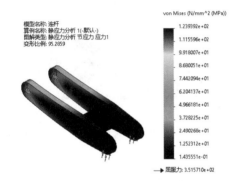

图 8-50　划分网格后的模型　　图 8-51　连杆的应力分布

图 8-52　新建疲劳算例　　图 8-53　"添加事件（可变）"属性管理器　　图 8-54　"载荷历史曲线"对话框

（2）❷单击"获取曲线"按钮 获取曲线(G)...，打开"函数曲线"对话框，❸在"曲线库"下拉列表中选择图 8-55 所示的选项。

（3）❹右击"载荷历史曲线"，❺在弹出的快捷菜单中选择"生成曲线"命令，如图 8-56 所示。创建"载荷历史曲线-4"，如图 8-57 所示。

（4）⑥单击"文件"按钮，打开"打开"对话框，⑦选择"曲线"文件，如图 8-58 所示。⑧单击"打开"按钮，打开"要读取的槽列"对话框，⑨在"要读取的列"下拉列表中选择 2，如图 8-59 所示。⑩单击"确定"按钮，关闭对话框。

（5）⑪单击"函数曲线"对话框中的"确定"按钮，⑫返回"载荷历史曲线"对话框，单击"确定"按钮，返回到"添加事件（可变）"属性管理器。

（6）在"算例"列表中⑬选择"静应力分析 1"算例，⑭"复制数" 设置为 1，即一组曲线为一块，如图 8-60 所示。⑮单击"确定"按钮 ，"事件-1"添加完成。

8. 定义 SN 曲线

（1）在 SOLIDWORKS Simulation 算例树中右击"连杆"图标 连杆，在弹出的快捷菜单中选择"应用/编辑疲劳数据"命令，打开"材料"对话框。单击"疲劳 SN 曲线"选项卡，选择"插值"为"双对数"，选中"从材料弹性模量派生"选项组中的"基于 ASME 奥氏体钢曲线"单选按钮，将"单位"设置为 N/m^2，如图 8-61 所示。材料的疲劳曲线定义完成。

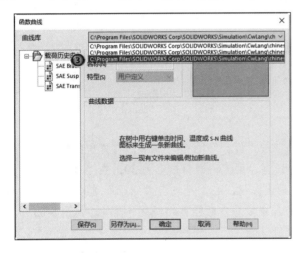

图 8-55　"函数曲线"对话框

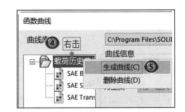

图 8-56　选择"生成曲线"命令

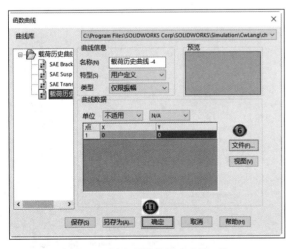

图 8-57　创建"载荷历史曲线-4"

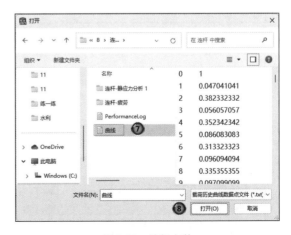

图 8-58　选择文件

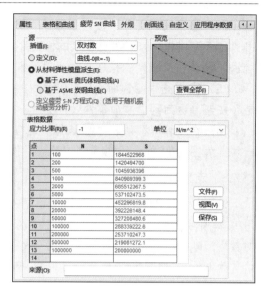

图 8-59　选择静应力算例　　　图 8-60　"添加事件（可变）"　　　图 8-61　定义 SN 曲线
属性管理器

（2）单击"视图"按钮，可以观察定义的 SN 曲线，如图 8-62 所示。

（3）单击"应用"按钮，再单击"关闭"按钮，关闭"材料"对话框。

9．设置属性参数

（1）在 SOLIDWORKS Simulation 算例树中右击"疲劳"图标 疲劳，在弹出的快捷菜单中选择"属性"命令。打开"疲劳-可变振幅"对话框。设置"雨流记数箱数"为 30，在"计算交替应力的手段"选项组中选中"对等应力（von Mises）"单选按钮，在"平均应力纠正"选项组中选中 Gerber 单选按钮，在"疲劳强度缩减因子（Kf）"输入框中设置疲劳强度缩减因子为 1，如图 8-63 所示。

（2）单击"确定"按钮，关闭对话框。

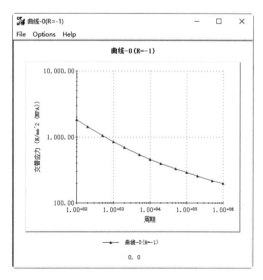

图 8-62　定义的 SN 曲线

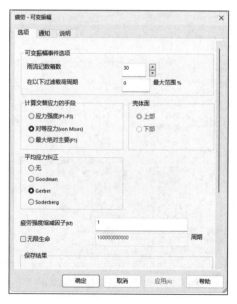

图 8-63　设置属性参数

10. 运行并观察结果

（1）单击 Simulation 选项卡中的"运行此算例"按钮，调用解算器进行疲劳计算。

（2）在 SOLIDWORKS Simulation 算例树中右击"结果"文件夹下的"结果 1"图标 **结果1(-损坏-)**，在弹出的快捷菜单中选择"编辑定义"命令，打开"疲劳图解"属性管理器，单击"图表选项"选项卡，勾选"显示最大注解"复选框，如图 8-64 所示。

（3）双击 SOLIDWORKS Simulation 算例树中"结果"文件夹下的"结果 1"图标 **结果1(-损坏-)**，连杆的损坏分布如图 8-65 所示。损坏百分比非常小，这是因为只设定了一个载荷块。

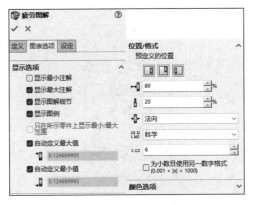

图 8-64　"图表选项"选项卡

图 8-65　连杆的损坏分布

（4）双击 SOLIDWORKS Simulation 算例树中"结果"文件夹下的"结果 2"图标 **结果2(-生命-)**，连杆的生命分布如图 8-66 所示。在经历大约 802 个载荷块后，连杆失效。

11. 定义雨流矩阵图

在 SOLIDWORKS Simulation 算例树中右击"负载"文件夹下的"事件-1"图标 **事件-1**，在弹出的快捷菜单中选择"图解化 3D 雨流矩阵图"命令，打开"3D 雨流矩阵图"对话框，如图 8-67 所示。

图 8-66　连杆的生命分布

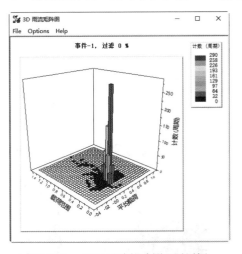

图 8-67　"3D 雨流矩阵图"对话框

矩阵图表只适用于具有可变高低幅度事件的算例。雨流方法将交替应力和平均应力分为箱，箱表示载荷历史的构成。雨流图表是一个 3D 直方图，其中 X 轴和 Y 轴分别代表交替应力和平均应力，

Z 轴代表为雨流图表的每个箱所记的循环次数，或由损坏的矩阵图表箱所导致的部分损坏。

扫一扫，看视频

练一练　弹簧变幅疲劳分析

本练习进行弹簧的变幅载荷的疲劳分析。弹簧模型如图 8-68 所示，对弹簧的底部进行固定约束，对圆柱面进行径向约束，上部承受压力载荷。

【操作提示】

（1）新建疲劳算例。算例名称为"疲劳 2"，选择"可变高低幅历史数据"选项。

（2）定义事件。选择曲线库中的 SAE Suspension，其他参数设置如图 8-69 所示。

图 8-68　弹簧模型

图 8-69　定义事件

（3）定义 SN 曲线。在"材料"对话框中选择"疲劳 SN 曲线"选项卡，选择曲线来源为"基于 ASME 奥氏体钢曲线"。

（4）定义疲劳强度缩减因子。通过"属性"命令打开"疲劳"对话框，设置疲劳强度缩减因子为 1，其他参数采用默认设置。

（5）运行算例并查看结果。弹簧的损坏分布如图 8-70 所示。

（6）查看 3D 雨流矩阵图，如图 8-71 所示。

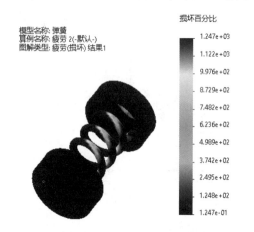

图 8-70　弹簧的损坏分布

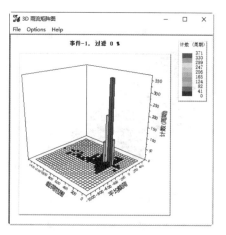

图 8-71　3D 雨流矩阵图

第 9 章　非线性分析

内容简介

本章首先介绍非线性静态分析的概念、非线性分析的适用场合及类型，然后通过实例对各种类型的非线性分析进行详细介绍。

内容要点

➤ 非线性静态分析
➤ 几何非线性分析
➤ 材料非线性分析
➤ 边界（接触）非线性分析

案例效果

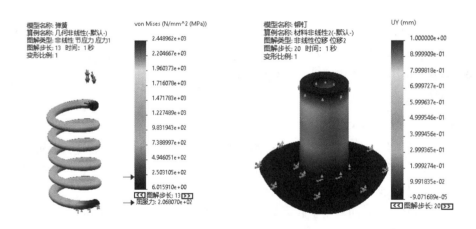

9.1　非线性静态分析

9.1.1　非线性静态分析概述

现实生活中所有的物理结果都是非线性的，线性只是一种理想状态。例如，无论何时用订书钉订书，金属订书钉将永久地弯曲成不同的形状，如图 9-1（a）所示；如果在一个木架上放置重物，随着时间的推移它将越来越下垂，如图 9-1（b）所示；当在汽车或卡车上装货时，它的轮胎与下面路面间的接触情况将随货物重量的不同而变化，如图 9-1（c）所示。如果将这些例子的载荷变形曲线画出来，将发现它们都显示了非线性结构的基本特征——变化的结构刚性。非线性结构是指结构的刚度随着其变形而发生改变。

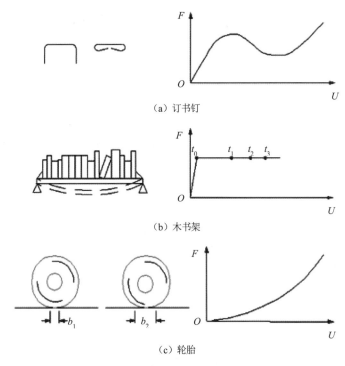

（a）订书钉

（b）木书架

（c）轮胎

图9-1　非线性结构行为的普通例子

造成非线性的原因有材料行为、大型位移和接触条件。

用户可以利用非线性算例来解决线性问题，其结果可能会由于过程的不同而稍有不同。

在非线性静态分析中，不考虑惯性和阻尼力这样的动态效果。处理非线性算例与处理静态算例在以下方面有所不同。

1. 算例属性

"非线性"对话框具有4个选项卡：求解、高级选项、流动/热力效应和说明。"求解"和"高级"选项卡用于设定解决问题所使用的计算过程的相关选项和参数。"流动/热力效应"和"说明"选项卡与"静态算例属性"对话框中的选项卡类似。

对于非线性静态分析，时间是一个假定变量。它说明在何种载荷水平下求解。仅对于黏弹性和蠕变材料模型，时间才有真实值；对于非线性动态分析，时间为真实值。

2. 材料

对于静态算例，用户只能选择线性同向性和线性正交各向异性材料。对于非线性算例，用户还可以定义下列材料模型。

（1）非线性弹性。

（2）塑性 von Mises（运动性与同向性）。

（3）塑性 Tresca（运动性与同向性）。

（4）塑性 Drucker Prager。

（5）超弹性 Mooney Rivlin。

（6）超弹性 Ogden。

（7）超弹性 Blatz Ko。

（8）黏弹性。

3. 载荷和约束

当使用力控制方法时，约束和载荷被定义成时间的函数。对于黏弹性和蠕变问题以及非线性动态分析，时间是真实的；对于其他问题，时间是一个假定变量，它指定不同解算步骤中的载荷水平。

位移控制方法使用只与控制 DOF 有关的曲线；弧长控制方法不使用任何时间曲线。

4. 解决办法

非线性算例的求解包含计算不同解算步骤（载荷和约束水平）中的结果。其计算过程比线性静态算例的求解过程复杂。在求一个解算步骤中的正确收敛解时，程序会执行许多次迭代。因此，非线性算例的求解比线性静态算例的求解更耗费时间，对资源的要求也更高。

尽管程序会计算不同解算步骤中的结果，但它默认只保留最后一个解算步骤的结果。作为定义算例属性的一部分，用户可以选择某些位置和解算步骤来保留其结果。

5. 结果

结果可以作为时间的函数来获得。例如，应力可以在不同解算步骤中获得。除了查看最后一个解算步骤的结果外，用户还可以查看结果，这些结果是在求解算例的属性中所请求的其他解算步骤的结果。对于算例属性中所选择的位置，用户可以将结果与假定时间（载荷历史）的函数关系绘制成图表。

6. 接触问题

接触是一种常见的非线性来源。静态算例允许使用小型和大型位移求解接触问题。以下是利用静态算例解决接触问题的一些局限。

（1）如果使用大型位移，则只能在最后一个解算步骤中获得结果。在非线性算例中，用户可以在每个解算步骤获得结果。

（2）如果存在不是由接触导致的非线性，则不能使用静态算例。这可能是非线性的材料属性、更改载荷或约束或者任何其他非线性所导致的。

（3）如果在静态算例中使用大型位移解决接触问题，则当模型发生变形时，程序不会更新载荷方向。在非线性算例中，如果在算例属性中选择"以偏转更新载荷方向"，程序会根据每个解算步骤中所改变的形状来更新压力加载的方向。

（4）在非线性算例中，用户可以控制解算步骤。在静态算例中，如果使用大型位移，程序会在内部设定解算步骤。

9.1.2　非线性分析适用场合

线性分析基于静态和线性假设，因此只要这些假设成立，线性分析就有效。当其中一个（或多个）假设不成立时，线性分析将会产生错误的预测，必须使用非线性分析建立非线性模型。

如果下列条件成立，则线性假设成立。

（1）模型中的所有材料都符合胡克定律，即应力与应变成正比。有些材料只有在应变较小时才表现出这种行为。当应变增加时，应力与应变的关系变成非线性。有些材料即使当应变较小时也会表现出非线性行为。材料模型是材料行为的数学模拟。如果材料的应力与应变关系是线性的，则该材料被称为是线性的。线性分析可以用来分析具有线性材料并假定没有其他类型的非线性的模型。线性材料可以是同向性、正交各向异性或各向异性。当模型中的材料在指定载荷的作用下表现出非线性应力-应变行为时，就必须使用非线性分析。非线性分析提供许多类型的材料模型。

（2）所引起的位移足够小，以致可以忽略由加载所造成的刚度变化。当定义实体零部件或外壳的材料属性时，非线性分析提供大变形选项。刚度矩阵计算可以在每个解算步骤中重新计算。重新计算刚度矩阵的频率由用户控制。

（3）在应用载荷的过程中，边界条件不会改变。载荷的大小、方向和分布必须固定不变。当模型发生变形时，它们不应该改变。例如，因为当加载接触发生时，边界条件发生改变，所以接触问题自然是非线性的。但是，线性分析提供了接触问题的近似解，并在其中考虑了大变形效果。

9.1.3 非线性分析的类型

根据非线性的形成原因，非线性分析的类型可以分为三大类：几何非线性分析、材料非线性分析和边界（接触）非线性分析。

1. 几何非线性分析

在非线性有限元素分析中，非线性的主要来源是结构的总体几何配置中大型位移的作用。承受大型位移作用的结构会由于载荷所引起的变形而在其几何体中发生重大变化，使结构以硬化和（或）软化方式作出非线性反应。

如图 9-2 所示的钓鱼竿的垂向刚性，随着垂向载荷的增加，竿不断弯曲以致动力臂明显地减小，导致竿端显示出在较高载荷下不断增长的刚性。

2. 材料非线性分析

非线性的另一个重要来源是应力和应变之间的非线性关系，这在几种结构行为中已经过验证。几种因素可以导致材料行为呈现非线性。其中一些因素为材料应力-应变关系对载荷历史的依赖性（如在塑性问题中）、载荷持续时间（如在蠕变分析中）和温度（如在热塑性中）。

材料非线性分析非常适合于通过使用本构关系来模拟与不同应用有关的效果。

在地震期间梁柱连接的屈服就是材料非线性分析看似合理的一种应用，如图 9-3 所示。

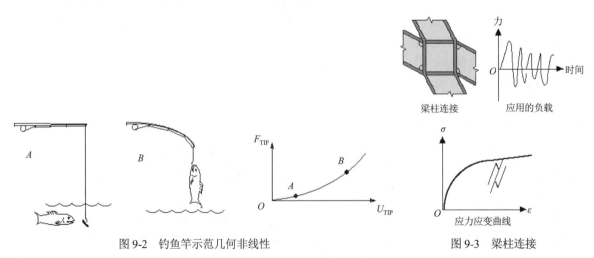

图 9-2　钓鱼竿示范几何非线性　　　　　　　图 9-3　梁柱连接

3. 边界（接触）非线性分析

一种特殊类型的非线性问题与所分析的结构的边界条件在运动过程中不断变化的特性有关。这种情况会在分析接触问题时遇到。

结构振动、齿轮齿接触、配合问题、螺纹连接和冲击实体是几种需要评估接触边界的示例。接触边界（交点、线或面）的评估可以通过利用相邻边界上的交点之间的间隙（接触）要素来实现。

9.2　几何非线性分析

9.2.1　几何非线性分析概述

几何非线性分析是随着位移增长而产生的，一个有限单元已移动的坐标可以以多种方式改变结构的刚度，一般来说，这类问题总是非线性的，需要进行迭代才能获得一个有效的解。

几何非线性来自大应变效应，一个结构的总刚度依赖于它的组成部件（单元）的方向和刚度。当一个单元的节点经过位移后，这个单元对总体结构刚度的贡献可以以两种方式改变。首先，如果这个单元的形状改变，它的单元刚度将改变[见图 9-4（a）]；其次，如果这个单元的取向改变，它的局部刚度转化到全局部件的变换也将改变[见图 9-4（b）]。对于小的变形和小的应变分析，假定位移小到足够使所得到的刚度改变无足轻重，这时总刚度不变，在计算时假定使用基于最初几何形状的结构刚度，并且在一次迭代中足以计算出小变形分析中的位移。什么时候使用"小"变形和"小"应变依赖于特定分析中要求的精度等级。

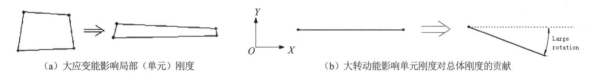

（a）大应变能影响局部（单元）刚度　　　　　　　（b）大转动能影响单元刚度对总体刚度的贡献

图 9-4　大应变和大转动

相反，大应变分析说明由单元的形状和取向改变导致的刚度改变。因为刚度受位移影响，反之亦然，所以在大应变分析中需要迭代求解来得到正确的位移。

9.2.2　实例——弹簧

图 9-5 所示为弹簧模型，弹簧一端被固定，另一端在压力的作用下压缩 10mm。弹簧材质为 AISI 304。

【操作步骤】

1. 打开源文件

选择菜单栏中的"文件"→"打开"命令或者单击"快速访问"工具栏中的"打开"按钮，打开源文件中的"弹簧.sldprt"。

2. 新建算例

（1）单击 Simulation 选项卡中的"新算例"按钮，或者选择菜单栏中的 Simulation→"算例"命令。

扫一扫，看视频

图 9-5　弹簧模型

（2）在打开的"算例"属性管理器中❶定义"名称"为"几何非线性"，❷分析类型为"非线性"→❸"静应力分析"，如图9-6所示。

（3）单击"确定"按钮✔️，进入 SOLIDWORKS Simulation 的"静应力分析"算例界面。

3. 设置单位和数字格式

（1）选择菜单栏中的 Simulation→"选项"命令，打开"系统选项-一般"对话框，选择"默认选项"选项卡。

（2）单击"单位"选项，将"单位系统"设置为"公制（I）（MKS）"，"长度/位移（L）"设置为"毫米"，"压力/应力（P）"设置为 N/mm2（MPa），如图9-7所示。

（3）单击"颜色图表"选项，将"数字格式"设置为"科学"，"小数位数"设置为6，如图9-8所示。

图9-6　新建算例专题　　　　　图9-7　设置单位　　　　　图9-8　设置数字格式

（4）设置完成，单击"确定"按钮，关闭对话框。

4. 定义弹簧材料

（1）选择菜单栏中的 Simulation→"材料"→"应用材料到所有"命令，或者单击 Simulation 选项卡中的"应用材料"按钮☰，或者在 SOLIDWORKS Simulation 算例树中右击"弹簧"图标🔩⚠️弹簧，在弹出的快捷菜单中选择"应用/编辑材料"命令。

（2）在打开的"材料"对话框中定义弹簧的材质为 AISI 304，如图9-9所示。

（3）单击"应用"按钮，关闭对话框。材料定义完成。

5. 添加固定约束

（1）单击 Simulation 选项卡中"夹具顾问"下拉列表中的"固定几何体"按钮💾，或者在 SOLIDWORKS Simulation 算例树中右击"夹具"图标🔩夹具，在弹出的快捷菜单中选择"固定几何体"命令。

（2）打开"夹具"属性管理器，在"标准"选项组中单击"固定几何体"按钮💾，在绘图区选择弹簧一端的面，如图9-10所示。

（3）单击"确定"按钮✔️，关闭"夹具"属性管理器。固定约束添加完成。

图 9-9 定义材料

6. 定义压缩距离

（1）单击 Simulation 选项卡中"外部载荷顾问"下拉列表中的"规定的位移"按钮，或者在 SOLIDWORKS Simulation 算例树中右击"外部载荷"图标，在弹出的快捷菜单中选择"规定的位移"命令。

（2）打开"夹具"属性管理器。

（3）❶在"高级"选项组中单击"使用参考几何体"按钮，❷在绘图区选择弹簧的另一端面；❸单击"方向的面、边线、基准面、基准轴"列表框，然后❹在绘图区的 FeatureManager 设计树中选择"前视基准面"；❺单击"垂直于基准面"按钮，❻输入压缩距离为 10mm，如图 9-11 所示。

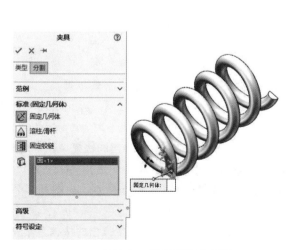

图 9-10 选择固定约束面

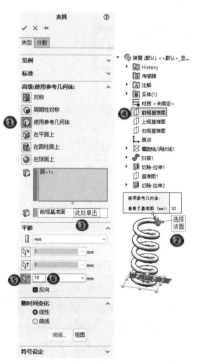

图 9-11 定义压缩距离

（4）单击"确定"按钮✔，压缩距离定义完成。

7. 生成网格和运行分析

（1）单击 Simulation 选项卡中"运行此算例"下拉列表中的"生成网格"按钮，或者在 SOLIDWORKS Simulation 算例树中右击"网格"图标网格，在弹出的快捷菜单中选择"生成网格"命令。

（2）打开"网格"属性管理器，勾选"网格参数"复选框，选中"基于曲率的网格"单选按钮，"最大单元大小"和"最小单元大小"均设置为 10.00mm，"圆中单元数"设置为 8，"单元大小增长比率"设置为 1.5，如图 9-12 所示。

（3）单击"确定"按钮✔，生成的网格如图 9-13 所示。

（4）单击 Simulation 选项卡中的"运行此算例"按钮，进行运行分析。打开图 9-14 所示的 SOLIDWORKS 对话框，单击"确定"按钮即可。当计算分析完成之后，在 SOLIDWORKS Simulation 算例树中会出现对应的结果文件夹。

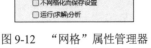

图 9-12　"网格"属性管理器

图 9-13　生成的网格

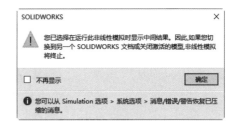

图 9-14　SOLIDWORKS 对话框

8. 查看结果

在分析完有限元模型之后，可以对计算结果进行分析，从而成为进一步设计的依据。

（1）在 SOLIDWORKS Simulation 算例树中双击"应力 1"和"位移 1"图标，从而在图形区域中显示弹簧的应力分布和合位移分布，如图 9-15 所示。

（2）在 SOLIDWORKS Simulation 算例树中右击"结果"图标结果，在弹出的快捷菜单中选择"定义位移图解"命令，打开"位移图解"属性管理器，在"零部件"下拉列表中选择"UZ：Z 位移"。

（3）单击"确定"按钮✔，生成 Z 位移图解，双击打开图解，如图 9-16 所示。由图可知 Z 向位移为 10.01929mm，与前面设计的压缩距离基本相等。

（4）在 SOLIDWORKS Simulation 算例树中右击"结果"图标结果，在弹出的快捷菜单中选择"列出合力"命令，打开"合力"属性管理器。

（5）单击"基准面、轴或坐标系"列表框，然后在绘图区的 FeatureManager 设计树中选择"前视基准面"；单击"面、边线、顶点"列表框，然后在绘图区选择弹簧位移端面，单击"更新"按钮，绘图区列出合力为 539N，如图 9-17 所示。

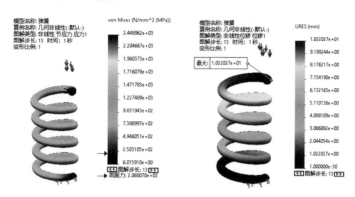

图 9-15　弹簧的应力分布和合位移分布

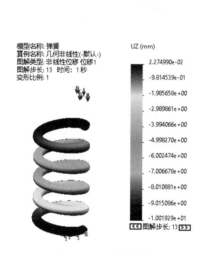

图 9-16　Z 位移图解

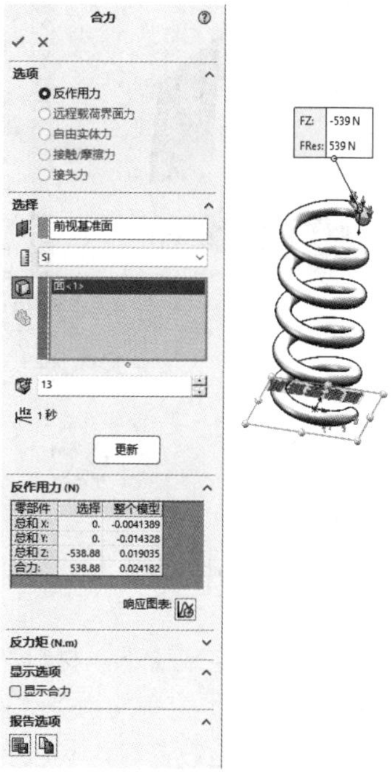

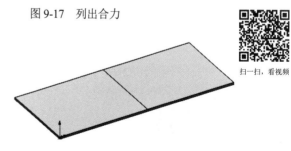

图 9-17　列出合力

练一练　钢板折弯

图 9-18 所示为一块钢板模型，现在要沿其分割线的位置进行折弯，钢板的厚度为 1.2mm。钢板的一端固定，另一端受到 20000N 的力。

【操作提示】

（1）新建非线性静应力算例。

（2）定义材料。板的材料定义为普通碳钢。

图 9-18　钢板模型

扫一扫，看视频

（3）添加固定约束。选择图 9-19 所示的面作为固定约束面。

（4）添加载荷。选择图 9-20 所示的面作为受力面，力的大小为 20000N。

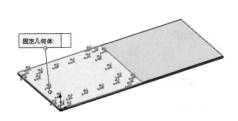

图 9-19　添加固定约束

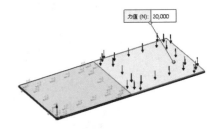

图 9-20　添加载荷

（5）划分网格并运行算例。

（6）查看结果。板的应力分布和位移分布如图 9-21 所示。

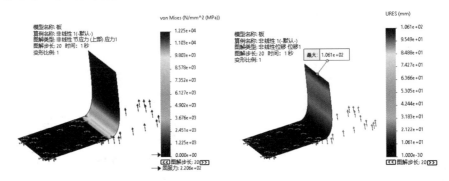

图 9-21　板的应力分布和位移分布

9.3　材料非线性分析

9.3.1　材料非线性分析概述

塑性是一种在某种给定载荷下，材料产生永久变形的材料特性。对大多数的工程材料来说，当其应力低于比例极限时，应力-应变关系是线性的。另外，大多数材料在其应力低于屈服点时，表现为弹性行为，也就是说，当移走载荷时，其应变也完全消失。

由于材料的屈服点和比例极限相差很小，因此假定它们相同。在应力-应变曲线中，低于屈服点的叫作弹性部分，高于屈服点的叫作塑性部分，也叫作应变强化部分。塑性分析中考虑了塑性区域的材料特性。

当材料中的应力超过屈服点时，塑性被激活（也就是说，有塑性应变发生）。而屈服应力本身可能是下列某个参数的函数。

（1）温度。

（2）应变率。

（3）以前的应变历史。

（4）侧限压力。

（5）其他参数。

9.3.2 实例——铆钉

为了考查铆钉在冲压时会发生多大的变形，对铆钉进行分析。铆钉如图 9-22 所示，设铆钉在压力 扫一扫，看视频
作用下向下位移 1mm。

【操作步骤】

1. 打开源文件

选择菜单栏中的"文件"→"打开"命令或者单击"快速访问"工具栏中的"打开"按钮，打
开源文件中的"铆钉.sldprt"。

2. 新建算例

（1）单击 Simulation 选项卡中"新算例"按钮，或者选择菜单栏中的 Simulation→"算例"命令。

（2）在打开的"算例"属性管理器中定义"名称"为"材料非线性"，分析类型为"非线性"→
"静应力分析"，如图 9-23 所示。

（3）单击"确定"按钮，算例新建完成。

3. 设置单位和数字格式

（1）选择菜单栏中的 Simulation→"选项"命令，打开"系统选项-一般"对话框，选择"默认选
项"选项卡。

（2）单击"单位"选项，将"单位系统"设置为"公制（I）（MKS）"，"长度/位移（L）"设
置为"毫米"，"压力/应力（P）"设置为 N/mm2（MPa），如图 9-24 所示。

（3）单击"颜色图表"选项，将"数字格式"设置为"科学"，"小数位数"设置为 6，如图 9-25
所示。

图 9-22 铆钉   图 9-23 新建算例专题   图 9-24 设置单位   图 9-25 设置数字格式

（4）设置完成，单击"确定"按钮，关闭对话框。

4. 定义模型材料

（1）选择菜单栏中的 Simulation→"材料"→"应用材料到所有"命令，或者单击 Simulation 选项卡中的"应用材料"按钮，或者在 SOLIDWORKS Simulation 算例树中右击"铆钉"图标 铆钉，在弹出的快捷菜单中选择"应用/编辑材料"命令。

（2）打开"材料"对话框，在"材料"对话框中定义模型的材质为"1060 合金"，① "模型类型" 选择"塑性-von Mises"，此时，② "相切模量"的值为空，如图 9-26 所示。

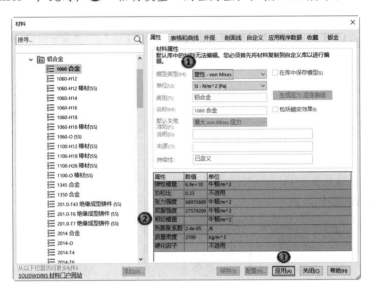

图 9-26　定义材料

（3）❸ 单击"应用"按钮，关闭对话框。材料定义完成。

5. 添加约束 1

（1）单击 Simulation 选项卡中"夹具顾问"下拉列表中的"固定几何体"按钮，或者在 SOLIDWORKS Simulation 算例树中右击"夹具"图标 夹具，在弹出的快捷菜单中选择"固定几何体"命令。

（2）打开"夹具"属性管理器，在"标准"选项组中单击"固定几何体"按钮，在绘图区选择铆钉头的端面作为约束面，如图 9-27 所示。

（3）单击"确定"按钮，关闭"夹具"属性管理器。约束 1 添加完成。

6. 添加约束 2

（1）单击 Simulation 选项卡中"夹具顾问"下拉列表中的"固定几何体"按钮，或者在 SOLIDWORKS Simulation 算例树中右击"夹具"图标 夹具，在弹出的快捷菜单中选择"固定几何体"命令。

（2）打开"夹具"属性管理器，在"高级"选项组中单击"使用参考几何体"按钮，在绘图区选择铆钉头的端面；单击"方向的面、边线、基准面、基准轴"列表框，然后在绘图区的 FeatureManager 设计树中选择"上视基准面"；单击"垂直于基准面"按钮，设置平移距离为 1mm，并勾选"反向"复选框，如图 9-28 所示。

（3）单击"确定"按钮，约束 2 添加完成。

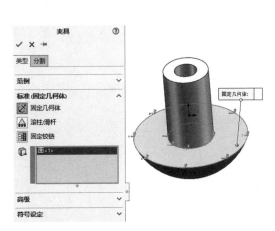

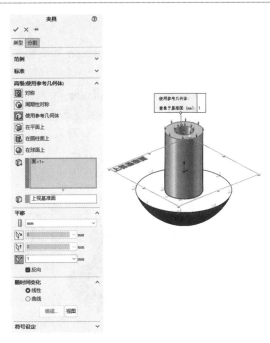

图 9-27　添加约束 1　　　　　　　　　　　　图 9-28　添加约束 2

7．生成网格和运行分析

（1）单击 Simulation 选项卡中"运行此算例"下拉列表中的"生成网格"按钮，或者在 SOLIDWORKS Simulation 算例树中右击"网格"图标，在弹出的快捷菜单中选择"生成网格"命令。

（2）打开"网格"属性管理器，勾选"网格参数"复选框，选中"基于混合曲率的网格"单选按钮，"最大单元大小"设置为 2.00mm，"最小单元大小"设置为 0.50mm，"圆中单元数"设置为 8，"单元大小增长比率"设置为 1.5，如图 9-29 所示。

（3）单击"确定"按钮，生成的网格如图 9-30 所示。

（4）单击 Simulation 选项卡中的"运行此算例"按钮，进行运行分析。打开图 9-31 所示的 SOLIDWORKS 对话框，单击"确定"按钮即可。当计算分析完成之后，在 SOLIDWORKS Simulation 算例树中会出现对应的结果文件夹。

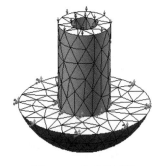

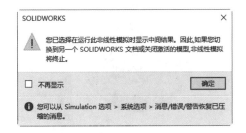

图 9-29　"网格"属性管理器　　　　图 9-30　生成的网格　　　　图 9-31　SOLIDWORKS 对话框

8. 查看结果

（1）在 SOLIDWORKS Simulation 算例树中右击"位移 1"图标 位移1 (-合位移-)，在弹出的快捷菜单中选择"编辑定义"命令，打开"位移图解"属性管理器，设置"图解步长"为 31。

（2）在 SOLIDWORKS Simulation 算例树中双击"应力 1"和"位移 1"图标，从而在图形区域中显示铆钉的应力分布和合位移分布，如图 9-32 所示。由应力分布可知，最大应力与屈服力大致相等，这是因为在进行材料设置时，相切模量值为空，即为 0 值；由位移分布可知，最大合位移为 1.030606mm，而需要的是 Y 向位移，所以需要创建一个 Y 向位移图解。

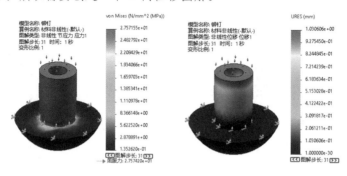

图 9-32　铆钉的应力分布和合位移分布

（3）在 SOLIDWORKS Simulation 算例树中右击"结果"图标 结果，在弹出的快捷菜单中选择"定义位移图解"命令，打开"位移图解"属性管理器，在"零部件"下拉列表中选择"UY：Y 位移"，将"图解步长"设置为 31。

（4）单击"确定"按钮，生成 Y 向位移图解，双击打开图解，如图 9-33 所示。由图可知 Y 向位移为 1mm，与前面设计的平移距离相等。

（5）在 SOLIDWORKS Simulation 算例树中右击"结果"图标 结果，在弹出的快捷菜单中选择"列出合力"命令，打开"合力"属性管理器。

（6）单击"基准面、轴或坐标系"列表框，然后在绘图区的 FeatureManager 设计树中选择前视基准面；单击"面、边线、顶点"列表框，然后在绘图区选择铆钉的位移端面，单击"更新"按钮，绘图区列出合力为 667N，如图 9-34 所示。

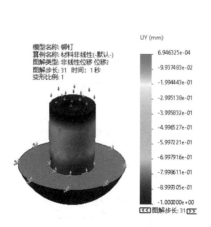

图 9-33　Y 向位移图解

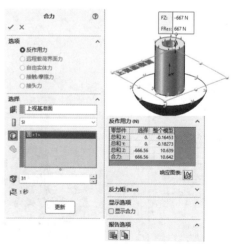

图 9-34　列出合力

9. 复制算例

（1）在屏幕左下角右击"材料非线性"标签，在弹出的快捷菜单中选择"复制算例"命令，打开"复制算例"属性管理器，设置"算例名称"为"材料非线性2"，如图9-35所示。

（2）在SOLIDWORKS Simulation算例树中右击"铆钉"图标 🔩 ⚙ 铆钉(-1060合金-)，在弹出的快捷菜单中选择"应用/编辑材料"命令，打开"材料"对话框，在左侧的列表框中右击"1060合金"，在弹出的快捷菜单中选择"复制"命令，如图9-36所示。

图9-35　"复制算例"属性管理器

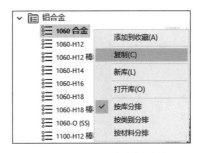

图9-36　选择"复制"命令

（3）右击"自定义材料"图标，在弹出的快捷菜单中选择"新类别"命令，输入新类别名称为"铆钉"，然后右击"铆钉"图标，在弹出的快捷菜单中选择"粘贴"命令，此时在"铆钉"类别下会新建材料"1060合金"，选中"1060合金"图标，"模型类型"选择"塑性-von Mises"，将"相切模量"设置为 690000000 N/m²。

（4）单击"应用"按钮，关闭对话框。材料编辑完成。

10. 运行分析并查看结果

（1）单击 Simulation 选项卡中的"运行此算例"按钮 ⚙，进行运行分析。打开 SOLIDWORKS 对话框，单击"确定"按钮即可。当计算分析完成之后，在 SOLIDWORKS Simulation 算例树中会出现对应的结果文件夹。

（2）在 SOLIDWORKS Simulation 算例树中右击"位移1"图标 ⚙ 位移1(-合位移-)，在弹出的快捷菜单中选择"编辑定义"命令，打开"位移图解"属性管理器，设置"图解步长"为20。

（3）在 SOLIDWORKS Simulation 算例树中双击"应力1"和"位移1"图标，从而在图形区域中显示铆钉的应力分布和合位移分布，如图9-37所示。由应力分布可知，最大应力远远超过了屈服力，而合位移的值为1.008875mm。

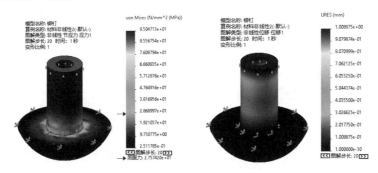

图9-37　铆钉的应力分布和合位移分布

（4）在 SOLIDWORKS Simulation 算例树中双击"位移 2"图标 位移2 (-Y位移-)，打开的 Y 向位移图解如图 9-38 所示。由图可知 Y 向位移为 1mm，与前面设计的平移距离相等。

（5）在 SOLIDWORKS Simulation 算例树中右击"结果"图标 结果，在弹出的快捷菜单中选择"列出合力"命令，打开"合力"属性管理器。

（6）单击"基准面、轴或坐标系"列表框，然后在绘图区的 FeatureManager 设计树中选择上视基准面；单击"面、边线、顶点"列表框，然后在绘图区选择铆钉的位移端面，单击"更新"按钮，绘图区列出合力为 1781.8N，如图 9-39 所示。该值远远大于当材料的相切模量为 0 时的合力值。

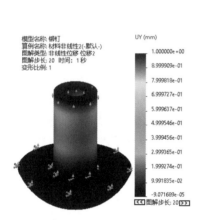

图 9-38　Y 向位移图解

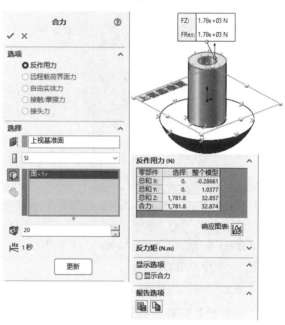

图 9-39　列出合力

练一练　轴

图 9-40 所示为轴模型，材料为合金钢。轴的一端为固定约束，另一端受到 2500N·m 的扭矩。

【操作提示】

（1）新建非线性静应力算例。

（2）定义材料。轴的材料定义为合金钢。模型类型为"塑性-von Mises"。

（3）添加固定约束。选择图 9-41 所示的面作为固定约束面。

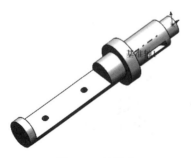

图 9-40　轴模型

图 9-41　添加固定约束

（4）定义扭矩。选择图 9-42 所示的面作为扭矩面，扭矩值为 2500N·m。

（5）划分网格并运行算例。"网格参数"选择"基于曲率的网格"，网格密度设置为粗糙。

（6）查看结果。轴的应力分布和位移分布如图 9-43 所示。

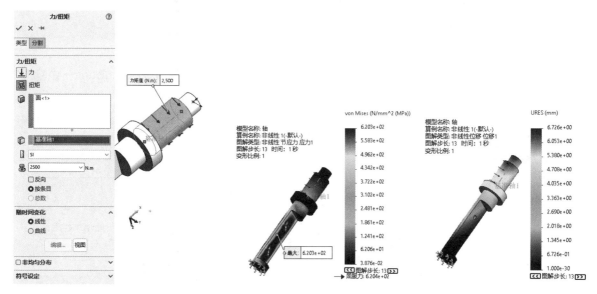

图 9-42 定义扭矩　　　　　　　　　图 9-43 轴的应力分布和位移分布

9.4 边界（接触）非线性分析

9.4.1 边界（接触）非线性分析概述

平时我们经常遇到一些接触问题，如齿轮传动、冲压成型、橡胶减振器、紧配合装配等。当一个结构与另一个结构或外部边界相接触时通常要考虑非线性边界条件。由接触产生的力同样具有非线性属性。

接触问题是一种高度非线性行为，需要较大的计算资源，为了进行实为有效的计算，理解问题的特性和建立合理的模型是很重要的。

接触问题存在两个较大的难点：第一，在求解问题之前，并不知道接触区域，表面之间是接触或分开是未知的，是突然变化的，随载荷、材料、边界条件和其他因素而定；第二，大多数的接触问题需要计算摩擦，有几种摩擦和模型供选择，它们都是非线性的，摩擦使问题的收敛性变得困难。

接触问题分为两种基本类型：刚体-柔体的接触和柔体-柔体的接触。在刚体-柔体的接触问题中，接触面的一个或多个被当作刚体（与它接触的变形体相比，有大得多的刚度），一般情况下，当一种软材料和一种硬材料接触时，可以被假定为刚体-柔体的接触，许多金属成形问题归为此类接触；柔体-柔体的接触是一种非常普遍的类型，在这种情况下，两个接触体都是变形体（有近似的刚度）。

9.4.2 实例——按铃

图 9-44 所示为按铃模型，因为该模型为轴对称结构，所以只取其 1/4 进行非线性分析。按铃的底盘底面被固定约束，对按钮的顶面进行一个向下的位移控制，距离为 1mm。

扫一扫，看视频

【操作步骤】

1. 打开源文件

选择菜单栏中的"文件"→"打开"命令或者单击"快速访问"工具栏中的"打开"按钮，打开源文件中的"按铃.sldasm"。

2. 新建算例

（1）单击 Simulation 选项卡中的"新算例"按钮，或者选择菜单栏中的 Simulation→"算例"命令。

（2）在打开的"算例"属性管理器中定义"名称"为"接触非线性"，分析类型为"非线性"→"静应力分析"，如图 9-45 所示。

（3）单击"确定"按钮，算例新建完成。

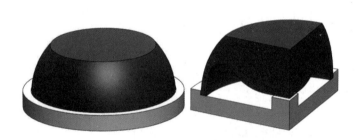

图 9-44　按铃模型

图 9-45　新建算例专题

3. 设置单位和数字格式

（1）选择菜单栏中的 Simulation→"选项"命令，打开"系统选项-一般"对话框，选择"默认选项"选项卡。

（2）单击"单位"选项，将"单位系统"设置为"公制（I）（MKS）"，"长度/位移（L）"设置为"毫米"，"压力/应力（P）"设置为 N/mm2（MPa），如图 9-46 所示。

（3）单击"颜色图表"选项，将"数字格式"设置为"科学"，"小数位数"设置为 6，如图 9-47 所示。

（4）设置完成，单击"确定"按钮，关闭对话框。

4. 设置算例属性

在 SOLIDWORKS Simulation 算例树中右击"接触非线性*"图标，在弹出的快捷菜单中选择"属性"命令，打开"非线性-静应力分析"对话框，单击"高级选项"按钮，打开"高级"选项卡，设置"收敛公差"为 0.05，如图 9-48 所示。单击"确定"按钮，关闭对话框。

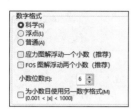

图9-46 设置单位　　　　图9-47 设置数字格式　　　　图9-48 设置收敛公差

5. 定义模型材料

（1）在 SOLIDWORKS Simulation 算例树中右击"底盘-1"图标 底盘-1，在弹出的快捷菜单中选择"应用/编辑材料"命令。

（2）在打开的"材料"对话框中定义模型的材质为 ABS，如图9-49所示。

图9-49 设置底盘材料

（3）单击"应用"按钮，关闭对话框。完成底盘材料的定义。

（4）在 SOLIDWORKS Simulation 算例树中右击"按钮-1"图标 按钮-1，在弹出的快捷菜单中选择"应用/编辑材料"命令。

（5）打开"材料"对话框，在左侧的列表框中右击"天然橡胶"，在弹出的快捷菜单中选择"复制"命令。

（6）右击"自定义材料"图标，在弹出的快捷菜单中选择"新类别"命令，输入新类别名称为"按铃"，如图9-50所示。然后右击"按铃"图标，在弹出的快捷菜单中选择"粘贴"命令，此时在"按铃"类别下新建材料"天然橡胶"，选中"天然橡胶"，然后展开材料"属性"选项卡，"模型类型"选择"超弹性-Mooney Rivlin"，如图9-51所示。

（7）勾选"使用曲线数据来计算材料常量"复选框，系统打开"表格和曲线"选项卡，如图9-52所示。"类型"选择"简单张力"，单击"文件"按钮，打开"打开"对话框，选择 zx.dat 文件，数据点被导入表格，如图9-53所示。

（8）单击"应用"按钮，关闭对话框。按钮材料定义完成。

图 9-50　重命名　　　　　　　　　　图 9-51　选择模型类型

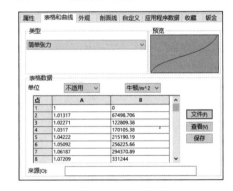

图 9-52　"表格和曲线"选项卡　　　　　　　图 9-53　导入数据

6. 添加固定约束

（1）单击 Simulation 选项卡中"夹具顾问"下拉列表中的"固定几何体"按钮，或者在 SOLIDWORKS Simulation 算例树中右击"夹具"图标，在弹出的快捷菜单中选择"固定几何体"命令。

（2）打开"夹具"属性管理器，在"标准"选项组中单击"固定几何体"按钮，在绘图区选择按铃的底面作为固定约束面，如图 9-54 所示。

（3）单击"确定"按钮，关闭"夹具"属性管理器。固定约束添加完成。

7. 添加对称约束

（1）单击 Simulation 选项卡中"夹具顾问"下拉列表中的"高级夹具"按钮，或者在 SOLIDWORKS Simulation 算例树中右击"夹具"图标，在弹出的快捷菜单中选择"高级夹具"命令。

（2）打开"夹具"属性管理器，在"高级"选项组中单击"对称"按钮，在绘图区选择图 9-55 所示的面。

（3）单击"确定"按钮，对称约束添加完成。

8. 添加平移约束

（1）单击 Simulation 选项卡中的"夹具顾问"下拉列表中的"高级夹具"按钮，或者在 SOLIDWORKS Simulation 算例树中右击"夹具"图标，在弹出的快捷菜单中选择"高级夹具"命令。

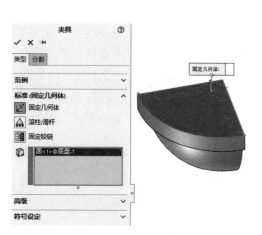

图 9-54 选择固定约束面　　　　　　　图 9-55 选择对称约束面

（2）打开"夹具"属性管理器，在"高级"选项组中单击"在平面上"按钮🔲，在绘图区选择图 9-56 所示的面。单击"垂直于基准面"按钮🔳，设置距离为 1.5mm。

（3）单击"确定"按钮✔，平移约束添加完成。

9. 创建本地交互

（1）在 SOLIDWORKS Simulation 算例树中右击"零部件交互"图标🗜 零部件交互，在弹出的快捷菜单中选择"删除"命令，打开 Simulation 对话框，如图 9-57 所示。

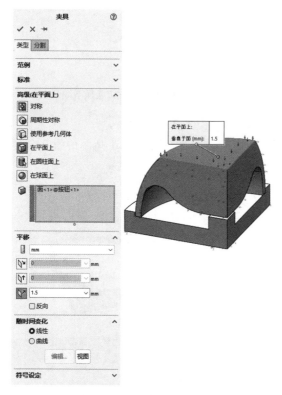

图 9-56 添加平移约束

图 9-57 Simulation 对话框

（2）单击"是"按钮，关闭对话框。

（3）在 SOLIDWORKS Simulation 算例树中右击"连结"图标 连结，在弹出的快捷菜单中选择"本地交互"命令，打开"本地交互"属性管理器，❶选择"交互"为"自动查找本地交互"，❷在绘图区的 FeatureManager 设计树中选择"底盘"和"按钮"零件，❸然后单击"查找本地交互"按钮，在"结果"列表框中列出本地交互，如图 9-58 所示。

（4）❹"类型"选择"相触"，❺单击"创建本地交互"按钮 ，单击"确定"按钮 ，关闭属性管理器。本地交互 1 创建完成。

（5）重复"本地交互"命令，打开"本地交互"属性管理器，❶选择"交互"为"手动选择本地交互"，❷"类型"选择"相触"，❸然后在绘图区选择面 1 作为组 1 的面。

（6）❹单击"组 2 的面"列表框 ，❺在绘图区选择面 2 作为组 2 的面，如图 9-59 所示。

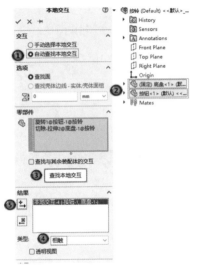

图 9-58　自动查找本地交互　　　　　图 9-59　手动选择本地交互

（7）单击"确定"按钮 ，关闭属性管理器。本地交互 2 创建完成。

（8）重复步骤（5）～步骤（7），选择图 9-60 所示的面 1 和图 9-61 所示的面 2 创建本地交互，"类型"选择"相触"。

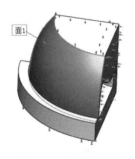
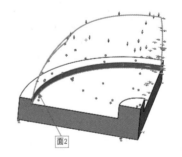

图 9-60　选择按钮面　　　　　　　　　图 9-61　选择底盘面

10. 生成网格和运行分析

（1）单击 Simulation 选项卡中"运行此算例"下拉列表中的"生成网格"按钮 ，或者在 SOLIDWORKS Simulation 算例树中右击"网格"图标 网格，在弹出的快捷菜单中选择"生成网格"

命令。

（2）打开"网格"属性管理器，勾选"网格参数"复选框，选中"基于曲率的网格"单选按钮，网格参数采用默认，如图 9-62 所示。

（3）单击"确定"按钮 ✔，生成的网格如图 9-63 所示。

图 9-62 "网格"属性管理器

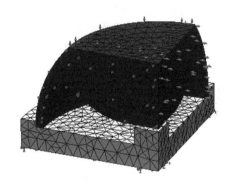

图 9-63 生成的网格

（4）单击 Simulation 选项卡中的"运行此算例"按钮 ⓒ，进行运行分析。打开 SOLIDWORKS 对话框，单击"确定"按钮即可。当计算分析完成之后，在 SOLIDWORKS Simulation 算例树中会出现对应的结果文件夹。

11．查看结果

（1）在 SOLIDWORKS Simulation 算例树中双击"应力 1"和"位移 1"图标，从而在图形区域中显示按铃的应力分布和合位移分布，如图 9-64 所示。由位移分布可知，最大合位移为 1.538145mm，而我们需要的是 Y 向位移，所以需要创建一个 Y 向位移图解。

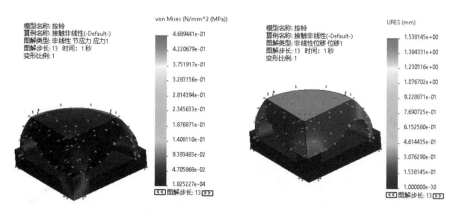

图 9-64 按铃的应力分布和合位移分布

（2）在 SOLIDWORKS Simulation 算例树中右击"结果"图标 **结果**，在弹出的快捷菜单中选择"定义位移图解"命令，打开"位移图解"属性管理器，在"零部件"下拉列表 中选择"UY：Y位移"，将"图解步长"设置为13。

（3）单击"确定"按钮 ✔，生成Y向位移图解，双击打开图解，如图9-65所示。由图可知Y向位移为1.536874mm，虽然该值与合位移相差无几，但含义不同。

（4）在 SOLIDWORKS Simulation 算例树中右击"结果"图标 **结果**，在弹出的快捷菜单中选择"列出合力"命令，打开"合力"属性管理器。

（5）单击"基准面、轴或坐标系"列表框，然后在绘图区的 FeatureManager 设计树中选择前视基准面；单击"面、边线、顶点"列表框，然后在绘图区选择按钮的端面，单击"更新"按钮，在绘图区列出了合力为28.4N，如图9-66所示。

（6）在 SOLIDWORKS Simulation 算例树中右击"位移2"图标 **位移2 (-Y位移-)**，在弹出的快捷菜单中选择"动画"命令，打开"动画"属性管理器，如图9-67所示。拖动"速度"滑块调整播放速度，观察动画过程。

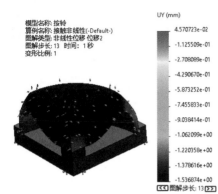

图9-65　Y向位移图解

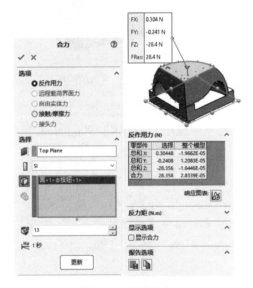

图9-66　列出合力

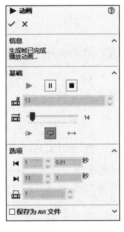

图9-67　"动画"属性管理器

练一练　卷簧

图9-68所示为卷簧模型，材料为合金钢。卷簧的一端边线作为固定约束，另一端受到10N·m的力，设置该端顶点沿垂直于前视基准面方向的移动量为0mm。

【操作提示】

（1）新建非线性静应力算例。

（2）定义材料和壳体厚度。卷簧的材料定义为合金钢，壳体的厚度定义为1mm。

图9-68　卷簧模型

扫一扫，看视频

（3）添加固定约束。选择图 9-69 所示的边线作为固定约束。

（4）添加扭矩载荷。选择卷簧曲面，然后选择图 9-70 所示的基准轴 1 作为参考，扭矩的大小为 10N·m。

图 9-69 添加固定约束

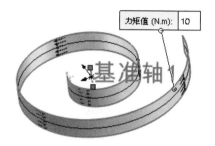

图 9-70 添加扭矩载荷

（5）创建本地交互。选择卷簧曲面，勾选"自接触"复选框，如图 9-71 所示。

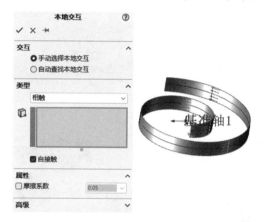

图 9-71 设置自接触条件

（6）划分网格并运行算例。"网格参数"选择"基于曲率的网格"，网格密度设置为粗糙。

（7）查看结果。卷簧的应力分布和位移分布如图 9-72 所示。

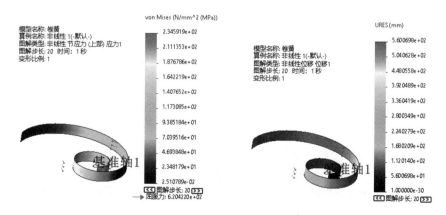

图 9-72 卷簧的应力分布和位移分布

第 10 章　屈 曲 分 析

内容简介

本章首先介绍屈曲分析的相关概念、分类和术语，然后通过实例对线性和非线性屈曲分析进行详细讲解。

内容要点

➢ 屈曲分析概述
➢ 实例 ——升降架的线性屈曲分析
➢ 实例 ——空心杆非线性屈曲分析

案例效果

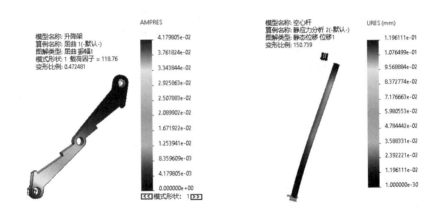

10.1　屈曲分析概述

10.1.1　屈曲的概念

屈曲是指某个构件在压力作用下还没达到屈服强度时就丧失承载力而发生大变形的过程。细长模型在轴向载荷的作用下，会在远远小于引起材料失效的载荷下发生屈曲失效。模型在不同的载荷作用下会扭曲成不同的形状，模型屈曲的形状称为屈曲模式形状，载荷称为临界载荷或屈曲载荷，一般最低的屈曲载荷最为重要。

屈曲可能会发生在整个模型或者模型的局部。屈曲分析的目的是确认结构在载荷的作用下能否保证稳定。

10.1.2　线性屈曲分析与非线性屈曲分析

屈曲分析就是研究模型在特定载荷下的稳定性以及确定模型失稳的临界载荷，屈曲分析分为线性屈曲分析和非线性屈曲分析，线性屈曲分析又称特征值屈曲分析。非线性屈曲分析包括几何非线性失稳分析、弹塑性失稳分析（材料非线性失稳分析）、非线性后屈曲分析（包含几何非线性和材料非线性）。

线性屈曲分析可以考虑固定的预载荷，也可以使用惯性释放，是以小位移、小应变的线弹性理论为基础的，不考虑结构在受载荷过程中结构构形的变化，只得出在给定载荷和约束下的特征值。这样得到的屈曲载荷要比考虑实际变化和非线性影响得到的实际屈曲载荷高得多。线性屈曲分析总是在结构初始构形上建立平衡方程，当载荷达到某一临界值时，结构构形将突然跳到另一个随遇的平衡状态，临界点之前称为前屈曲，临界点之后称为后屈曲。

通常情况下，会利用非线性屈曲分析来得到精确的屈曲载荷，并研究后屈曲效应。当遇到下面的情况时采用非线性屈曲分析。

（1）材料的非弹性特性比不稳定特性更明显。

（2）变形过程中重新调整施加的压力。

（3）大变形现象比屈曲现象更明显。

若是对装配体进行屈曲分析，则要保证所有的零件接合在一起，不能存在接触或间隙。线性屈曲分析作为一种高效的结构稳定性分析方法，在实际工程中应用比较广泛。虽然会得到过高的屈曲载荷，但可以采用屈曲安全系数（BLF）方法进行解决。屈曲安全系数是一个特征值，屈曲安全系数乘以施加的载荷即为屈曲载荷。公式如下：

$$屈曲载荷=屈曲安全系数（BLF）×施加载荷$$

表 10-1 列出了不同屈曲安全系数下的屈曲状态。

表 10-1　屈曲安全系数

屈曲安全系数（BLF）	屈曲状态	说　　明
BLF>1	不会屈曲	应用载荷小于估计的临界载荷，不会发生屈曲
0<BLF<1	会屈曲	应用载荷超过估计的临界载荷，预测会发生屈曲
BLF=1	会屈曲	应用载荷等于临界载荷，预测会发生屈曲
BLF=-1	不会屈曲	模型在压缩的过程中，不会发生屈曲。但是如果将所用载荷乘以负的安全系数，则会发生屈曲
-1<BLF<0	不会屈曲	若反向施加载荷，则会发生屈曲
BLF<-1	不会屈曲	即使反向施加所用载荷，也不会发生屈曲

模型在不同的载荷作用下可屈曲为不同的形状，模型屈曲的形状称为屈曲模式形状（屈曲模态），屈曲分析会计算"屈曲"对话框中所要求的模式数。通常情况下我们只对最大模式（即模式 1）感兴趣，因为它与最低的临界载荷相关。

需要注意的是，屈曲模态表示屈曲开始时的形状，并预测屈曲后的形状，但是屈曲模态不表示变形的实际大小。

10.1.3　屈曲属性

在 SOLIDWORKS Simulation 算例树中右击新建的"屈曲分析"图标 屈曲分析 (-默认-)，在弹出的快捷菜单中选择"属性"命令，打开"屈曲"对话框，如图 10-1 所示。使用该对话框进行屈曲分析参数设置，还可以在算例中包括流动和热力效应，如图 10-2 所示。

图 10-1　"屈曲"对话框

图 10-2　"流动/热力效应"选项卡

"选项"选项卡中各选项的含义如下：

（1）屈曲模式数：指定解算器计算的屈曲模式数。该程序将计算屈曲安全系数和关联的屈曲模式。

（2）解算器：指定解算器进行屈曲分析，包括自动和手工两种选择方式。

（3）使用软弹簧使模型稳定：如果勾选该复选框，则指示该程序添加软弹簧，以防止发生不稳定现象。如果将载荷应用于不稳定的设计，则设计将像刚性实体一样平移和/或旋转。应施加适当的约束，以防止刚性实体运动。

（4）结果文件夹：指定存储模拟结果文件夹的目录。

10.2　实例——升降架的线性屈曲分析

如图 10-3 所示，升降架为某一工程机架的支撑件，在工作时受到压力的作用，接下来对其进行屈曲分析。

图 10-3　升降架

【操作步骤】

1. 新建静应力算例

（1）选择菜单栏中的"文件"→"打开"命令或者单击"快速访问"工具栏中的"打开"按钮，打开源文件中的"升降架.sldprt"。

（2）单击 Simulation 选项卡中的"新算例"按钮，打开"算例"属性管理器，定义"名称"为"静应力分析 1"，分析类型为"静应力分析"，如图 10-4 所示。单击"确定"按钮，关闭属性管理器。

2. 定义材料

（1）在 SOLIDWORKS Simulation 算例树中右击"升降架"图标，在弹出的快捷菜单中选择"应用/编辑材料"命令，打开"材料"对话框，定义模型的材质为"合金钢"，如图 10-5 所示。

（2）单击"应用"按钮，关闭对话框。

图 10-4　"算例"属性管理器　　　　　　　图 10-5　"材料"对话框

3. 添加载荷

（1）单击 Simulation 选项卡中"外部载荷顾问"下拉列表中的"力"按钮，或者在 SOLIDWORKS Simulation 算例树中右击"外部载荷"图标，在弹出的快捷菜单中选择"力"命令，打开"力/扭矩"属性管理器。设置加载力的类型为"力"，在图形区域中选择升降架下端圆柱孔面作为力的加载面，方向设置为"选定的方向"，设置力的方向垂直于上视基准面，并在力值中设置力的大小为 100N，如图 10-6 所示。

（2）单击"确定"按钮，完成一端压力载荷的添加。

4. 添加约束

（1）单击 Simulation 选项卡中"夹具顾问"下拉列表中的"固定几何体"按钮，或者在 SOLIDWORKS Simulation 算例树中右击"夹具"图标，在弹出的快捷菜单中选择"固定几何体"

命令，打开"夹具"属性管理器，在图形区域中选择升降架的另一端圆柱孔面，添加固定几何体约束，如图 10-7 所示。

（2）单击"确定"按钮✔，完成固定约束的添加。

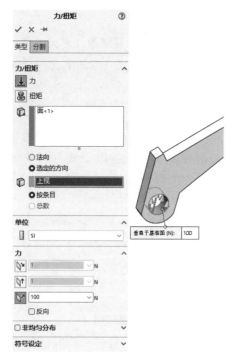

图 10-6　添加载荷

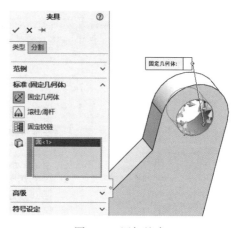

图 10-7　添加约束

5．生成网格和运行分析

（1）单击 Simulation 选项卡中"运行此算例"下拉列表中的"生成网格"按钮⬡，或者在 SOLIDWORKS Simulation 算例树中右击"网格"图标🕸网格，在弹出的快捷菜单中选择"生成网格"命令，打开"网格"属性管理器。"网格参数"选择"基于曲率的网格"，将"最大单元大小"📐设置为 4.00mm，"最小单元大小"📐设置为 2.00mm，如图 10-8 所示。

（2）单击"确定"按钮✔，开始划分网格，划分网格后的模型如图 10-9 所示。

（3）单击 Simulation 选项卡中的"运行此算例"按钮🗲，进行运行分析。

6．查看结果

双击 SOLIDWORKS Simulation 算例树中"结果"文件夹下的"应力 1"图标🎨应力1 (-vonMises-)，观察升降架在给定约束和弯扭组合加载下的应力分布，如图 10-10 所示。

应力安全系数可以由屈服力除以最大应力求得，由图中可知应力安全系数=620÷36.16=17.1。

7．新建屈曲算例

（1）单击 Simulation 选项卡中的"新算例"按钮🔍，打开"算例"属性管理器，定义"名称"为"屈曲 1"，分析类型为"屈曲"，如图 10-11 所示。单击"确定"按钮✔，关闭属性管理器。

（2）单击屏幕左下角的"静应力分析 1"标签，右击算例树中的"夹具"图标🧲夹具，在弹出的快捷菜单中选择"复制"命令，如图 10-12 所示。

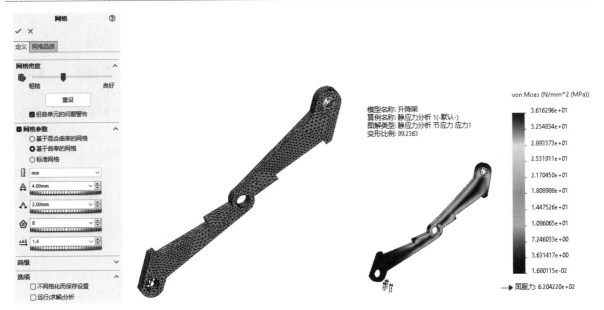

图 10-8　网格参数设置　　图 10-9　划分网格后的模型　　图 10-10　升降架的应力分布

（3）单击"屈曲 1"标签，右击算例树中的"夹具"图标 夹具，在弹出的快捷菜单中选择"粘贴"命令。将约束复制到"屈曲 1"算例中。

（4）单击"静应力分析 1"标签，在算例树中选中"外部载荷"图标 外部载荷，拖动到"屈曲 1"标签位置后松开鼠标，将载荷复制到"屈曲 1"算例中。

（5）同理，复制"静应力分析 1"标签中的"网格"和"材料"到"屈曲 1"算例中。

8．设置屈曲属性

（1）在 SOLIDWORKS Simulation 算例树中右击新建的"屈曲 1"图标 屈曲1(-默认-)，在弹出的快捷菜单中选择"属性"命令，打开"屈曲"对话框。

（2）❶在"选项"选项卡下将"屈曲模式数"设置为 2，如图 10-13 所示。❷单击"确定"按钮，关闭对话框。

图 10-11　"算例"属性管理器

图 10-12　复制约束

图 10-13　"屈曲"对话框

9. 运行分析并查看结果

（1）单击 Simulation 选项卡中的"运行此算例"按钮 ，进行运行分析。

（2）双击 SOLIDWORKS Simulation 算例树中"结果"文件夹下的"振幅 1"图标 ，观察升降架的振幅 1 图解，如图 10-14 所示。

（3）图中左上端显示计算得出的模式形状 1 的载荷因子（即屈曲安全系数）为 118.76。也可以右击算例树中的"结果"图标 结果，在弹出的快捷菜单中选择"列举屈曲安全系数"命令查看屈曲安全系数，如图 10-15 所示。

（4）打开"列举模式"对话框，如图 10-16 所示。对话框中列出了模式 1 和模式 2 的屈曲安全系数，从图中可知模式 1 的屈曲安全系数为 118.76，没有发生屈曲的风险。也就是说，临界屈曲载荷（CBL）为 100N×118.76=11876N。

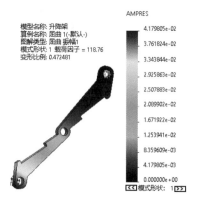

图 10-14　升降架的振幅 1 图解

图 10-15　选择"列举屈曲安全系数"命令

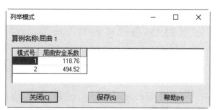

图 10-16　"列举模式"对话框

（5）由前面的静应力分析可知应力安全系数为 17.1，而屈曲安全系数为 118.76，屈曲安全系数远远大于应力安全系数，也就是说屈服发生在屈曲之前。

练一练　导杆的线性屈曲分析

图 10-17 所示为导杆模型，导杆的底端固定，上端受到 1N 的力，通过静应力分析和线性屈曲分析判断屈曲与屈服哪个先发生。

【操作提示】

（1）新建静应力算例。

（2）定义材料。将导杆的材料定义为合金钢。

（3）添加固定约束。选择图 10-18 所示的下端面作为固定约束面。

（4）添加载荷。选择图 10-19 所示的上端面作为受力面，力的大小为 1N。

（5）划分网格并运行算例。

（6）查看结果。导杆的应力分布和位移分布如图 10-20 所示。由应力图可知引起屈服变形的力的大小为 602.4N÷0.328≈1836.6N。

（7）新建屈曲分析算例。

（8）将静应力分析中的约束、载荷和材料全部复制到屈曲分析算例中。

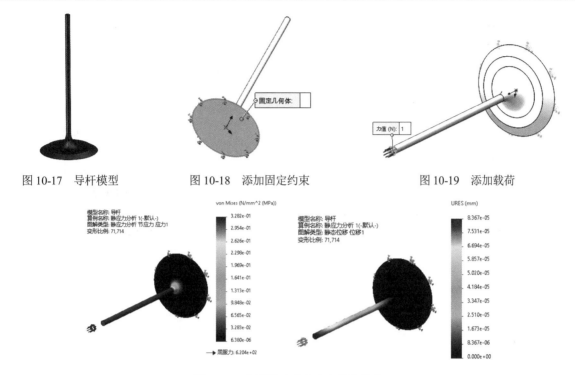

图 10-17 导杆模型　　　　　图 10-18 添加固定约束　　　　　图 10-19 添加载荷

图 10-20 导杆的应力分布和位移分布

（9）划分网格并运行分析。结果如图 10-21 所示，由图可知导杆发生屈曲只需 1N×138.65=138.65N 的力即可。由此可以判断，屈曲发生在屈服之前。

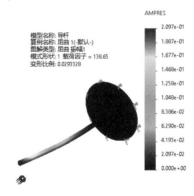

图 10-21 导杆的振幅 1 图解

10.3 实例——空心杆的非线性屈曲分析

本实例分析图 10-22 所示的杆系结构中空心杆受压失稳问题以及非线性屈曲问题。

一根长度 $l = 180mm$、外径 $R = 8mm$、内径 $r = 6mm$，材料为 ABS 塑料的空心杆，一端固定，另一端受与杆轴线重合的压力 $F = 1N$。求解该空心杆是否会发生压缩失稳，在多大压力下该空心杆会出现失稳情况。

扫一扫，看视频

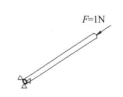

图 10-22 空心杆受压情况

【操作步骤】

1. 新建屈曲算例

（1）选择菜单栏中的"文件"→"打开"命令或者单击"快速访问"工具栏中的"打开"按钮，打开源文件中的"空心杆.sldprt"。

（2）单击 Simulation 选项卡中的"新算例"按钮，打开"算例"属性管理器，定义"名称"为"屈曲分析"，分析类型为"屈曲"，如图 10-23 所示。单击"确定"按钮，关闭属性管理器。

2. 设置屈曲属性

（1）在 SOLIDWORKS Simulation 算例树中右击新建的"屈曲分析"图标，在弹出的快捷菜单中选择"属性"命令，打开"屈曲"对话框。

（2）在"选项"选项卡下勾选"使用软弹簧使模型稳定"复选框，如图 10-24 所示。单击"确定"按钮，关闭对话框。

图 10-23　定义算例

图 10-24　"屈曲"对话框

3. 定义材料

（1）在 SOLIDWORKS Simulation 算例树中右击"空心杆"图标，在弹出的快捷菜单中选择"应用/编辑材料"命令，打开"材料"对话框，定义模型的材质为 ABS，如图 10-25 所示。

（2）单击"应用"按钮，关闭对话框。

4. 添加载荷和约束

（1）单击 Simulation 选项卡中"外部载荷顾问"下拉列表中的"力"按钮，或者在 SOLIDWORKS Simulation 算例树中右击"外部载荷"图标，在弹出的快捷菜单中选择"力"命令，打开"力/扭矩"属性管理器。设置加载力的类型为"力"，在图形区域中选择空心杆的端面作为力的加载面，并在力值中设置力的大小为 1N，具体如图 10-26 所示。

（2）单击"确定"按钮，完成一端压力载荷的添加。

（3）单击 Simulation 选项卡中"夹具顾问"下拉列表中的"固定几何体"按钮，或者在 SOLIDWORKS Simulation 算例树中右击"夹具"图标，在弹出的快捷菜单中选择"固定几何体"命令，打开"夹具"属性管理器，在图形区域中选择空心杆的另一个端面，添加固定几何体约束，如图 10-27 所示。

图 10-25　"材料"对话框　　　　　　　　　　图 10-26　设置端面的压力

（4）单击"确定"按钮 ✔，完成固定约束的添加。

5．生成网格和运行分析

（1）单击 Simulation 选项卡中"运行此算例"下拉列表中的"生成网格"按钮 🕸，或者在 SOLIDWORKS Simulation 算例树中右击"网格"图标 🕸网格，在弹出的快捷菜单中选择"生成网格"命令，打开"网格"属性管理器。"网格参数"选择"基于曲率的网格"，"最大单元大小" 🔺 和"最小单元大小" 🔺 均设置为 1.50mm，如图 10-28 所示。

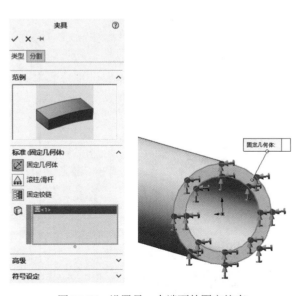

图 10-27　设置另一个端面的固定约束

图 10-28　网格参数设置

（2）单击"确定"按钮 ✔，开始划分网格，划分网格后的模型如图 10-29 所示。

（3）单击 Simulation 选项卡中的"运行此算例"按钮 🕸，进行运行分析。

6. 查看结果

（1）双击 SOLIDWORKS Simulation 算例树中"结果"文件夹下的"振幅 1"图标，观察空心杆的振幅 1 图解，如图 10-30 所示。

图中左上端显示计算得出的模式形状 1 的载荷因子（BLF）为 20.927。也就是说临界弯曲载荷（critical buckling loads，CBL）=1N×20.927=20.927N。

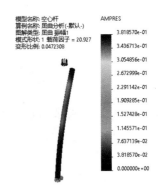

图 10-29　划分网格后的模型　　　　　　　　　图 10-30　空心杆的振幅 1 图解

（2）计算表明在 $F = 20.927N$ 时，空心杆可能发生失稳情况。

7. 计算失稳情况下空心杆的应力

（1）单击 Simulation 选项卡中的"新算例"按钮，打开"算例"属性管理器。定义"名称"为"应力分析"，分析类型为"静应力分析"，如图 10-31 所示。

（2）在 SOLIDWORKS Simulation 算例树中右击新建的"应力分析*"图标 应力分析* (-默认-)，在弹出的快捷菜单中选择"属性"命令，打开"静应力分析"对话框。在"选项"选项卡中勾选"使用软弹簧使模型稳定"复选框，如图 10-32 所示。

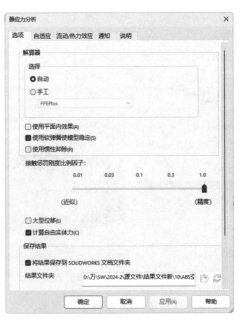

图 10-31　"算例"属性管理器　　　　　　　　　图 10-32　"静应力分析"对话框

（3）单击"确定"按钮，关闭对话框。

（4）单击屏幕左下角的"屈曲分析"标签，右击"屈曲分析"算例树中的"夹具"图标 🧱 夹具，在弹出的快捷菜单中选择"复制"命令，如图 10-33 所示。

（5）单击"应力分析"标签，右击"应力分析"算例树中的"夹具"图标 🧱 夹具，在弹出的快捷菜单中选择"粘贴"命令，将约束复制到"应力分析"标签中。

（6）单击"屈曲分析"标签，在"屈曲分析"算例树中选中"外部载荷"图标 ↓↓ 外部载荷，将其拖动到"应力分析"标签位置后松开鼠标，将载荷复制到"应力分析"标签中。

（7）同理，复制"屈曲分析"标签中的"网格"和"材料"到"应力分析"标签中。

（8）在"应力分析"标签中右击 SOLIDWORKS Simulation 算例树中的"力-1"图标 ↓ 力-1，在弹出的快捷菜单中选择"编辑定义"命令。

（9）打开"力/扭矩"属性管理器，将力的大小由 1N 改变为 21N。

（10）单击"确定"按钮 ✔，关闭属性管理器。

（11）单击 Simulation 选项卡中的"运行此算例"按钮 🔃，或者在"应力分析"算例树中右击"应力分析*"图标 🔃 应力分析* (-默认-)，在弹出的快捷菜单中选择"运行"命令。

运行完成后，双击 SOLIDWORKS Simulation 算例树中"结果"文件夹下的"应力 1"图标 🔃，观察空心杆在给定约束和加载下（失稳前）的应力分布，如图 10-34 所示。

图 10-33 复制载荷/约束   图 10-34 空心杆在失稳前的应力分布

综合以上结果，空心杆在受沿轴线的压应力情况下首先发生失稳变形，在这之前不会出现强度破坏。空心杆的受压失稳是设计中主要考虑的问题。

线性屈曲计算的假设是建立在小变形的基础上的，采用一次求解，在计算的过程中结构的刚度保持不变，而实际情况是结构在发生屈曲时结构的刚度是一直变化的，采用一次求解并不能得到一个准确的结果。

因此为了得到一个准确的结果，需要采用非线性静力学分析。

8. 复制算例

（1）在屏幕左下角右击"应力分析"标签，在弹出的快捷菜单中选择"复制算例"命令，如图 10-35 所示。打开"复制算例"属性管理器，设置"算例名称"为"静应力分析 2"，如图 10-36 所示。单击"确定"按钮 ✔，生成新算例。

（2）在 SOLIDWORKS Simulation 算例树中右击"力-1"图标 ↓ 力-1，在弹出的快捷菜单中选择"编辑定义"命令。

图 10-35　选择"复制算例"命令　　　　　图 10-36　"复制算例"属性管理器

（3）打开"力/扭矩"属性管理器，将力的大小由 21N 改变为 1N。

（4）单击"确定"按钮✔，关闭属性管理器。

9. 运行分析

单击 Simulation 选项卡中的"运行此算例"按钮，或者在"应力分析"算例树中右击"静应力分析 2"图标 **静应力分析 2 (-默认-)**，在弹出的快捷菜单中选择"运行"命令。

运行完成后，双击 SOLIDWORKS Simulation 算例树中"结果"文件夹下的"位移 1"图标，观察空心杆在给定约束和 1N 的载荷作用下的位移分布，如图 10-37 所示。由图可知，空心杆在 1N 的载荷作用下的最大位移大约为 0.12mm。

10. 新建非线性静力分析算例

（1）单击 Simulation 选项卡中的"新算例"按钮，打开"算例"属性管理器，定义"名称"为"非线性 1"，❶分析类型为"非线性"和❷"静应力分析"，如图 10-38 所示。单击"确定"按钮✔，关闭属性管理器。

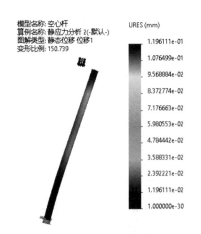

图 10-37　空心杆的位移分布　　　　　图 10-38　"算例"属性管理器

（2）单击屏幕左下角的"静应力分析 2"标签，在 SOLIDWORKS Simulation 算例树中右击"夹具"图标 **夹具**，在弹出的快捷菜单中选择"复制"命令。

（3）单击"非线性1"标签，右击"非线性1"算例树中的"夹具"图标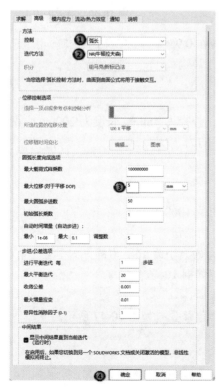夹具，在弹出的快捷菜单中选择"粘贴"命令。将约束复制到"非线性1"标签中。

（4）单击"静应力分析2"标签，在SOLIDWORKS Simulation算例树中选中"外部载荷"图标↓↓外部载荷，将"材料"和"网络"拖动到"非线性1"标签位置后松开鼠标，将载荷复制到"非线性1"标签中。

11. 算例属性设置

（1）在SOLIDWORKS Simulation算例树中右击"非线性1"图标 非线性1(-默认-)，在弹出的快捷菜单中选择"属性"命令，打开"非线性-静应力分析"对话框，单击"高级"选项卡，❶"控制"选择"弧长"，❷"迭代方法"选择"NR（牛顿拉夫森）"。

（2）由线性屈曲分析可知，载荷因子为21；由静应力分析2的位移分析可知，最大位移为0.12mm，根据最大位移（对于平移 DOF）=2×线性屈曲载荷因子×静应力分析最大位移值，可以计算出❸最大位移（对于平移DOF）大概为5mm，其他参数采用默认，如图10-39所示。

（3）❹单击"确定"按钮，关闭对话框。

12. 运行分析并查看结果

（1）单击Simulation选项卡中的"运行此算例"按钮，或者在"应力分析"算例树中右击"非线性1"图标 非线性1(-默认-)，在弹出的快捷菜单中选择"运行"命令。

（2）非线性屈曲的分析结果需要在响应图表中查看，所以运行完成后，在SOLIDWORKS Simulation算例树中右击"结果"图标结果，在弹出的快捷菜单中选择"定义时间历史图解"命令，如图10-40所示。

图 10-39　"非线性-静应力分析"对话框参数设置　　　图 10-40　选择"定义时间历史图解"命令

（3）打开"时间历史图表"属性管理器，选择空心杆顶端位移最大的一个点，将"X轴"设置为X方向的位移，"Y轴"默认为"载荷因子"，如图10-41所示。

（4）单击"确定"按钮✔，系统自动生成响应图表，如图10-42所示。在响应图表中可以查看载荷因子及位移的变化关系。空心杆在受力后发生变形，随着变形的发生，为了抵抗结构的变形，杆的刚度在不断地增加，载荷因子也在不断地提高。

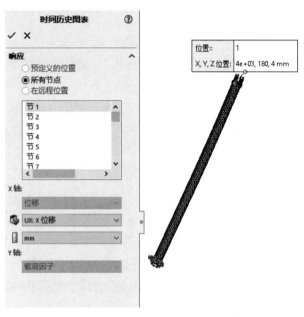

图10-41 "时间历史图表"属性管理器

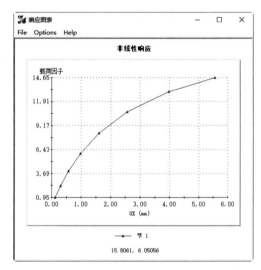

图10-42 响应图表

响应图表中载荷因子的最小值为0.95，说明这个结构在0.95×1N=0.95N的载荷作用下已经发生了屈曲现象。

练一练 圆柱连接杆的非线性屈曲分析

图10-43所示为圆柱连接杆模型，杆的内径为3mm、外径为4mm、长度为200mm，两端凸台的高度为2.5mm。圆柱连接杆的一端固定，另一端受到1N的力。

【操作提示】

（1）新建屈曲算例。

（2）定义材料。将圆柱连接杆的材料定义为铝合金中的1060合金。

（3）添加固定约束。选择图10-44所示的面作为固定约束面。

（4）添加载荷。选择图10-45所示的面作为受力面，力的大小为1N，力的方向垂直于前视基准面。

（5）划分网格并运行算例。圆柱连接杆的振幅1图解如图10-46所示。

（6）新建静应力算例。边界条件和材料与屈曲算例相同。

（7）划分网格并运行算例。圆柱连接杆的应力分布和位移分布如图10-47所示。

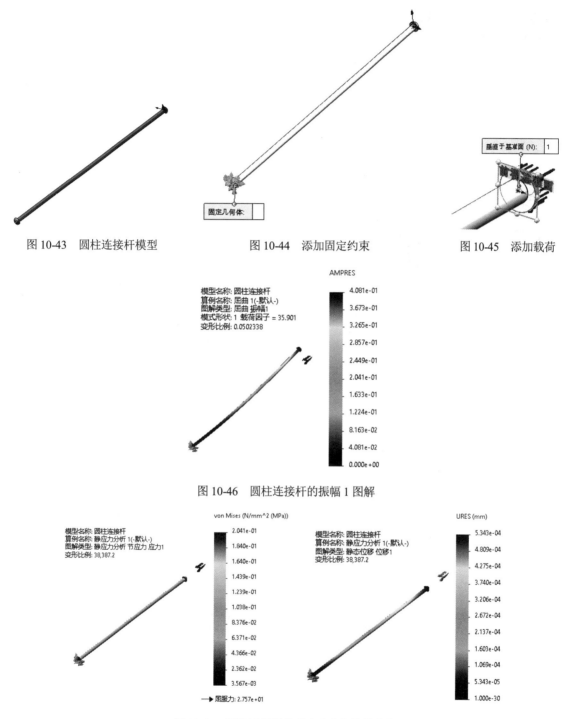

图 10-43 圆柱连接杆模型　　　　图 10-44 添加固定约束　　　　图 10-45 添加载荷

图 10-46 圆柱连接杆的振幅 1 图解

图 10-47 圆柱连接杆的应力分布和位移分布

（8）新建非线性静应力算例。边界条件和材料与屈曲算例相同。

（9）设置非线性静应力算例的属性。利用"属性"命令，打开"非线性-静应力分析"对话框，单击"高级"选项卡，"控制"选择"弧长"，"迭代方法"选择"NR（牛顿拉夫森）"。通过计算可得最大位移（对于平移 DOF）大概为 0.3mm，收敛公差为 0.01。

（10）划分网格并运行算例。

（11）定义时间历史图解。选择图 10-48 所示的一点，参数设置采用默认，结果如图 10-49 所示。

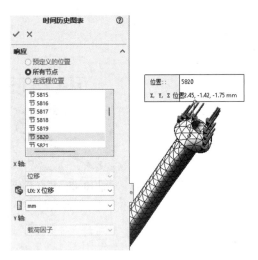

图 10-48　参数设置

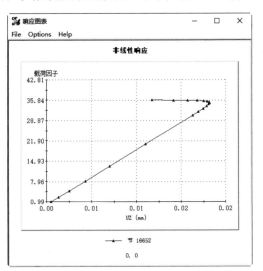

图 10-49　非线性响应图表

第 11 章　跌落测试分析

内容简介

本章首先介绍跌落测试分析的概念及分析步骤，然后通过实例详细介绍各种测试情况下的跌落测试。

内容要点

➢ 跌落测试分析概述
➢ 实例 ——止回阀壳体在刚性地面的跌落测试分析
➢ 实例 ——止回阀壳体在弹性地面的跌落测试分析
➢ 实例 ——止回阀壳体弹塑性跌落测试分析
➢ 实例 ——硬壳暖手宝接触跌落测试分析

案例效果

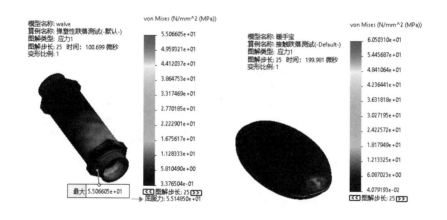

11.1　跌落测试分析概述

11.1.1　跌落测试分析的作用

当我们在使用电子设备时，由于与他人的意外碰撞而导致设备不慎从手中跌落到地上，或者当工人在用吊车搬运货物时不慎使货物跌落，设备或者货物会发生什么情况？为了了解物体在意外跌落时造成的结果，需要对物体的结构进行破坏性物理测试，即跌落测试分析。

跌落测试分析主要用来模拟模型在搬运期间可能受到的自由跌落，分析模型抵抗意外冲击的能力，跌落测试算例可以评估模型跌落到硬地板上的效果。除引力外，还可以指定跌落高度或撞击时的速度，SOLIDWORKS Simulation 会将动态问题求解为时间函数。在完成分析后，用户可以将模型的反应作为时间函数来制作图解和图表。

11.1.2　跌落测试分析的步骤

在对模型进行跌落测试分析时可以设置分析中的不同选项，包括模型的材料、跌落的高度、地板的类型，以及模型跌落的姿势，从而观察不同的测试内容对结果的影响。跌落测试分析大致分为以下几步。

1. 新建算例

将其命名为"跌落测试分析"，如图 11-1 所示。

2. 设置模型的材料

在"材料"对话框中为模型的不同部分指定材料类型，可以定义线弹性或弹塑性材料，如图 11-2 所示。线弹性指的是材料是弹性的，变形是小变形；弹塑性指的是一部分是弹性变形，其余是塑性变形。

图 11-1　新建算例

图 11-2　"材料"对话框

3. 设置跌落测试参数

在 SOLIDWORKS Simulation 算例树中右击"设置"按钮，在弹出的快捷菜单中选择"定义/编辑"命令，如图 11-3 所示。打开"跌落测试设置"属性管理器，如图 11-4 所示。

"跌落测试设置"属性管理器中部分选项的含义如下。

（1）指定：设定将指定的输入类型。

1）落差高度：指定模型从静止状态跌落的高度。

2）冲击时速度：指定发生冲击时模型相对于目标基准面的速度的方向和大小。

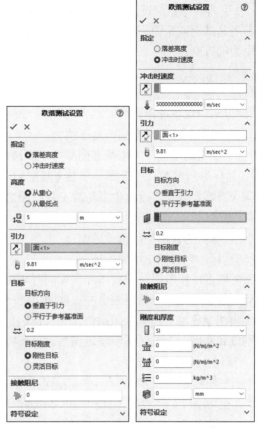

图 11-4 "跌落测试设置"属性管理器

图 11-3 选择"定义/编辑"命令

（2）高度：设定实体从静止状态跌落的高度。这是实体沿引力方向运动直至撞击刚性基准面的距离。只有在文本框中选择了跌落高度之后，才可以使用此选项。冲击时速度的计算公式为 $V_{冲击} = (2gh)^{1/2}$，其中，g 是引力加速度，h 是高度。

1）从重心：指定的高度为实体的重心沿引力方向与平面硬地板之间的距离。重心是实体的几何中心。对于装配体，只有当所有零部件的密度均相同时，重心才会与引力中心重合。

2）从最低点：指定的高度为实体与平面硬地板间的最短距离。距离平面硬地板最近的点是实体沿引力方向运动时最先撞击地板的点。

3）（落差高度）：指定从重心或从最低点到冲击面的高度。可以为高度选择单位。

（3）冲击时速度：设定冲击时速度的方向和值。只有将"指定"设置为"冲击时速度"时才可以使用。

1）（冲击时速度参考）：设定用于确定冲击时速度方向的参考实体。可以选择边线、参考基准面或平面。如果选择参考基准面或平面，则沿垂直于参考基准面或平面的方向应用速度。单击"冲击时速度参考"按钮可以反转冲击时速度的方向。

2）（速度幅值）：设定冲击时速度的量和单位。当指定冲击时速度的量时，需要定义重力的量。在求解和保持不变的过程中，重力载荷作为外部载荷。重力值不影响指定冲击时速度的量。

（4）引力：设定引力加速度的方向和值。在冲击后，重力在整个求解过程中保持不变。在求解过程中，在能量平衡方程中考虑取决于重力的工作。

1）（引力参考）：设定用于确定引力方向的参考实体。可以选择边线、参考基准面或平面。如果选择参考基准面或平面，则沿垂直于参考基准面或平面的方向应用引力。单击"引力参考"按钮可以反转引力的方向。

2）（引力幅值）：设定引力的大小和单位。

（5）目标。

1）目标方向：设定冲击基准面的方向。

➢ 垂直于引力：冲击基准面垂直于引力。

➢ 平行于参考基准面：冲击基准面平行于所选的参考基准面。

➢ （目标方向参考）：选择一个参考基准面。仅在选定平行于参考基准面时可用。

➢ （摩擦系数）：设定模型与冲击基准面之间的摩擦系数。

2）目标刚度。

➢ 刚性目标：为目标使用刚性地面。

➢ 灵活目标：为目标使用弹性地面。

（6）接触阻尼：接触阻尼在实体冲击期间互相接触且为无穿透接触时考虑。接触阻尼作为黏性阻尼进行计算。接触阻尼的应用可减少冲击期间可能产生的高频振动，可提高求解稳定性。

（关键阻尼比率）：输入阻尼值作为关键阻尼比率（$\zeta_{cr} = 2m\omega$）。

（7）刚度和厚度：为灵活图层设定属性。只在将"目标刚度"设置为"灵活目标"时可用。

1）（单位）：设定单位系统。

2）（法向刚度）：设定垂直于冲击基准面的每单位面积刚度。

3）（正切刚度）：设定平行于冲击基准面的每单位面积刚度。

4）（质量密度）：设定冲击图层的质量密度。

5）（目标厚度）：设定冲击图层的厚度量和单位。

4. 检查跌落测试设置的细节

在 SOLIDWORKS Simulation 算例树中右击"设置"按钮，在弹出的快捷菜单中选择"细节"命令，打开"设置细节"对话框，如图 11-5 所示。

5. 定义传感器

若要分析模型中特定位置的结果，则需要定义传感器，在绘图区的 FeatureManager 设计树中右击"传感器"选项，在弹出的快捷菜单中选择"添加传感器"命令，如图 11-6 所示。弹出"传感器"属性管理器，设置"传感器类型"为"Simulation 数据"，"数据量"为"工作流程灵敏"，然后在"属性"选项组下面的文本框中选择要记录的位置，如图 11-7 所示。

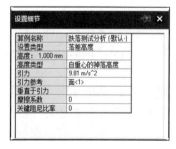

图 11-5　"设置细节"对话框

图 11-6　添加传感器

6. 设置碰撞后的求解时间和要保存的时间步长

在 SOLIDWORKS Simulation 算例树中右击"结果选项"图标，在弹出的快捷菜单中选择"定义/编辑"命令，打开"结果选项"属性管理器，如图 11-8 所示。

图 11-7   "传感器"属性管理器

图 11-8   "结果选项"属性管理器

"结果选项"属性管理器中各选项的含义如下：

（1）🕐（冲击后的求解时间）：以微秒为单位，冲击后的求解时间计算不考虑用户定义的材料属性。

（2）⊕（从此开始保存结果）：程序开始保存结果的第一个时刻，默认值为 0。

（3）📦（图解数）：程序保存的图解数，默认值为 25，求解时间被分成 25 个时间间隔，图解结果保存在所有节中。

（4）📈（每个图解的图表步骤数）：设定结果图解的图表间隔数。每个图表的数据点总数等于图解数乘以每个图解的图表步骤数。

7. 设置算例属性

在 SOLIDWORKS Simulation 算例树中右击"跌落测试分析*"图标💿跌落测试分析*，在弹出的快捷菜单中选择"属性"命令，打开"跌落测试"对话框，如图 11-9 所示。

图 11-9   "跌落测试"对话框

8. 划分网格并运行分析

9. 查看并处理结果

扫一扫，看视频

11.2 实例——止回阀壳体在刚性地面的跌落测试分析

本实例对一个止回阀壳体进行跌落测试，如图 11-10 所示，在阀门或其他很多产品的验收试验中都会有跌落测试这项检测。具体的试验方法就是从 5m 的高度将产品自由落下，本实例中的接触地面设置为刚性地面，产品材料为线弹性材料，测试产品的功能是否仍然满足设计要求。

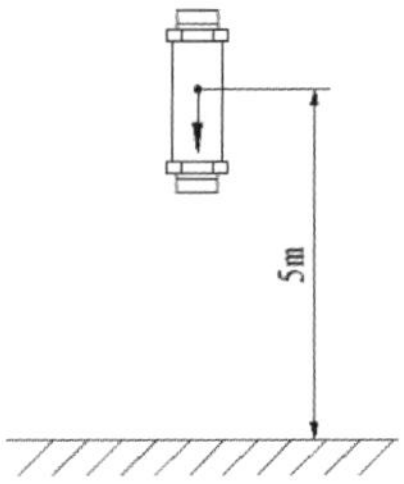

图 11-10　止回阀壳体跌落测试示意

【操作步骤】

1. 新建算例

（1）选择菜单栏中的"文件"→"打开"命令或者单击"快速访问"工具栏中的"打开"按钮，打开源文件中的"walve.sldprt"。

（2）单击 Simulation 选项卡中的"新算例"按钮，打开"算例"属性管理器，定义"名称"为"跌落测试"，分析类型为"跌落测试"，如图 11-11 所示。单击"确定"按钮，关闭属性管理器。

2. 定义材料

在 SOLIDWORKS Simulation 算例树中右击 walve 图标，在弹出的快捷菜单中选择"应用/编辑材料"命令，打开"材料"对话框。选择"选择材料来源"为 solidworks materials，然后选择铝合金材料"6061 合金"，设置"模型类型"为"线性弹性各向同性"，如图 11-12 所示。单击"应用"按钮，然后关闭对话框。

图 11-11　定义算例

图 11-12　定义材料

3. 设置跌落测试参数

（1）选择菜单栏中的 Simulation→"跌落测试设置"命令，或者在 SOLIDWORKS Simulation 算例树中右击"设置"图标，在弹出的快捷菜单中选择"定义/编辑"命令，打开"跌落测试设置"属性管理器。

（2）❶在"指定"选项组中选中"落差高度"单选按钮；❷在"高度"选项组中选中"从重心"

单选按钮，❸在"自重心的跌落高度"🔧右侧的输入框中设置跌落高度为 5m；❹在图形区域中选择止回阀的六方平面作为引力方向参考面，❺在"引力幅值"🔩右侧的输入框中设置重力加速度为 9.81m/s²；❻在"目标"选项组中选中"垂直于引力"单选按钮，❼在"摩擦系数"⇄右侧的输入框中设置地面的摩擦系数为 0.2，❽ "目标刚度"选择"刚性目标"，如图 11-13 所示。

（3）❾单击"确定"按钮✔️，完成跌落测试。

4. 设置结果选项

（1）选择菜单栏中的 Simulation→"结果选项"命令，或者在 SOLIDWORKS Simulation 算例树中右击"结果选项"图标🔘结果选项，打开"结果选项"属性管理器。

（2）❶设置"冲击后的求解时间"为 100.7 微秒；❷在"从此开始保存结果"🔳右侧的输入框中设置数值为 0，即从跌落的 0 微秒开始保存计算结果；❸在"图解数"🔖右侧的输入框中设置数值为 25，即计算的图解为跌落开始后图解步长为 25 时的结果，❹"传感器清单"📈选择"所有跟踪的数据传感器"，❺"每个图解的图表步骤数"📈设置为 20，如图 11-14 所示。

图 11-13　设置跌落测试参数

图 11-14　设置结果选项

5. 设置算例属性

在 SOLIDWORKS Simulation 算例树中右击"跌落测试*"图标🔘跌落测试*(-默认-)，在弹出的快捷菜单中选择"属性"命令，打开"跌落测试"对话框。勾选"大型位移"复选框，如图 11-15 所示。

6. 生成网格和运行分析

（1）单击 Simulation 选项卡中"运行此算例"下拉列表中的"生成网格"按钮🔩，打开"网格"属性管理器。保持网格的默认粗细程度，如图 11-16 所示。

（2）单击"确定"按钮✔️，划分网格，结果如图 11-17 所示。

（3）单击 Simulation 选项卡中的"运行此算例"按钮🔩，SOLIDWORKS Simulation 则调用解算器进行有限元分析。值得一提的是，跌落测试的计算需要消耗更多的资源，所以计算时间要比其他分析的计算时间长。

图 11-15　"跌落测试"对话框　　　图 11-16　"网格"属性管理器　　　图 11-17　划分网格

7. 查看结果

（1）双击 SOLIDWORKS Simulation 算例树中"结果"文件夹下的"应力 1"图标，则可以观察止回阀在跌落时的应力分布，如图 11-18 所示。

（2）在 SOLIDWORKS Simulation 算例树中右击"结果"文件夹下的"应力 1"图标，在弹出的快捷菜单中选择"探测"命令，打开"探测结果"属性管理器，❶"选项"选择"按节点编号"，❷在输入框中输入节点号 8，❸单击"探测结果"按钮，在"结果"列表框中显示探测结果，该点及其坐标会显示在"探测"属性管理器和图形中，如图 11-19 所示。❹单击属性管理器中的"响应"按钮，则会显示该点的响应图表，即该点随时间变化的应力曲线图，如图 11-20 所示。

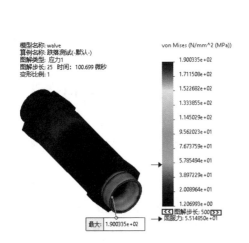

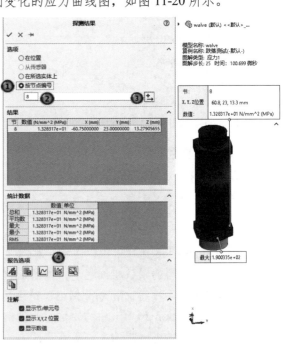

图 11-18　跌落发生 100.699 微秒后止回阀的应力分布　　　图 11-19　"探测结果"属性管理器

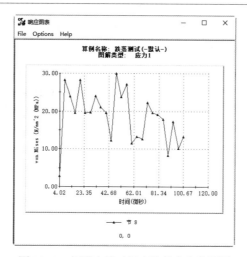

图 11-20　探测点随时间变化的应力曲线图

扫一扫，看视频

练一练　茶杯在刚性地面的跌落测试

图 11-21 所示为茶杯模型。茶杯从 3m 高处落下，接触地面为刚性地面。

【操作提示】

（1）新建跌落测试算例。名称设置为"跌落测试 1"。

（2）定义材料。茶杯的材料为 ABS 塑料。

（3）设置跌落测试参数。右击"设置"图标，在弹出的快捷菜单中选择"定义/编辑"命令，在打开的"跌落测试设置"属性管理器中设置参数，如图 11-22 所示。

（4）设置结果选项。右击"结果选项"图标，在弹出的快捷菜单中选择"定义/编辑"命令，在打开的"结果选项"属性管理器中设置参数，如图 11-23 所示。

图 11-21　茶杯模型

图 11-22　跌落测试参数设置

图 11-23　结果选项参数设置

（5）设置算例属性。右击"跌落测试 1*"图标跌落测试 1*(-默认-)，在弹出的快捷菜单中选择"属性"命令，打开"跌落测试"对话框，然后勾选"大型位移"复选框。

（6）划分网格并运行分析。茶杯的应力分布如图 11-24 所示。

（7）查看响应图表。选择图 11-25 所示的一点，查看其响应图表，如图 11-26 所示。

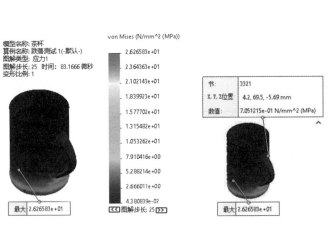

图 11-24　茶杯的应力分布　　　图 11-25　选择一点　　　图 11-26　响应图表

扫一扫，看视频

11.3　实例——止回阀壳体在弹性地面的跌落测试分析

本实例在 11.2 节的实例的基础上进行弹性跌落测试分析。所谓弹性跌落，就是将接触地面设置为弹性地面，该项是通过将"跌落测试设置"属性管理器中的"目标刚度"设置为"灵活目标"来实现的，其他设置与刚性地面跌落测试分析完全相同。

【操作步骤】

1．复制算例

（1）在屏幕左下角右击"跌落测试"标签，在弹出的快捷菜单中选择"复制算例"命令，打开"复制算例"属性管理器，设置"算例名称"为"弹性跌落测试"，如图 11-27 所示。

（2）单击"确定"按钮✔，算例复制完成。

2．修改跌落参数

（1）选择菜单栏中的 Simulation→"跌落测试设置"命令，或者在 SOLIDWORKS Simulation 算例树中右击"设置"图标设置，在弹出的快捷菜单中选择"定义/编辑"命令，打开"跌落测试设置"属性管理器。

（2）❶在"指定"选项组中选中"落差高度"单选按钮；❷在"高度"选项组中选中"从重心"单选按钮，❸在"自重心的跌落高度"右侧的输入框中设置跌落高度为 5m；❹在图形区域中选择止回阀的六方平面作为引力方向参考面，❺在"引力幅值"右侧的输入框中设置重力加速度为 9.81m/s²；❻在"目标"选项组中选中"垂直于引力"单选按钮，❼在"摩擦系数"右侧的输入框中设置地面的摩擦系数为 0.2，❽"目标刚度"选择"灵活目标"，在属性管理器中增加了"刚度和厚度"选项组，⑨"接触阻尼"设置为 0，⑩设置"法向刚度"畫为 8.2×10⁹（N/m）/m²，⑪"正切刚度"畫为 3.1×10⁹（N/m）/m²，⑫"质量密度"畺为 1400kg/m³，⑬"目标厚度"畫为 10mm，如图 11-28 所示。

（3）⑭单击"确定"按钮✔，参数修改完成。

图 11-27 "复制算例"属性管理器

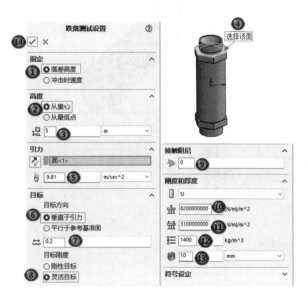

图 11-28 设置参数

3. 运行分析

单击 Simulation 选项卡中的"运行此算例"按钮，SOLIDWORKS Simulation 则调用解算器进行有限元分析。

4. 查看结果

（1）双击 SOLIDWORKS Simulation 算例树中"结果"文件夹下的"应力 1"图标，则可以观察止回阀在跌落时的应力分布，如图 11-29 所示。由图可知，弹性跌落时的最大应力明显比刚性跌落时的最大应力小很多。

（2）在 SOLIDWORKS Simulation 算例树中右击"结果"文件夹下的"应力 1"图标，在弹出的快捷菜单中选择"探测"命令，打开"探测结果"属性管理器，"选项"选择"按节点编号"，在输入框中输入节点号 8，单击"探测结果"按钮，在"结果"列表框中显示探测结果，该点及其坐标会显示在"探测结果"属性管理器和图形中，如图 11-30 所示。单击属性管理器中的"响应"按钮，打开"响应图表"对话框，该对话框中会显示该点随时间变化的应力曲线图，如图 11-31 所示。与刚性跌落测试分析中该点的"响应图表"对比可知，弹性跌落测试分析中该点的应力值明显变小了。

图 11-29 跌落发生 100.699 微秒后止回阀的应力分布

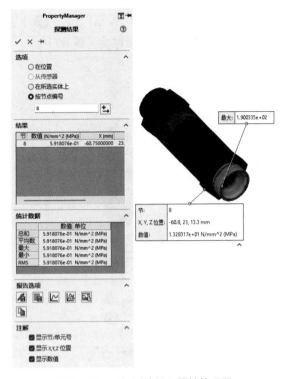

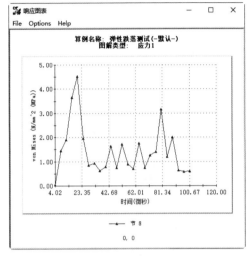

图 11-30　"探测结果"属性管理器

图 11-31　探测点随时间变化的应力曲线图

练一练　茶杯在弹性地面的跌落测试

图 11-32 所示为茶杯模型。茶杯从 3m 高处落下，接触地面为弹性地面。

【操作提示】

（1）复制"跌落测试 1"算例。名称设置为"跌落测试 2"。

（2）修改跌落测试参数。修改"目标刚度"为"灵活目标"，刚度和厚度参数如图 11-33 所示，其他参数设置不变。

（3）划分网格并运行分析。茶杯的应力分布如图 11-34 所示。

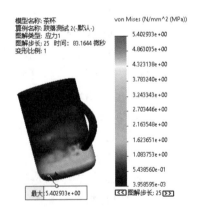

图 11-32　茶杯模型

图 11-33　修改跌落测试参数

图 11-34　茶杯的应力分布

（4）查看响应图表。选择图 11-35 所示的 3321 节点，查看其响应图表，如图 11-36 所示。

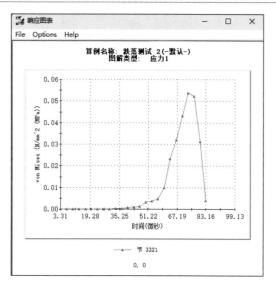

图 11-35 选择一点

图 11-36 响应图表

11.4 实例——止回阀壳体弹塑性跌落测试分析

本实例在 11.2 节的刚性跌落测试分析的基础上进行塑性材料的跌落测试分析，前面在刚性地面和弹性地面的跌落测试分析中用的材料均为线弹性材料模型，在本实例中将材料设置为塑性材料模型，地面为刚性地面，最后查看应力和探测点响应图表的变化情况。

【操作步骤】

1．复制算例

（1）在屏幕左下角右击"跌落测试"标签，在弹出的快捷菜单中选择"复制算例"命令，打开"复制算例"属性管理器，设置"算例名称"为"弹塑性跌落测试"，如图 11-37 所示。

（2）单击"确定"按钮✔，算例复制完成。

2．修改材料

在 SOLIDWORKS Simulation 算例树中右击 walve 图标🔷 🔺 walve，在弹出的快捷菜单中选择"应用/编辑材料"命令，打开"材料"对话框。选择"选择材料来源"为 solidworks materials，❶然后选择铝合金材料"6061 合金"，❷在"模型类型"下拉列表中选择"塑性-von Mises"，如图 11-38 所示。❸单击"应用"按钮，关闭对话框。

3．运行分析

单击 Simulation 选项卡中的"运行此算例"按钮🎲，SOLIDWORKS Simulation 则调用解算器进行有限元分析。

4．查看结果

（1）双击 SOLIDWORKS Simulation 算例树中"结果"文件夹下的"应力 1"图标🎲，则可以观察止回阀在跌落时的应力分布，如图 11-39 所示。由图可知，弹塑性跌落时的最大应力明显比刚性跌落时的最大应力小很多。

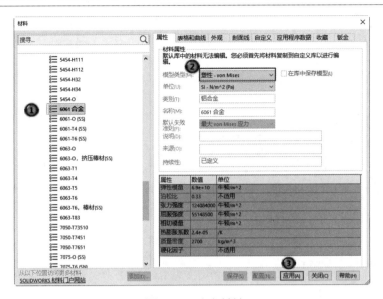

图 11-37 "复制算例"属性管理器

图 11-38 定义材料

（2）在 SOLIDWORKS Simulation 算例树中右击"结果"文件夹下的"应力 1"图标，在弹出的快捷菜单中选择"探测"命令，打开"探测结果"属性管理器，"选项"选择"按节点编号"，在输入框中输入节点号 8，单击"探测结果"按钮，在"结果"列表框中显示探测结果，该点及其坐标会显示在"探测结果"属性管理器和图形中，如图 11-40 所示。单击属性管理器中的"响应"按钮，打开"响应图表"对话框，该对话框中会显示该点随时间变化的应力曲线图，如图 11-41 所示。与刚性跌落测试分析中该点的响应图表对比可知，弹塑性跌落测试分析中该点的应力值明显变小了很多。

图 11-39 跌落发生 100.699 秒后止回阀的应力分布

图 11-40 "探测结果"属性管理器

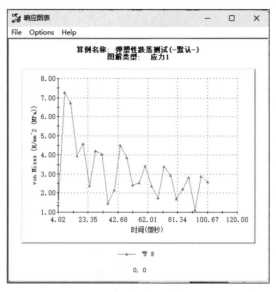

图 11-41 响应图表

练一练 茶杯弹塑性跌落测试

图 11-42 所示为茶杯模型。茶杯从 3m 高处落下，接触地面为刚性地面，茶杯的材料设置为塑性材料。

【操作提示】

（1）复制"跌落测试 1"算例。名称设置为"跌落测试 3"。

（2）修改材料。在"模型类型"下拉列表中选择"塑性-von Mises"。

（3）划分网格并运行分析。茶杯的应力分布如图 11-43 所示。

（4）查看响应图表。选择图 11-44 所示的 3321 节点，查看其响应图表，如图 11-45 所示。

图 11-42 茶杯模型

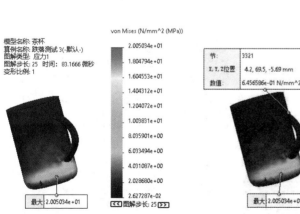

图 11-43 茶杯的应力分布

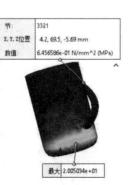

图 11-44 选择一点

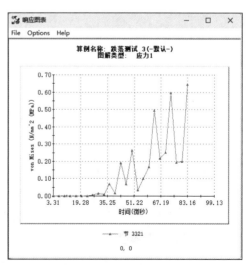

图 11-45 响应图表

11.5 实例——硬壳暖手宝接触跌落测试分析

本实例对硬壳暖手宝进行跌落测试，图 11-46 所示为暖手宝模型，该模型由上盖和下盖装配而成，试验方法是从 2m 高处将暖手宝自由落下，本实例中的接触地面设置为刚性硬地面，暖手宝壳体材料为线弹性材料，设置上盖与下盖之间的接触条件为相触，最后查看暖手宝的损坏程度。

【操作步骤】

1．新建算例

（1）选择菜单栏中的"文件"→"打开"命令或者单击"快速访问"工具栏中的"打开"按钮 ，打开源文件中的"暖手宝.sldasm"。

（2）单击 Simulation 选项卡中的"新算例"按钮 ，打开"算例"属性管理器，定义"名称"为"接触跌落测试"，分析类型为"跌落测试"，如图 11-47 所示。单击"确定"按钮 ，关闭属性管理器。

图 11-46　暖手宝

2．定义材料

在 SOLIDWORKS Simulation 算例树中右击"零件"图标 零件，在弹出的快捷菜单中选择"应用材料到所有实体"命令，打开"材料"对话框。选择"选择材料来源"为 solidworks materials，然后选择塑料材料 ABS，如图 11-48 所示。单击"应用"按钮，然后关闭对话框。

图 11-47　定义算例

图 11-48　定义材料

3．设置跌落参数

（1）选择菜单栏中的 Simulation→"跌落测试设置"命令，或者在 SOLIDWORKS Simulation 算例树中右击"设置"图标 设置，在弹出的快捷菜单中选择"定义/编辑"命令，打开"跌落测试设置"属性管理器。

（2）在"指定"选项组中选中"落差高度"单选按钮；在"高度"选项组中选中"从重心"单选按钮，在"自重心的跌落高度" 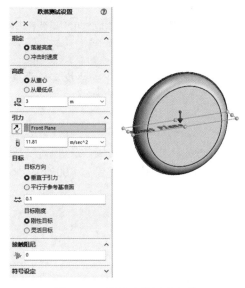右侧的输入框中设置跌落高度为3m；在图形区域中选择 Front Plane 作为引力方向参考面，在"引力幅值" 右侧的输入框中设置重力加速度为 9.81m/s²；在"目标"选项组中选中"垂直于引力"单选按钮，在"摩擦系数" 右侧的输入框中设置地面的摩擦系数为 0.1，"目标刚度"选择"刚性目标"，如图 11-49 所示。

（3）单击"确定"按钮 ✓，完成跌落测试参数的设置。

4．设置结果选项

（1）选择菜单栏中的 Simulation→"结果选项"命令，或者在 SOLIDWORKS Simulation 算例树中右击"结果选项"图标 结果选项，打开"结果选项"属性管理器。

（2）设置"冲击后的求解时间"为 200 微秒；在"从此开始保存结果" 右侧的输入框中输入 0，即从跌落的 0 微秒开始保存计算结果；在"图解数" 右侧的输入框中输入 25，即计算的图解为跌落开始后图解步长为 25 时的结果，"传感器清单" 选择"所有跟踪的数据传感器"，"每个图解的图表步骤数" 设置为 20，如图 11-50 所示。

图 11-49　设置跌落测试参数 　　　　　　　图 11-50　设置结果选项

5．设置接触条件

（1）在 SOLIDWORKS Simulation 算例树中右击"全局交互"图标 全局交互，在弹出的快捷菜单中选择"编辑定义"命令，打开"零部件交互"属性管理器，❶"接合的缝隙范围"设置为 0.01%，❷勾选"包括壳体边线到实体面/壳体面和边线对的接合（更慢）"复选框，如图 11-51 所示。

（2）在 SOLIDWORKS Simulation 算例树中右击"连结"图标 连结，在弹出的快捷菜单中选择"本地交互"命令，打开"本地交互"属性管理器，❶"交互"选择"自动查找本地交互"。❷在算例树中单击"暖手宝"图标 暖手宝，将其添加到"选择零部件或实体" 列表框中。❸单击"查找本地交互"按钮，在"结果"列表框中列出本地交互，❹设置交互"类型"为"相触"。❺"最大缝隙百分比"设置为 0.01%，如图 11-52 所示。

（3）❻选中列出的本地交互，单击"创建本地交互"按钮 ，单击"确定"按钮 ✓，完成本地交互的创建。

图 11-51　"零部件交互"属性管理器

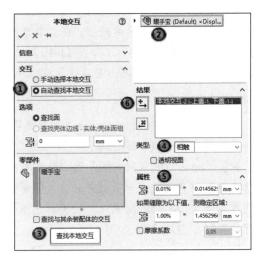

图 11-52　"本地交互"属性管理器

6. 设置算例属性

在 SOLIDWORKS Simulation 算例树中右击算例名称图标，在弹出的快捷菜单中选择"属性"命令，打开"跌落测试"对话框，勾选"大型位移"复选框，如图 11-53 所示。

7. 生成网格和运行分析

（1）单击 Simulation 选项卡中"运行此算例"下拉列表中的"生成网格"按钮，打开"网格"属性管理器，将"最大单元大小"设置为 4.00mm，"最小单元大小"设置为 1.00mm，如图 11-54 所示。

（2）单击"确定"按钮，划分网格，结果如图 11-55 所示。

图 11-53　"跌落测试"对话框

图 11-54　"网格"属性
管理器

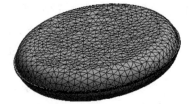

图 11-55　划分网格

（3）单击 Simulation 选项卡中的"运行此算例"按钮 ，SOLIDWORKS Simulation 则调用解算器进行有限元分析。

8. 查看结果

（1）分别双击 SOLIDWORKS Simulation 算例树中"结果"文件夹下的"应力 1"和"位移 1"图标，则可以观察暖手宝在跌落后的应力分布和位移分布，如图 11-56 所示。由应力分布可以看出撞击位置的应力最大，而由位移分布可以看出最大位移发生在左侧裂口处。

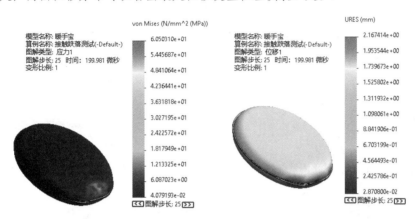

图 11-56　暖手宝的应力分布和位移分布

（2）在 SOLIDWORKS Simulation 算例树中右击"结果"文件夹下的"位移 1"图标 位移1，在弹出的快捷菜单中选择"动画"命令，打开"动画"属性管理器，通过动画演示可以观察暖手宝上盖与下盖撞击地面后如何相对移动。

练一练　散热扇接触跌落测试

图 11-57 所示为散热扇装配模型。散热扇从 5m 高处落下，接触地面为刚性地面，设置两个零件的接触条件为相触。运行算例后通过动画查看散热扇跌落后两个零件的相对移动情况。

【操作提示】

（1）新建跌落测试算例。名称设置为"跌落测试 1"。

（2）定义材料。散热扇的材料为 ABS 塑料。

图 11-57　散热扇装配模型

（3）设置跌落测试参数。右击"设置"图标，在弹出的快捷菜单中选择"定义/编辑"命令，打开"跌落测试设置"属性管理器，设置参数，如图 11-58 所示。

（4）设置结果选项。右击"结果选项"图标，在弹出的快捷菜单中选择"定义/编辑"命令，打开"结果选项"属性管理器，设置参数，如图 11-59 所示。

（5）设置算例属性。右击"跌落测试 1*"图标 跌落测试1*(-默认-)，在弹出的快捷菜单中选择"属性"命令，打开"跌落测试"对话框，然后勾选"大型位移"复选框。

（6）设置接触条件。在"本地交互"属性管理器中，"交互"选择"自动查找本地交互"，"类型"选择"相触"。选择散热扇装配体，系统自动查找到所有交互，创建为本地交互即可。

（7）划分网格并运行分析。散热扇的应力分布和位移分布如图 11-60 所示。

（8）查看动画。选中"位移 1"，通过动画查看落地后两个零件的相对移动情况。

图 11-58　跌落测试参数设置

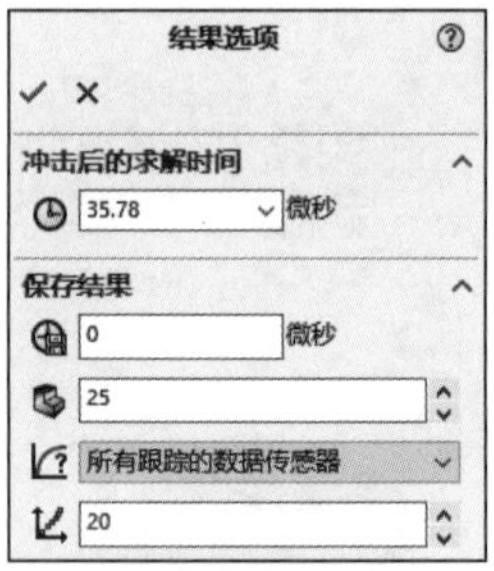

图 11-59　结果选项参数设置

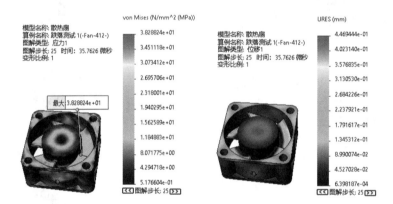

图 11-60　散热扇的应力分布和位移分布

第 12 章　压力容器和子模型

内容简介

本章首先介绍压力容器的相关概念并通过实例进行详细说明,然后介绍子模型的概念及创建方法。

内容要点

➢ 压力容器分析
➢ 子模型概述

案例效果

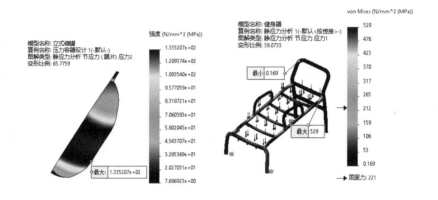

12.1　压力容器分析

12.1.1　压力容器分析概述

　　压力容器是指盛装气体或者液体,承载一定压力的密闭设备。压力容器的主要结构形式为回转壳体,壳体的厚度远小于壳体的曲率半径。其载荷形式有压力、热载荷、力和力矩、地震载荷、风载荷和雪载荷等。

　　利用压力容器分析,可以将静应力分析算例的结果和指定的因素结合,然后对各种载荷情形的结果进行评估。每个静应力分析算例都具有不同的一组可以创建相应结果的载荷,这些载荷可以是恒定的、动态的、热载荷等,压力容器设计算例会使用线性组合或平方和的平方根法(SRSS),用代数方法合并静应力分析算例的结果。

　　线性组合结果的计算公式为

$$S = \sum_{i=1}^{n} s_i$$

式中，n 为组合中的算例树；s_i 为算例 i 中的结果。

平方和的平方根法结果的计算公式为

$$S = \sqrt{\sum_{i=1}^{n} s_i^2}$$

如果利用平方和的平方根法进行计算，压力容器设计算例不能创建位移和变形分布图解，因为位移的负分量在进行平方后就会变成正分量，这会产生不正确的结果。

在使用实体网格时，软件提供一个应力线性化工具来分离折弯和膜片分量。

📢**注意：**

（1）只有载荷才可以有所不同。进行组合的算例的材料、约束、接触条件、模型配置以及静态算例的网格必须相同。

（2）求解只在结果处于线性范围之内时才有效。因此，算例不能使用"大型位移解"或无穿透接触，因为线性假设在这些情形中会失败。

（3）该功能主要用于压力容器的设计。

（4）软件求解出一组联立方程式。它读取选定算例的现有结果并将之组合。

（5）当计算诸如合位移和 von Mises 及主要应力的数量时，软件首先将方向分量进行组合。

（6）对于使用 SRSS 的压力容器设计算例，用户不能创建位移或变形分布图解。这是因为位移的负分量在自乘时变成正分量。这将在得出数值总和时产生不正确的结果。

（7）在该发行版本中压力容器设计算例无报表可用。

12.1.2 压力容器分析步骤

在进行压力容器分析之前，先进行相关的静应力分析，然后检查各个算例的网格属性是否一致，检查各个算例的位移和应力结果，确定材料的设计应力强度，接下来利用压力容器分析方法将各个算例组合起来进行分析，在使用实体网格时，应力线性化工具用于分离折弯和膜片分量。大致操作步骤如下：

（1）新建算例，算例类型为"压力容器设计"。

（2）添加载荷，在 SOLIDWORKS Simulation 算例树中右击"设置"图标，在弹出的快捷菜单中选择"定义/编辑"命令，如图 12-1 所示。弹出"结果组合设置"属性管理器，如图 12-2 所示。该属性管理器允许用户通过应用线性组合或平方和的平方根法来组合多个静态算例的结果。

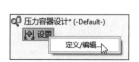

图 12-1 选择"定义/编辑"命令

图 12-2 "结果组合设置"属性管理器

"结果组合设置"属性管理器中各选项的含义如下：

1）线性组合：如果选择该项，则可以创建代数方程式来组合所选静态算例的结果。

2）SRSS：如果选择该项，则可以通过应用平方和的平方根法来组合所选算例的结果。

3）因子：输入乘数。应用程序将此因子应用到选定算例的结果中（仅适用于线性组合选项）。

4）算例：从菜单中选择至少两个静态算例以组合其结果。用户可以不断地添加更多算例。

（3）运行算例，查看结果。

12.1.3　线性化应力结果

如果对应力分布图解进行截面剪裁，此时，在压力容器算例的剖面应力分布图解中的两个位置之间分离并线性化膜片和折弯应力。

应力线性化会将折弯和膜片应力分量与压力容器算例的截面应力分布图解中的壁厚观察到的实际应力分布分开。

应力线性化方法符合美国机械工程师协会（ASME）《锅炉及压力容器规范》（*Boiler and Pressure Vessel Code*）。该功能仅用于实体网格。对于壳体，可以单独标绘并列举膜片和折弯应力。

应力线性化提供通过壁厚的实际应力变化的理想化。膜片应力分量在厚度上是恒定的，而折弯应力分量在厚度上呈线性变化。非线性化应力分量被称为峰值应力。

应力线性化为实体网格模型分离折弯和膜片应力。对于壳体，可以单独标绘并列举膜片和折弯应力。

在 SOLIDWORKS Simulation 算例树中右击"应力 1"图标，在弹出的快捷菜单中选择"线性化"命令，系统弹出"线性化应力"属性管理器，如图 12-3 所示。

"线性化"属性管理器中各选项的含义如下：

（1）（位置）：在模型剖面上选择两个位置以定义要沿其报告应力的直线。

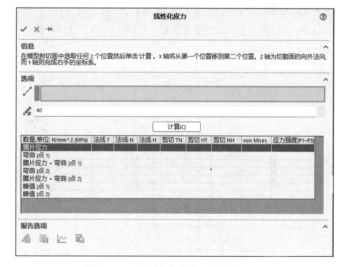

图 12-3　"线性化应力"属性管理器

注意：

（1）为获得准确的结果，连接两个位置的线必须与壁厚垂直，并完全位于材料上。它不能穿过不存在结果的孔或区域。

（2）两个位置必须属于同一主体的不同元素。应力线性化路径上的所有位置（包括中级点）必须属于同一主体。参考点不是应力线性化路径的有效选择。

（2）（中级点数）：沿直线定义图表的分辨率。软件将在第一个和最后一个点之间内插应力，以查找中级点处的应力结果。

（3）计算：计算选定位置和中级点处的膜片和折弯应力。两个选定点处的应力结果将列示在全局坐标系中。可以使用"报告选项"查看完整结果，包括中级点。

（4）报告选项。

1）结果摘要：该表列出了 6 个应力分量（应力张量）、von Mises 和应力强度（P1～P3）的线性化应力（膜片、弯曲和膜片+弯曲）和峰值应力。软件将根据应力分类线（SCL）定义的局部坐标系报告每个节点的 6 个应力分量。另外，SCL 线的方向与壁厚的中面垂直。

N：正向量或子午线。

T：从内壁到外壁的切向向量。

H：垂直于剖面的环向量。

2）（另存为传感器）：将两个位置点的坐标保存为传感器。

3）（保存）：将结果保存到 Excel.csv 文件或文本.txt 文件。Excel.csv 文件包含全局坐标系中的所有应力分量，以及 SCL 坐标系中的所有应力分量。

4）（图解）：创建 6 个应力分量的图解，显示各个壁厚的应力变化。

5）（保存数据并在报告中显示）：将结果保存并显示在报告中。

扫一扫，看视频

12.1.4　实例——压力容器设计

图 12-4 所示为一台直径为 700mm 的立式储罐，其法兰出口直径为 88mm，材料为不锈钢。设计压力为 13.5MPa，工作压力为 12.4MPa，弹性模量为 2.01×10^{10}Pa，泊松比为 0.3，要求对此压力容器进行应力分析设计。考虑到立式储罐是一个 360° 的旋转体，是一个对称结构。这里建模只要考虑其中的几分之一即可，这里选择 1/6 结构进行分析，如图 12-5 所示。

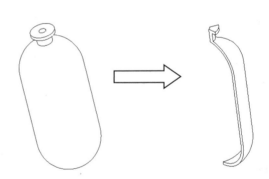

图 12-4　立式储罐结构图　　　　　　　图 12-5　立式储罐的计算简化模型

【操作步骤】

1. 新建静应力算例并定义壳体

（1）选择菜单栏中的"文件"→"打开"命令或者单击"快速访问"工具栏中的"打开"按钮，打开源文件中的"立式储罐.sldprt"。

（2）单击 Simulation 选项卡中的"新算例"按钮，打开"算例"属性管理器。定义"名称"为"静应力分析 1"，分析类型为"静应力分析"，如图 12-6 所示。

（3）单击"确定"按钮，关闭属性管理器。

（4）在 SOLIDWORKS Simulation 算例树中右击"立式储罐"图标，在弹出的快捷菜单中选择"按所选面定义壳体"命令，如图 12-7 所示。

（5）在打开的"壳体定义"属性管理器中选中"细"单选按钮，从而设置外壳类型为"细"；单击"所选实体"列表框🗀，在图形区域中选择立式储罐的内侧面，在"抽壳厚度"文本框🗔中设置抽壳的厚度为36.00mm，如图12-8所示。

（6）单击"确定"按钮✔，完成壳的定义。

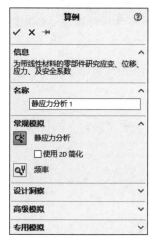

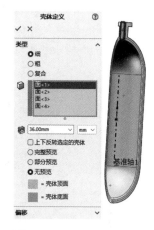

图12-6 "算例"属性管理器　　　图12-7 选择"按所选面定义壳体"命令　　　图12-8 设置外壳定义参数

2. 定义材料

（1）选择菜单栏中的Simulation→"材料"→"应用材料到所有"命令，或者单击Simulation选项卡中的"应用材料"按钮🗎，或者在SOLIDWORKS Simulation算例树中右击"立式储罐"图标 🗎 ⚬ 立式储罐，在弹出的快捷菜单中选择"应用/编辑材料"命令，打开如图12-9所示的"材料"对话框。选择"选择材料来源"为"自定义材料"，在右侧的"材料属性"选项组下的列表框中定义"弹性模量"为$2.01×10^{10}$N/m^2，"泊松比"为0.3。

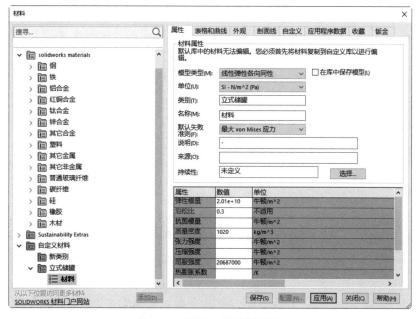

图12-9 设置立式储罐的材料

（2）单击"应用"按钮，关闭对话框。

3．添加约束

（1）单击 Simulation 选项卡中"夹具顾问"下拉列表中的"固定几何体"按钮 ，或者在 SOLIDWORKS Simulation 算例树中右击"夹具"图标 夹具，在弹出的快捷菜单中选择"固定几何体"命令。打开"夹具"属性管理器。在"高级"选项组中选择夹具类型为"使用参考几何体"，单击"夹具的面、边线、顶点"列表框 ，在图形区域中选择外壳的 10 条边线作为约束的边线。

（2）单击"方向的面、边线、基准面、基准轴"列表框 ，在图形区域中选择"基准轴 1"作为参考几何体。

（3）单击"平移"选项组中的"圆周"按钮 ，在右侧的文本框中设置其为 0rad。

（4）在"旋转"选项组中单击"径向"按钮 ，设置径向约束为 0rad；单击"轴向"按钮 ，设置轴向约束为 0rad，如图 12-10 所示。

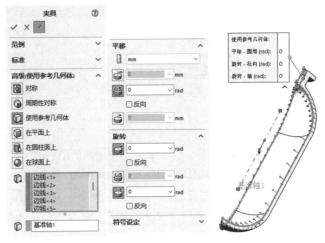

图 12-10　添加参考几何体约束

（5）单击"确定"按钮 ，约束添加完成。

（6）为了使模型稳定，还需要添加一个固定约束。重复"固定几何体"命令，打开"夹具"属性管理器。在"标准"选项组中选择夹具类型为"固定几何体"，在图形区域中选择立式储罐的法兰的内边线作为固定约束位置，如图 12-11 所示。

（7）单击"确定"按钮 ，完成固定约束。

4．添加载荷

（1）单击 Simulation 选项卡中"外部载荷顾问"下拉列表中的"压力"按钮 ，或者在 SOLIDWORKS Simulation 算例树中右击"外部载荷"图标 外部载荷，

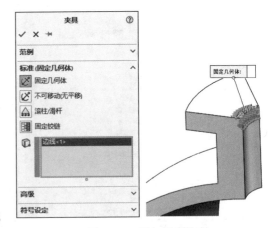

图 12-11　添加固定约束

在弹出的快捷菜单中选择"压力"命令。打开"压力"属性管理器。选择施加压力的"类型"为"垂直于所选面"；单击"压强的面"列表框 ，在图形区域中选择立式储罐的内侧受压面，在"压强值"文本框 中设置压力为 13.5MPa，如图 12-12 所示。

（2）单击"确定"按钮✔️，载荷添加完成。

5. 生成网格和运行分析

（1）单击 Simulation 选项卡中"运行此算例"下拉列表中的"网格"按钮🔶网格，打开"网格"属性管理器。勾选"网格参数"复选框，将"最大单元大小"🔺设置为 40.00mm，"最小单元大小"🔻设置为 5.00mm，如图 12-13 所示。

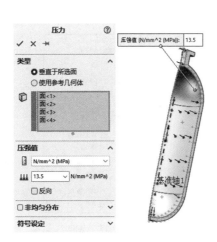

图 12-12　设置压力参数

图 12-13　"网格"属性管理器

（2）单击"确定"按钮✔️，开始划分网格。划分网格后的立式储罐模型如图 12-14 所示。

（3）单击 Simulation 选项卡中的"运行此算例"按钮🔷，SOLIDWORKS Simulation 则调用解算器进行有限元分析。

6. 查看结果

双击 SOLIDWORKS Simulation 算例树中"结果"文件夹下的"应力 1"图标🔷应力1，则可以观察立式储罐在给定约束和载荷下的应力分布，如图 12-15 所示。

图 12-14　划分网格后的立式储罐模型

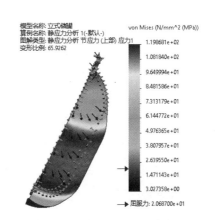

图 12-15　立式储罐的应力分布

7. 复制算例

（1）在屏幕左下角右击"静应力分析 1"标签，在弹出的快捷菜单中选择"复制算例"命令，打开"复制算例"属性管理器，将"算例名称"设置为"静应力分析 2"，如图 12-16 所示。

（2）单击"确定"按钮 ，关闭属性管理器。

8. 添加载荷

（1）在 SOLIDWORKS Simulation 算例树中右击"压力-1"图标 **压力-1**，在弹出的快捷菜单中选择"删除"命令，如图 12-17 所示。

图 12-16　"复制算例"属性管理器

图 12-17　选择"删除"命令

（2）打开 Simulation 对话框，如图 12-18 所示。单击"是"按钮，关闭对话框。

（3）单击 Simulation 选项卡中"外部载荷顾问"下拉列表中的"引力"按钮 ，或者在 SOLIDWORKS Simulation 算例树中右击"外部载荷"图标 **外部载荷**，在弹出的快捷菜单中选择"引力"命令。打开"引力"属性管理器，如图 12-19 所示。

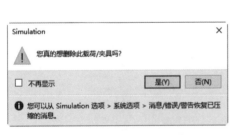

图 12-18　Simulation 对话框

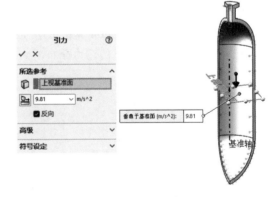

图 12-19　"引力"属性管理器

（4）单击"确定"按钮 ，关闭属性管理器。

9. 运行分析并查看结果

（1）单击 Simulation 选项卡中的"运行此算例"按钮 ，SOLIDWORKS Simulation 则调用解算器进行有限元分析。

（2）双击 SOLIDWORKS Simulation 算例树中"结果"文件夹下的"应力 1"图标![icon]，则可以观察立式储罐在给定约束和载荷下的应力分布，如图 12-20 所示。

10. 新建压力容器设计算例并设置材料

（1）单击 Simulation 选项卡中的"新算例"按钮![icon]，打开"算例"属性管理器。定义"名称"为"压力容器设计 1"，分析类型为"压力容器设计"，如图 12-21 所示。

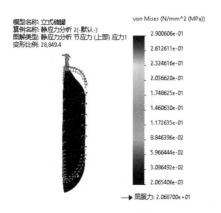

图 12-20　立式储罐的应力分布　　　　图 12-21　"算例"属性管理器

（2）单击"确定"按钮![icon]，关闭属性管理器。

（3）单击"静应力分析 2"算例标签，拖动"材料"到"压力容器设计 1"算例标签。

11. 组合设置

（1）在 SOLIDWORKS Simulation 算例树中右击"设置"图标![icon]设置，在弹出的快捷菜单中选择"定义/编辑"命令，如图 12-22 所示。打开"结果组合设置"属性管理器，❶选中"线性组合"单选按钮，❷单击序号 1"算例"栏中的下拉按钮![icon]，打开下拉列表，❸选择"静应力分析 1"，如图 12-23 所示。

图 12-22　选择"定义/编辑"命令　　　图 12-23　"结果组合设置"属性管理器

（2）❹因子设置为 1，❺使用同样的方法在序号 2 中添加"静应力分析 2"，❻因子设置为 1，结果如图 12-24 所示。

（3）单击"确定"按钮![icon]，关闭属性管理器。

12. 运行分析并查看结果

（1）单击 Simulation 选项卡中的"运行此算例"按钮![icon]，SOLIDWORKS Simulation 则调用解算

器进行有限元分析。

（2）双击SOLIDWORKS Simulation算例树中"结果"文件夹下的"应力1"图标 应力1，则可以观察立式储罐在给定约束和载荷下的应力分布，如图12-25所示。

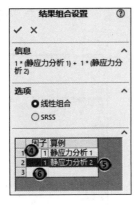

图12-24　组合结果

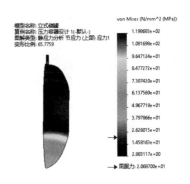

图12-25　立式储罐的应力分布

（3）在SOLIDWORKS Simulation算例树中右击"结果"图标 结果，在弹出的快捷菜单中选择"定义应力图解"命令，打开"应力图解"属性管理器，在"零部件" 下拉列表中选择"INT:应力强度（P1～P3）"，"壳体面" 选择"膜片"，如图12-26所示。

（4）在"图表选项"选项卡中勾选"显示最大注解"复选框。

（5）单击"确定"按钮 ，关闭属性管理器。由图解可知最大应力大约为 133MPa，远远超过了材料的屈服力 20.68MPa，如图12-27所示。

图12-26　设置显示参数

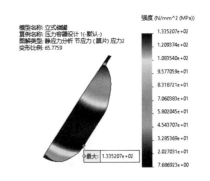

图12-27　膜片应力

扫一扫，看视频

练一练　空气储罐设计

图12-28 所示为一个立式空气储罐，筒体为圆柱体形状，内径为 1000mm，高度为 1800mm，厚度为 14mm。操作压力 P 为 4MPa，安全阀开启压力为 4.5MPa，常温工作介质为压缩空气。考虑到立式空气储罐是一个 360° 的旋转体，是一个对称结构。这里建模只要考虑其中的几分之一即可，这里选择 1/4 结构进行分析。

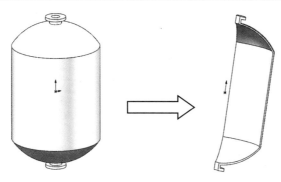

图 12-28　空气储罐的计算简化模型

【操作提示】

（1）新建静应力算例。

（2）定义材料。将空气储罐的材料定义为合金钢。

（3）壳体定义。选择图 12-29 所示的 5 个储罐内表面，设置抽壳厚度为 14mm。

（4）添加参考几何体约束。选择夹具类型为"使用参考几何体"，选择外壳的 14 条边线作为约束的边线，选择基准轴 1 作为参考；单击"平移"选项组中的"圆周"按钮 ⬚，在右侧的文本框中将其设置为 0rad；在"旋转"选项组中单击"径向"按钮 ⬚，设置径向约束为 0rad；单击"轴向"按钮 ⬚，设置轴向约束为 0rad，如图 12-30 所示。

图 12-29　壳体定义　　　　　　　　　　图 12-30　添加参考几何体约束

（5）添加固定约束。选择两端与管路相连的法兰的内侧边线添加固定约束，如图 12-31 所示。

（6）添加载荷。选择图 12-32 所示的空气储罐的内表面作为受力面，设置压力大小为 4.5MPa，方向垂直于空气储罐内表面。

（7）划分网格并运行算例。空气储罐的应力分布和位移分布如图 12-33 所示。

（8）复制静应力算例。删除压力载荷，定义引力。选择上视基准面作为参考，方向向下，如图 12-34 所示。

（9）运行算例。结果如图 12-35 所示。

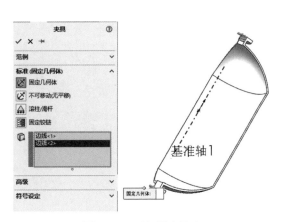

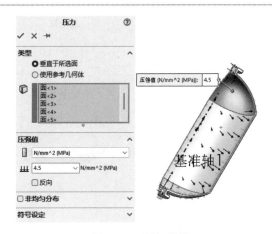

图 12-31　添加固定约束　　　　　　　　　　　　　　图 12-32　添加载荷

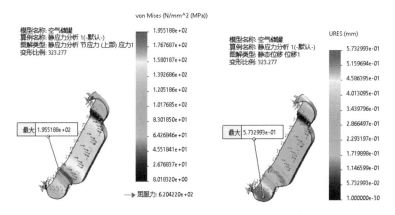

图 12-33　空气储罐的应力分布和位移分布 1

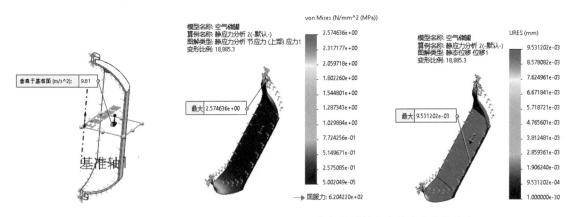

图 12-34　定义引力　　　　　　　图 12-35　空气储罐的应力分布和位移分布 2

（10）新建压力容器设计算例。在"结果组合设置"属性管理器中选中"线性组合"单选按钮，选择"静应力分析 1"和"静应力分析 2"进行组合，将"静应力分析 1"算例因子设置为 1.5，"静应力分析 2"算例因子设置为 1，结果如图 12-36 所示。

（11）运行分析并查看结果。空气储罐的应力分布如图 12-37 所示。

（12）查看膜片应力。右击"结果"图标 结果，在弹出的快捷菜单中选择"定义应力图解"命令，打开"应力图解"属性管理器，在"零部件"下拉列表中选择"INT:应力强度（P1～P3）"，"壳体面"选择"膜片"，膜片应力如图 12-38 所示。

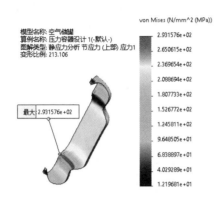

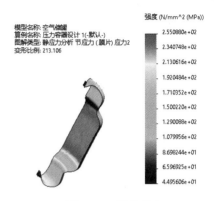

图 12-36　线性组合　　　　　图 12-37　空气储罐的应力分布　　　　　图 12-38　膜片应力

12.2　子模型概述

子模型是得到模型部分区域中更加精确解的有限单元技术。在有限元分析中往往出现这种情况：对于用户关心的区域（如应力集中区域），网格太疏不能得到满意的结果，而对于这些区域之外的部分，网格密度已经足够了，如图 12-39 所示。

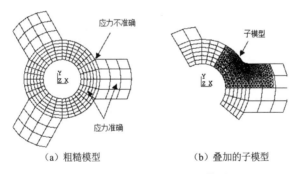

（a）粗糙模型　　　　　　　　（b）叠加的子模型

图 12-39　轮毂和轮辐的子模型

12.2.1　子模型介绍

创建子模型算例以完善大型模型局部区域的结果，而无须重新运行整个模型的分析。完善所选实体的网格并为子模型重新进行运行分析可以节省计算时间。

此功能仅在 **SOLIDWORKS** Simulation Professional 和更高版本中提供。

针对多实体零件或网格相对粗糙的大型装配体设置并运行静态或非线性静态算例之后，用户可以定义一组实体为子模型。接着需要完善子模型中的实体网格，并且用户可以重新运行算例以改善子模型的结果，无须重新计算剩余模型的结果。

子模型算例源自可用的父算例。创建子模型算例需要满足以下条件。

（1）算例类型必须是多个实体的静态或非线性静态，并且本身不是子模型算例。父算例不能是 2D 简化算例。

（2）构成子模型的所选实体不得与在切除边界导致相触压力的未选中实体存在无穿透接触。

（3）构成子模型的所选实体不得与未选中实体存在无穿透接触。

（4）构成子模型的所选实体不得与未选中实体共享接头。子模型的切割边界不能切透实体。

（5）子模型的切割边界不能穿过由横梁接榫或壳体边线定义的接合接触点进行切割。

（6）子模型切割边界处的接合接触用不兼容网格表示。

12.2.2　子模型建模原理和步骤

子模型建模（子建模）以 St.Venant 原理为基础。

St.Venant 原理说明了如果应用于边界的载荷未更改为静态对等载荷，则与该载荷保持合理距离的应力不会有太大变化。只有在靠近载荷应用的区域，应力和应变的分布才会改变。

用户可以切割模型的一部分、细化网格并仅对选定部分进行分析，条件是必须在切割边界正确地规定位移。如果父算例的位移结果正确，则这些位移可以视为子模型算例切割边界处的边界条件。

子模型的边界必须与应力集中区域保持适当的距离。

12.2.3　创建子模型算例的步骤

子模型算例从可用的静态或非线性静态算例创建。用户可以细化子模型网格以便获得子模型的更精确结果，无须对父模型进行运行分析。

1. 创建多实体零件或装配体的静态或非线性静态算例

应用载荷、夹具、相触面组和网格设置并运行算例。

对于接合的零部件接触面，设置网格选项为不兼容。如果将父算例的网格设为兼容，则预处理器会将选项切换为不兼容网格，并在创建子模型算例时重新运行父算例。

2. 创建子模型算例

右击 SOLIDWORKS Simulation 算例树顶部的算例图标，在弹出的快捷菜单中选择相应的命令创建子模型算例。

3. 定义子模型

在"定义子模型"属性管理器中，从父算例中选择要包括在子模型中的实体。

（1）软件将创建新的配置，链接至 ConfigurationManager 树中父算例配置下的子模型算例。

（2）软件应用父算例中切割边界处的位移结果作为子模型的规定位移字段。规定位移在夹具下显示，载荷在外部载荷下显示。

（3）不属于子模型的父算例实体在排除的实体下显示。要在子模型中包括某个排除的实体，则右击该实体，在弹出的快捷菜单中选择"包括在分析中"命令。

4. 在子模型零件之间添加新接头

右击"连结"图标，在弹出的快捷菜单中选择要添加的接头命令，进行接头添加。但是不能在子模型中添加新夹具或载荷。

5. 应用网格设置

用户可以逐个网格化实体或壳体零件，或网格化整个子模型。用户可以细化想提高结果准确性的子模型零件的网格，可以使网格不兼容接合接触面。

6. 运行子模型算例并审核结果

子模型算例的结果图解显示在"结果"文件夹下。用户在父算例中定义的结果图解是子模型算例的默认结果图解。用户可以比较子模型算例与父算例之间的结果。

用户可以从父算例创建多个子模型算例。每个子模型算例链接至各自的配置。子模型算例在父算例树的子模型下显示。

右击子模型可以激活相关联的子模型算例。

12.2.4 实例——健身器子模型创建

本实例通过健身器的静应力分析来创建子模型，并通过子模型功能对结构主要受力部分进行详细分析，健身器模型如图 12-40 所示。

扫一扫，看视频

【操作步骤】

1. 打开源文件

（1）选择菜单栏中的"文件"→"打开"命令或者单击"快速访问"工具栏中的"打开"按钮，打开源文件中的"健身器.sldprt"。

（2）单击 ConfigurationManager 按钮，打开"配置"属性管理器，双击"默认<按焊接>[健身器]"配置，将其激活，如图 12-41 所示。

2. 新建算例

（1）单击 Simulation 选项卡中的"新算例"按钮，或者选择菜单栏中的 Simulation→"算例"命令。

（2）在弹出的"算例"属性管理器中定义"名称"为"静应力分析 1"，分析类型为"静应力分析"，如图 12-42 所示。

图 12-40 健身器模型

图 12-41 激活配置

图 12-42 新建算例专题

（3）单击"确定"按钮，进入 SOLIDWORKS Simulation 的"静应力分析"算例界面。此时，由图 12-43 所示的 SOLIDWORKS Simulation 算例树可知，所有构件均被创建为梁单元。

（4）在 SOLIDWORKS Simulation 算例树中右击"静应力分析 1*"图标 静应力分析 1*，在弹出的快捷菜单中选择"属性"命令，如图 12-44 所示。

（5）打开"静应力分析"对话框，勾选"使用软弹簧使模型稳定"复选框，如图 12-45 所示。

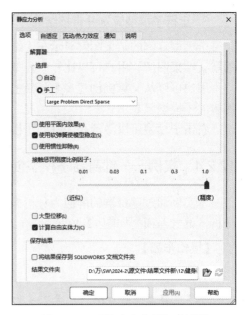

图 12-43　算例树　　　　　图 12-44　选择"属性"命令　　　　　图 12-45　"静应力分析"对话框

3. 转换为实体单元

在 SOLIDWORKS Simulation 算例树中右击"健身器"图标 健身器 ，在弹出的快捷菜单中选择"将所有实体视为实体"命令，如图 12-46 所示。此时算例树上所有梁单元都被转换为实体单元，如图 12-47 所示。

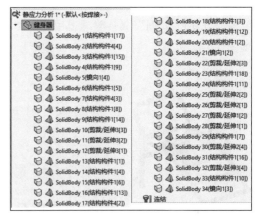

图 12-46　选择"将所有实体视为实体"命令　　　　图 12-47　转换为实体单元

4. 单位设置

（1）选择菜单栏中的 Simulation→"选项"命令，打开"系统选项-一般"对话框，选择"默认选项"选项卡，切换到"默认选项-单位"对话框，将"单位系统"设置为"公制（I）（MKS）"，"长度/位移（L）"设置为"毫米"，"压力/应力（P）"设置为 N/mm^2（MPa），如图 12-48 所示。

（2）在左侧的列表框中单击"颜色图表"选项，设置"数字格式"为"科学"，"小数位数"为 3，如图 12-49 所示。

图 12-48　设置单位　　　　　　　　　　　图 12-49　设置数字格式

5. 定义模型材料

（1）选择菜单栏中的 Simulation→"材料"→"应用材料到所有"命令，或者单击 Simulation 选项卡中的"应用材料"按钮 ，或者在 SOLIDWORKS Simulation 算例树中右击"健身器"图标 健身器，在弹出的快捷菜单中选择"应用材料到所有实体"命令，如图 12-50 所示。

（2）在打开的"材料"对话框中定义模型的材质为"普通碳钢"，如图 12-51 所示。

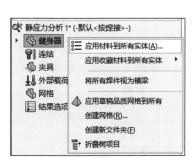

图 12-50　选择"应用材料到所有实体"命令

图 12-51　定义材料

（3）单击"应用"按钮，关闭对话框。此时，材料被赋予给所有实体。

6. 添加约束

（1）单击 Simulation 选项卡中"夹具顾问"下拉列表中的"固定几何体"按钮 ，或者在 SOLIDWORKS Simulation 算例树中右击"夹具"图标 夹具，在弹出的快捷菜单中选择"固定几何体"命令，如图 12-52 所示。

（2）打开"夹具"属性管理器，如图 12-53 所示。在"高级"选项组中单击"使用参考几何体"按钮🔳，在绘图区选择图 12-54 所示的 4 个支腿的底面。

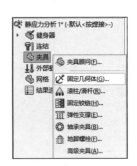

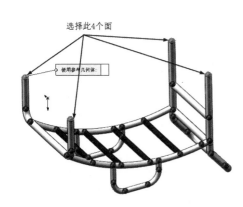

图 12-52　选择"固定几何体"命令　　图 12-53　"夹具"属性管理器　　图 12-54　选择参考几何体

（3）在"方向的面、边线、基准面、基准轴"列表框🔳中单击，在绘图区的 FeatureManager 设计树中选择"上视基准面"。

（4）在"平移"选项组中单击"垂直于基准面"按钮🔀，在列表框中输入位移值为 0mm，如图 12-55 所示。

（5）单击"确定"按钮✅，关闭"夹具"属性管理器。此时，在"夹具"文件夹下增加了参考几何体约束，如图 12-56 所示。

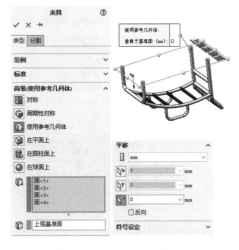

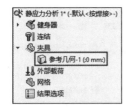

图 12-55　选择上视基准面　　　　　　　图 12-56　参考几何体约束

7. 添加载荷

（1）单击 Simulation 选项卡中"外部载荷顾问"下拉列表中的"力"按钮⬇，或者在 SOLIDWORKS Simulation 算例树中右击"外部载荷"图标⬇️外部载荷，在弹出的快捷菜单中选择"力"命令，如图 12-57 所示。

（2）打开"力/扭矩"属性管理器，如图 12-58 所示。

图 12-57　选择"力"命令

图 12-58　"力/扭矩"属性管理器

（3）在绘图区选择图 12-59 所示的所有横梁构件，选中"选定的方向"单选按钮，在绘图区的 FeatureManager 设计树中选择"上视基准面"。

（4）选中"总数"单选按钮，单击"垂直于基准面"按钮 ，设置力值为 6000N，勾选"反向"复选框，如图 12-60 所示。

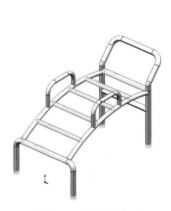

图 12-59　选择受力面

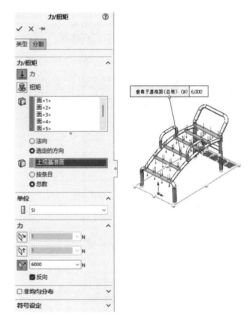

图 12-60　参数设置

（5）单击"确定"按钮 ，关闭属性管理器。

8. 创建全局交互

（1）在 SOLIDWORKS Simulation 算例树中右击"连结"图标 连结，在弹出的快捷菜单中选择"零部件交互"命令，如图 12-61 所示。

（2）打开"零部件交互"属性管理器，"交互类型"选择"接合"，勾选"全局交互"复选框，参数设置如图 12-62 所示。

（3）单击"确定"按钮✔，关闭属性管理器。此时，在"连结"文件夹下增加了一个"零部件交互"文件夹，并在其下生成了一个"全局交互"连结，如图 12-63 所示。

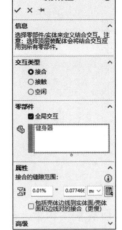

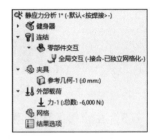

图 12-61　选择"零部件交互"命令　　图 12-62　"零部件交互"属性管理器　　图 12-63　创建全局交互连结

9. 生成网格和运行分析

（1）单击 Simulation 选项卡中"运行此算例"下拉列表中的"生成网格"按钮🐚，或者在 SOLIDWORKS Simulation 算例树中右击"网格"图标🐚网格，在弹出的快捷菜单中选择"生成网格"命令。

（2）打开"网格"属性管理器，将"网格密度"滑块拖动到最左端，勾选"网格参数"复选框，选中"基于混合曲率的网格"单选按钮，如图 12-64 所示。

（3）单击"确定"按钮✔，生成不兼容网格，如图 12-65 所示。

图 12-64　"网格"属性管理器　　　　　　图 12-65　生成不兼容网格

（4）单击 Simulation 选项卡中的"运行此算例"按钮 ，进行运行分析。当计算分析完成之后，在 SOLIDWORKS Simulation 算例树中会出现对应的结果文件夹。

10．查看结果

在分析完有限元模型之后，可以对计算结果进行分析，从而成为进一步设计的依据。

（1）在 SOLIDWORKS Simulation 算例树中右击"应力 1"图标 应力1 (-vonMises-)，在弹出的快捷菜单中选择"编辑定义"命令，如图 12-66 所示。

（2）打开"应力图解"属性管理器，单击"图表选项"选项卡，在"显示选项"选项组中勾选"显示最小注解"和"显示最大注解"复选框，如图 12-67 所示。

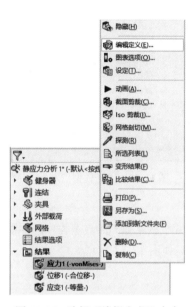

图 12-66　选择"编辑定义"命令

图 12-67　"图表选项"选项卡参数设置

（3）单击"确定"按钮 ✔，关闭"应力图解"属性管理器。

（4）同理，显示位移的最大注解和最小注解。

（5）在 SOLIDWORKS Simulation 算例树中双击"应力 1"和"位移 1"图标，从而在图形区域中显示健身器的应力分布和位移分布，如图 12-68 所示。

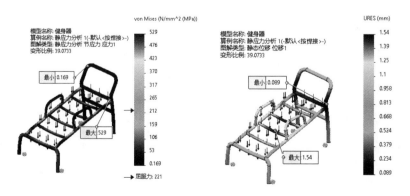

图 12-68　健身器的应力分布和位移分布

11. 创建子模型

（1）在 SOLIDWORKS Simulation 算例树中右击"静应力分析 1*"图标 静应力分析 1*，在弹出的快捷菜单中选择"创建子模型算例"命令，如图 12-69 所示。

（2）打开"子模型信息"对话框，如图 12-70 所示。

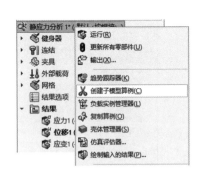

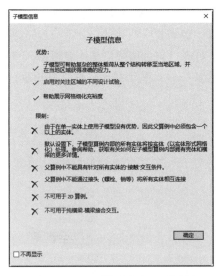

图 12-69　选择"创建子模型算例"命令　　　　图 12-70　"子模型信息"对话框

（3）单击"确定"按钮，关闭对话框。

（4）打开"定义子模型"属性管理器，❶在绘图区选中 6 根横梁作为子模型构件，如图 12-71 所示。

（5）❷单击"确定"按钮，创建"子模型-2"算例，如图 12-72 所示。

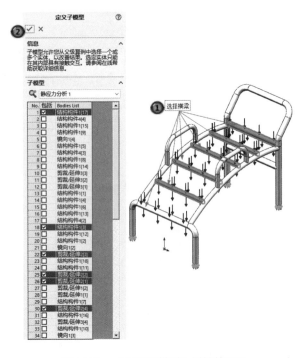

图 12-71　"定义子模型"属性管理器　　　　图 12-72　子模型算例

12．细化网格

（1）在 SOLIDWORKS Simulation 算例树中右击"网格"图标🌸网格，在弹出的快捷菜单中选择"应用网格控制"命令，如图 12-73 所示。

（2）打开"网格控制"属性管理器，选择绘图区中的子模型构件，设置"最大单元大小"🔺为 5.00mm，"最小单元大小"🔺为 0.50mm，如图 12-74 所示。

图 12-73　选择"应用网格控制"命令

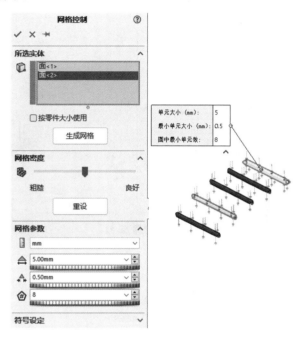

图 12-74　"网格控制"属性管理器

（3）单击"确定"按钮✔，网格控制设置完毕。

13．生成网格和运行分析

（1）单击 Simulation 选项卡中"运行此算例"下拉列表中的"生成网格"按钮🌸，或者在 SOLIDWORKS Simulation 算例树中右击"网格"图标🌸网格，在弹出的快捷菜单中选择"生成网格"命令。

（2）打开"网格"属性管理器，将"网格密度"滑块拖动到最左端，勾选"网格参数"复选框，选中"基于混合曲率的网格"单选按钮，如图 12-75 所示。

（3）单击"确定"按钮✔，生成不兼容网格，如图 12-76 所示。

（4）单击 Simulation 选项卡中的"运行此算例"按钮🌸，进行运行分析。当计算分析完成之后，在 SOLIDWORKS Simulation 算例树中会出现对应的结果文件夹。

14．查看结果

在分析完有限元模型之后，可以对计算结果进行分析，从而成为进一步设计的依据。

（1）在 SOLIDWORKS Simulation 算例树中右击"应力 1"图标🌸应力1 (-vonMises-)，在弹出的快捷菜单中选择"编辑定义"命令，如图 12-77 所示。

（2）打开"应力图解"属性管理器，单击"图表选项"选项卡，在"显示选项"选项组中勾选"显示最小注解"和"显示最大注解"复选框，如图 12-78 所示。

图 12-75 "网格"属性管理器

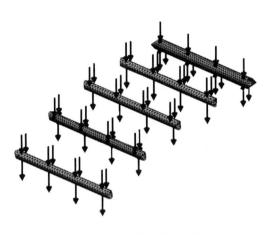

图 12-76 生成不兼容网格

图 12-77 选择"编辑定义"命令

图 12-78 "图表选项"选项卡参数设置

（3）单击"确定"按钮✔，关闭"应力图解"属性管理器。

（4）同理，显示位移的最大注解和最小注解。

（5）在 SOLIDWORKS Simulation 算例树中双击"应力 1"和"位移 1"图标，从而在图形区域中显示健身器的应力分布和位移分布，如图 12-79 所示。由此图与图 12-68 对比可以看出，当细化网格后，最大应力的位置和数值发生了变化，而位移基本没有发生变化。

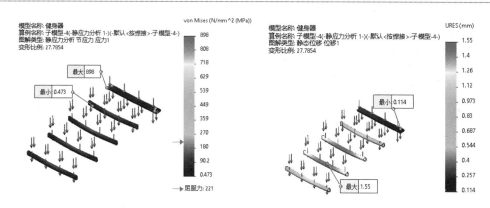

图 12-79　健身器的应力分布和位移分布

（6）在 SOLIDWORKS Simulation 算例树中右击"应力 1"图标 应力1 (-vonMises-)，在弹出的快捷菜单中选择"探测"命令，如图 12-80 所示。

（7）打开"探测结果"属性管理器，在静应力分析时的最大应力处单击，弹出该处的应力值，如图 12-81 所示。对比可以看出和静应力分析时的最大应力基本相符。

图 12-80　选择"探测"命令

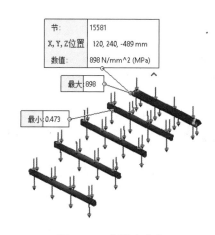

图 12-81　探测应力值

（8）单击"确定"按钮 ，关闭"探测结果"属性管理器。

练一练　H 形轴承支架

图 12-82 所示为 H 形轴承支架模型，该模型为焊接件，材料为普通碳钢。H 形轴承支架的底面固定，轴孔部分受到 5000N 的力，方向向下。首先创建一个静应力分析算例，然后在此基础上进行子模型算例的创建。

【操作提示】

（1）新建静应力算例。

（2）定义材料。将 H 形轴承支架的材料定义为普通碳钢。

（3）添加固定约束。选择图 12-83 所示的下端面作为固定约束面。

（4）添加载荷。选择图 12-84 所示的轴孔作为受力面，力的大小为 5000N。

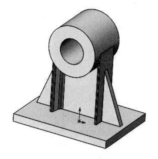
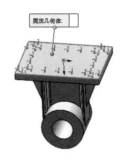
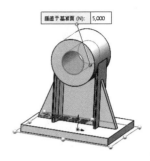

图 12-82　H 形轴承支架模型　　图 12-83　添加固定约束　　图 12-84　添加载荷

（5）创建本地交互。选中 H 形轴承支架的各个零部件，采用自动查找本地交互模式，创建本地交互，交互类型为接合。

（6）划分网格并运行算例。H 形轴承支架的应力分布和位移分布如图 12-85 所示。

（7）新建子模型算例。在"定义子模型"属性管理器中勾选"凸台-拉伸 2"和"凸台-拉伸 3"复选框。生成的子模型如图 12-86 所示。

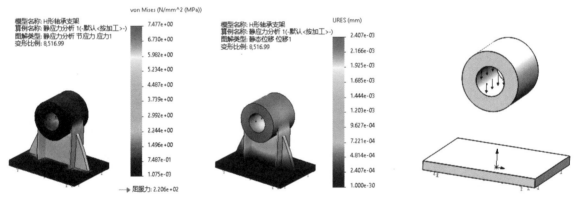

图 12-85　H 形轴承支架的应力分布和位移分布 1　　　　图 12-86　生成的子模型

（8）划分网格并运行分析。结果如图 12-87 所示。

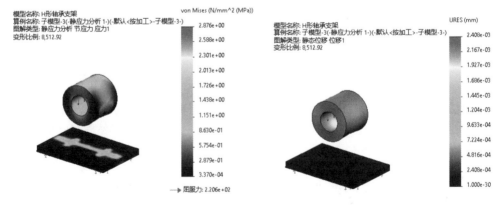

图 12-87　H 形轴承支架的应力分布和位移分布 2

第 13 章 设计算例优化和评估分析

内容简介

本章首先介绍设计算例优化和评估分析的相关概念及术语，然后通过实例对各种情况进行详细说明。

内容要点

➤ 设计算例优化和评估分析概述
➤ 实例 ——电动机吊座的结构优化分析
➤ 实例 ——电动机吊座的评估分析
➤ 实例 ——轴承座的多载荷评估分析
➤ 实例 ——柱塞材料变量的优化分析

案例效果

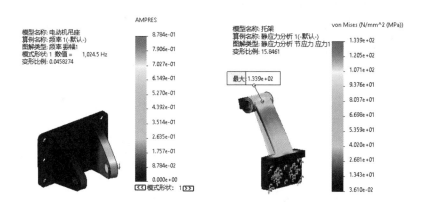

13.1 设计算例优化和评估分析概述

创建设计算例的目的就是使用设计算例评估和优化模型。

设计算例的运行主要有两种模式：评估和优化。

（1）评估：指定每个变量的离散值并将传感器用作约束。系统使用各种值的组合运行算例，并报告每种组合的输出结果。

（2）优化：指定每个变量的值，可以是离散值，也可以是某一范围的值。使用传感器作为约束和目标。软件逐一迭代每个值，并报告值的最优组合以满足指定目标。

13.1.1 设计算例

如果打算使用仿真数据传感器，则必须先生成至少一个初始仿真算例，然后才能生成设计算例（不适用于 SOLIDWORKS Standard 和 SOLIDWORKS Professional）。此外，还需要定义要用作变量的参数、要用作约束和目标的传感器。

1. 定义初始算例

当在设计算例中使用仿真数据传感器时，要提前生成至少一个初始算例。初始算例代表优化基础或估算过程。在每次迭代中，程序都将使用修改过的变量来运行这些算例。

所需的初始算例取决于用户选择的约束和目标。例如，旨在最小化体积或重量的目标不需要特定类型的初始算例，而想要最小化频率的目标需要初始频率算例。频率仿真算例为设计算例要使用的频率传感器提供信息。

同样的规则也适用于约束。指定的每个约束都必须与兼容的初始算例相关。例如，要定义应力、频率和温度的约束，就必须分别定义静态算例、频率算例和热力算例。

在定义约束和目标时参考的所有算例都必须具有相同的配置。

在生成模型并设定最适合的尺寸之后，生成初始算例并定义其属性、材料、载荷和约束。不要在一个优化问题中使用同一种类型的多个算例。

2. 评估初始算例的结果

如果在设计算例中使用仿真算例，那么评估初始算例的结果可以帮助用户定义设计算例问题。特别的是，可以帮助用户检查要用作约束的数量。

初始算例的结果能让用户对传感器的当前值有一个正确的认识。不要指定远离当前值的约束或目标，因为这会使优化变得不可能。在执行优化前，尝试针对一组变量值（特别是尺寸）运行仿真，以确保模型重建对每个值都起作用。

3. 生成设计算例

用户可以创建设计算例以优化或评估设计的特定情形。设计算例为优化和评估算例提供统一的工作流程。

（1）单击"评估"选项卡中的"设计算例"按钮，或者选择"插入"菜单栏中的"设计算例"→"添加"命令，或者单击 Simulation 选项卡中的"新算例"按钮，打开"算例"属性管理器，定义分析类型为"设计算例"，如图 13-1 所示。

（2）单击"确定"按钮，系统在屏幕的下部打开相应的"设计算例"对话框，该对话框中包含三个选项卡，分别为"变量视图"选项卡（见图 13-2）、"表格视图"选项卡（见图 13-3）和"结果视图"选项卡，在该列表中对变量、约束和目标进行优化设计，通过选择"结果视图"选项卡中的列，可以标绘不同迭代或情形的已更新实体和已计算结果。

用户可以通过使用设计算例来处理许多问题，具体如下：

- ➢ 使用任何 Simulation 参数或驱动全局变量来定义多个变量。
- ➢ 使用传感器定义多个约束。
- ➢ 使用传感器定义多个目标。
- ➢ 在不使用仿真结果的情况下分析模型。
- ➢ 通过定义可以让实体使用不同材料作为变量的参数，以此评估设计选择。

图 13-1　"算例"

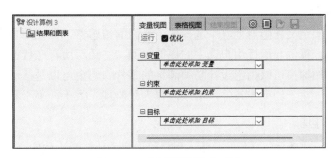

图 13-2　"变量视图"选项卡

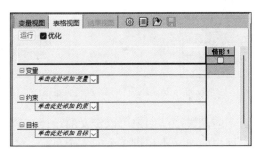

图 13-3　"表格视图"选项卡

接下来对变量、约束和目标进行详细介绍。

从预定义参数列表中选择或通过选择添加参数来定义新的参数。用户可以使用任意仿真参数和驱动全局变量。变量可以定义为范围、离散值或带步长范围，如图 13-4 所示。

1. 变量

（1）定义连续变量。定义连续变量可以执行优化。用户不能使用连续变量来执行评估设计算例。连续变量可以是介于最小值和最大值之间的任意值（整数、有理数和无理数）。定义连续变量的关键是在变量名称后的下拉列表中选择"范围"。

（2）使用变量视图定义离散变量。定义离散变量可以评估情形或执行优化。如果仅使用离散变量执行优化，程序会从其中一个已定义情形中选择最优解。离散变量由特定数值定义。使用变量视图定义离散变量的关键是在变量名称后的下拉列表中选择"带步长范围"。

（3）使用表格视图定义离散变量。使用表格视图来定义离散变量可以手动定义每种情形。如果仅使用离散变量执行优化，程序仅会从已定义情形的列表中查找最优情形。使用表格视图定义离散变量的关键是在变量名称后的下拉列表中选择"离散值"并输入设计情形 1。再次定义情形的方法是勾选前一个情形的复选框。示例如图 13-5 所示。

图 13-4　变量条件

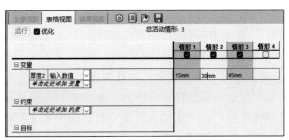

图 13-5　示例

2. 约束

从预定义传感器列表中选择或定义新的传感器。在使用仿真结果时，选择与传感器相关的仿真算例。设计算例会运行用户选中的模拟算例，并跟踪所有迭代的传感器值。

添加约束可以指定设计必须满足的条件。约束可以是从动全局变量或质量属性、尺寸和模拟数据传感器。对于约束的条件，可以设置为只监视、大于、小于和介于，如图 13-6 所示。

3. 目标

使用传感器定义优化目标。用户可以最大化或最小化定义传感器的变量，或者通过选择接近选项来指定目标数字值。对于目标的条件，可以设置为最大化、最小化和接近于，如图 13-7 所示。

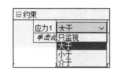

图 13-6　约束条件

图 13-7　目标条件

组合约束和目标的最大数量不应超过 20。用户可以定义的设计变量的最大数量是 20。为获得最佳效果，对于单个设计优化算例，用户应定义不超过 3 个或 4 个目标。

在设置好设计算例后，勾选"优化"复选框，然后单击"运行"按钮。程序会根据算例的品质决定迭代数。

通常，计算时间取决于以下因素。

（1）设计算例的品质。

（2）要优化的变量、约束和目标的数量。

（3）为每种迭代运行的仿真算例的数量。

（4）几何体的复杂程度。

（5）用于仿真算例的网格的大小。

13.1.2　定义设计变量、约束和目标

1. 定义设计变量

选择"插入"菜单栏中的"设计算例"→"参数"命令，或者选择"变量"下拉菜单中的"添加参数"命令，打开"参数"对话框，如图 13-8 所示。该对话框用于生成可以链接到 Simulation 或 Motion 算例的模型尺寸、整体变量、仿真、运动和材料的参数。此外，也可以编辑或删除现有的参数。用户可以在设计算例中使用参数，并将它们链接到可以使用评估或优化设计情形的每个迭代进行更改的变量。

"参数"对话框中各选项的含义如下：

（1）名称：用于定义参数变量的名称。

（2）类别：用于设置变量的参数类型。

1）模型尺寸：当选择尺寸作为变量参数时选择该项。可在模型实体上选择要作为变量的尺寸。

2）整体变量：在"添加方程式"对话框中定义整体（全局）变量。

3）仿真：链接至 Simulation 特征。当选择该项时，可以链接至参数的运动特征包括马达、弹簧、阻尼、接触以及算例属性。用户只能将一个运动特征链接至参数。

除此之外，还可以通过 Simulation 属性管理器直接链接参数。

4）运动：链接至 Motion 特征。当选择该项时，可以链接至参数的运动特征包括算例属性、马达、弹簧、阻尼和接触。

5）材料：当选择单一实体或多实体零件材料作为变量时，选择该项。

（3）数值：输入变量的数值。

（4）单位：选择参数的数值单位。

（5）链接：将参数链接到零部件后，将会显示一个星号"*"。

2. 添加约束

单击"约束"下拉菜单中的"添加传感器"命令，打开"传感器"属性管理器。该属性管理器可以设置传感器以监视零件和装配体的所选属性，并在值超出指定限制时发出警告。

下面将根据传感器的类型对属性管理器分别进行介绍。

（1）"Simulation 数据"传感器：当选择"传感器类型"为"Simulation 数据"时，属性管理器如图 13-9 所示。

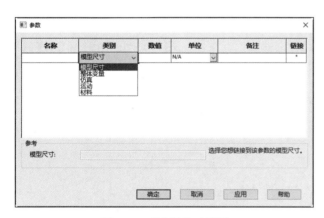

图 13-8 "参数"对话框

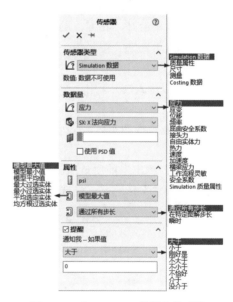

图 13-9 "Simulation 数据"传感器

使用"Simulation 数据"传感器监控以下项目。

➢ Simulation 数据，如模型特定位置的应力、接头力和安全系数。

➢ 来自 Simulation 瞬态算例的结果，如非线性、动态、瞬态热力、掉落测试算例和设计情形。使用工作流程灵敏传感器为瞬态和设计算例图解特定位置上的图标。使用瞬态传感器列出瞬态算例结果和查看解算步骤中的统计数据。

➢ 趋势跟踪器数据图表。

➢ 设计算例的目标和约束。

1）（结果）：可用于选择的结果选项有应力、应变（单元值）、位移、频率（模式形状）、屈曲安全系数（屈曲模式形状的载荷因子）、接头力、自由实体力、热力、速度、加速度、横梁应力、工作流程灵敏、安全系数和 Simulation 质量属性。

2）（零部件）：选择要使用传感器跟踪的结果分量。

3）（单位）：为 Simulation 数量选择单位。

4）（准则）：该准则中的变量包括以下几种。

➤ 模型最大值：模型的最大代数值。

➤ 模型最小值：模型的最小代数值。

➤ 模型平均值：模型的平均值。

➤ 最大过选实体：在零部件、实体、面、边线或顶点框中定义的选定实体最大代数值。

➤ 最小过选实体：在零部件、实体、面、边线或顶点框中定义的选定实体最小代数值。

➤ 平均选定实体：在零部件、实体、面、边线或顶点框中定义的选定实体平均值。

➤ 均方根过选实体：在零部件、实体、面、边线或顶点框中定义的选定实体均方根值。

5）（步长准则）：包括通过所有步长、在特定图解步长和瞬时三个选项。

6）提醒：当传感器数值超出指定阈值时立即发出警告；当传感器引发警戒时，传感器在绘图区的 FeatureManager 设计树中将出现旗标。选择警报并设定运算符和阈值。

对于带数值的传感器，指定一个运算符和一到两个数值。运算符包括大于、小于、刚好是、不大于、不小于、不恰好、介于、没介于。

（2）"质量属性"传感器：用于监视质量、体积和曲面区域等属性。当选择该项时，属性管理器如图 13-10 所示。

1）（质量属性）：用于选择的质量属性类型有质量、体积、表面积、质量中心 X、质量中心 Y、质量中心 Z。

2）（要监视的实体）：列出在图形区域选择的要监控的实体。实体可以包括零件、实体、装配体或零部件。

3）数值：列出当前质量值。

（3）"尺寸"传感器：当选择"传感器类型"为"尺寸"时，属性管理器如图 13-11 所示。

图 13-10　"质量属性"传感器

图 13-11　"尺寸"传感器

1）（要监视的尺寸）：列出在图形区域选择的要监控的实体。

2）数值：列出当前尺寸值。

（4）"测量"传感器：测量尺寸。当选择"传感器类型"为"测量"时，打开"测量"相关的对话框，如图 13-12 所示。该对话框用于在草图、3D 模型、装配体或工程图中测量距离、角度和半径，还用于测量直线、点、曲面和平面的大小和它们之间的大小。

（5）"Costing 数据"传感器：用于监视 Costing 数据，包括在数据数量中定义的总成本、材料成本或制造成本。当选择"传感器类型"为"Costing 数据"时，属性管理器如图 13-13 所示。用于选择的"数据量"包括总成本、材料成本和制造成本。

图 13-12　"测量"对话框

图 13-13　"Costing 数据"传感器

13.1.3　优化设计算例

所谓优化设计算例，就是指定每个变量的值，可以是离散值，也可以是某一范围的值。使用传感器作为约束和目标。软件逐一迭代每个值，并报告值的最优组合以满足指定目标。

要优化算例，则在"变量视图"选项卡中勾选"优化"复选框。如果选择将变量定义为范围或目标，则程序会自动激活优化设计算例。在多数情况下，都是使用"变量视图"选项卡来设置优化设计算例的参数的。"表格视图"选项卡在只使用离散变量手动定义某些情形、运行这些情形并查找最优情形时使用。

优化算例需要定义目标函数、设计变量和约束。

13.1.4　评估设计算例

所谓评估设计算例，就是指定每个变量的离散值并将传感器用作约束。软件使用各种值的组合运行算例，并报告每种组合的输出结果。

通过此模块，用户可以在无须执行优化的情况下评估某些设计情形并查看其结果。用户可以根据定义的变量对多达 4096 种假设情形进行评估。如果用户为约束定义仿真传感器，则仿真会运行关联的算例以跟踪每种情形的传感器数值。例如，如果用户指定更改网格的变量，如几何模型尺寸、全局单元大小和网格控制，软件就会针对每种情形重新网格化模型。对于评估设计算例，用户可以使用为静态算例、非线性算例、频率算例、扭曲算例、跌落测试和热力算例定义的传感器。

利用"变量视图"选项卡可以自动根据所定义离散变量的所有可能组合来定义各种情形。使用"表格视图"选项卡可以在运行算例前手动指定每种情形或清除某些情形。

定义以下项目来设置设计情形模块。

（1）变量：选择设置参数列表或通过选择添加参数来定义新的参数。将变量定义为离散值或带步长范围。

如果利用"变量视图"选项卡，则可以选择带步长范围或离散值定义离散变量；如果利用"表格视图"选项卡，还可以选择输入数值。品质和定义的变量将共同决定设计算例的结果。

如果用户选择范围，程序就会使用优化设计算例。

（2）约束：选择预定义传感器列表或定义新的传感器，并指定设计必须满足的条件。

设置好设计算例后，在"变量视图"选项卡中取消勾选"优化"复选框。单击"运行"按钮。如果选择"高质量（较慢）"选项，程序就会完整计算所有情形的结果；如果选择"快速结果"选项，程序就会从战略角度通过插值方法得出某些情形的结果，从而降低计算要求。

13.1.5 定义设计算例属性

单击"设计算例选项"按钮⚙，弹出"设计算例属性"属性管理器，如图 13-14 所示。

图 13-14 "设计算例属性"属性管理器

"设计算例属性"属性管理器中部分选项的含义如下。

1. 设计算例质量

设计算例的品质决定计算的速度和结果的准确度。

（1）高质量（较慢）。

对于优化算例，使用很多迭代（Box-Behnken 设计）找出最优解。

对于评估算例，评估所有情形的结果。

（2）快速结果。

对于优化算例，使用很少迭代（Rechtschafner 设计）找出最优解。

对于评估算例，从战略角度选择某些情形来进行完整计算，并通过插值方法得出其余情形的结果。通过插值方法得出结果的情形会在结果视图选项卡中以灰色文字显示。

2. 结果文件夹

（1）SOLIDWORKS 文档文件夹：将算例结果存储到模型的 SOLIDWORKS 文件所保存的相同文件夹中。

（2）用户定义：使用输入的位置或通过浏览选择的位置。

3. 包括在报表中

将输入说明包括在报表中。

13.1.6 查看结果

当运行完成之后，单击"结果视图"选项卡可以查看运行的算例的结果。单击某个情形算例后，图形窗口中的模型会根据该情形的变量进行更新。

接下来说明一下情形颜色的含义。

（1）绿色：表示最佳或最优情形。

（2）红色：表示违背了情形的一个或多个约束。

（3）背景颜色：表示没有优化或有错误的当前情形及所有情形。

（4）灰色文字，背景颜色与树视图所用的相同：表示未能重建情形。

除了查看不同情形的变量值、约束和目标外，用户还可以绘制仿真结果。在"设计算例"对话框的左侧框中选择"结果和图表"中的一个传感器用以绘制关联的仿真结果。

1. 设计历史图表

在"设计算例"对话框的左侧框中右击"结果和图表"图标📊结果和图表，在弹出的快捷菜单中选择"定义设计历史图表"命令，打开"设计历史图表"属性管理器，如图 13-15 所示。使用该属性管理器,用户可以相对于情形编号绘制设计变量、目标或约束的 2D 图形。如果使用连续变量,则图表将不可用。设计历史图表示意图如图 13-16 所示。

图 13-15 "设计历史图表"属性管理器

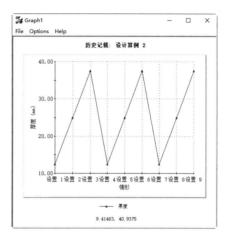

图 13-16 设计历史图表

"设计历史图表"属性管理器中各选项的含义如下:

(1) 情形(X-轴):程序沿横坐标轴标绘情形编号。

(2) Y-轴。

1) 设计变量:标绘从参数列表中选择的变量的变化。

2) 目标:标绘从传感器列表中选择的目标的变化。

3) 约束:标绘从传感器列表中选择的约束的变化。

4) 额外位置:如果为 Y 轴选择约束,此选项可用。标绘通过工作流程敏感型 Simulation 数据传感器定义的所选位置约束的变化。

2. 当地趋向图表

在"设计算例"对话框的左侧框中右击"结果和图表"图标 结果和图表 ,在弹出的快捷菜单中选择"当地趋向图表"命令,打开"当地趋向图表"属性管理器,如图 13-17 所示。使用"当地趋向图表"属性管理器,用户可以深入了解目标或约束(从属变量)与特定设计变量(独立变量)之间的关系,当地趋向图表如图 13-18 所示。

图 13-17 "当地趋向图表"属性管理器

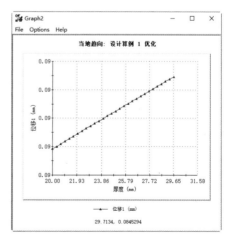

图 13-18 当地趋向图表

"当地趋向图表"属性管理器中各选项的含义如下：

（1）设计变量（X-轴）：选择要沿 X 轴绘制的设计变量。值的范围取决于所选的迭代。

（2）Y-轴。

1）目标：选择要在 Y 轴上绘制的设计目标（或目的）。

2）约束：选择要在 Y 轴上绘制的一个约束。

3）规范到初始值：从初始场景中绘制目标或约束变量值与其初始值的比率。

（3）本地趋向位于：设计变量所允许的值范围取决于选定的迭代，其下拉列表中列出了初始、优化和各次迭代。

当地趋向图表可以让用户了解独立设计变量允许范围内的目标或约束（从属变量）值的变化。

为选定迭代绘制设计变量的独立值。该图表将显示独立变量（目标或目的）的趋势，因为独立变量在允许范围内变化。

上升的凹形曲线表示对于选定变量附近的值，约束或目标的值正在增加，而变化率也在增加。这可能表示设计变量与约束或目标之间存在紧密的相关性。下降的凹形曲线表示向下的趋势，同时也提供与相关性强度有关的信息。水平直线可能表示变量值的变化与约束或目标值之间没有相关性。

当地趋向图表不会在每次迭代时显示依赖于设计变量的值。

表 13-1 总结了优化和设计算例的当地趋向图表的可用性。

表 13-1 当地趋向图表的可用性

变 量 类 型	优 化 研 究	设 计 算 例
范围内的连续变量 结果质量：高质量	当地趋向图表可用	不适用
范围内的连续变量 结果质量：快速结果	当地趋向图表可用	不适用
离散变量 结果质量：高质量	不适用	不适用
离散变量 结果质量：快速结果	当地趋向图表可用	当地趋向图表可用
范围内的离散和连续变量的组合 结果质量：高质量	当地趋向图表可用	不适用
范围内的离散和连续变量的组合 结果质量：快速结果	当地趋向图表可用	不适用

13.2　实例——电动机吊座的结构优化分析

电动机吊座用于悬挂大型电动机。电动机质量为 6t。当电动机开始工作后，吊座还受到电动机传递的振动，以及电动机带动的机车、汽车等交通工具在运行时产生的非周期性振动。吊座在复杂的环境下工作，试着分析其变形、应力、寿命等技术参数。待分析的电动机吊座如图 13-19 所示。

本实例进行连续变量的优化设计，设计算例三要素具体要求如下：

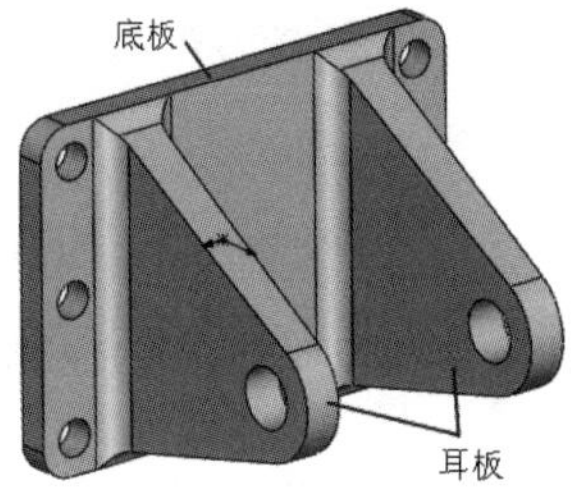

1. 变量条件

（1）底板厚度当前值为 25mm，变化范围为 20～30mm。

（2）耳板到原点的跨度当前值为 130mm，变化范围为 100～130mm。

（3）耳板的厚度当前值为 40mm，变化范围为 35～45mm。

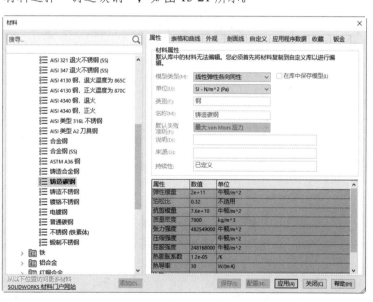

底板

耳板

扫一扫，看视频

图 13-19　电动机吊座

2. 约束条件

（1）von Mises 应力不能超过 248MPa。

（2）最大位移不能超过 0.5mm。

（3）一阶模式的固有频率不小于 800Hz 且不大于 1200Hz。

3. 目标条件

在满足各方面条件的前提下，质量最小化。

【操作步骤】

1. 新建静应力算例

（1）选择菜单栏中的"文件"→"打开"命令或者单击"快速访问"工具栏中的"打开"按钮，打开源文件中的"电动机吊座.sldprt"。

（2）单击 Simulation 选项卡中的"新算例"按钮，打开"算例"属性管理器。定义名称为"静应力分析 1"，分析类型为"静应力分析"，如图 13-20 所示。

（3）单击"确定"按钮，关闭属性管理器。

2. 定义材料

（1）选择菜单栏中的 Simulation→"材料"→"应用材料到所有"命令，或者单击 Simulation 选项卡中的"应用材料"按钮，或者在 SOLIDWORKS Simulation 算例树中右击"电动机吊座"图标 电动机吊座，在弹出的快捷菜单中选择"应用/编辑材料"命令，打开"材料"对话框。选择"选择材料来源"为 solidworks materials，材料选择"铸造碳钢"，如图 13-21 所示。

图 13-20　"算例"属性管理器

图 13-21　定义电动机吊座的材料

（2）单击"应用"按钮，关闭对话框。

3. 添加约束

（1）单击 Simulation 选项卡中"夹具顾问"下拉列表中的"固定几何体"按钮 ⚓，或者在 SOLIDWORKS Simulation 算例树中右击"夹具"图标 🐾 夹具，在弹出的快捷菜单中选择"固定几何体"命令。打开"夹具"属性管理器。在图形区域中选择电动机吊座的底面作为固定面，如图 13-22 所示。

（2）单击"确定"按钮 ✔，约束添加完成。

4. 添加载荷

（1）单击 Simulation 选项卡中"外部载荷顾问"下拉列表中的"压力"按钮 ⬇⬇⬇，或者在 SOLIDWORKS Simulation 算例树中右击"外部载荷"图标 ⬇ 外部载荷，在弹出的快捷菜单中选择"力"命令。打开"力/扭矩"属性管理器。选择两个圆柱孔面作为受力面，选择施加压力的类型为"选定的方向"，选择"前视基准面"作为方向参考；单击"垂直于基准面"按钮 ⬀，设置力值为 60000N，勾选"反向"复选框，如图 13-23 所示。

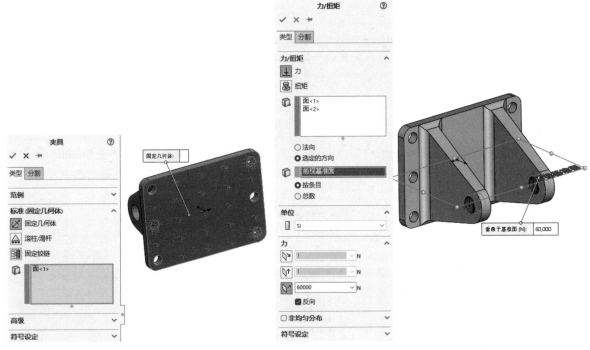

图 13-22　添加约束　　　　　　　图 13-23　添加载荷

（2）单击"确定"按钮 ✔，载荷添加完成。

5. 生成网格和运行分析

（1）在 SOLIDWORKS Simulation 算例树中右击"网格"图标 🐾 网格，在弹出的快捷菜单中选择"应用网格控制"命令。打开"网格控制"属性管理器。选择圆角面，设置"最大单元大小" ⬘ 为 3.00mm，"最小单元大小" ⬙ 为 2.70mm，如图 13-24 所示。

（2）单击"确定"按钮 ✔，关闭属性管理器。

（3）单击 Simulation 选项卡中"运行此算例"下拉列表中的"网格"按钮 🐾 网格，打开"网格"

属性管理器。勾选"网格参数"复选框，设置"最大单元大小"  为 21.00mm，"最小单元大小"
为 6.00mm，如图 13-25 所示。

（4）单击"确定"按钮 ✔，开始划分网格。划分网格后的电动机吊座模型如图 13-26 所示。

图 13-24 网格控制参数设置

图 13-25 "网格"属性管理器

图 13-26 划分网格

（5）单击 Simulation 选项卡中的"运行此算例"按钮 🔧，SOLIDWORKS Simulation 则调用解算
器进行有限元分析。

6. 查看结果

（1）在 SOLIDWORKS Simulation 算例树中右击"应力 1"图标 🔧 应力1，在弹出的快捷菜单中选
择"编辑定义"命令。打开"应力图解"属性管理器。

（2）单击"图表选项"选项卡，勾选"显示最大注解"复选框。

（3）单击"确定"按钮 ✔，关闭属性管理器。

（4）双击 SOLIDWORKS Simulation 算例树中"结果"文件夹下的"应力 1"图标 🔧 应力1，则可
以观察电动机吊座在给定约束和载荷下的应力分布，如图 13-27 所示。由图可知，最大应力约为
59.6MPa。

（5）双击 SOLIDWORKS Simulation 算例树中"结果"文件夹下的"位移 1"图标 🔧 位移1 (-合位移-)，
则可以观察电动机吊座在给定约束和载荷下的位移分布，如图 13-28 所示。由图可知，最大位移约为
0.065mm。

7. 新建频率算例

（1）单击 Simulation 选项卡中的"新算例"按钮 🔍，弹出"算例"属性管理器，定义"名称"为
"频率 1"，分析类型为"频率"，如图 13-29 所示。

（2）单击"确定"按钮 ✔，关闭属性管理器。

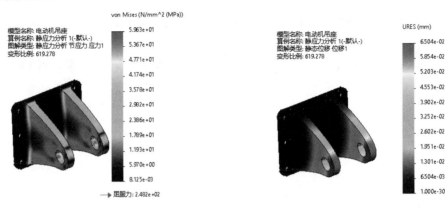

图 13-27　电动机吊座的应力分布　　　　　图 13-28　电动机吊座的位移分布

8．复制边界条件

（1）在"静应力分析 1"算例中拖动 SOLIDWORKS Simulation 算例树中的"电动机吊座"图标 电动机吊座(-铸造碳钢-) 至屏幕左下角"频率 1"标签处。

（2）同理，分别拖动"夹具"图标 夹具、"外部载荷"图标 外部载荷 和"网格"图标 网格 至屏幕左下角"频率 1"标签处。将材料、约束、载荷和网格控制复制到"频率 1"算例中。

9．设置属性

（1）在 SOLIDWORKS Simulation 算例树中右击"频率 1"图标 频率 1(-默认-)，在弹出的快捷菜单中选择"属性"命令，打开"频率"对话框。设置"频率数"为 5，"解算器"选择"自动"，如图 13-30 所示。

图 13-29　"算例"属性管理器

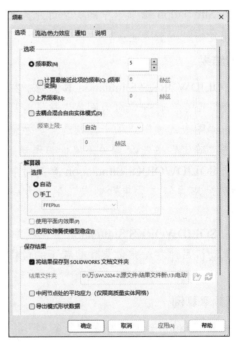

图 13-30　"频率"对话框

（2）单击"确定"按钮，关闭对话框。

10. 运行分析并查看结果

（1）单击 Simulation 选项卡中的"运行此算例"按钮 ，SOLIDWORKS Simulation 则调用解算器进行有限元分析。

（2）在 SOLIDWORKS Simulation 算例树中双击"结果"文件夹下的"振幅 1"图标 振幅1，则可以观察电动机吊座的振幅 1 分布，如图 13-31 所示。由图可知，一阶模式的固有频率为 1006.8Hz。

（3）在 SOLIDWORKS Simulation 算例树中右击"结果"图标 结果，在弹出的快捷菜单中选择"列出共振频率"命令，打开"列举模式"对话框，如图 13-32 所示。由对话框可知，一阶模式和二阶模式的固有频率基本相等，三、四阶模式的固有频率基本相等，这是因为该电动机吊座为对称结构。

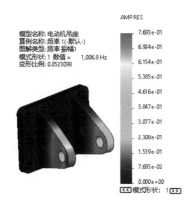

图 13-31　电动机吊座的振幅 1 分布

图 13-32　"列举模式"对话框

11. 新建设计算例

（1）单击 Simulation 选项卡中的"新算例"按钮 ，打开"算例"属性管理器。设置分析类型为"设计算例"，如图 13-33 所示。

（2）单击"确定"按钮 ，系统在屏幕的下部打开"设计算例 1"对话框，如图 13-34 所示。在该列表中对变量、约束和目标进行优化设计。

图 13-33　"算例"属性管理器

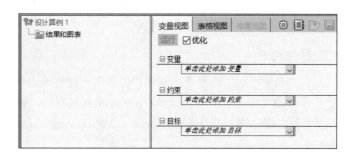

图 13-34　"设计算例 1"对话框

12. 定义设计变量

（1）❶在"变量视图"选项卡中单击"变量"下拉列表，选择"添加参数"选项，如图 13-35 所示。打开"参数"对话框，❷在绘图区选择厚度尺寸 25，如图 13-36 所示。此时，在"参数"对话框的"数值"列显示 25，❸输入名称"厚度"，结果如图 13-37 所示。

图 13-35　选择"添加参数"选项

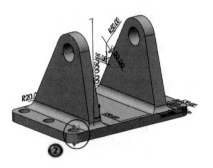

图 13-36　选择厚度尺寸 25

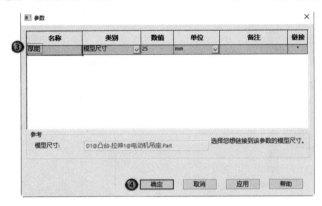

图 13-37　设置厚度变量

（2）④单击"确定"按钮，在"设计算例 1"的"变量"列表中显示"厚度"变量，⑤厚度尺寸的最小值设置为 20mm，⑥最大值设置为 30mm，如图 13-38 所示。

（3）⑦使用同样的方法将尺寸 130 的变量名称设置为"跨度"，范围为 100～130mm。⑧将尺寸 40 的变量名称设置为"厚度 2"，范围为 35～45mm，结果如图 13-39 所示。

图 13-38　设置厚度尺寸的变化范围

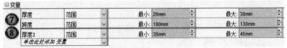

图 13-39　变量表

扫一扫，看视频

13. 添加约束

（1）在"变量视图"选项卡中单击"约束"下拉列表，选择"添加传感器"选项，打开"传感器"属性管理器，①"传感器类型"选择"Simulation 数据"，②"数据量"选择"应力"→"VON：von Mises 应力"，③"单位"选择 N/mm² （MPa），④"准则"选择"模型最大值"，⑤"步长准则"选择"通过所有步长"，如图 13-40 所示。

（2）⑥单击"确定"按钮✔，在"约束"列表中显示"应力 1"，⑦设置约束范围为"小于"，⑧数值为 248MPa，如图 13-41 所示。

（3）在"变量视图"选项卡中单击"约束"下拉列表，选择"添加传感器"选项，打开"传感器"属性管理器，"传感器类型"选择"Simulation 数据"，"数据量"选择"位移"→"URES：合位移"，"单位"选择 mm，"准则"选择"模型最大值"，"步长准则"选择"通过所有步长"，如图 13-42 所示。

（4）单击"确定"按钮✔，在"约束"列表中显示"位移1"，设置约束范围为"小于0.5mm"，如图13-43所示。

图13-40　设置应力约束参数

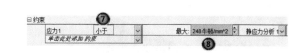

图13-41　设置应力约束范围

图13-42　设置合位移约束参数

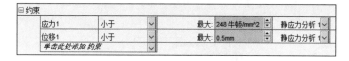

图13-43　设置合位移约束范围

（5）在"变量视图"选项卡中单击"约束"下拉列表，选择"添加传感器"选项，打开"传感器"属性管理器，"传感器类型"选择"Simulation 数据"，"数据量"选择"频率"，"单位"选择Hz，"准则"选择"模型最大值"，"步长准则"选择"在特定模式形状"，"模式形状"设置为1，如图13-44所示。

（6）单击"确定"按钮✔，在"约束"列表中显示"频率1"，设置约束范围为"介于"，最小值为800Hz，最大值为1200Hz，如图13-45所示。

14．定义目标

（1）在"变量视图"选项卡中单击"目标"下拉列表，选择"添加传感器"选项，打开"传感器"属性管理器，❶选择"传感器类型"为"质量属性"，❷选择"属性"为"质量"，系统自动选择电动机吊座实体作为要监视的实体，如图13-46所示。

（2）❸单击"确定"按钮✔，目标函数设定完成，如图13-47所示。

图 13-44　设置频率约束

图 13-45　设置频率约束范围

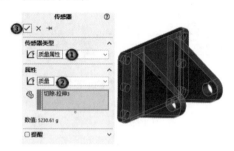

图 13-46　定义目标

图 13-47　目标函数

15. 运行优化分析并查看结果

（1）单击"设计算例 1"列表中的"设计算例选项"按钮⚙，打开"设计算例属性"属性管理器，①"设计算例质量"选择"快速结果"，如图 13-48 所示。

（2）②单击"确定"按钮✔，关闭属性管理器。

（3）单击"设计算例 1"列表中的"运行"按钮，打开"设计算例"对话框，如图 13-49 所示。系统开始进行优化分析。

图 13-48　"设计算例属性"属性管理器

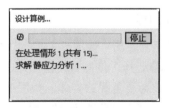

图 13-49　"设计算例"对话框

（4）在"结果视图"选项卡中显示了每一步的优化结果和迭代结果，如图 13-50 所示。优化结果显示底板的厚度从 25mm 降为 20mm，耳板跨度从 130mm 降为 100mm，耳板厚度从 40mm 降为 35mm。优化后的模型应力为 79.14MPa，位移为 0.08584mm，频率为 822.5Hz，质量为 4502.99g。

变量视图 表格视图 结果视图 ⚙ ▦ ▷ ▢ 🖫

15 情形之 15 已成功运行 设计算例质量: 快

		当前	初始	优化	迭代1	迭代2	迭代3	迭代4
厚度		20mm	25mm	20mm	30mm	30mm	20mm	20mm
跨度		100mm	130mm	100mm	130mm	100mm	130mm	100mm
厚度2		35mm	40mm	35mm	40mm	40mm	40mm	40mm
应力1	< 248 牛顿/mm^2	7.914e+01 N/mm^2 (MPa)	6.803e+01 N/mm^2 (MPa)	7.914e+01 N/mm^2 (MPa)	6.780e+01 N/mm^2 (MPa)	7.052e+01 N/mm^2 (MPa)	7.081e+01 N/mm^2 (MPa)	6.899e+01 N/mm^2 (MPa)
位移1	< 0.5mm	8.584e-02 mm	7.520e-02 mm	8.584e-02 mm	7.633e-02 mm	7.630e-02 mm	7.409e-02 mm	7.408e-02 mm
频率1	(800 Hz ~ 1200 Hz)	8.225e+02 Hz	9.169e+02 Hz	8.225e+02 Hz	9.099e+02 Hz	9.101e+02 Hz	9.250e+02 Hz	9.251e+02 Hz
质量1	最小化	4502.99 g	5390.21 g	4502.99 g	5913.62 g	5913.64 g	4866.8 g	4866.81 g

迭代5	迭代6	迭代7	迭代8	迭代9	迭代10	迭代11	迭代12	迭代13
30mm	30mm	20mm	20mm	25mm	25mm	25mm	25mm	25mm
115mm	115mm	115mm	115mm	130mm	130mm	100mm	100mm	115mm
45mm	45mm	45mm	45mm	45mm	35mm	45mm	35mm	40mm
5.669e+01 N/mm^2 (MPa)	8.795e+01 N/mm^2 (MPa)	5.825e+01 N/mm^2 (MPa)	7.934e+01 N/mm^2 (MPa)	6.027e+01 N/mm^2 (MPa)	8.017e+01 N/mm^2 (MPa)	6.024e+01 N/mm^2 (MPa)	7.982e+01 N/mm^2 (MPa)	6.878e+01 N/mm^2 (MPa)
6.703e-02 mm	8.846e-02 mm	6.512e-02 mm	8.586e-02 mm	6.611e-02 mm	8.718e-02 mm	6.608e-02 mm	8.721e-02 mm	7.518e-02 mm
1.007e+03 Hz	8.097e+02 Hz	1.025e+03 Hz	8.225e+02 Hz	1.015e+03 Hz	8.156e+02 Hz	1.015e+03 Hz	8.158e+02 Hz	9.170e+02 Hz
6277.45 g	5549.82 g	5230.63 g	4502.99 g	5754.03 g	5026.39 g	5754.04 g	5026.4 g	5390.22 g

图 13-50　优化结果和迭代结果

（5）分别单击初始栏和优化栏，模型如图 13-51 和图 13-52 所示。

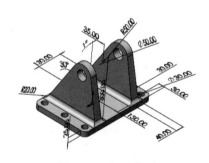

图 13-51　初始模型

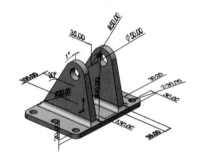

图 13-52　优化模型

16．显示优化图解

（1）单击屏幕左下角的"静应力分析 1"标签，进入静应力分析算例。

（2）双击 SOLIDWORKS Simulation 算例树中"结果"文件夹下的"应力 1"和"位移 1"图标，则可以观察电动机吊座在给定约束和载荷下的应力分布和位移分布，如图 13-53 所示。由图可知，最大应力约为 59.6MPa，小于设计应力 248MPa；最大位移约为 0.065mm，小于设计位移 0.5mm，均满足设计要求。

（3）单击屏幕左下角的"频率 1"标签，进入频率分析算例。

（4）在 SOLIDWORKS Simulation 算例树中双击"结果"文件夹下的"振幅 1"图标 🎨 振幅1，则可以观察电动机吊座的振幅 1 分布，如图 13-54 所示。由图可知，一阶模式的固有频率为 1024.5Hz，满足设定范围。

（5）单击屏幕左下角的"设计算例 1"标签，进入设计算例。

（6）单击"结果视图"选项卡，对比初始结果和优化结果，如图 13-55 所示。由图可知，质量从初始的 5390.21g 降为 4502.99g，节约了材料。

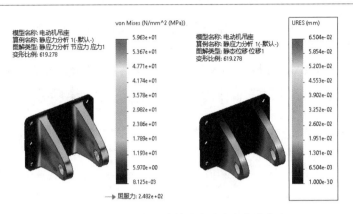

图 13-53　电动机吊座的应力分布和位移分布

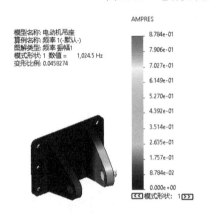

图 13-54　电动机吊座的振幅 1 分布

	初始	优化
	25mm	20mm
	130mm	100mm
	40mm	35mm
	6.803e+01 N/mm^2 (MPa)	7.914e+01 N/mm^2 (MPa)
	7.520e-02 mm	8.584e-02 mm
	9.169e+02 Hz	8.225e+02 Hz
	5390.21 g	4502.99 g

图 13-55　初始结果与优化结果对比

17．定义当地趋向图表

（1）在"设计算例"对话框的左侧框中右击"结果和图表"图标 结果和图表，在弹出的快捷菜单中选择"定义当地趋向图表"命令，打开"当地趋向图表"属性管理器，❶选择"设计变量（X-轴）"为"厚度"，❷选择"Y-轴"为"约束"和❸"应力 1"，❹在"本地趋向位于"下拉列表中选择"优化"，如图 13-56 所示。

（2）单击"确定"按钮 ✔，生成图表，如图 13-57 所示。

图 13-56　"当地趋向图表"属性管理器

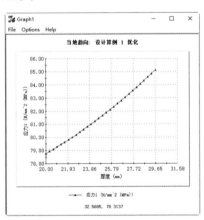

图 13-57　当地趋向图表

扫一扫，看视频

练一练 泵体的结构优化设计

图 13-58 所示为泵体模型。本练习通过改变底板的厚度和支撑板的宽度尺寸来对泵体结构进行优化。首先进行静应力分析和频率分析，从中获取应力和频率约束条件。优化的目的是在满足条件的前提下使质量最小化。

【操作提示】

（1）新建静应力分析算例。

（2）定义材料。泵体材料为铸造碳钢。

（3）添加约束。选择图 13-59 所示的面作为固定约束面。

（4）添加载荷。选择图 13-60 所示的面作为受力面，力的大小为 8000N，方向垂直于上视基准面。

图 13-58 泵体模型

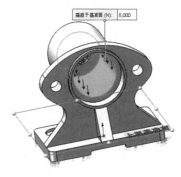
图 13-59 选择约束面

图 13-60 选择受力面

（5）划分网格并运行算例。结果如图 13-61 所示。

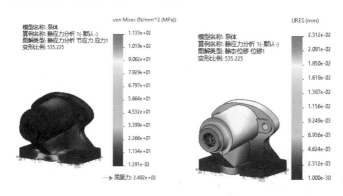
图 13-61 泵体的应力分布和位移分布

（6）新建频率算例。将静应力分析算例中的边界条件复制到频率算例中。

（7）运行算例。由结果可知其一阶固有频率为 2454.6Hz。

（8）新建设计算例。

（9）定义变量。选择底板的厚度和支撑板的宽度作为变量，如图 13-62 所示。

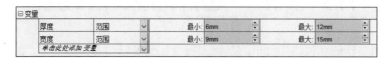
图 13-62 变量

（10）添加约束。通过"添加传感器"命令将静应力分析算例中的应力作为参考约束条件；将频率算例中得到的振幅 1 的频率作为参考约束条件，设置如图 13-63 所示。

（11）定义目标。目标条件为质量最小化，如图 13-64 所示。

图 13-63　设置约束条件　　　　　　　　　　　　图 13-64　设置目标条件

（12）运行优化。勾选"优化"复选框。设置"设计算例质量"为"快速结果"。进行运行分析后的结果视图如图 13-65 所示。由图可以看出，在满足应力和频率的约束条件下，当底板的厚度为7.54262mm、支撑板的宽度为 9.00727mm 时，泵体的质量最小。

		当前	初始	优化	迭代 1	迭代 2	迭代 3
厚度		7.54262mm	8mm	7.54262mm	12mm	6mm	12mm
宽度		9.00727mm	10mm	9.00727mm	15mm	15mm	9mm
应力1	< 248 牛顿/mm^2	2.402e+02 N/mm^2 (MPa)	2.246e+02 N/mm^2 (MPa)	2.402e+02 N/mm^2 (MPa)	1.148e+02 N/mm^2 (MPa)	3.045e+02 N/mm^2 (MPa)	1.206e+02 N/mm^2 (MPa)
频率1	(1200 Hz ~ 3000 Hz)	1.724e+03 Hz	1.850e+03 Hz	1.724e+03 Hz	2.455e+03 Hz	1.671e+03 Hz	2.007e+03 Hz
质量1	最小化	0.163 kg	0.166 kg	0.163 kg	0.195 kg	0.161 kg	0.187 kg

迭代 4	迭代 5	迭代 6	迭代 7	迭代 8	迭代 9
6mm	12mm	6mm	9mm	9mm	9mm
9mm	12mm	12mm	15mm	9mm	12mm
3.319e+02 N/mm^2 (MPa)	1.202e+02 N/mm^2 (MPa)	3.226e+02 N/mm^2 (MPa)	1.716e+02 N/mm^2 (MPa)	1.929e+02 N/mm^2 (MPa)	1.730e+02 N/mm^2 (MPa)
1.401e+03 Hz	2.241e+03 Hz	1.516e+03 Hz	2.236e+03 Hz	1.958e+03 Hz	2.088e+03 Hz
0.154 kg	0.191 kg	0.158 kg	0.178 kg	0.171 kg	0.174 kg

图 13-65　结果视图

（13）查看优化后的应力分布和频率分布。选中"结果视图"选项卡中的"优化"列，双击"设计算例 1"对话框左侧框中的"应力 1"和"频率 1"图标，结果如图 13-66 所示。

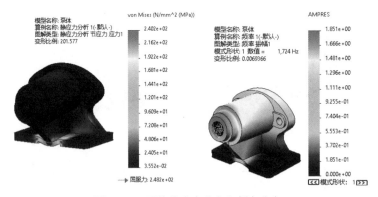

图 13-66　泵体的应力分布和频率分布

13.3　实例——电动机吊座的评估分析

　　本实例在电动机吊座的结构优化分析的基础上将设计变量修改为离散变量，然后对电动机吊座进行评估分析。

设计算例三要素的具体要求如下。

1. 变量条件

（1）底板厚度当前值为 25mm，变化范围为 20～30mm。

（2）耳板到原点的跨度当前值为 130mm，变化范围为 100～130mm。

（3）耳板的厚度当前值为 40mm，变化范围为 35～45mm。

2. 约束条件

（1）von Mises 应力不能超过 248MPa。

（2）最大位移不能超过 0.5mm。

（3）一阶模式的固有频率不小于 800Hz 且不大于 1200Hz。

3. 目标条件

在满足各方面条件的前提下，质量最小化。

【操作步骤】

1. 新建设计算例

（1）选择菜单栏中的“文件”→“打开”命令或者单击“快速访问”工具栏中的“打开”按钮 ，打开源文件中的“电动机吊座.sldprt”。

（2）单击 Simulation 选项卡中的“新算例”按钮 ，打开“算例”属性管理器。定义分析类型为“设计算例”，“名称”采用默认，如图 13-67 所示。

（3）单击“确定”按钮 ，系统在屏幕的下部打开“设计算例 2”对话框，如图 13-68 所示。在该列表中对变量、约束和目标进行优化设计。

图 13-67　“算例”属性管理器

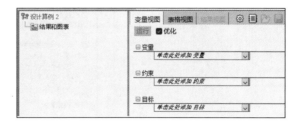

图 13-68　“设计算例 2”对话框

2. 定义变量

在进行变量定义之前，❶首先要在“变量视图”选项卡中取消勾选“优化”复选框。接下来进行离散变量设计。

（1）单击“变量”下拉列表，❷选择已有变量“厚度”，❸在其后的下拉列表中选择“带步长范围”选项，❹将“最小”设置为 20mm，❺“最大”设置为 30mm，❻“步长”设置为 5mm，如图 13-69 所示。

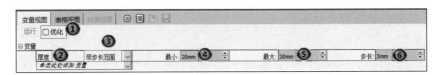

图 13-69　"厚度"变量

（2）在"变量视图"选项卡中单击"变量"下拉列表，选择已有变量"厚度 2"，在其后的下拉列表中选择"带步长范围"选项，将"最小"设置为 35mm，"最大"设置为 45mm，"步长"设置为 5mm，如图 13-70 所示。

变量							
厚度	带步长范围		最小: 20mm		最大: 30mm		步长: 5mm
厚度2	带步长范围		最小: 35mm		最大: 45mm		步长: 5mm
单击此处添加 变量							

图 13-70　"厚度 2"变量

3. 添加约束

（1）在"变量视图"选项卡中单击"约束"下拉列表，选择已有约束"应力 1"，设置约束范围为"只监视"。

（2）使用同样的方法选择已有约束"位移 1"，设置约束范围为"只监视"；选择已有约束"频率 1"，设置约束范围为"只监视"，如图 13-71 所示。

4. 运行评估分析并查看结果

（1）单击"设计算例 2"对话框中的"设计算例选项"按钮⚙，打开"设计算例属性"属性管理器，"设计算例质量"选择"高质量（较慢）"，如图 13-72 所示。

（2）单击"确定"按钮✔，关闭属性管理器。

（3）单击"设计算例 2"对话框中的"运行"按钮，打开"设计算例"对话框，系统开始进行评估分析，如图 13-73 所示。

约束		
应力1	只监视	静应力分析1
位移1	只监视	静应力分析1
频率1	只监视	频率1
单击此处添加 约束		

图 13-71　设置合位移约束参数　　　图 13-72　"设计算例属性"属性管理器　　　图 13-73　"设计算例"对话框

（4）在"结果视图"选项卡中显示了 10 种情形，如图 13-74 所示。因为设置的设计算例的质量为"高质量（较慢）"，所以 10 种情形结果全部以黑体字显示。若设置设计算例的质量为"快速结果"，则部分情形会以灰色字体显示。此时，若想查看精确的结果，需要右击想要计算的情形列，并在弹出的快捷菜单中选择"运行"命令，系统则会计算该情形。

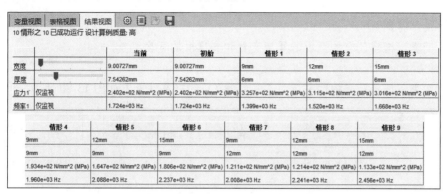

图 13-74　10 种情形

（5）在"结果视图"选项卡中选中"情形 7"，在左侧的"结果和图表"文件夹中双击"应力 1"图标 应力1，系统打开情形 7 的应力分布，如图 13-75 所示。同理，可以观察其余各情形的应力、位移和频率分布。

5. 定义设计历史图表

（1）在"设计算例"对话框的左侧框中右击"结果和图表"图标 结果和图表，在弹出的快捷菜单中选择"定义设计历史图表"命令，打开"设计历史图表"属性管理器，"Y-轴"选择"约束"和"应力 1"，如图 13-76 所示。

（2）单击"确定"按钮 ，生成设计历史图表，如图 13-77 所示。该图表显示了每种情形对应的应力值。

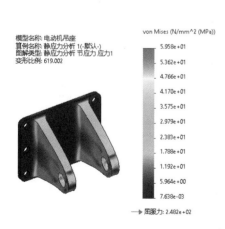

图 13-75　情形 7 的应力分布

图 13-76　"设计历史图表"
属性管理器

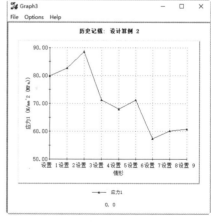

图 13-77　设计历史图表

扫一扫，看视频

练一练　泵体的评估分析

图 13-78 所示为泵体模型。在 13.2 节的练一练中对泵体进行了静应力分析和频率分析，本节在此基础上对泵体进行评估分析。

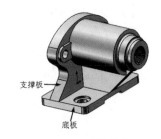

图 13-78　泵体模型

【操作提示】

（1）新建设计算例 2。

（2）定义变量。选择已有的底板的厚度变量和支撑板的宽度变量，设置如图 13-79 所示。

（3）添加约束。选择已有的约束应力 1 和频率 1，约束条件设置如图 13-80 所示。

⊟ 变量

宽度	带步长范围	最小: 9mm	最大: 15mm	步长: 3mm
厚度	带步长范围	最小: 6mm	最大: 12mm	步长: 3mm
单击此处添加 变量				

图 13-79　设置变量

⊟ 约束

应力1	只监视	静应力分析 1
频率1	只监视	频率 1
单击此处添加 约束		

图 13-80　设置约束条件

（4）运行。取消勾选“优化”复选框，设置“设计算例质量”为“高质量（较慢）”。运行后的结果视图如图 13-81 所示。

变量视图　表格视图　结果视图

10 情形之 10 已成功运行 设计算例质量: 高

		当前	初始	情形 1	情形 2	情形 3
宽度		9mm	9mm	9mm	12mm	15mm
厚度		12mm	12mm	6mm	6mm	6mm
应力1	仅监视	1.186e+02 N/mm^2 (MPa)	1.186e+02 N/mm^2 (MPa)	3.268e+02 N/mm^2 (MPa)	3.170e+02 N/mm^2 (MPa)	3.029e+02 N/mm^2 (MPa)
频率1	仅监视	2.007e+03 Hz	2.007e+03 Hz	1.397e+03 Hz	1.516e+03 Hz	1.669e+03 Hz

情形 4	情形 5	情形 6	情形 7	情形 8	情形 9
9mm	12mm	15mm	9mm	12mm	15mm
9mm	9mm	9mm	12mm	12mm	12mm
1.917e+02 N/mm^2 (MPa)	1.715e+02 N/mm^2 (MPa)	1.701e+02 N/mm^2 (MPa)	1.199e+02 N/mm^2 (MPa)	1.211e+02 N/mm^2 (MPa)	1.201e+02 N/mm^2 (MPa)
1.961e+03 Hz	2.084e+03 Hz	2.235e+03 Hz	2.004e+03 Hz	2.241e+03 Hz	2.455e+03 Hz

图 13-81　结果视图

（5）定义设计历史图表。“Y-轴”选择“约束”，结果如图 13-82 所示。

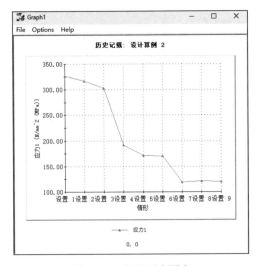

图 13-82　设计历史图表

13.4　实例——轴承座的多载荷评估分析

本实例介绍轴承座的多载荷分析，在前面的章节中已经对轴承座进行了静应力分析，本实例将在此基础上进行频率分析和多载荷变量的评估分析。图 13-83 所示为轴承座模型。

【操作步骤】

1. 修改静应力算例

（1）选择菜单栏中的"文件"→"打开"命令或者单击"快速访问"工具栏中的"打开"按钮，打开源文件中的"轴承座.sldprt"。

（2）在 SOLIDWORKS Simulation 算例树中右击"外部载荷"文件夹下的"压力-1"图标 压力-1，在弹出的快捷菜单中选择"编辑定义"命令，打开"压力"属性管理器，在"压力值" 下拉列表中选择"链接数值"选项，如图 13-84 所示。

（3）打开"选取参数"对话框，如图 13-85 所示。单击"编辑/定义"按钮，打开"参数"对话框，在"名称"栏中输入"垂直压强"，"类别"选择"仿真"，在"数值"栏中输入 5000，系统自动设置"单位"为 N/m^2，如图 13-86 所示。

（4）单击"确定"按钮，返回"选取参数"对话框。选中"垂直压强"行，单击"确定"按钮，返回"压力"属性管理器，单击"确定"按钮，关闭属性管理器。

（5）在 SOLIDWORKS Simulation 算例树中右击"外部载荷"文件夹下的"压力-1"图标 压力-1，在弹出的快捷菜单中选择"编辑定义"命令，打开"压力"属性管理器，在"压力值" 下拉列表中选择"链接数值"选项。

（6）打开"选取参数"对话框，单击"编辑/定义"按钮，打开"参数"对话框，在"名称"栏中输入"水平压强"，"类别"选择"仿真"，在"数值"栏中输入 1000，系统自动设置"单位"为 N/m^2，单击"确定"按钮，返回"选取参数"对话框。选中"水平压强"行，单击"确定"按钮，返回"压力"属性管理器，单击"确定"按钮，关闭属性管理器。

图 13-83　轴承座模型

图 13-84　"压力"属性管理器

图 13-85　"选取参数"对话框

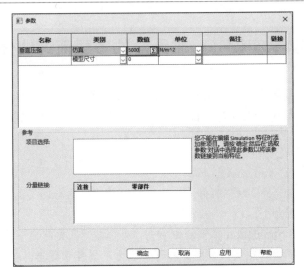

图 13-86　输入参数

2．运行分析并查看结果

（1）单击 Simulation 选项卡中的"运行此算例"按钮，SOLIDWORKS Simulation 则调用解算器进行有限元分析。

（2）双击 SOLIDWORKS Simulation 算例树中"结果"文件夹下的"应力 1"和"位移 1"图标，则可以观察轴承座在给定约束和载荷下的应力分布和位移分布，如图 13-87 所示。

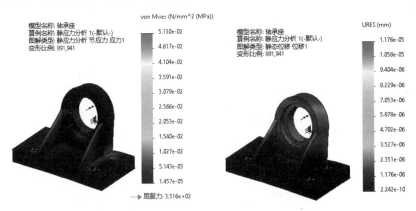

图 13-87　轴承座的应力分布和位移分布

3．新建频率算例

（1）单击 Simulation 选项卡中的"新算例"按钮，打开"算例"属性管理器。定义名称为"频率 1"，分析类型为"频率"，如图 13-88 所示。

（2）单击"确定"按钮，关闭属性管理器。

4．复制边界条件

（1）在"静应力分析 1"算例中拖动 SOLIDWORKS Simulation 算例树中的"轴承座"图标轴承座 (-[SW]AISI 1020-) 至屏幕左下角"频率 1"标签处。

（2）同理，分别拖动"夹具"图标夹具、"外部载荷"图标外部载荷和"网格"图标网格至屏幕左下角"频率1"标签处。将材料、约束、载荷和网格控制复制到"频率1"算例中。

5．设置属性

（1）在SOLIDWORKS Simulation算例树中右击"压力-2"图标 **⫴ 压力-2**，在弹出的快捷菜单中选择"属性"命令。打开"频率"对话框。设置"频率数"为1，"解算器"选择"自动"，如图13-89所示。

（2）单击"确定"按钮，关闭对话框。

6．运行分析并查看结果

（1）单击Simulation选项卡中的"运行此算例"按钮 **⬡**，SOLIDWORKS Simulation则调用解算器进行有限元分析。

（2）在SOLIDWORKS Simulation算例树中双击"结果"文件夹下的"振幅1"图标 **⬡ 振幅1**，则可以观察轴承座的振幅1分布，如图13-90所示。由图可知，一阶模式的固有频率为4539.4Hz。

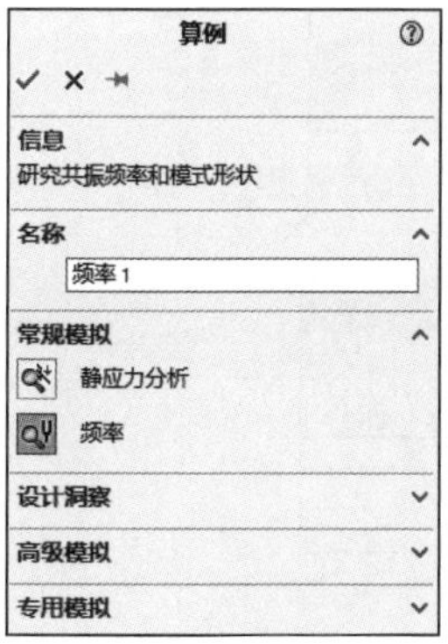

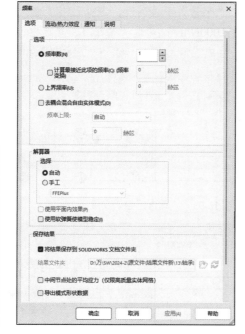

图13-88 "算例"属性
管理器

图13-89 "频率"对话框

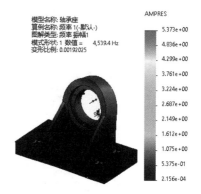

图13-90 轴承座的振幅1分布

7．新建设计算例

（1）单击Simulation选项卡中的"新算例"按钮 **⬡**，打开"算例"属性管理器。设置分析类型为"设计算例"，如图13-91所示。

（2）单击"确定"按钮 **✔**，系统在屏幕的下部打开"设计算例1"对话框，如图13-92所示。在该列表中对变量、约束和目标进行优化设计。

8．定义设计变量

在进行变量定义之前，首先要在"变量视图"选项卡中取消勾选"优化"复选框。接下来进行情形设计。

图 13-91　"算例" 属性管理器

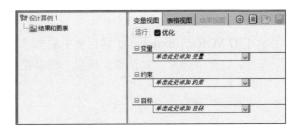

图 13-92　"设计算例 1" 对话框

（1）❶单击 "表格视图" 选项卡，单击 "变量" 下拉列表，❷选择已有变量 "垂直压强"，❸选择 "输入数值" 选项，❹在 "情形 1" 下输入数值 5000N/m²；❺勾选 "情形 1" 复选框，生成 "情形 2"，❻输入数值 8000N/m²；❼勾选 "情形 2" 复选框，❽生成 "情形 3"，❾输入数值 12000N/m²；❿勾选 "情形 3" 复选框，如图 13-93 所示。

（2）在 "表格视图" 选项卡中单击 "变量" 下拉列表，选择已有变量 "水平压强"，选择 "输入数值" 选项，在 "情形 1" 下输入数值 1000N/m²；勾选 "情形 1" 复选框，生成 "情形 2"，输入数值 4000N/m²；勾选 "情形 2" 复选框，生成 "情形 3"，输入数值 8000N/m²；勾选 "情形 3" 复选框，如图 13-94 所示。

图 13-93　"垂直压强" 变量

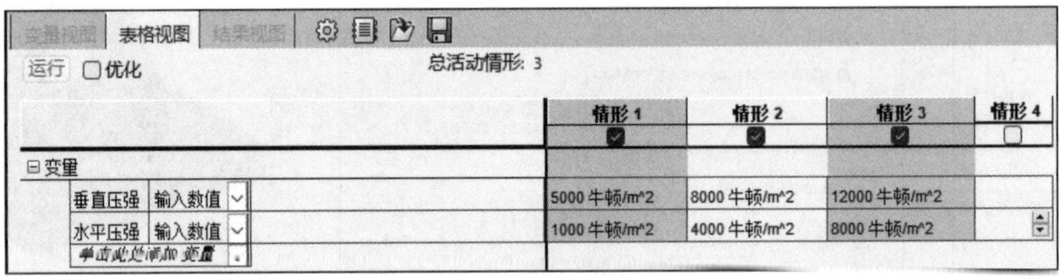

图 13-94　"水平压强" 变量

9. 添加约束

（1）在 "表格视图" 选项卡中单击 "约束" 下拉列表，选择 "添加传感器" 选项，打开 "传感器" 属性管理器，"传感器类型" 选择 "Simulation 数据"，"数据量" 选择 "应力" → "VON：von Mises 应力"，"单位" 选择 N/mm²（MPa），"准则" 选择 "模型最大值"，"步长准则" 选择 "通过所有步长"，如图 13-95 所示。

（2）单击 "确定" 按钮，在 "约束" 列表中显示 "应力 1"，设置约束为 "只监视"，如图 13-96 所示。

（3）在 "表格视图" 选项卡中单击 "约束" 下拉列表，选择 "添加传感器" 选项，打开 "传感器" 属性管理器，"传感器类型" 选择 "Simulation 数据"，"数据量" 选择 "位移" → "URES：合位移"，"单位" 选择 mm，"准则" 选择 "模型最大值"，"步长准则" 选择 "通过所有步长"，如图 13-97 所示。

（4）单击"确定"按钮✔，在"约束"列表中显示"位移 1"，设置约束为"只监视"，如图 13-98 所示。

图 13-95　设置应力约束　　图 13-96　设置应力约束　　图 13-97　设置合位移约束　　图 13-98　设置合位移约束
　　　　　　参数　　　　　　　　　　　条件　　　　　　　　　　　参数　　　　　　　　　　　条件

（5）在"表格视图"选项卡中单击"约束"下拉列表，选择"添加传感器"选项，打开"传感器"属性管理器，"传感器类型"选择"Simulation 数据"，"数据量"选择"频率"，"单位"▯选择 Hz，"准则"▯选择"模型最大值"，"步长准则"▯选择"在特定模式形状"，"模式形状"设置为 1，如图 13-99 所示。

（6）单击"确定"按钮✔，在"约束"列表中显示"频率 1"，设置约束为"只监视"，如图 13-100 所示。

10. 运行评估分析并查看结果

（1）单击"设计算例 1"对话框中的"设计算例选项"按钮⚙，打开"设计算例属性"属性管理器，"设计算例质量"选择"高质量（较慢）"，如图 13-101 所示。

图 13-99　设置频率约束　　　　　图 13-100　设置频率约束条件　　　图 13-101　"设计算例属性"属性管理器

（2）单击“确定”按钮✔，关闭属性管理器。

（3）单击“设计算例 1”对话框中的“运行”按钮，打开“设计算例”对话框，系统开始评估分析。

（4）在“结果视图”选项卡中显示了 3 种情形，如图 13-102 所示。由图可知，情形 3 的应力值最大。

（5）在“结果视图”选项卡中选中“情形 3”，在左侧的“结果和图表”文件夹下双击“应力 1”图标 应力1，系统打开情形 3 的应力分布，如图 13-103 所示。由图可知，情形 3 的最大应力值并没有超过屈服力，满足设计要求。

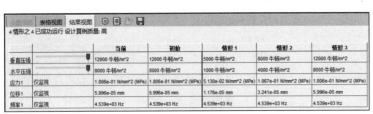

		当前	初始	情形 1	情形 2	情形 3
垂直压强		12000 牛顿/m^2	12000 牛顿/m^2	5000 牛顿/m^2	8000 牛顿/m^2	12000 牛顿/m^2
水平压强		8000 牛顿/m^2	8000 牛顿/m^2	1000 牛顿/m^2	4000 牛顿/m^2	8000 牛顿/m^2
应力1	仅监视	1.806e-01 N/mm^2 (MPa)	1.806e-01 N/mm^2 (MPa)	5.130e-02 N/mm^2 (MPa)	1.067e-01 N/mm^2 (MPa)	1.806e-01 N/mm^2 (MPa)
位移1	仅监视	5.996e-05 mm	5.996e-05 mm	1.176e-05 mm	3.241e-05 mm	5.996e-05 mm
频率1	仅监视	4.539e+03 Hz	4.539e+03 Hz	4.539e+03 Hz	4.539e+03 Hz	4.539e+03 Hz

图 13-102　3 种情形

图 13-103　情形 3 的应力分布

扫一扫，看视频

练一练　手轮的多载荷评估分析

图 13-104 所示为手轮模型。本练习通过改变手轮载荷来对手轮进行评估分析。首先进行静应力分析和频率分析，从中获取应力和频率约束条件；然后创建设计算例并进行评估分析。

【操作提示】

（1）新建静应力算例。

（2）定义材料。手轮材料为铸造碳钢。

（3）添加约束。选择图 13-105 所示的轴孔及键槽作为固定约束面。

（4）添加载荷。选择图 13-106 所示的孔面作为受力面，力的大小为 360N，方向垂直于前视基准面。

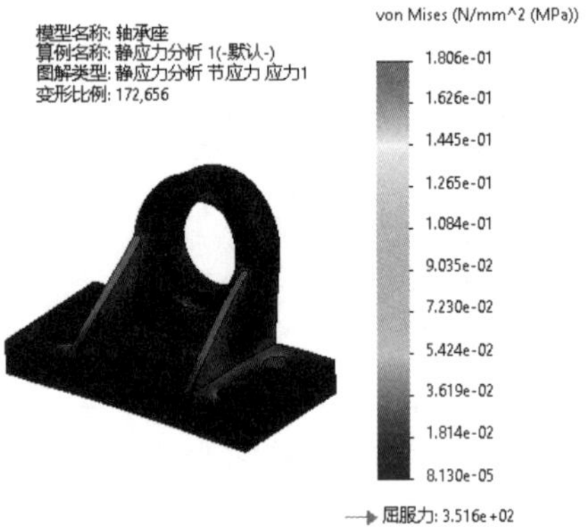

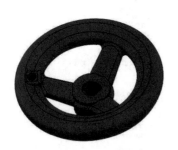

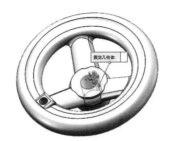

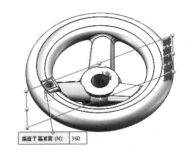

图 13-104　手轮模型

图 13-105　选择约束面

图 13-106　选择受力面

（5）划分网格并运行算例。结果如图 13-107 所示。

（6）新建频率算例。将静应力分析算例中的边界条件复制到频率算例中。

（7）运行算例。手轮的振幅 1 分布如图 13-108 所示。由结果可知其一阶固有频率为 1712.5Hz。

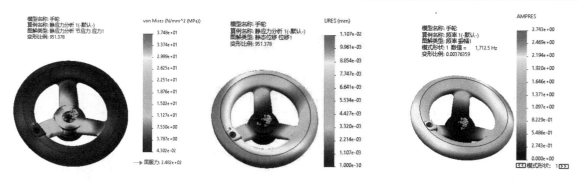

图 13-107　手轮的应力分布和位移分布　　　　　图 13-108　手轮的振幅 1 分布

（8）新建设计算例。

（9）定义变量。通过"添加参数"命令创建"力"变量，然后在"表格视图"选项卡的"变量"下拉列表中选择"力"变量，变量设置如图 13-109 所示。

（10）添加约束。通过"添加传感器"命令将静应力分析算例中的应力作为参考约束条件；将频率算例中得到的振幅 1 的频率作为参考约束条件，设置如图 13-110 所示。

图 13-109　变量设置

图 13-110　约束条件设置

（11）运行。取消勾选"优化"复选框。设置"设计算例质量"为"高质量（较慢）"。运行分析后的结果视图如图 13-111 所示。

图 13-111　结果视图

（12）查看优化后的应力分布和频率分布。选中"结果视图"选项卡中的"情形 1"列，双击"设计算例 1"对话框的左侧框中的"应力 1"和"频率 1"图标，结果如图 13-112 所示。

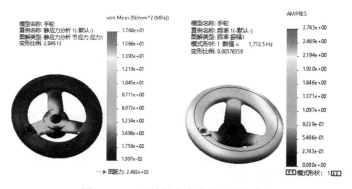

图 13-112　手轮的应力分布和频率分布

扫一扫，看视频

13.5 实例——柱塞材料变量的优化分析

图 13-113 所示为柱塞模型。初始设置材料为不锈钢，圆顶面受到 8000N 的力，在前面的章节中已经对柱塞进行了静应力分析，本实例将在此基础上进行频率分析和材料变量的优化分析。情形 1、情形 2、情形 3 和情形 4 材料分别取不锈钢、铝合金中的 2014 合金、合金钢中的 AISI 1020 和灰铸铁。

图 13-113　柱塞模型

【操作步骤】

1. 新建频率算例

（1）单击 Simulation 选项卡中的"新算例"按钮🔍，打开"算例"属性管理器。定义"名称"为"频率 1"，分析类型为"频率"。

（2）单击"确定"按钮✔，关闭属性管理器。

2. 复制边界条件

（1）在"静应力"算例中拖动 SOLIDWORKS Simulation 算例树中的"柱塞"图标 🔩 柱塞 (-不锈钢 (铁素体)-) 至屏幕左下角"频率 1"标签处。

（2）同理，分别拖动"夹具"图标🔩夹具、"外部载荷"图标↓↓外部载荷和"网格"图标🕸网格至屏幕左下角"频率 1"标签处，将材料、约束、载荷和网格控制复制到"频率 1"算例中。

3. 设置属性

（1）在 SOLIDWORKS Simulation 算例树中右击"频率 1"图标✔频率1 (-默认-)，在弹出的快捷菜单中选择"属性"命令。打开"频率"属性管理器，设置"频率数"为 1，"解算器"选择"自动"。

（2）单击"确定"按钮✔，关闭属性管理器。

4. 运行分析并查看结果

（1）单击 Simulation 选项卡中的"运行此算例"按钮🕹，SOLIDWORKS Simulation 则调用解算器进行有限元分析。

（2）在 SOLIDWORKS Simulation 算例树中双击"结果"文件夹下的"振幅 1"图标🎨振幅1，则可以观察柱塞的振幅 1 分布，如图 13-114 所示。由图可知，一阶模式的固有频率为 2681.3Hz。

5. 新建设计算例

（1）单击 Simulation 选项卡中的"新算例"按钮🔍，打开"算例"属性管理器。定义分析类型为"设计算例"，"名称"采用默认。

（2）单击"确定"按钮✔，系统在屏幕的下部打开"设计算例 1"对话框，如图 13-115 所示。在该对话框中对变量、约束和目标进行优化设计。

6. 定义设计变量

（1）单击"表格视图"选项卡，单击"变量"下拉列表，选择"添加参数"选项，打开"参数"对话框，❶设置变量"名称"为"材料"，❷"类别"选择"材料"，如图 13-116 所示。

（2）❸单击"确定"按钮，关闭对话框。

（3）❶单击"表格视图"选项卡，❷勾选"情形 1"复选框，系统自动创建情形 2。❸在情形 1 下单击"选择材料"按钮，❹系统打开"材料"对话框，选择"不锈钢（铁素体）"材料，如图 13-117 所示。单击"应用"按钮，关闭对话框。

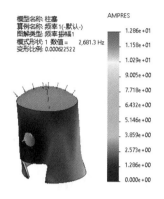

图 13-114　柱塞的振幅 1 分布

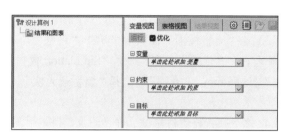

图 13-115　"设计算例 1"对话框

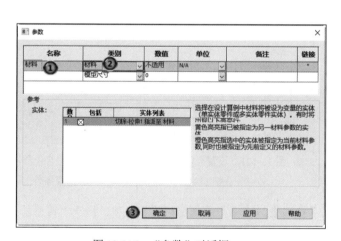

图 13-116　"参数"对话框

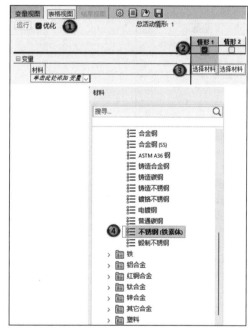

图 13-117　设置情形 1 的材料

（4）使用同样的方法分别为情形 2、情形 3 和情形 4 选择铝合金中的 2014 合金、合金钢中的 AISI 1020 和灰铸铁，结果如图 13-118 所示。

图 13-118　设置材料变量

7．添加约束和目标

（1）在"表格视图"选项卡中单击"约束"下拉列表，选择"添加传感器"选项，打开"传感器"属性管理器，"传感器类型"选择"Simulation 数据"，"数据量"选择"应力"→"VON：von Mises 应力"，"单位" 选择 N/mm²（MPa），"准则" 选择"模型最大值"，"步长准则" 选择"通过所有步长"，如图 13-119 所示。

（2）单击"确定"按钮 ，在"约束"列表中显示"应力 1"，设置约束为"只监视"，如图 13-120 所示。

（3）在"表格视图"选项卡中单击"约束"下拉列表，选择"添加传感器"选项，打开"传感器"属性管理器，"传感器类型"选择"Simulation 数据"，"数据量"选择"位移"→"URES：合位移"，"单位" 选择 mm，"准则" 选择"模型最大值"，"步长准则" 选择"通过所有步长"，如图 13-121 所示。

（4）单击"确定"按钮 ，在"约束"列表中显示"位移 1"，设置约束为"只监视"，如图 13-122 所示。

图 13-119　设置应力　　　图 13-120 设置应力　　　图 13-121　设置合位移　　　图 13-122　设置合位移
　　　约束参数　　　　　　　约束条件　　　　　　　　约束参数　　　　　　　　约束条件

（5）在"表格视图"选项卡中单击"约束"下拉列表，选择"添加传感器"选项，打开"传感器"属性管理器，"传感器类型"选择"Simulation 数据"，"数据量"选择"频率"，"单位" 选择 Hz，"准则" 选择"模型最大值"，"步长准则" 选择"在特定模式形状"，"模式形状"设置为 1，如图 13-123 所示。

（6）单击"确定"按钮 ，在"约束"列表中显示"频率 1"，设置约束为"只监视"，如图 13-124 所示。

（7）单击"目标"下拉列表，选择"添加传感器"选项，打开"传感器"属性管理器，"传感器类型"选择"质量属性"，"属性"选择"质量"，单击"要监视的实体"列表框 ，在绘图区选择柱塞实体，如图 13-125 所示。

（8）单击"确定"按钮 ，目标函数设定完成，如图 13-126 所示。

| 图 13-123 设置频率约束参数 | 图 13-124 设置频率约束条件 | 图 13-125 目标设置 | 图 13-126 目标函数 |

8. 运行评估分析并查看结果

（1）单击"设计算例 1"对话框中的"设计算例选项"按钮 ⚙，打开"设计算例属性"属性管理器，"设计算例质量"选择"高质量（较慢）"。

（2）单击"确定"按钮 ✔，关闭属性管理器。

（3）单击"设计算例 1"对话框中的"运行"按钮，打开"设计算例"对话框，系统开始评估分析。

（4）在"结果选项"选项卡中显示了 4 种情形，如图 13-127 所示。由图可知，当"材料"为"2014 合金"时的质量最小。

表格视图 结果视图 ⚙ 🗐 🗋 💾
6 情形之 6 已成功运行 设计算例质量: 高

		当前	初始	优化 (2)	情形 1	情形 2	情形 3	情形 4
材料	材料列表	灰铸铁 @solidworks materials	灰铸铁 @solidworks materials	2014 合金 @solidworks materials	不锈钢 (铁素体) @solidworks materials	2014 合金 @solidworks materials	AISI 1020 @solidworks materials	灰铸铁 @solidworks materials
应力1	仅监视	4.946e+01 N/mm^2 (MPa)	4.946e+01 N/mm^2 (MPa)	4.946e+01 N/mm^2 (MPa)	5.010e+01 N/mm^2 (MPa)	4.946e+01 N/mm^2 (MPa)	4.997e+01 N/mm^2 (MPa)	5.023e+01 N/mm^2 (MPa)
位移1	仅监视	1.930e-02 mm	1.930e-02 mm	1.930e-02 mm	7.036e-03 mm	1.930e-02 mm	7.040e-03 mm	2.125e-02 mm
频率1	仅监视	2.681e+03 Hz	2.681e+03 Hz	4.543e+03 Hz	4.486e+03 Hz	4.543e+03 Hz	4.461e+03 Hz	2.681e+03 Hz
质量1	最小化	0.069 kg	0.069 kg	0.027 kg	0.075 kg	0.027 kg	0.076 kg	0.069 kg

图 13-127 运行结果

（5）选中"情形 2"，双击"应力 1"图标 📊应力1，系统打开柱塞的应力分布，如图 13-128 所示。由图可知，当"材料"为"2014 合金"时的最大应力约为 49.46MPa，而图中的屈服力为初始材料不锈钢的屈服力，没有可比性。

（6）选中屏幕左下角的"静应力"算例标签并右击，在弹出的快捷菜单中选择"复制算例"命令，打开"复制算例"属性管理器，设置"算例名称"为"静应力分析 2"，如图 13-129 所示。

（7）单击"确定"按钮 ✔，生成"静应力分析 2"算例。

（8）在 SOLIDWORKS Simulation 算例树中右击"柱塞"图标 🔩 🔷 柱塞 (-不锈钢 (铁素体)-)，在弹出的快捷菜单中选择"应用/编辑材料"命令，打开"材料"对话框，将"材料"修改为"2014 合金"，单击"应用"按钮，关闭对话框。

（9）运行算例，打开柱塞的应力分布，如图 13-130 所示。由图可知，当"材料"为"2014 合金"时的最大应力约为 49.46MPa，材料的屈服力约为 96.51MPa，满足设计要求。

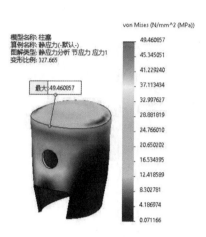

图 13-128　柱塞的应力分布

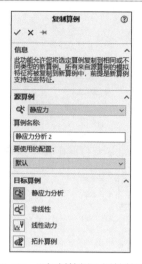

图 13-129　"复制算例"属性管理器

图 13-130　柱塞的应力分布

扫一扫，看视频

练一练　托架材料变量的优化分析

图 13-131 所示为托架模型。初始设置材料为灰铸铁，圆孔面受到 5000N 的力。情形 1、情形 2、情形 3 和情形 4 材料分别取灰铸铁、铸造碳钢、铸造合金钢和铸造不锈钢。

【操作提示】

（1）新建静应力算例。

（2）定义材料。托架材料为灰铸铁。

（3）添加约束。选择图 13-132 所示的面作为固定约束面。

（4）添加载荷。选择图 13-133 所示的孔面作为受力面，力的大小为 5000N，方向向下且垂直于上视基准面。

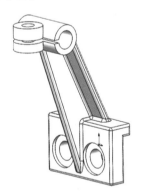

图 13-131　托架模型

图 13-132　选择约束面

图 13-133　选择受力面

（5）划分网格并运行算例。结果如图 13-134 所示。

（6）新建频率算例。将静应力分析算例中的边界条件复制到频率算例中。

（7）运行算例。托架的振幅 1 分布如图 13-135 所示。由结果可知其一阶固有频率为 1026.7Hz。

（8）新建设计算例。

（9）定义材料变量。通过"添加参数"命令创建"材料"变量。在"表格视图"选项卡中的"变量"下拉列表中选择"材料"变量，变量设置如图 13-136 所示。

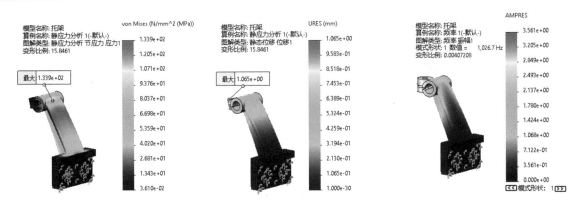

图 13-134　托架的应力分布和位移分布　　　　　　　　图 13-135　托架的振幅 1 分布

图 13-136　材料变量设置

（10）添加约束条件。通过"添加传感器"命令将静应力算例中的应力和位移作为参考约束条件；将频率算例中得到的振幅 1 的频率作为参考约束条件，设置如图 13-137 所示。

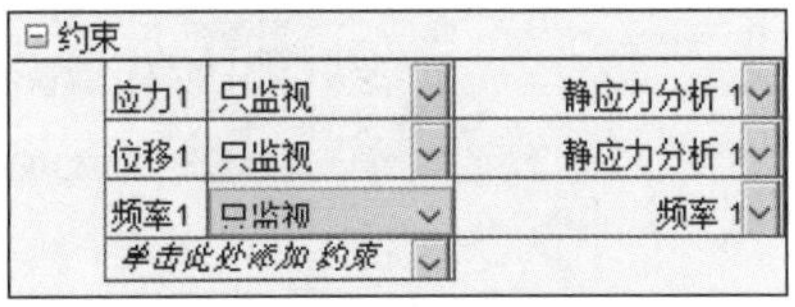

□ 约束			
应力1	只监视		静应力分析 1
位移1	只监视		静应力分析 1
频率1	只监视		频率 1
单击此处添加约束			

图 13-137　约束条件设置

（11）定义目标。通过"添加传感器"命令将设定质量目标最小化。

（12）运行。勾选"优化"复选框。设置"设计算例质量"为"快速结果"。运行分析后的结果视图如图 13-138 所示。由图可知，当"材料"为"灰铸铁"时的质量最小。

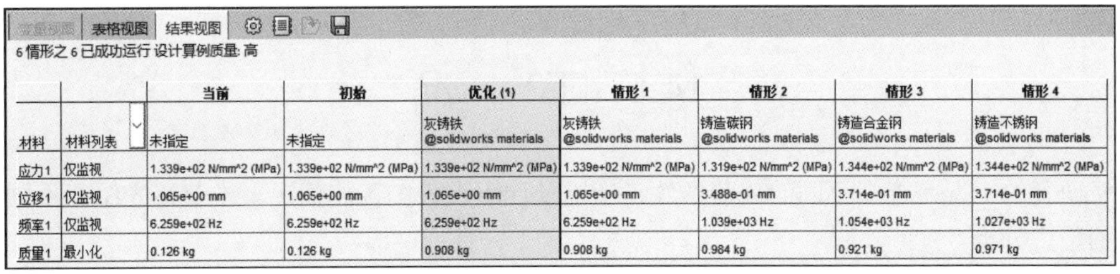

6 情形之 6 已成功运行 设计算例质量: 高

材料	材料列表	当前	初始	优化 (1)	情形 1	情形 2	情形 3	情形 4
		未指定	未指定	灰铸铁 @solidworks materials	灰铸铁 @solidworks materials	铸造碳钢 @solidworks materials	铸造合金钢 @solidworks materials	铸造不锈钢 @solidworks materials
应力1	仅监视	1.339e+02 N/mm^2 (MPa)	1.339e+02 N/mm^2 (MPa)	1.339e+02 N/mm^2 (MPa)	1.339e+02 N/mm^2 (MPa)	1.319e+02 N/mm^2 (MPa)	1.344e+02 N/mm^2 (MPa)	1.344e+02 N/mm^2 (MPa)
位移1	仅监视	1.065e+00 mm	1.065e+00 mm	1.065e+00 mm	1.065e+00 mm	3.488e-01 mm	3.714e-01 mm	3.714e-01 mm
频率1	仅监视	6.259e+02 Hz	6.259e+02 Hz	6.259e+02 Hz	6.259e+02 Hz	1.039e+03 Hz	1.054e+03 Hz	1.027e+03 Hz
质量1	最小化	0.126 kg	0.126 kg	0.908 kg	0.908 kg	0.984 kg	0.921 kg	0.971 kg

图 13-138　结果视图

第 14 章　工况和拓扑优化

内容简介

本章首先介绍工况的概念、设置参数及实例分析，然后介绍拓扑优化的概念及设置参数并通过实例对其操作进行详细介绍。

内容要点

- ➢ 工况
- ➢ 拓扑优化

案例效果

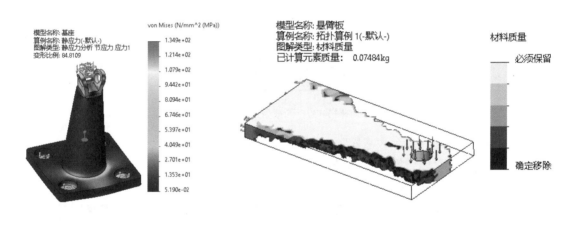

14.1　工　　况

本章研究的工况是指在不同的载荷条件、环境条件下设备的工作情况。本节将介绍在不同的工况下工件的应力分析。

14.1.1　负载实例管理器

使用负载实例管理器，可以从主要载荷实例快速添加次要载荷组合，并在模型上评估多种载荷组合的效果。

在拓扑算例树中，右击"静应力算例"图标，在弹出的快捷菜单中选择"负载实例管理器"命令，打开"负载实例管理器"对话框，如图 14-1 所示。

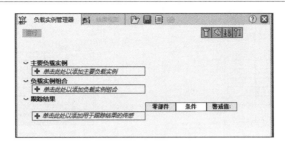

图 14-1　"负载实例管理器"对话框

1. 负载实例管理器

（1）主要负载实例。列出主要载荷实例，以及相应的载荷、约束和连接器定义。例如，每个主要负载实例可以对应"恒载""动载""风载荷"或"地震载荷"。对于每个载荷实例，可以修改载荷值或将其抑止。

➢ 单击单元格内部的向下箭头▾可以修改其值，或从相应的载荷实例抑止它。

➢ 单击"添加"按钮✚可以添加主要载荷实例。

如果要重命名主要载荷实例，则选择它并输入新名称。

（2）负载实例组合。单击"添加"按钮✚，可以添加次要载荷实例作为主要载荷实例的线性组合。在编辑方程框中，输入说明线性载荷组合的方程，如 1.4 * "载荷实例 1" + 1.6 * "载荷实例 2"。

当在方程式编辑器内单击时，将显示支持的函数的列表菜单。

（3）跟踪结果。单击"添加"按钮✚，添加 Simulation 数据传感器，监视选定结果数量（针对主要载荷和载荷实例组合）并在值偏离指定的限制时发出警报。

（4）▥ [全部显示（无过滤）]：更改所有算例定义的可视性。

（5）◈ （显示/隐藏夹具）：更改所有夹具定义的可视性。

（6）▥ （显示/隐藏外部载荷）：更改所有外部载荷定义的可视性。

（7）▥ （显示/隐藏连接器载荷）：更改所有连接器定义的可视性。

2. 结果视图

当设置负载实例组合后，单击"运行"按钮，系统自动切换到"结果视图"选项卡，如图 14-2 所示。该选项卡用于查看所添加的 Simulation 数据传感器的结果。

（1）▦ （转置行和列）：改变表格行列位置，转置行到列，结果为数据矩阵，反之亦然。单击该按钮，"结果视图"选项卡如图 14-3 所示。

图 14-2　"结果视图"选项卡

图 14-3　转置行列结果

（2）Ⓟ （显示/隐藏主要负载实例）：单击该按钮，可显示/隐藏主要负载实例，示例如图 14-4 所示。

（3）Σ （显示/隐藏负载实例组合）：单击该按钮，可显示/隐藏负载实例组合，示例如图 14-5 所示。

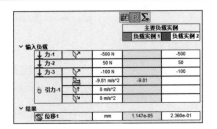

图 14-4　隐藏主要负载实例　　　　　　　　　　图 14-5　隐藏负载实例组合

（4）（显示/隐藏传感器结果）：更改 Simulation 数据传感器所监视结果的可视性，示例如图 14-6所示。

（5）（显示/隐藏输入负载）：更改输入载荷的可视性，示例如图 14-7 所示。

图 14-6　隐藏传感器结果　　　　　　　　　　图 14-7　隐藏输入负载

结果图解保存于 SOLIDWORKS Simulation 算例树的"负载实例结果"文件夹中。可以通过单击包含其名称的单元格加载特定载荷实例的结果。当前载荷实例的名称在 SOLIDWORKS Simulation 算例树中被参考。

扫一扫，看视频

14.1.2　实例——基座的工况分析

图 14-8 所示为基座模型，材料为灰铸铁。在本实例中对基座模型进行多工况创建，分析基座在多载荷状态下的受力情况。

【操作步骤】

1. 新建静应力算例

（1）单击 Simulation 选项卡中的"新算例"按钮，打开"算例"属性管理器，定义"名称"为"静应力"，分析类型为"静应力分析"，如图 14-9 所示。

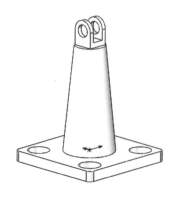

图 14-8　基座模型

图 14-9　"算例"属性管理器

（2）单击"确定"按钮✔，关闭属性管理器。

2. 定义材料

（1）单击 Simulation 选项卡中的"应用材料"按钮，或者在 SOLIDWORKS Simulation 算例树中右击"基座"图标 基座，在弹出的快捷菜单中选择"应用/编辑材料"命令，打开"材料"对话框。选择"选择材料来源"为"铁"→"灰铸铁"，如图 14-10 所示。

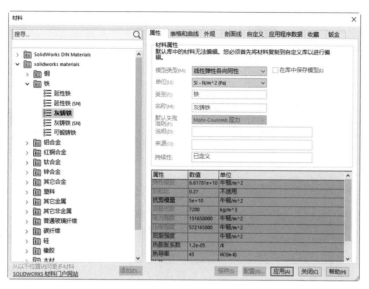

图 14-10 设置基座的材料

（2）单击"应用"按钮，关闭对话框。

3. 添加载荷 1

（1）单击 Simulation 选项卡中"外部载荷顾问"下拉列表中的"力"按钮，或者在 SOLIDWORKS Simulation 算例树中右击"外部载荷"图标 外部载荷，在弹出的快捷菜单中选择"力"命令，打开"力/扭矩"属性管理器。

（2）单击"力"按钮，单击 图标右侧的显示栏，选择基座的圆柱孔面，设置方向为"选定的方向"，单击"方向的面、边线、基准面"列表框，然后在绘图区的 FeatureManager 设计树中选择"前视基准面"。

（3）单击"沿基准面方向 1"按钮，设置力值为 500N；单击"垂直于基准面"按钮，设置力值为 2000N，如图 14-11 所示。

（4）单击"确定"按钮✔，完成载荷 1 的添加。

4. 添加载荷 2

（1）单击 Simulation 选项卡中"外部载荷顾问"下拉列表中的"力"按钮，或者在 SOLIDWORKS Simulation 算例树中右击"外部载荷"图标 外部载荷，在弹出的快捷菜单中选择"力"命令，打开"力/扭矩"属性管理器。

（2）单击"力"按钮，单击 图标右侧的显示栏，选择基座的两个内侧面，设置方向为"法向"，设置力值为 200N，如图 14-12 所示。

（3）单击"确定"按钮✔，完成载荷 2 的添加。

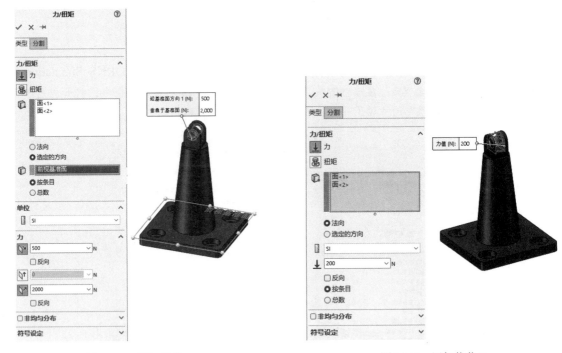

图 14-11 添加载荷 1   图 14-12 添加载荷 2

5. 添加载荷 3

（1）单击 Simulation 选项卡中"外部载荷顾问"下拉列表中的"力"按钮，或者在 SOLIDWORKS Simulation 算例树中右击"外部载荷"图标 外部载荷，在弹出的快捷菜单中选择"引力"命令，打开"引力"属性管理器。

（2）选择前视基准面作为参考基准面，取消勾选"反向"复选框，如图 14-13 所示。

（3）单击"确定"按钮，完成载荷 3 的添加。

6. 添加约束

（1）单击 Simulation 选项卡中"夹具顾问"下拉列表中的"固定几何体"按钮，或者在 SOLIDWORKS Simulation 算例树中右击"夹具"图标 夹具，在弹出的快捷菜单中选择"固定几何体"命令，打开"夹具"属性管理器，然后选择基座底面的 4 个连接孔作为固定约束面，如图 14-14 所示。

图 14-13 添加载荷 3   图 14-14 设置约束条件

（2）单击"确定"按钮✔，完成约束的添加。

7. 定义工况

（1）在 SOLIDWORKS Simulation 算例树中右击"静应力*"图标 ✔ 静应力*(-默认-)，在弹出的快捷菜单中选择"负载实例管理器"命令，打开"负载实例管理器"对话框，如图 14-15 所示。

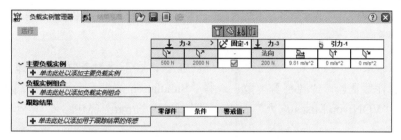

图 14-15　"负载实例管理器"对话框

（2）在"主要负载实例"下拉列表中单击"添加"按钮➕，生成"负载实例1"，在右侧的列表中选择 500N 和 2000N，如图 14-16 所示。

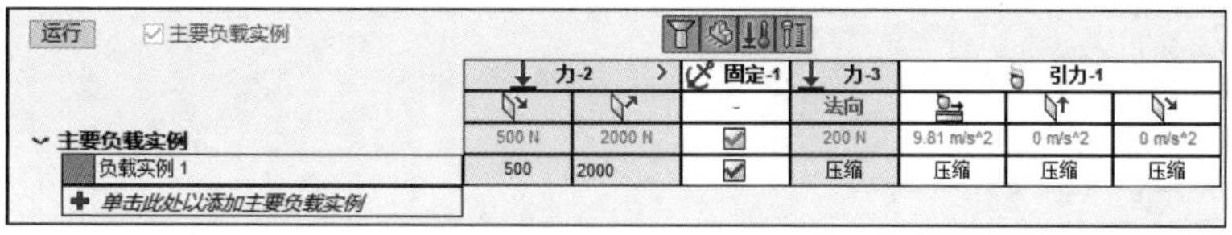

图 14-16　添加负载实例1

（3）在"主要负载实例"下拉列表中单击"添加"按钮➕，生成"负载实例2"，在右侧的列表中选择 200N，如图 14-17 所示。

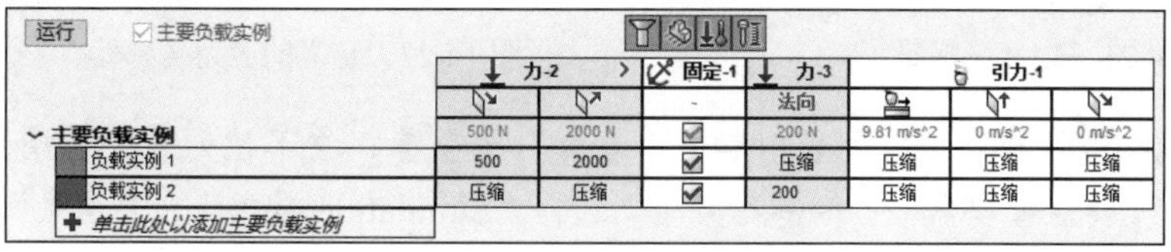

图 14-17　添加负载实例2

（4）在"主要负载实例"下拉列表中单击"添加"按钮➕，生成"负载实例3"，在右侧的列表中选择 9.81m/s^2，如图 14-18 所示。

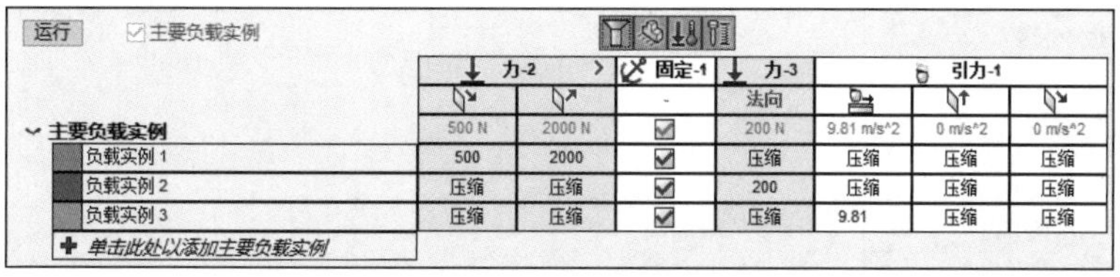

图 14-18　添加负载实例3

（5）在"负载实例组合"下拉列表中单击"添加"按钮➕，打开"编辑方程式（负载实例组合）"对话框，输入方程式"1.5 * "负载实例1" + 1.3 * "负载实例2" + 2 * "负载实例3""，如图 14-19 所示。

（6）单击"确定"按钮✔，完成方程式的编辑，结果如图 14-20 所示。

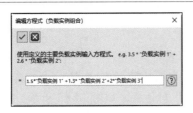

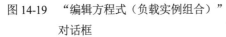

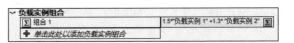

图 14-19　"编辑方程式（负载实例组合）"　　　　　　图 14-20　负载实例组合
　　　　　对话框

（7）在"跟踪结果"下拉列表中单击"添加"按钮，在下拉列表中选择"添加传感器"命令，打开"传感器"属性管理器，"传感器类型"选择"Simulation 数据"，"结果"选择"应力"，"零部件"选择"VON:von Mises 应力"，"单位"选择 N/mm^2（MPa），其他参数采用默认，如图 14-21 所示。

（8）单击"确定"按钮，生成定义的应力传感器，如图 14-22 所示。

图 14-21　定义传感器　　　　　　　　　　图 14-22　定义的应力传感器

（9）在"负载实例组合"下拉列表中单击"添加"按钮，在下拉列表中选择"添加传感器"命令，打开"传感器"属性管理器，"传感器类型"选择"Simulation 数据"，"结果"选择"位移"，"零部件"选择"URES:合位移"，"单位"选择 mm，其他参数采用默认，如图 14-23 所示。

（10）单击"确定"按钮，生成定义的位移传感器，如图 14-24 所示。

图 14-23　定义位移传感器　　　　　　　　图 14-24　定义的位移传感器

8. 运行并查看结果

（1）单击"负载实例管理器"选项卡中的"运行"按钮，打开"负载实例管理器"对话框，如图 14-25 所示。

（2）运行完成之后，系统自动打开"结果视图"选项卡，运行结果如图 14-26 所示。

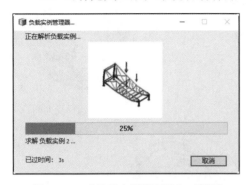

图 14-25 "负载实例管理器"对话框

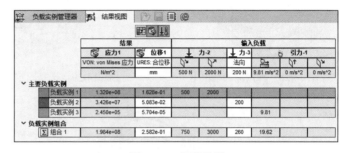

结果		输入负载			
应力1	位移1	力-2	力-3		引力-1
VON: von Mises 应力	URES: 合位移	法向			
N/m^2	mm	500 N	2000 N	200 N	9.81 m/s^2	0 m/s^2	0 m/s^2
主要负载实例							
负载实例 1	1.320e+08	1.628e-01	500	2000			
负载实例 2	3.426e+07	5.083e-02			200		
负载实例 3	2.450e+05	5.704e-05				9.81	
负载实例组合							
组合 1	1.984e+08	2.582e-01	750	3000	260	19.62	

图 14-26 运行结果

（3）在 SOLIDWORKS Simulation 算例树中双击"负载实例结果"文件夹下的"应力 1"和"位移 1"图标，结果如图 14-27 所示。

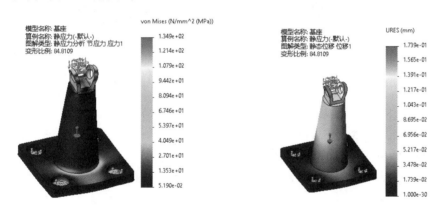

图 14-27 基座的应力分布和位移分布

练一练 深沟球轴承的工况分析

图 14-28 所示为深沟球轴承模型。已知轴承承受径向载荷 600N、轴向载荷 400N，轴承转速为 20rad/s。通过有限元分析查看深沟球轴承在负载工况下的应力、位移和应变。

【操作提示】

（1）新建静应力算例。

（2）定义材料。轴承体材料为合金钢。

（3）添加约束。选择轴承外圈圆柱孔面作为固定约束面，如图 14-29 所示。

（4）添加径向载荷。选择图 14-30 所示的轴承内圈圆柱孔面作为受力面，径向力的大小为 600N。

（5）添加轴向载荷。选择图 14-31 所示的轴承内圈端面作为受力面，力的方向垂直于端面，大小为 400N。

（6）定义离心力。选择基准轴 1 作为参照，角速度为 20rad/s，如图 14-32 所示。

扫一扫，看视频

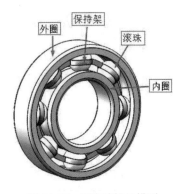

图 14-28　深沟球轴承模型

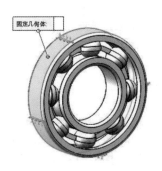

图 14-29　选择固定约束面

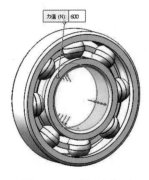

图 14-30　选择受力面

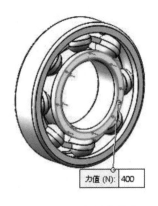

图 14-31　添加轴向载荷

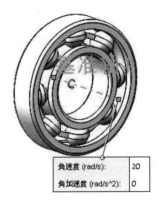

图 14-32　定义离心力

（7）定义工况。

1）添加负载实例。添加负载实例 1、负载实例 2 和负载实例 3，如图 14-33 所示。

2）定义负载实例组合。组合公式如图 14-34 所示。

	固定-1	力-1	力-2	离心力-1	
	-	法向	法向		
主要负载实例	☑	600 N	400 N	20 rad/s	0 rad/s^2
负载实例 1	☑	600	压缩	压缩	压缩
负载实例 2	☑	压缩	400	压缩	压缩
负载实例 3	☑	压缩	压缩	20	0
单击此处以添加主要负载实例					

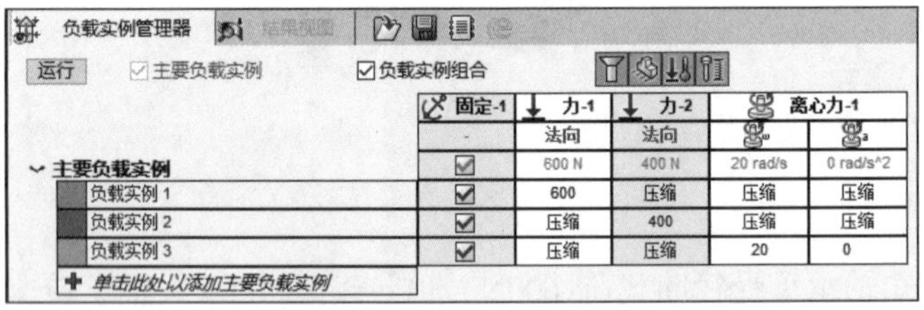

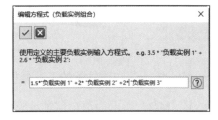

图 14-33　添加负载实例　　　　图 14-34　组合公式

3）定义跟踪结果。通过添加传感器定义应力、位移和应变，如图 14-35 所示。

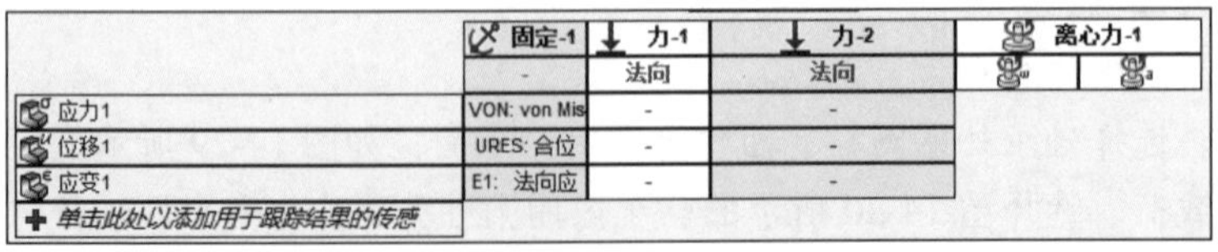

	固定-1	力-1	力-2	离心力-1	
	-	法向	法向		
应力1	VON: von Mis	-	-		
位移1	URES: 合位	-	-		
应变1	E1: 法向应	-	-		
单击此处以添加用于跟踪结果的传感					

图 14-35　定义应力、位移和应变

（8）运行算例。结果如图 14-36 所示。

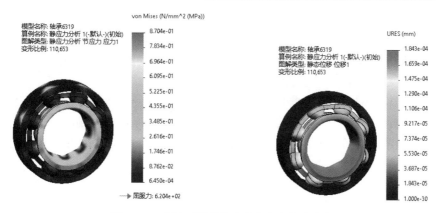

图 14-36 深沟球轴承的应力分布和位移分布

14.2 拓 扑 优 化

拓扑优化是一种根据给定的负载情况、约束条件和性能指标，在给定区域内对材料分布进行优化的方法，属于结构优化的一种，主要应用于轻量化设计。

结构优化可以分为尺寸优化、形状优化和拓扑优化。

（1）尺寸优化：以结构件外形或者孔洞形状为优化对象，如凸台过渡倒角的形状等。

（2）形状优化：在已有薄板上寻找新的凸台分布，提高局部刚度。

（3）拓扑优化：以材料分布为优化对象，通过拓扑优化，可以在均匀分布材料的设计空间中找到最佳的分布方案。

由此可见，拓扑优化相对于尺寸优化和形状优化，具有更多的设计自由度，能够获得更大的设计空间，是结构优化最具发展前景的一个方面。拓扑优化的图示例可以展示尺寸优化、形状优化和拓扑优化在设计减重孔时的不同表现。

拓扑优化的研究领域主要分为连续体拓扑优化和离散结构拓扑优化。不论哪个领域，都要依赖于有限元方法。连续体拓扑优化是把优化空间的材料离散成有限个单元（壳单元或体单元），离散结构拓扑优化是在设计空间内建立一个由有限个梁单元组成的基结构，然后根据算法确定设计空间内单元的去留，保留下来的单元即构成最终的拓扑方案，从而实现拓扑优化。

14.2.1 拓扑选项

在拓扑算例树中，右击拓扑算例图标，在弹出的快捷菜单中选择"属性"命令，打开"拓扑"对话框，如图 14-37 所示。通过该对话框中的"选项"选项卡可以指定拓扑算例的分析选项。

"选项"选项卡中各选项的含义如下。

1. 解算器

（1）选择：选择要运行拓扑算例的解算器，可自动选择或手工选择。具有更快性能的默认解算器为 Intel Direct Sparse；FFEPlus（迭代）是仅当定义有频率约束时的默认解算器。

（2）运行静态/频率分析，然后再运行拓扑算例：默认为选定，软件将在运行拓扑优化算法之前运行静态分析和频率分析。

（3）使用平面内效果：勾选该复选框，则考虑平面内载荷对刚度计算的影响。

（4）使用软弹簧使模型稳定：勾选该复选框，则添加与地面相触的软弹簧，以防止发生不稳定现象。如果将载荷应用于不稳定的设计，设计可能会像刚性实体一样平移和旋转。添加适当的约束，以防止刚性实体运动。

（5）使用惯性卸除：勾选该复选框，则应用惯性力，以抵消不平衡的外部载荷。不必应用约束或激活软弹簧选项来稳定模型以防止刚性实体发生运动，就可以解决结构问题。

（6）使用最小最大公式（对于负载案例）：当多个载荷实例可以单独在某零部件上应用（通过载荷实例管理器定义）时选择该选项。

优化算法旨在单独为每个应用的载荷最小化合规性（刚度的倒数）。对于零部件的最终形状，可以独立应用的已应用载荷实例拥有最大刚度。

2. 保留的（冻结的）区域设置

（1）仅带有载荷的区域：从优化中排除已应用载荷的面。

（2）仅带有夹具的区域：从优化中排除已应用夹具的面。

（3）带有载荷和夹具的区域：默认选项。优化期间将保留已应用载荷和夹具的面。

（4）无（用户定义）：选择要保留的区域。要选择在优化期间保留的面，通过"添加保留的区域"命令来实现。

单击"高级"选项卡，对话框如图14-38所示。

图14-37　"拓扑"对话框

图14-38　"高级"选项卡

"高级"选项卡中各选项的含义如下。

1. 收敛检查（拔模质量）

勾选该复选框，则对于每个迭代，解算器将检查目标或约束是否已收敛以阻止求解。达到收敛的后续迭代之间的数值公差将放宽。默认情况下，解算器使用较小的数值公差（精度更高）；要想使解算器停止，需要同时满足目标和约束。

2. 最大迭代数

（1）自动：收敛所需的最大迭代数量将自动设置。

（2）用户定义：为优化算法指定最大迭代数量，以达到收敛。输入介于 20 和 101 之间的迭代数量。

3. 保留的交互和接头设置

（1）仅带有接触的区域：从优化中排除带有接触的区域。

（2）仅带有接头的区域：从优化中排除带有接头的区域。

（3）带有交互和接头的区域：默认选项。优化期间将保留带有交互和接头的区域。

（4）无（用户定义）：选择要保留的区域。要选择在优化期间保留的区域，通过"添加保留的区域"命令来实现。

14.2.2　拓扑算例的目标约束和制造控制

使用拓扑算例浏览零部件的设计迭代，其满足给定优化目标和几何约束。

拓扑算例执行零件的非参数拓扑优化。从最大设计空间（代表零部件的最大允许大小）开始并考虑应用的所有载荷、夹具和制造约束，拓扑优化将通过重新分配材料在允许的最大几何体的边界内寻求新的材料布局。优化的零部件满足所需的所有机械和制造需求。

通过拓扑算例，用户可以设置设计目标以找到最佳刚度重量比、最小化质量或减少零部件的最大位移。

从最佳强度重量比目标开始，以获取零部件的初始优化形状。

除了优化目标之外，用户还可以定义设计约束来确保诸如最大挠度、移除的质量百分比，并且满足制造流程等所需的机械属性。对于成功运行的拓扑算例，迭代优化流程所获得的设计方案满足输入的所有结构和制造需求。

除了要定义材料、夹具、载荷外，需要设置拓扑算例，还需要定义目标约束和制造控制。下面将详细介绍各选项的具体含义。

1. 选择目标

在拓扑算例树中，右击"目标和约束"图标 目标和约束，弹出的快捷菜单如图 14-39 所示。选择其中任意一项目标，打开"目标和约束"属性管理器，如图 14-40 所示。该属性管理器可以指定推动优化算法的数学公式的优化目标和约束。

（1）最佳强度重量比（默认）：优化算法会根据给定质量生成具有最大刚度的零部件的形状，将从初始最大设计空间中移除该质量。

当用户选择最佳强度重量比时，该算法旨在最小化模型的全局合规性，其为整体柔性（刚度的倒数）的量度。通过所有元素应变的总和定义合规性。

（2）最小化最大位移：优化算法会生成能够最小化单一节点上的最大位移的形状（从静态算例中算得）。给定了要从零部件中移除的材料百分比，优化会生成最坚固的设计，重量轻于最初设计，并将最小化观察到的最大位移。

（3）最小化质量：优化算法将生成一个形状，其重量轻于最大尺寸模型，并且不会违背位移约束的给定目标。该算法旨在降低零部件的质量，同时将位移限制在特定限制下（单一节点处零部件或用户定义的观察到的最大值）。

图 14-39　"目标和约束"快捷菜单　　　　图 14-40　"目标和约束"属性管理器

2. 设置约束

通过在可以减少的质量上强制添加约束来限制设计空间解决方案以及优化模型的性能目标。用户界面将根据用户选择的优化目标过滤用户可以应用的约束类型。用户可以指定质量、位移、频率或应力约束。

（1）位移约束：勾选该复选框，为选定的位移零部件指定上限。在零部件中，选择所需的位移变量，如图 14-41 所示。

1）指定值：为选定位移变量输入目标值，然后在单位中指定所需单位。

2）指定因子：输入一个因子，用它乘以静态算例中算得的最大位移。

3）在承载几何体上选择位置：为位移约束的选择参考顶点位置。

➢　自动（最大单点）：程序默认选择模型中观察到的最大位移的顶点。

➢　用户定义：在图形区域中为位移约束选择参考顶点。

（2）质量约束（默认）：勾选该复选框，指定零件在优化期间将减少的目标质量，如图 14-42 所示。

1）减少质量（百分比）：输入目标质量减少百分比。

2）减少质量（绝对值）：输入要从零件的最大设计空间中移除的质量的精确值。

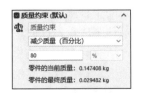

图 14-41　位移约束　　　　　　　　　　图 14-42　质量约束

（3）频率约束：勾选该复选框，用于设置频率约束，如图 14-43 所示。

1）模式形状：添加模式形状数以在优化过程中强制添加频率约束。在运行拓扑算例之前，使用原始模型（最大设计空间）运行频率算例以评估允许的自然频率范围。

2）比较器：可选择以下选项。

➢ 小于：输入频率上限。

➢ 大于：输入频率下限。

➢ 介于：为选定模式形状输入允许的频率范围。

3）数值（赫兹）：为每个模式形状输入以 Hz 为单位的频率值。

4）模式跟踪：当勾选该复选框时，优化解算器将跟踪在整个优化迭代过程中添加频率约束时从原始几何图形派生的选定模式形状的顺序；当取消勾选"模式跟踪"复选框时，解算器将跟踪为每个优化迭代所派生的当前模式形状顺序。

例如，用户可以在板的不同弯曲模式形状上添加频率约束（原始板几何图形的第一个模式）。 由于在迭代过程中模型形状会发生更改，因此不同弯曲模式可能会在频率列表中被下移。通过选择模式跟踪，解算器将跟踪频率列表中不同位置处的同一模式，并在同一模式形状上添加约束。清除模式跟踪时，另一模式形状可能会替换迭代过程中的第一个原始弯曲模式。然后，解算器会在替换旧模式的新模式上添加频率约束。

（4）应力/安全系数约束：勾选该复选框，设置应力约束或安全系数约束，如图 14-44 所示。

图 14-43　频率约束

图 14-44　应力/安全系数约束

1）应力约束。

➢ 指定值：选择该项，为优化几何图形输入最大允许 von Mises 应力。首先要运行静应力算例，其载荷和夹具与拓扑算例相同，得到模型中的最大应力，然后在此处输入大于此值的值。

➢ 指定百分比：选择该项，输入最大允许 von Mises 应力作为材料屈服强度的百分比。

2）安全系数约束：为优化几何图形输入最小安全系数值。默认失败准则是最大 von Mises 应力。

3. 制造控制

优化流程将创建可满足优化目标和任何用户定义的几何约束的材料布局。但是，不能使用标准制造技术进行设计，如铸造和锻造。

应用正确的几何控制可以防止形成底切和空心零件。制造限制将确保优化形状可以从模具提取，或者可以通过工具和冲模进行加工。

在拓扑算例树中，右击"制造控制"图标 制造控制 ，弹出的快捷菜单如图 14-45 所示。

（1）添加保留的区域：向模型中添加保留区域，该区域不会在拓扑优化过程中被修改。可以冻结模型中与其他零件有接触的区域，如用于支持模型和组成承载表面的区域。这些区域不参与拓扑优化并保持不变。

在拓扑算例树中，右击"制造控制"图标 制造控制，在弹出的快捷菜单中选择"添加保留的区域"命令，打开"保留的区域"属性管理器，如图14-46所示。

图 14-45 "制造控制"快捷菜单　　　　图 14-46 "保留的区域"属性管理器

1） （组2的面）：选择将在优化过程中保持不变的面。

2）保留的区域深度：勾选该复选框，设置将在优化过程中保持不变的区域的深度。在其后的输入框中输入保留的区域深度。

3） （几何体预览）：选择查看优化过程中保留的特定几何体。显示选定面带保留区域深度的几何体预览。

4） （网格元素预览）：选择查看优化过程中保留的特定几何体的网格元素。显示选定面带保留区域深度的网格元素预览。

（2）指定厚度控制：为拓扑优化应用构件大小约束，可以禁止创建很厚或很薄的区域，因为这会导致制造困难。

在拓扑算例树中，右击"制造控制"图标 制造控制，在弹出的快捷菜单中选择"指定厚度控制"命令，打开"厚度控制"属性管理器，如图14-47所示。

1）最小构件厚度：指定优化子结构和所需单位的最小大小。最小构件大小必须大于平均网格元素大小的2～3倍。

2）最大构件厚度：指定优化子结构和所需单位的最大大小（可选）。建议平均网格元素大小是所需最大构件厚度的1/3或1/4。

如果为最小或最大构件厚度定义一个厚度控制值，而该值不在可接受范围内，则可能会遇到收敛问题。要解决此类收敛问题，需要在合理范围内指定最小或最大构件厚度值。

（3）指定脱模方向：添加脱模控制以确保优化设计可制造，且能从模具中提取。

在拓扑算例树中，右击"制造控制"图标 制造控制，在弹出的快捷菜单中选择"指定脱模方向"命令，打开"脱模控制"属性管理器，如图14-48所示。

1）两侧对称（两个方向）：优化的零部件可以从模具中间基准面的两个方向抽出。

① 自动确定中央中间基准面：勾选该复选框，优化模块将决定中间基准面的最佳位置。

② 选择拔模方向：取消勾选"自动确定中央中间基准面"复选框，需要用户选择对称基准面。

③ （选择边线以定义方向）：选择指示拔模方向的边线向量。

图 14-47 "厚度控制"属性管理器

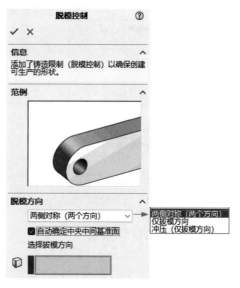

图 14-48 "脱模控制"属性管理器

2）仅拔模方向：当选择该项时，属性管理器如图 14-49 所示。仅需要设置模具两半分离的方向或冲压工具移动的方向的边线向量。

反向：反转拔模方向。

3）冲压（仅拔模方向）：如果优化算法从结构中移除所有元素，它也会移除元素之前或之后的所有元素（根据指示拔模方向的边线向量）。

（4）指定对称基准面：对称控制强制将设计优化为关于特定基准面对称。用户可以对优化设计强制实施二分平面对称、四分平面对称或八分平面对称。

在拓扑算例树中，右击"制造控制"图标 🔲 制造控制，在弹出的快捷菜单中选择"指定对称基准面"命令，打开"对称控制"属性管理器，如图 14-50 所示。

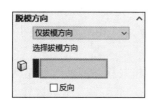

图 14-49 选择仅拔模方向

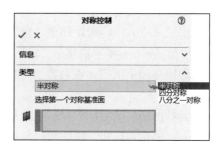

图 14-50 "对称控制"属性管理器

1）半对称：优化设计应关于指定基准面对称。

2）四分对称：优化设计应关于两个正交基准面对称。此时的属性管理器如图 14-51 所示。

3）八分之一对称：优化设计应关于三个正交基准面对称。此时的属性管理器如图 14-52 所示。

图 14-51　四分对称

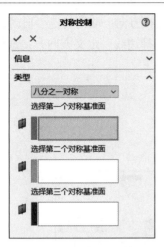

图 14-52　八分之一对称

14.2.3　拓扑算例的材料质量

在拓扑优化过程中，程序从零部件（包含所有元素）的给定最大物理空间开始，并且通过迭代流程确定新的材料分布，以生成更轻但更坚固的形状。

在完成迭代优化流程之后，可以在材料质量图解中查看零部件的优化形状。

在 SOLIDWORKS Simulation 算例树中的"结果"文件夹下右击"材料质量 1"图标 材料质量1(-材料质量-)，在弹出的快捷菜单中选择"编辑定义"命令，打开"材料质量"属性管理器，如图 14-53 所示。

"材料质量"属性管理器中各选项的含义如下。

1. 显示

具有较低相对质量密度（小于 0.3）的元素被视作"软体"元素。这些元素不影响零部件的整体刚度，可被完全移除。具有较高相对质量密度（小于 0.7）的元素被视作"固体"元素。这些元素对零部件的整体刚度影响较大（作为对承载能力的衡量），它们完整保留到最终设计中。等值滑块将根据它们的相对质量密度值调整材料质量图解中包含的元素。

（1）材料质量（重）：将滑块移至"重"，将包含所有元素。

（2）材料质量（轻）：将滑块移至"轻"，将只包含不能移除的固体元素（相对质量密度为 1.0）。

被该算法选作必须保留的元素为黄色；被该算法选作可以移除的元素（相对质量密度小于 0.3）为深紫色。

（3）计算光顺网格：从活动的材料质量图解创建更光顺的曲面网格（移除或修改创建锯齿状边线和尖角的元素）。单击该按钮，属性管理器如图 14-54 所示。

（4）显示材料质量图解：单击该按钮，则会基于当前滑块位置生成材料质量图解。用户可以在滑块下方的材料质量图解中查看已计算的元素总质量（作为绝对值和作为原始质量的百分比）。

2. 高级网格光顺选项

（1）粗糙：曲面的光顺按周期执行。将滑块移至"粗糙"，将仅对材料质量图解应用一个光顺周期。

（2）平滑：将滑块移至"平滑"，将应用更多的光顺周期，并增加计算时间。

（3）指定光顺网格的颜色：勾选该复选框，可为光顺网格几何体指定颜色。默认选项是零件颜色。

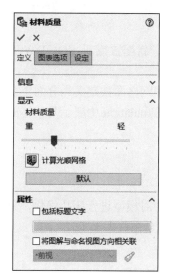

图 14-53 "材料质量"属性管理器 1

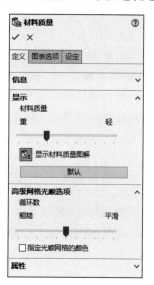

图 14-54 "材料质量"属性管理器 2

14.2.4 导出光顺网格

在 SOLIDWORKS Simulation 算例树中的"结果"文件夹下右击"材料质量 1"图标 **材料质量1 (-材料质量-)**，在弹出的快捷菜单中选择"导出光顺网格"命令，打开"导出光顺网格"属性管理器，如图 14-55 所示。该属性管理器可以将优化形状的光顺网格数据导出为新的几何体。

"导出光顺网格"属性管理器中各选项的含义如下。

1. 将网格保存至

（1）当前活动配置：保存当前配置中的光顺网格数据。

（2）新配置：将光顺网格数据另存为新配置。

（3）新零件文件：在新文档中保存光顺网格数据，并设置配置名称。

2. 高级导出

（1）图形实体：以轻化、边界几何体展示格式导出光顺网格数据。选择此选项，会将图形实体文档导入原始零件或装配体文档，以便用户可以将其用作帮助修改原始零部件几何体的蓝图。

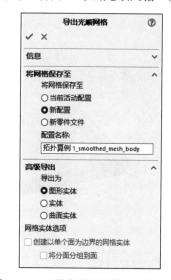

图 14-55 "导出光顺网格"属性管理器

（2）实体：将光顺网格数据导出为实体（*.sldprt 文件格式）。当需要进行 3D 打印操作时选择此选项。此选项需要更长的计算时间才能完成。

（3）曲面实体：仅导出光顺网格数据的曲面几何体（*.stl 文件格式）。

3. 网格实体选项

（1）创建以单个面为边界的网格实体：将优化形状（如具有光顺网格的材料质量图解中显示的实

体或曲面实体）导出至网格 BREP 实体。网格实体（也称作网格边界展示或网格 BREP 实体）由网格分面（三角形）构成。对于实体，网格分面将形成闭环边界曲面（也称作水密网格）；对于曲面实体，网格将形成开环曲面 BREP。

用户可以在当前配置（在算例树中保存为已导入实体）、新配置或新 SOLIDWORKS 零件文件（*.sldprt）中保存网格实体。

（2）将分面分组到面：将网格分面收集到可选面中。这些网格面被定义为分面集合且不具有参数展示，因此用户不能修改其尺寸。网格 BREP 实体独立于在 Simulation 中展示几何体的有限元素模型的网格。

扫一扫，看视频

14.2.5　实例——悬臂板的拓扑优化

图 14-56 所示为悬臂板模型，材料为不锈钢。在本实例中对模型进行拓扑优化，目的是在确保其承载能力的基础上减重 50%，最大位移不超过 0.0002mm，安全系数大于 1.72。

【操作步骤】

1. 新建静应力算例

（1）单击 Simulation 选项卡中的"新算例"按钮 🔍，打开"算例"属性管理器，定义"名称"为"静应力"，分析类型为"静应力分析"，如图 14-57 所示。

（2）单击"确定"按钮 ✔，关闭属性管理器。

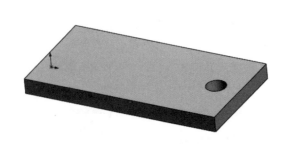

图 14-56　悬臂板模型

图 14-57　"算例"属性管理器

2. 定义材料

（1）单击 Simulation 选项卡中的"应用材料"按钮 ≣，或者在 SOLIDWORKS Simulation 算例树中右击"悬臂板"图标 🔗 ⬦ 悬臂板，在弹出的快捷菜单中选择"应用/编辑材料"命令，打开"材料"对话框。选择"选择材料来源"为"钢"→"不锈钢（铁素体）"，如图 14-58 所示。

（2）单击"应用"按钮，关闭对话框。

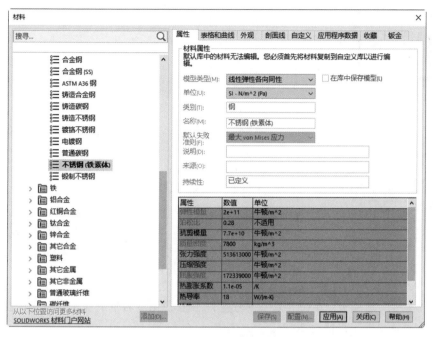

图 14-58　设置悬臂板的材料

3. 添加载荷

（1）单击 Simulation 选项卡中"外部载荷顾问"下拉列表中的"力"按钮 ↓，或者在 SOLIDWORKS Simulation 算例树中右击"外部载荷"图标 ↓ 外部载荷，在弹出的快捷菜单中选择"力"命令，打开"力/扭矩"属性管理器。

（2）单击"分割"选项卡，如图 14-59 所示。单击"生成草图"按钮，选择图 14-60 所示的悬臂板的上表面作为绘图平面，打开"分割"对话框，进入草绘界面。绘制半径为 7 的同心圆，如图 14-61 所示。

（3）单击"分割"对话框中的"退出草图"按钮，如图 14-62 所示。

图 14-59　"分割"选项卡

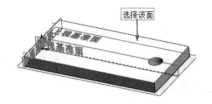

图 14-60　选择绘图平面

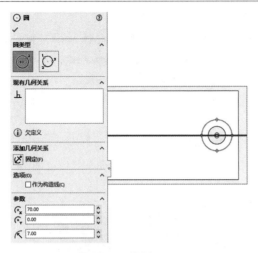

图 14-61　绘制同心圆　　　　　　　　　　　图 14-62　"分割"对话框

（4）返回"力/扭矩"属性管理器，单击"生成分割"按钮，生成分割面。

（5）单击"类型"选项卡，单击"力"按钮 ，单击 图标右侧的显示栏，选择图 14-63 所示的面，设置方向为"法向"，力值为 200N。

（6）单击"确定"按钮 ，完成载荷的添加。

4. 添加约束

（1）单击 Simulation 选项卡中"夹具顾问"下拉列表中的"固定几何体"按钮 ，或者在 SOLIDWORKS Simulation 算例树中右击"夹具"图标 夹具，在弹出的快捷菜单中选择"固定几何体"命令，打开"夹具"属性管理器，然后选择悬臂板的端面作为固定约束面，如图 14-64 所示。

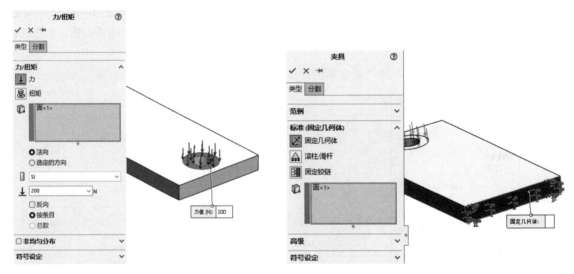

图 14-63　添加载荷　　　　　　　　　　　　图 14-64　添加约束

（2）单击"确定"按钮 ，完成约束的添加。

5. 划分网格并运行

（1）单击 Simulation 选项卡中的"生成网格"按钮 ，打开"网格"属性管理器，勾选"网格参数"复选框，选中"基于曲率的网格"单选按钮，将"最大单元大小" 🔺 设置为 3.00mm，"最小单元大小" 🔺 设置为 1.00mm，如图 14-65 所示。

（2）单击"确定"按钮 ✔，系统开始划分网格。划分网格后的模型如图 14-66 所示。从图中可以看出网格为三角形壳体单元。

图 14-65 "网格"属性管理器

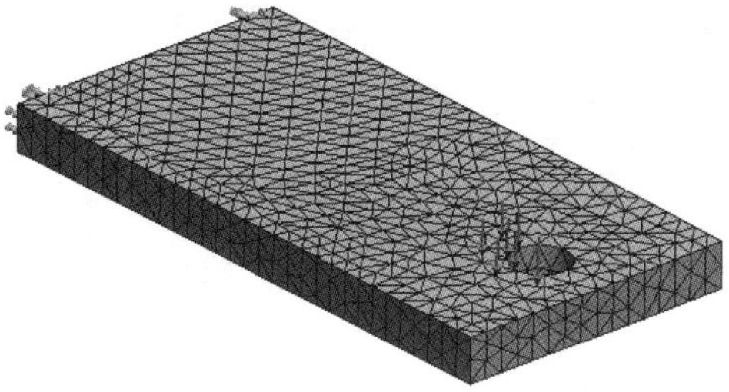

图 14-66 划分网格后的模型

（3）单击 Simulation 选项卡中的"运行此算例"按钮 🔲，SOLIDWORKS Simulation 则调用解算器进行有限元分析。

6. 观察结果

（1）双击"结果"文件夹下的"应力 1"图标 🔲 应力1 (-vonMises-)，在图形区域中观察悬臂板的应力分布，如图 14-67 所示。从图中可以看出悬臂板边缘处的应力最大，最大应力值约为 58.6MPa，屈服力为 172.339MPa，由此可以得应力安全系数约为 2.94。

（2）双击"结果"文件夹下的"位移 1"图标 🔲 位移1 (-合位移-)，在图形区域中观察悬臂板的应力分布，如图 14-68 所示。从图中可以看出悬臂板受力端的位移最大，最大值约为 0.189mm。

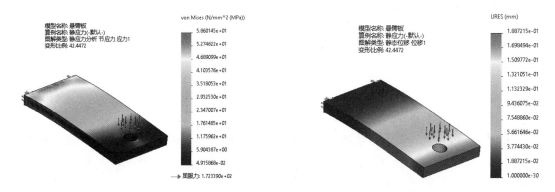

图 14-67 悬臂板的应力分布

图 14-68 悬臂板的位移分布

7. 新建拓扑算例

（1）单击 Simulation 选项卡中的"新算例"按钮，打开"算例"属性管理器，定义"名称"为"拓扑算例 1"，分析类型为"拓扑算例"，如图 14-69 所示。

（2）单击"确定"按钮✔，关闭属性管理器。

8. 复制边界条件

（1）单击"静应力"算例标签，在算例树中右击"悬臂板"图标 🔩⚠ 悬臂板(-不锈钢(铁素体)-)，在弹出的快捷菜单中选择"复制"命令，再单击"拓扑算例"标签，在算例树中右击"悬臂板"图标 🔷⚠ 悬臂板，在弹出的快捷菜单中选择"粘贴"命令，将材料复制到拓扑算例中。

（2）使用同样的方法将夹具、外部载荷及网格复制到拓扑算例中。

9. 添加目标和约束

（1）在 SOLIDWORKS Simulation 算例树中右击"目标和约束"图标 🎯 目标和约束，在弹出的快捷菜单中选择"最佳强度重量比（默认）"命令，如图 14-70 所示。

（2）打开"目标和约束"属性管理器，勾选"位移约束"复选框，设置"合位移"小于 0.0002mm，如图 14-71 所示。

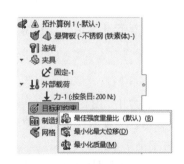

图 14-69 "算例"属性管理器　　图 14-70 选择"最佳强度重量比（默认）"命令　　图 14-71 设置位移约束

（3）勾选"质量约束（默认）"复选框，设置"减少质量（百分比）"为 50%；勾选"应力/安全系数约束"复选框，如图 14-72 所示，设置安全系数约束大于 1.3。

（4）单击"确定"按钮✔，关闭属性管理器。

10. 添加保留的区域

（1）在 SOLIDWORKS Simulation 算例树中右击"制造控制"图标 📇 制造控制，在弹出的快捷菜单中选择"添加保留的区域"命令，如图 14-73 所示。

（2）打开"保留的区域"属性管理器，在绘图区选择圆柱孔作为要保留的区域，勾选"保留的区域深度"复选框，设置深度值为 3mm，单击"几何体预览"按钮🖼，生成预览，如图 14-74 所示。

（3）单击"确定"按钮✔，保留的区域添加完成。

图 14-72　设置质量和安全
系数约束

图 14-73　选择"添加保留
的区域"命令

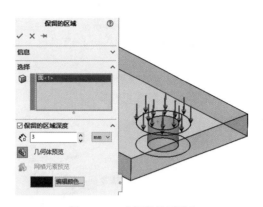

图 14-74　"保留的区域"
属性管理器

11. 添加脱模方向

（1）在 SOLIDWORKS Simulation 算例树中右击"制造控制"图标 制造控制，在弹出的快捷菜单中选择"指定脱模方向"命令，打开"脱模控制"属性管理器。

（2）"脱模方向"选择"仅拔模方向"，在绘图区选择图 14-75 所示的边线作为拔模方向。

（3）单击"确定"按钮 ，脱模方向添加完成。

12. 添加对称控制

（1）在 SOLIDWORKS Simulation 算例树中右击"制造控制"图标 制造控制，在弹出的快捷菜单中选择"指定对称基准面"命令，打开"对称控制"属性管理器。

（2）"类型"选择"半对称"，在绘图区选择前视基准面作为对称基准面，如图 14-76 所示。

（3）单击"确定"按钮 ，对称控制添加完成。

13. 运行分析并查看结果

（1）单击 Simulation 选项卡中的"运行此算例"按钮 ，SOLIDWORKS Simulation 则调用解算器进行有限元分析。

（2）双击"结果"文件夹下的"材料质量 1"图标 材料质量1 (-材料质量-)，悬臂板优化后的材料分布如图 14-77 所示。

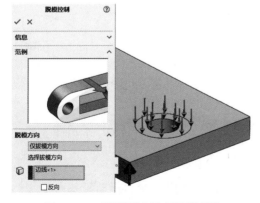

图 14-75　"脱模控制"属性管理器

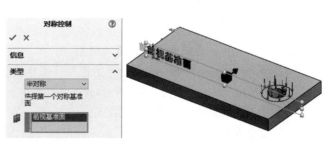

图 14-76　"对称控制"属性管理器

（3）在 SOLIDWORKS Simulation 算例树中右击"材料质量 1"图标 材料质量1 (-材料质量-) ，在弹出的快捷菜单中选择"编辑定义"命令，打开"材料质量"属性管理器，如图 14-78 所示。单击"计算光顺网格"按钮 ，生成光顺网格。

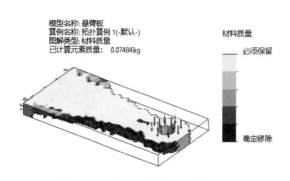

图 14-77 悬臂板优化后的材料分布

图 14-78 "材料质量"属性管理器

（4）单击"确定"按钮 ✔ ，结果如图 14-79 所示。

（5）在 SOLIDWORKS Simulation 算例树中右击"材料质量 1"图标 材料质量1 (-材料质量-) ，在弹出的快捷菜单中选择"导出光顺网格"命令，打开"导出光顺网格"属性管理器，"将网格保存至"选择"新配置"，"配置名称"采用默认，如图 14-80 所示。

（6）单击"确定"按钮 ✔ ，结果如图 14-81 所示。

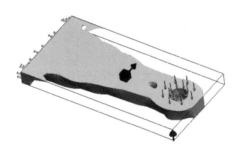

图 14-79 优化后的模型

图 14-80 "导出光顺网格"属性管理器

图 14-81 生成的新配置

扫一扫，看视频

练一练 连接杆的拓扑优化

图 14-82 所示为连接杆模型。连接杆的一端固定，另一端受到两个方向的载荷作用。

【操作提示】

（1）新建静应力算例。

（2）定义材料。连接杆材料为普通碳钢。

（3）添加约束。选择图 14-83 所示的圆柱孔面作为固定约束面。

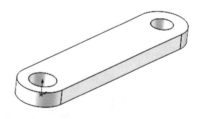

图 14-82 连接杆模型

（4）添加载荷 1。选择图 14-84 所示的圆柱孔面作为受力面，力的方向垂直于右视基准面，大小为 100N。

（5）添加载荷 2。选择图 14-85 所示的圆柱孔面作为受力面，力的方向垂直于前视基准面，大小为 60N。

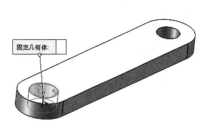

图 14-83　选择固定约束面　　　　图 14-84　选择受力面 1　　　　图 14-85　选择受力面 2

（6）运行算例。结果如图 14-86 所示。

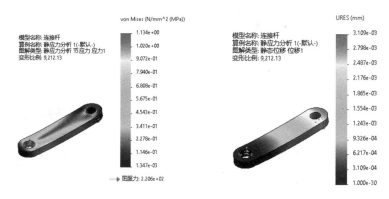

图 14-86　连接杆的应力分布和位移分布

（7）新建拓扑算例。将静应力分析算例中的边界条件复制到拓扑算例中。

（8）添加目标和约束。在 SOLIDWORKS Simulation 算例树中右击"目标和约束"图标◎目标和约束，在弹出的快捷菜单中选择"最佳强度重量比（默认）"命令。勾选"质量约束（默认）"复选框，设置"减少质量（百分比）"为 50%；勾选"应力/安全系数约束"复选框，设置"指定百分比"为"91% 材料屈服强度值"，如图 14-87 所示。（因为条件设置得越多，运行速度越慢，所以这里只进行质量和安全系数的约束，读者可自行添加其他约束条件进行计算。）

（9）添加保留区域。在绘图区选择图 14-88 所示的圆环面作为要保留的区域，勾选"保留的区域深度"复选框，设置深度值为 10mm。

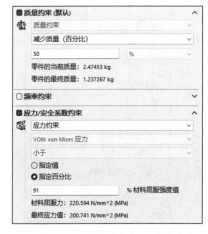
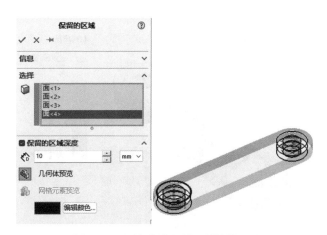

图 14-87　设置质量和安全系数约束　　　　图 14-88　"保留的区域"属性管理器

（10）添加脱模方向。"脱模方向"选择"仅拔模方向"，在绘图区选择图 14-89 所示的边线作为拔模方向。

（11）添加对称控制。"类型"选择"半对称"，在绘图区选择前视基准面作为对称基准面，如图 14-90 所示。

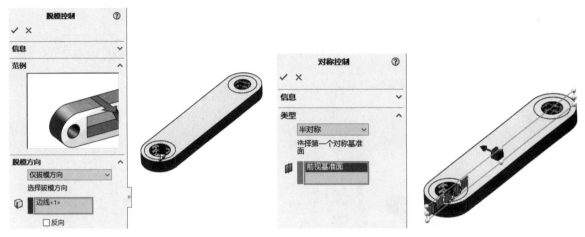

图 14-89　"脱模控制"属性管理器　　　　　　　　　图 14-90　"对称控制"属性管理器

（12）运行分析并查看结果。优化后的材料分布如图 14-91 所示。

1）在 SOLIDWORKS Simulation 算例树中右击"材料质量 1"图标 材料质量1(-材料质量-)，在弹出的快捷菜单中选择"编辑定义"命令，打开"材料质量"属性管理器，如图 14-92 所示。单击"计算光顺网格"按钮，生成光顺网格。

2）单击"确定"按钮，结果如图 14-93 所示。

3）在 SOLIDWORKS Simulation 算例树中右击"材料质量 1"图标 材料质量1(-材料质量-)，在弹出的快捷菜单中选择"导出光顺网格"命令，打开"导出光顺网格"属性管理器，"将网格保存至"选择"新配置"，"配置名称"采用默认，如图 14-94 所示。

4）单击"确定"按钮，结果如图 14-95 所示。

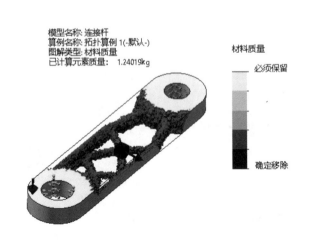

图 14-91　连接杆优化后的材料分布

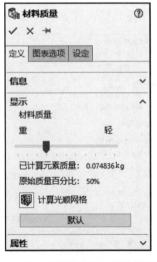

图 14-92　"材料质量"属性管理器

图 14-93　优化后的模型

图 14-94　"导出光顺网格"
属性管理器

图 14-95　生成的新配置